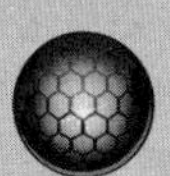

高职高专“十二五”规划教材

化工生产公用工程

HUAGONG SHENGCHAN GONGYONG GONGCHENG

刘承先　主编　　丁玉兴　副主编

孙　斌　主审

化学工业出版社

·北京·

本教材介绍了化工生产必需的供水、供冷、供热、供气、供电五项公用工程知识，每项都包含化工生产对相应公用工程的要求、供应系统、关键设备、影响因素、运行操作等方面的内容，从而使高职化工技术类专业学生学习在生产岗位所需要了解的水、冷、热、气、电等公用工程知识，培养与公用工程岗位人员工作交流的综合能力。在每章前设立了学习目标，章后列出习题与思考题。以“能”做什么、“会”做什么明确学生的能力目标；以“掌握”、“理解”、“了解”三个层次明确学生的知识目标，力求强调学生能力、知识、素质培养的有机统一。

本教材适用于高职高专生物与化工技术、制药技术、环保及其相关专业的教材，也可用于其他各类化工及制药技术类职业学校作为参考教材和职工培训教材。亦可供从事化工生产管理、调度岗位的技术人员参考阅读。

图书在版编目（CIP）数据

化工生产公用工程/刘承先主编. —北京：化学工业出版社，2015.7（2019.7 重印）
高职高专“十二五”规划教材
ISBN 978-7-122-24057-6

Ⅰ.①化… Ⅱ.①刘… Ⅲ.①化工生产-高等职业教育-教材 Ⅳ.①TQ06

中国版本图书馆 CIP 数据核字（2015）第 106589 号

责任编辑：窦　臻　　文字设计：向　东
责任校对：王素芹　　装帧设计：王晓宇

出版发行：化学工业出版社（北京市东城区青年湖南街 13 号　邮政编码 100011）
印　　刷：北京京华铭诚工贸有限公司
装　　订：三河市振勇印装有限公司
787mm×1092mm　1/16　印张 15¼　字数 433 千字　2019 年 7 月北京第 1 版第 2 次印刷

购书咨询：010-64518888　　售后服务：010-64518899
网　　址：http://www.cip.com.cn
凡购买本书，如有缺损质量问题，本社销售中心负责调换。

定　　价：39.00 元

前言
FOREWORD

一座化工厂实际上是各种不同装置的集合，生产装置如同化工厂的大脑和心脏，而公用设施则围绕着大脑的思索和心脏的跳动而运行，因此，公用设施是化工厂的重要组成部分，公用设施必须与主要生产装置相适应。化工厂公用工程，或与主要生产装置分开自成系统，如循环冷却水系统、热工系统、仪表空压系统、冷冻供应系统等；或与生产装置融为一体，如设备的配电系统、测量与控制系统、通风系统等。无论与生产装置融为一体还是自成体系，它们与主装置共同构成一座完整的工厂，没有完整配套公用工程的化工厂是运转不起来的，除非在其附近具有能提供相应公用工程的设施。

广义上，化工厂公用工程是指除主要生产装置以外的公用工程装置，包括热电站、变配电所、净水站、循环水、空分装置、仪表空压站、制冷装置、消防站、气体防护站等。本教材内容为公用设施提供的化工生产必需的供水、供冷、供热、供气、供电五个方面的公用工程。

本教材旨在介绍今后从事化工生产运行的高职化工技术类专业学生所需要了解的水、冷、热、气、电等公用工程知识，培养学生对于这些公用工程能否满足生产要求的判断能力，并对水、冷、热、气、电等公用工程岗位提出要求；培养与化工生产配套的公用工程岗位人员工作交流的综合工作能力。

为便于教学和学生对所学内容的掌握理解，在每章前设立了学习目标，章后列出习题与思考题。以“能”做什么、“会”做什么明确学生的能力目标；以“掌握”“理解”“了解”三个层次明确学生的知识目标，力求强调学生能力、知识、素质培养的有机统一。

整套教材中，除特别指明以外，计量单位统一使用我国的法定计量单位。物理量符号的使用是以在 GB 3100～3102—93 规定的基础上，尊重习惯表示方法为原则，并在每模块开始前列有“主要符号意义说明”以供查询。设备与材料的规格、型号尽可能采用最新标准，以利于实际应用。

《化工生产公用工程》共五章。第一章第一～第四节由常州工程职业技术学院刘承先和承德石油高等专科学校丁玉兴编写，第五节的离子交换树脂脱盐技术、反渗透脱盐技术由常州工程职业技术学院李雪莲编写，第五节的电渗析脱盐技术和超滤技术由常州工程职业技术学院姜春扬编写；第二章由常州工程职业技术学院傅璞编写；第三章由河南工业职业技术学院赵扬编写；第四章由苏州健雄职业技术学院顾晓吴编写；第五章由常州工程职业技术学院徐进编写。

本书由刘承先任主编，丁玉兴任副主编。常州新阳科技集团总工程师孙斌担任本书的主审，并提出许多宝贵的修改意见。

本书在编写过程中，还得到了化学工业出版社及有关单位领导和老师的大力支持与帮助，参考借鉴了大量国内各类院校的相关教材和文献资料，参考文献名录列于书后。在此谨向上述各位领导、专家及参考文献作者表示衷心的感谢。

由于编者水平有限，加之时间仓促，不妥之处在所难免，敬请读者批评指正。

编者

2015.5

目 录

CONTENTS

第一章　供水

学习目标

知识目标

理解化工生产用水要求及供水方式，了解地面水源取水方式，理解供水管网的布置以及管道材料、接口方式；掌握循环冷却供水系统流程、循环水系统的水量平衡关系、循环水系统的布置，理解循环冷却水处理与控制，理解冷却塔的工作原理、常见冷却塔结构和性能，掌握冷却塔的维护管理。了解化工生产用纯水制备方式，掌握离子交换树脂硬水软化、脱盐原理，理解离子交换树脂脱盐工作过程；理解反渗透脱盐原理以及影响因素，了解反渗透脱盐制纯水工艺过程；了解电渗析脱盐技术；了解纯水制备过程中超滤技术应用。

能力目标

能根据用水性质提出水质要求，能根据外界条件、结合政策选择合理的水源；能根据生产装置选择循环冷却水系统，能利用所学习流体输送知识选择、使用离心泵，循环冷却供水管路布置，选择合适的阀门等管件；会初步选择冷却塔，初步进行冷却塔维护管理。能根据原水组分以及化工生产中对水质的要求，提出合理的纯水制备方法；能用离子交换树脂制备纯水；能对反渗透设备提出操作草案。

素质目标

培养学生理论联系实际的思维方式，培养学生追求知识、独立思考、勇于创新的科学态度；培养学生逐步形成理论上正确、技术上可行、操作上安全可靠、经济上合理的工程技术观念，培养学生敬业爱岗、勤学肯干的职业操守、严格遵守操作规程的职业素质，培养学生团结协作、积极进取的团队合作精神，培养学生安全生产、环保节能的职业意识。

主要符号意义说明

英文字母

Q_m——循环水系统的补充水量，m^3/h；
Q_b——循环水系统的排污损失，m^3/h；
h——水头损失，m；
C_{CW}——循环冷却水中组分的浓度，mg/L；
P_e——蒸发损失水率，%；
Δt——进出冷却塔的水温差，℃；
Q_{sf}——旁流过滤水量，m^3/h；
C_{rs}——循环冷却水的悬浮物含量，mg/L；
A——冷却塔空气流量，m^3/h；
K_s——悬浮物沉降系数；
C_{mi}——补充水中某项成分的含量，mg/L；
C_{si}——旁流处理后水中某项成分的含量，mg/L；
H_b——循环热水泵扬程，m；
q——冷却塔水负荷，$m^3/(m^2 \cdot h)$；
K——考虑蒸发水量散热的系数；
c——比热容，kJ/(kg·℃)；
p_A——大气压力，Pa；
T——温度，K；
u_m——计算风速，m/s；
F_m——冷却塔淋水面积，m^2；
$q_{工}$——树脂工作交换容量，mmol/L；
q'_V——树脂体积全交换容量，mmol/L；
$R_{初}$——整个树脂层平均初始再生度；
$R_{残}$——整个树脂层平均残余再生度；
Y——回收率，%；
R——脱盐率；%；
C_p——淡水含盐量，mg/L；
C_f——原水含盐量，mg/L；

Q_e——循环水系统的蒸发水量，m^3/h；
Q_w——循环水系统的风吹损失，m^3/h；
N——循环水系统的浓缩倍数；
C_m——补充水中的组分的浓度，mg/L；
K——系数，$℃^{-1}$；
Q——循环冷却水量，m^3/h；
C_{ms}——补充水的悬浮物含量，mg/L；
C_{ss}——旁流过滤后水的悬浮物含量，mg/L；
C_a——空气中含尘量，g/m^3；
Q_{si}——旁流处理水量，m^3/h；
C_{ri}——循环冷却水中某项成分的含量，mg/L；
H、H_a——循环冷却水泵扬程，m；
Q_r——冷却塔热负荷，$kJ/(m^2 \cdot h)$；
V——淋水填料的体积，m^3；
K_a——与含湿量差有关的淋水填料的散质系数，$kg/(m^3 \cdot s)$；
X——空气的含湿量，kg/kg；
p''——饱和水蒸气压力，kPa；
t——温度，℃；
D——淋水填料底部塔内径，m；
F_e——塔筒出口面积，m^2；

希腊字母

θ——空气的干球温度，℃；
γ——冷却水的汽化热，kJ/kg；
ρ——湿空气密度，kg/m^3；
ϕ——空气的相对湿度；
λ——进入塔的干空气和循环水的质量比；
ξ——冷却塔的阻力系数。

化学工业是用水量大的工业，据中国石油天然气集团公司、中国石油化工集团公司统计，2002年取水量为24.87亿立方米，在高用水行业中列第四位，所取水量的40%左右是用于循环冷却水的补充水，约40%制成软化水和脱盐水作为工艺用水或作锅炉的供水，

10%～20%用于辅助生产用水和其他用水。一个年产30万吨的合成氨厂需水量为22500m^3/h，其中用于冷却的水量约为22000m^3/h，锅炉用水约350m^3/h，其他用水220m^3/h。目前生产1t煤制油的耗水量约为9t，生产1t煤制烯烃的耗水量约为20t，生产1t煤制二甲醚耗水量约为12t，生产1t煤制天然气耗水量约为6t，生产1t煤制乙二醇耗水量约为9t。如此大的用水量，必须要有一套完整的供水系统。

化工厂供水必须根据生产要求、水源的特点，确定合理的供水方案，划分合理的供水系统，选择先进的水处理流程，生产用水应少用新鲜水，多用循环水，做到一水多用，重复利用，以节约用水。

第一节 供水系统

一、化工厂用水及水质的要求

化工厂供水系统的用水按其用途可分为四大类，即生产用水、生活用水、消防用水和施工用水。

1. 生产用水

生产用水为工艺生产装置和公用工程用水，包括工艺用水、冷却用水、锅炉用水和生产装置的地面冲洗水等。水质按生产工艺要求确定。

2. 生活用水

生活用水为厂内生产人员饮用用水、食堂用水、浴厕洗刷用水，厂外生活靠近厂区时生活区用水也在之列。水质为生活饮用水标准。

3. 消防用水

为厂区室内外消防用水。对水质无特殊要求。

4. 施工用水

为厂区新建、改建工程时的用水。对水质无特殊要求。

二、供水方式

化工厂的供水方式一般分直流供水、重复利用和循环供水几种方式。

1. 直流供水方式

由水源直接供水，一次使用后被工艺介质吸收或排入水体。直流供水系统简单，但水源取水能力、净水场设计规模、输水管径、冷却水处理能力均随生产规模增大而增大。一旦冷却设备泄漏，一些物质跑入水中排入水体，会造成水体污染。目前这种供水方式已淘汰。

2. 重复利用方式

当水源为地下水时，往往可采用重复利用的供水方式。如17℃的地下水，经一次利用后，水温升至22℃，利用其低温和余压，可再次供给工艺冷却器作冷却用水，再次升温后的水还可第三次利用。重复利用供水方式，可充分利用地下水的低温效果，有利于工艺装置的运行。但当水温、水压不能满足工艺要求时，也直接排入水体，目前这种供水方式也已基本淘汰。

3. 循环供水方式

这是化工生产目前普遍采用的供水方式，冷却水与工艺热物料在换热器中进行热交换，温度升高后的冷却水经冷却塔冷却降温后，又送回工艺装置使用。在循环使用过程中，只需补充系统蒸发、风吹、管道泄漏和排污损失，补充水量一般仅为循环水量的2%～5%，是最为经济的供水方式。

三、 化工厂供水系统的划分

化工厂的供水系统，应根据用水的水质、水压要求划分。一般可分为以下几种供水系统。

1. 新鲜水供水系统

本系统主要供给工艺生产装置的工艺用水、脱盐水或软水站的用水、循环水系统补充水、机修间用水等。

2. 循环水系统

本系统供给工艺装置冷却用水。根据循环供水的水质、水量和水压要求以及用水装置的分布情况，循环水可分为一个或几个系统。每一个循环水系统又包括循环供水系统和循环回水系统，循环回水系统又可分为压力流和重力流系统。

3. 生活饮用水系统

本系统供给厂区食堂、办公楼、生活设施等的用水。通常由市政或工业园区自来水管网供给，若没有外界自来水管网，也有采用深井水作为生活用水的。工厂内生活用水系统应是独立系统，若工厂生活用水水源与新鲜水系统、循环水系统采用同一水源，则要采取技术措施，将生活用水系统与其他系统隔开。

4. 消防水系统

根据化工生产装置火灾危险性、装置规模等对消防的要求，可采用高压消防或临时高压消防和低压消防。当采用高压或临时高压消防时，消防水应独立为一个系统；当采用低压消防时，生产区的消防水系统可采用与新鲜水系统同一水源，两个供水系统管网相连接；在生活饮用水管网密集的场所，消防水系统可采用与生活饮用水系统同一水源，两个供水系统管网相连接。

一个供水系统由水源、水处理设施、管网、管件、用水设备等构成，下面章节分别对这些进行阐述。

第二节 水 源

一、 水源的选择

水源是供水系统的重要组成部分，水源的安全可靠，直接关系到化工厂的生产与发展。水源选择应根据化工厂对水量、水质、水压、水温及安全可靠性要求，结合当地水文、地质、施工技术和水源卫生防护、综合利用等实际情况，经过全面的技术经济比较后综合考虑确定，并应符合下列要求：

（1） 水体功能区划所规定的取水地段；

（2） 可取水量充沛可靠；

（3） 原水水质符合有关标准；

（4） 与农业、水利综合利用；

（5） 取水、输水、净水设施安全经济和维护方便；

(6) 具有施工条件。

确定水源、取水地点和取水量等，应取得有关部门同意。生活饮用水水源的卫生防护应符合有关现行标准、规范的规定。

水源一般分为三大类，即地下水、地面水和其他水源。除一些消耗水量不大的小型化工企业，外界不具备地面水源时，也采用自来水作为水源外，大部分化工厂的水源为地下水、地面水。

（一）地下水

地下水是埋藏在地表下岩层、沙层或土壤中的水。由于地下土层的过滤、吸附和微生物的净化作用，水质清澈、无色、无味、温度低，与地面水相比，有较多的优越性。

(1) 取水条件和取水构筑物简单，投资省，日常维护费用低。

(2) 水质一般符合卫生要求，可不设澄清处理设施。

(3) 地下水水温常年变幅小，冬暖夏凉，作为生活用水使用方便，作为工业冷却用水，效率高，耗水量低。

(4) 便于分期建设减少初期投资，降低供水系统和输水管线的造价，又可靠近用户。

(5) 人民防空和水源卫生防护条件较好。

用地下水体水源时，必须经过水文地质勘察，进行地下水资源评价，取水量必须小于允许开采量，严禁盲目开采，地下水开采后，不引起水位持续下降、水质恶化及地面沉降。目前在我国大多数地区在被逐渐限制，部分地区已被禁止。

（二）地面水

地面水水量充沛，分布较广，可在江、河、湖、海及水库取水作水源。选择地面水作化工厂的水源时，应考虑水质、水量、卫生防护及城市规划等方面的因素。我国普遍采用地面水。

1. 水质

选择地面水时，应对水源水质进行全面调查了解，收集历年来水源水质的检测资料，并了解水源上下游工农业生产对水源的污染情况。评价水源水质时，应着重注意化学指标和毒理学指标，因感官性指标和细菌学指标，通过一般的净化工艺可以达到水质标准，而化学指标和毒理学指标则难以达到，因此在选择水源时，对这些指标应全面掌握、严格控制。

2. 水量

用地面水作为化工厂供水水源时，必须保证有充沛的水量，枯水流量保证率应为90%～97%。

3. 卫生防护

选择水源时，对水源周围的环境应进行详细的卫生调查，如化工厂水源还兼供生活饮用水时，还必须建立必要的卫生防护地带，以保证水源不受污染。

4. 合理布置

水源位置选择与化工厂整个供水系统布置关系密切，取水位置应尽量靠近化工厂，以减少管线长度，节约投资，方便管理。

5. 统一规划

选择水源时，应结合城镇近、远期规划合理确定水源的取水规模和取水位置。化工厂的取水设施可纳入城镇水源开发的规划，如城镇已有取水设施可满足化工厂用水要求时，可通过协调，直接用城镇取水水源。

6. 综合利用

选择水源时，应考虑到水的综合利用，尤其在缺水地区，提倡综合利用，一水多用，重复利用。

二、 地下水取水

地下水取水应在当地政策允许下征得主管部门的同意，要根据地质条件确定能否开采，水文条件确定水量、水质是否满足要求等。采用地下水作为化工厂生产用水目前在我国大多数地区在被逐渐限制，部分地区已被禁止。因此，地下水取水只作简单介绍。

地下水取水采用开井方式取水，井构筑物的形式通常有管井、大口井、辐射井、渗渠，它们的特点及适用范围分别见表 1-1。

表 1-1　地下水取水构筑物的种类、特点及适用范围

形式	特　点		适用的水文地质条件			出水量
	井　径	井　深	地下水埋深	含水层厚度	水文地质特征	
管井	一般 50～1000mm，常用 150～600mm	一般 30～120m，可达100～300m	含水层较深	一般 2m 一行，或多层含水层	任何砂、卵、砾石层	单井出水量 50～200m³/h
大口井	一般 2～12m，常用 4～8m	一般 8～12m，可达 20m 以内	含水层较深	含水层厚度 5～15m	任何砂、卵、砾石层，透水性能良好，补给水来源丰富	单井出水量 50～500m³/h
辐射井	一般 2～12m，常用 4～8m	一般 8～12m，可达 20m 以内	含水层较浅	集取河床渗透水时含水层厚度 5～15m；集取远离河流地下水时含水层较薄	含水层最好为中粗砂或砾石层，不得有漂石	单井出水量 200～2000m³/h
渗渠	一般 0.45～1.5m，常用0.6～1.0m	埋深 7m 以内，常用 4～6m	含水层较浅，一般 2m 以内	含水层厚度较薄，一般 4～6m	中、粗砂，砾石层或卵石含水层	一般 0.5～1.5m³/h，最大2～4m³/h

三、 地面水取水

采用地面水作为化工厂生产用水源时，也需要征得主管部门的同意，还要根据下列基本要求，通过技术经济比较确定：

（1） 水量满足需求，水质较好的地带；

（2） 靠近主流，有足够的水深，有稳定的河床及岸边，有良好的工程地质条件；

（3） 尽可能不受泥沙、漂浮物、冰凌、冰絮等影响；

（4） 不妨碍航运和排洪，并符合河道、湖泊、水库整治规划的要求；

（5） 尽量靠近工厂。

1. 取水形式

地面水取水形式很多，主要可以分为固定式和移动式两大类。固定式取水构筑物有岸边式、河床式；移动式取水构筑物有缆车式、浮船式。根据化工厂用水特点，一般以中小型取水构筑物为主，现将主要取水构筑物形式和特点列表介绍，如表 1-2 和表 1-3

所示。

表 1-2　固定式取水构筑物形式和特点

形式		图示	特点	适用条件
岸边式	合建式	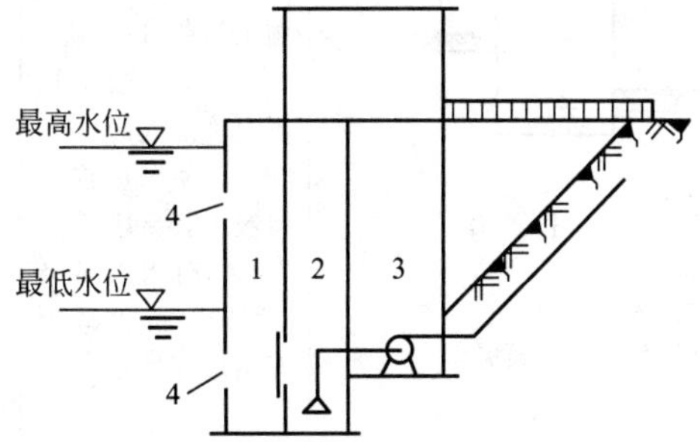 合建式岸边取水构筑物 1—进水间；2—集水井；3—水泵房；4—进水窗口	(1)集水井与泵房合建，布置紧凑，占地面积小； (2)吸水管路短、运行安全、维护方便	(1)河岸坡度较陡，岸边水流较深，地质条件较好； (2)水位和流速变化较大； (3)取水量较大、安全性要求较高
	分建式	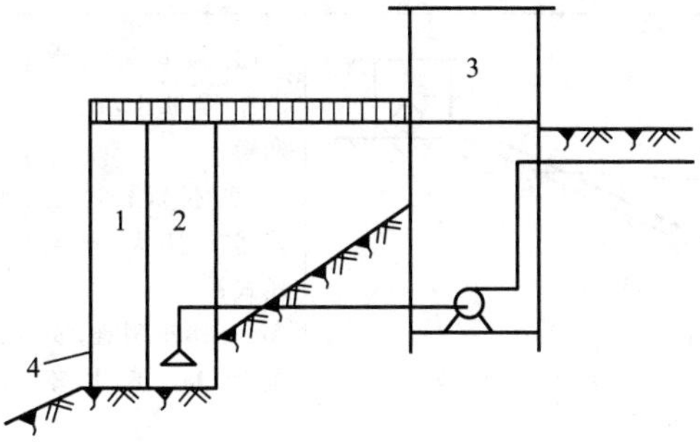 分建式岸边取水构筑物 1—进水间；2—集水井；3—水泵房；4—进水窗口	(1)泵房可离岸，设在地质条件较好地段； (2)吸水管路长、运行安全性稍差； (3)维护管理不如合建式方便	(1)河岸地质条件较差，不适宜合建时； (2)当采用合建式对河流断面及航道影响较大时； (3)水下施工困难时
河床式	自流管	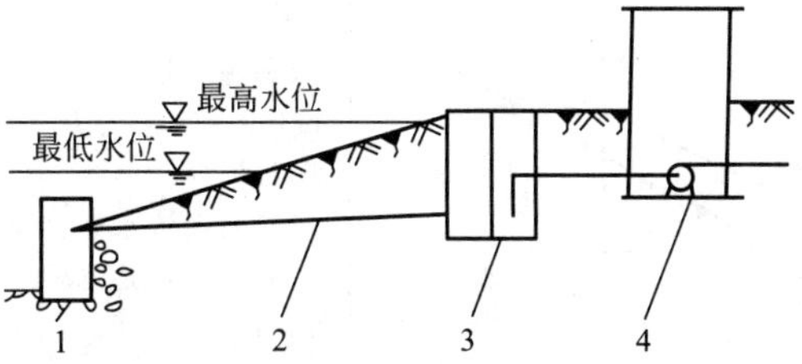 自流管取水 1—取水口；2—进水管；3—集水井；4—水泵房	(1)集水井设于河岸上，不受水流影响，也不影响水流； (2)冬季保温条件好； (3)河流泥沙较多时，水质较差，集水井泥沙不易清除	(1)河床较稳，河岸平坦，主流距河岸较远，河岸水深较浅，需取距河岸较远处的水源； (2)水质较好，水中含泥沙较少
	虹吸管	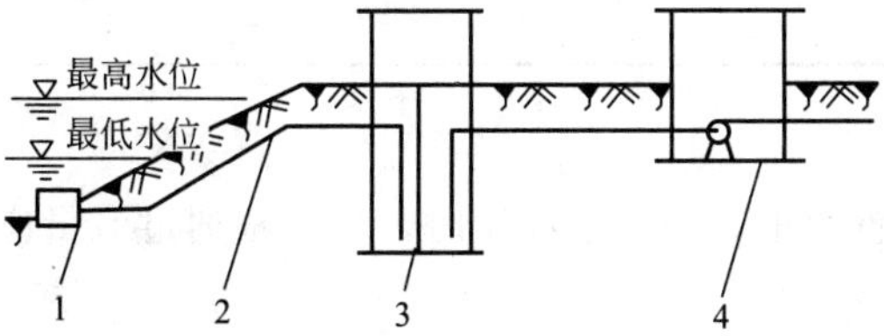 虹吸管取水 1—进水口；2—虹吸管；3—集水井；4—水泵房	(1)具有自流管取水特点；且减少了自流管敷设时的大量挖方，水下施工量少； (2)需设一套真空系统，虹吸管较长、管径较大时，启动时间长，运行不便	(1)适用条件与自流管相同，但河岸为岩石时，自流管下埋困难时； (2)河岸较陡，自流管埋深较大时

续表

形式		图示	特点	适用条件
河床式	直接吸水	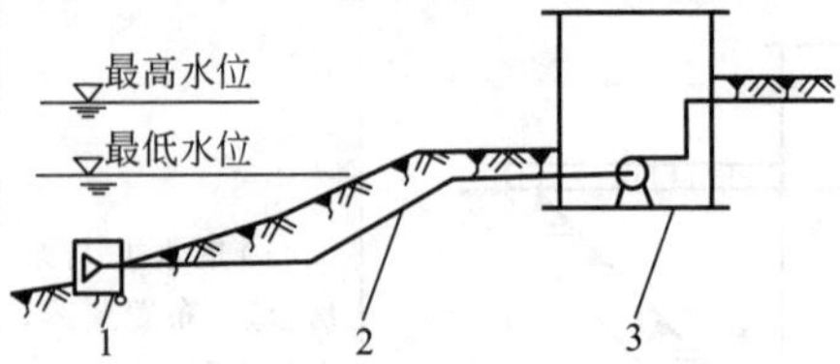 最高水位 最低水位 1 2 3 水泵吸水管直接取水 1—取水口；2—吸水管；3—水泵房	(1)不设集水井，施工简单，造价低； (2)要求吸水管不允许漏气； (3)含水量较大时吸水管易堵塞； (4)利用水泵吸入高度，可以减少泵房埋深	(1)取水量较小； (2)河流含沙量较小，漂浮物较少； (3)河岸泵房距取水口距离不大，吸水管不会过长时

表 1-3　移动式取水构筑物形式和特点

形式		图示	特点	适用条件
移动式	缆车式	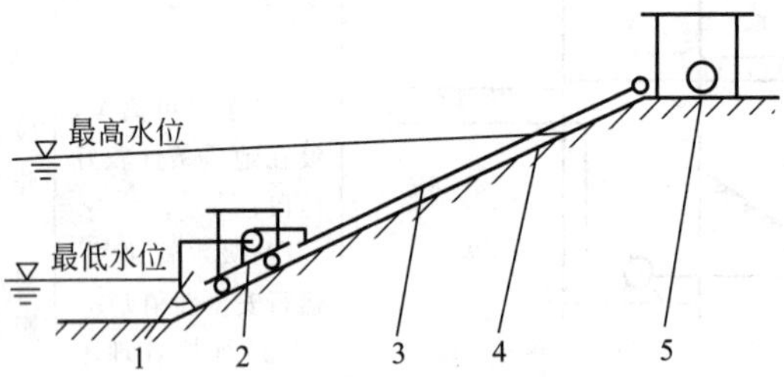 最高水位 最低水位 1 2 3 4 5 缆车取水构筑物 1—吸水管；2—泵车；3—输水斜管；4—坡道；5—牵引机	(1)施工简单，水下工程量小，施工期短； (2)投资较固定式小，但大于浮船式； (3)移车困难，安全性差，工作环境差； (4)只能取岸边水，水质差	(1)河水位涨落幅度较大(10～35m)，涨落速度不大于2m/h； (2)河床比较稳定，河岸工程地质条件好，岸坡倾角在10°～28°之间； (3)取水量较小
	浮船式	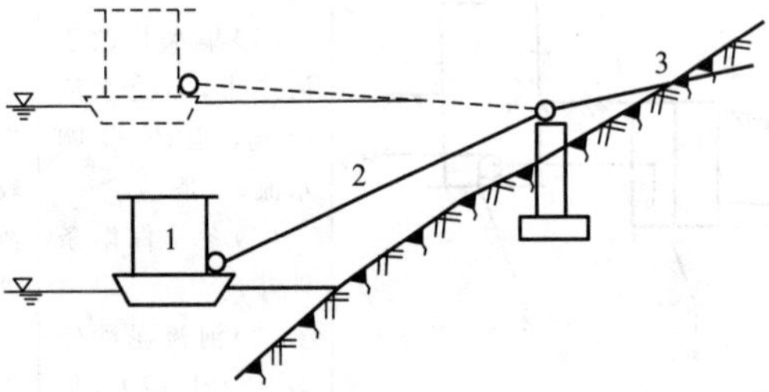 1 2 3 浮船取水构筑物 1—浮船；2—联络管；3—输水管	(1)施工量少，无水下工程，施工方便，投资少； (2)对河流水文、河床变化适应性强； (3)船体维护频繁，供水安全性不如固定式	(1)河水位涨落幅度在10～35m或更大，涨落速度不大于2m/h，枯水期水深大于1m，水流平稳，停泊条件较好河段； (2)河床稳定，采用阶梯式接头，岸坡倾角在20°～30°为宜，采用摇臂式接头，岸坡倾角在60°； (3)无冰凌、浮筏等漂浮物撞击河道

2. 进水管道

(1) 自流管和虹吸管一般应设置两根，当一根停用时，另一根通过流量应满足事故用水要求。

(2) 自流管和虹吸管的水流速度一般不小于0.6m/s。

(3) 自流管一般设在河床下，当河床不易冲刷时，埋深为0.5m；易冲刷时，埋深为冲刷线以下0.3m。

(4) 自流管道敷设时应有固定措施，防止管道排空检修时上浮。自流管应设检查井。

(5) 虹吸管的虹吸高度采用 5～6m，最高不应大于 7m，有效虹吸高度按式 (1-1) 计算：

$$h_0 = h_1 - h \tag{1-1}$$

式中 h_0——有效虹吸高度，m；

h_1——允许真空高度，m；

h——虹吸管的水头损失，m。

(6) 虹吸管末端应在最低水位以下 1.0m，最小不小于 0.5m。

(7) 虹吸管应接口严密，保证不漏气，一般宜采用钢管，接口为焊接；埋入地下部分也可采用铸铁管、石棉水泥或自应力水泥接口。

(8) 进水管应有正向或反向冲洗措施。

3. 集水井

(1) 集水井应分隔成能独立工作的数格。

(2) 集水井的进水孔应布置合理，保证能取得较好水质的较大水量。

(3) 集水井进水口应设格栅，格栅的选用参见国家标准。

(4) 集水井应设操作平台，平台上应设检修闸阀和格栅的吊装设备。

4. 泵站

泵站是整个给水系统正常运转的枢纽，是由水泵和引水设备、积水排出设备、起重设备、计量设备等附属设备组成。

(1) 水泵　从水源抽取原水是由水泵来完成的，常用的为离心泵，其中单级离心泵的使用最为广泛，其工作原理、性能参数、安装参见有关流体输送教材。

(2) 引水设备　离心水泵在启动前必须把泵壳和吸水管充满水，否则，即使开动水泵也不能将水抽上来，有自灌式和吸水式两种方式。采用大型水泵，自动化程度高，供水安全要求高的泵站，宜采取自灌式。自灌式工作的水泵外壳顶点应低于吸水池内的最低水位。当水泵为吸水式工作时，在启动前必须引水。引水方法可分为两类：一是吸水管带有底阀；二是吸水管不带底阀。

吸水管带有底阀，它是在底阀关闭情况下，把水从泵顶引水孔灌入泵内，或用压水管将水倒灌入泵内，使泵壳和吸水管中灌满水，并排出空气，然后再启动水泵。

吸水管上不装底阀的引水方法，在泵站中普遍采用。它的优点是：水泵启动快，运行安全可靠，易实现自动化。其缺点是：要有一套真空泵装置，增加投资，管理也较复杂。目前使用最多的是水环式真空泵。真空泵的抽气管，可以直接接水泵，也可以接到真空箱，再由真空箱接到水泵。采用真空箱时，如水中有少量杂质，或者水泵灌满以后，余水可以流入真空箱，不至于直接进入真空泵。另外，采用真空箱，可比较方便地观察到水泵是否灌满水。

(3) 排水设备　泵房内的积水，主要是水系运行时轴承冷却水、填料和压水管上闸阀的漏水、停泵检修排空放水以及冲洗地板等排水。对于地面式泵房，积水一般可以自流排入室外下水道，故通常无须设置专门的排水设备。地下式或半地下式泵房，用沟管排水有困难时，应设排水设备。一般采用水射器、小型电动排水泵等排出泵房积水。

(4) 起重设备　为了便于泵站内的水泵、电机以及其他附属设备的安装、检修或更换，在泵站内一般应设置起重设备。但是鉴于泵站内的起重设备是非经常性工作，故其标准力求简单。泵站内的起重设备的起重量，必须能起吊泵站内最重的水泵或电动机。一般泵站内设备的起吊次数不多，所以较大的泵站配有手动桥式吊车就可以了。在大型泵站，因水泵台数较多，应适当考虑起重设备的机械化程度。

(5) 计量设备　为了有效地调度泵站的工作，并进行经济核算，泵站内须设置计量设备。目前泵站常用的计量设备有文氏管水表、孔板式水表、涡街流量计等。近年来，国内外已开始采用电磁流量计、超声波流量计等新型计量设备。

四、 净水工艺

以地面水为水源时，其水质一般不能满足生活使用和工业用水的要求，必须对水质进行净化处理。水质净化处理方法根据用户对水质、水量的要求和水源水质情况进行选择。

工业用水净化处理基本流程一般为：

原水⟶混凝、沉淀⟶过滤⟶送生产用水

当兼供生活饮用水时，其基本流程为：

原水⟶混凝、沉淀⟶过滤⟶送生产用水
↓
消毒⟶送生活用水

五、 供水管网的布置

供水管网分为输水管线和厂内配水管网。

（一） 输水管线的布置与敷设

从水源到净水场和从净水场到厂区的供水管，仅仅起输水作用，称为输水管线。输水管线布置时应遵循下列原则。

（1）输水管线的走向　应根据下列要求确定：

① 尽量缩短线路长度、减少线路的起伏、减少土石方工程量；

② 符合城镇和工业企业的规划要求，减少拆迁，少占农田；

③ 尽可能沿现有道路敷设，以利施工和维护；

④ 尽量避免穿越河谷、山脊、沼泽、重要泄洪区，注意避开滑坡、坍方等不良地质地带。

（2）从水源到净水场的输水管线的流量　应按化工厂最高日用水量加净水场自用水量确定。

（3）从净水场到厂区的输水管线的设计流量应按最高日最高时用水量确定。

（4）输水管线的布置　输水管线一般不宜少于两条，当有安全贮水池且输水管为钢管时，也可设一条。安全贮水池的容积不得少于8～12h新鲜水量与消防水的设计小时用水量（厂内有消防水池时，消防水量为消防补充水量），且不得小于火灾延续时间内消防用水总量，并应有在正常生产时不动用安全贮量的措施。

（5）输水管线应在隆起点上设置排气阀，以便及时排出管内空气，不致发生气阻现象；在管网低处应装设泄水管和泄水阀，泄水管直径一般为输水管直径的1/3。

（6）布置输水管道时，应考虑发生水锤的可能，必要时需设置消除水锤的措施。

（7）供水管与铁路交叉时，应按《铁路工程技术规范》规定执行，并取得铁路管理部门的同意。

（8）管道穿过河流时，可采用管桥或河底穿越等形式，有条件时应尽量利用已有或新建桥梁进行架设。穿越河底的管道，应避开锚地，一般宜设两条，当一条停止工作时，另一条仍能通过设计流量。管道内流速应大于不淤流速。管顶距河底的埋设深度应根据水流冲刷条件确定，一般不得小于0.5m，在航运范围内不得小于1.0m，并应有检修和防止冲刷的设施。

当通过航运的河流时，过河管应取得当地航运管理部门的同意，并应在两岸设立标志。

（二） 厂区配水管网的布置

厂区内配水管网担负着向各工艺用水装置配水的任务，厂区内配水管网根据供水系统的划分可分为新鲜水管网、循环水管网、生活饮用水管网、消防水管网，如前所述，消防水管网也可与新鲜水管网或生活饮用水管网合并。

1. 厂内供水管网布置的一般规定

（1）厂内供水管道的布置应根据厂区总平面考虑，厂区的主干管应靠近用水量最大装置。

（2）厂内供水管一般沿道路边纵向敷设，管网为枝状管网。当管网担负消防任务时，根据消防规范要求管网应布置成环状，消防管网和消火栓的设置应按有关消防规范执行。

（3）供水管道不得穿越设备基础和建筑物的柱基础，并不得穿越建筑物的伸缩缝和沉降缝，如必须穿过时，应采取相应的技术措施。

（4）供水管道穿过承重墙时应预留孔洞，管顶上部净空不得小于建筑物的沉降量，且不得小于0.1m。

（5）给排水管道平行埋设于地下时的最小净距应满足施工安装和检修要求，并符合下列规定。

① 管径小于或等于200mm时，管道间净距不宜小于0.3m；管径为250～800mm时，管道间净距不宜小于0.4m；管径大于900mm时，管道间净距不宜小于0.5mm。

② 管道外壁与相邻管道上的给排水井外壁的净距不宜小于0.2m。

③ 相邻管道底标高不同时，较深管道宜敷设在较浅管道外缘或管道基础底面外缘的地基土的内摩擦角以外。

（6）埋地管道交叉时应符合下列规定

① 管道间净距不宜小于0.15m。

② 小管径管道宜避让大管径管道，压力流管道宜避让重力流管道。

③ 采用铸铁管的生活饮用水管道应敷设在污水管道的上方，在交叉处3m范围内不得有接头；当不能满足要求时，生活饮用水管道应采用钢管。

（7）装置区内埋地管道与建筑物外墙之间的水平净距不宜小于3m。当不能满足时，应采取相应措施；当管道埋设深度低于建筑物基础底面深度时，管道应设在基础外缘安息角之外。

（8）管道穿越厂区铁路和主要道路时，应符合下列规定

① 压力流管道宜采用钢管。

② 重力流管道宜采用供水铸铁管或预应力钢筋混凝土管。

③ 埋地管道的管顶距铁路轨底不得小于1.2m；距道路路面不得小于0.7m；小于0.7m时，应采取加固措施。

（9）供水管道的阀门设置应符合下列要求

① 由主管接至装置的支管上应设置阀门（可安装在装置内）。

② 室内供水管的进户管上应设置阀门（可放在室内）。

③ 厂区环状管网上应设置分段或分区的阀门。

④ 压力管道的隆起点和平直段的必要位置上，应设排（进）气阀；低处应设泄水阀。

（10）阀门井、水表井的结构材料可采用砖砌井、混凝土井或钢筋混凝土井，井室大小、结构形式可按《全国通用给排水标准图集》选用。

（11）井内阀门的安装尺寸应符合下列规定

① 阀门法兰外缘至井内壁及井底的距离：阀门直径小于300mm时，不得小于0.3m；大于或等于300mm时，应适当加大。

② 带有旁通阀的阀门，旁通阀法兰外缘至井内壁或相邻阀门（或阀体）法兰外缘的距离不得小于 0.3m。

③ 阀门手轮距阀门井盖座的净距不得小于 0.5m，当采用明杆闸阀时，全开启的阀杆高度距井内顶净距不得小于 0.2m。

④ 阀门井的选型及井室高度应便于操作和维修。

2. 管道埋深

（1）非冰冻地区管道的管顶埋深，主要由外部荷载、土壤地基等因素决定。管道的覆土厚度不宜小于 0.7m，当保证管道受外部荷载不被破坏条件下，也可小于 0.7m。

（2）冰冻地区管道的管顶埋深，还需考虑土壤的冰冻深度，规定如下：a. 循环水管道可不受冻土深度的限制；b. 管径小于 500mm 的其他供水管道，管顶不宜高于土壤冰冻线；c. 管径大于 500mm 的其他供水管道，其管底可敷设在土壤冰冻线以下 0.5 倍管径处。

（3）支墩承插接头的管道，在弯头、三通支管顶端、管堵顶端等处应设置支墩，以防止接口松动脱节。设置支墩时应遵循下列规定。

① 管径≤350mm 的承插管道，且试验压力不大于 1.0MPa 时，在一般土壤地区的弯头、三通处可不设支墩，在松软土壤中，则应根据管道试验压力和土壤条件，经计算确定是否设支墩。

② 管道转弯角度＜ 100°时，可不设置支墩。

③ 支墩不应修筑在松土上，利用土体被动土压承受推力的水平支墩的背后必须为原状土，并保证支墩和土体紧密接触，如有空隙需用与支墩相同材料填实。

④ 水平支墩后背土壤的最小厚度应大于墩底在设计地面以下深度的 3 倍。

六、 供水管道材料及接口方式

1. 供水管道常用管道材料、规格性能

供水管道常用管道材料和规格性能参见表 1-4。

表 1-4　供水管道常用管道材料和规格性能

管子	管材		规格	管道耐压力（工作压力）	管道接口
钢管	直缝卷焊钢管		DN150～DN1800	根据管道壁厚、材质决定；＞ 1.0MPa	焊接、法兰连接
	螺旋焊接钢管		DN200～DN1400		焊接、法兰连接
	镀锌焊接钢管		DN8～DN150		聚四氟乙烯料带丝扣连接
	不镀锌焊接钢管		DN8～DN150		焊接、法兰连接
	热轧无缝钢管		DN32～DN600		焊接、法兰连接
铸铁管	砂型离心铸铁管		DN75～DN1500	根据壁厚选定，0.45～1.0MPa	石棉水泥承插口、自应力水泥承插口、橡胶圈承插口连接
	连续铸造铸铁管		DN75～DN1500		
	球墨铸铁管		DN80～DN2000	根据壁厚选定，一般＞1.0MPa	橡胶圈承插口连接
预应力钢筋混凝土管			DN400～DN1400	根据壁厚选定，0.4～1.0MPa	橡胶圈承插口连接
自应力钢筋混凝土管			DN100～DN600		
塑料管	硬聚氯乙烯管		DN10～DN600	根据壁厚选定，0.15～1.6MPa	粘接，承插口弹性密封圈连接，法兰连接
	聚丙烯管	轻型	DN15～DN200		
		重型	DN8～DN65		
	ABS 工程塑料管		DN20～DN50		

2. 管材选用

(1) 室外压力流管道宜采用钢管、供水铸铁管、预应力钢筋混凝土管及硬聚氯乙烯管；室内供水管应采用镀锌钢管。

(2) 输送有腐蚀性介质的管道，根据具体情况采用硬聚氯乙烯管（PVC)、ABS工程塑料管、复合管（FRP/PVC)、玻璃钢管（FRP)、衬胶钢管、衬塑钢管或不锈钢管。

(3) 高压或临时高压消防水管宜采用钢管。

3. 管道接口

(1) 埋地敷设的钢管应采用焊接；地面敷设的钢管可采用焊接连接、法兰连接、螺纹连接或快速管接头连接。

(2) 铸铁管应采用承插式接口，接口填塞材料宜采用自应力水泥、橡胶圈接口，石棉水泥接口因劳动强度大，已很少采用。铅接口仅在抢修时使用。预应力钢筋混凝土管接口宜采用橡胶圈承插式接口。

(3) 硬聚氯乙烯管（PVC)、ABS工程塑料管、复合管（FRP/PVC)、玻璃钢管（FRP）宜采用法兰连接、粘接和密封圈承插接口，埋地敷设时宜采用粘接或密封圈承插接口。

4. 管道防腐

埋地钢管外防腐处理，应按相关防腐蚀工程设计规范进行。

5. 管道防结露

在潮湿、低温环境中，金属供水管道表面易结露产生水滴，若环境不允许有滴水，需要对供水管道进行防结露隔热，参见供冷章节的保冷内容。

第三节 循环水系统

化工厂的生产用水中，有90%～95%是用于产品或设备的冷却用水，且大部分为间接冷却用水，经生产使用后，除水温升高外，污染比较轻微，这种水若直接排放，是水资源的极大浪费，有污染的冷却水排放，更是国家和地方环保部门所不允许的。因此，一般均将冷却水经适当处理后循环使用，由冷却构筑物、泵房、冷却水处理设施组成循环水系统。

一、 循环冷却水系统

1. 封闭式循环冷却水系统

在封闭式循环冷却水系统中，冷却水用过后不是马上排放掉，而是回收再用，循环不已。在循环过程中，冷却水不是暴露在空气中，所以水量损失很少，水中各种矿物质和离子含量一般也不发生变化。水的再冷却是在另一台换热设备中用其他的冷却介质（如风冷）来进行冷却的。这种系统一般用于发电机、内燃机或有特殊要求的单台换热设备。封闭式循环冷却水系统流程如图1-1所示。

2. 敞开式循环冷却水系统

化工厂循环水系统一般采用敞开式系统。在敞开式循环冷却水系统中，冷却水用过后不是马上排放掉，而是通过冷却塔将水温降低到一定温度后，再进行循环使用。敞开式循环冷却水系统是由冷却构筑物、循环水泵、冷却水处理设施组成的循环水系统，其典型流程如下。

(1) 当回水为有压回水时，循环水系统流程如图1-2所示。

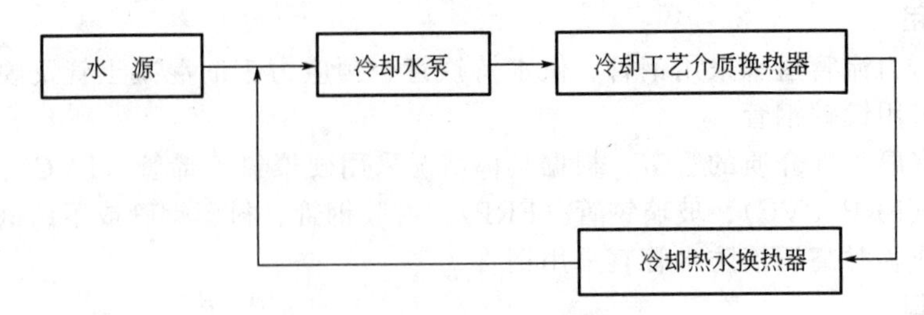

图 1-1 封闭式循环冷却水系统流程示意图

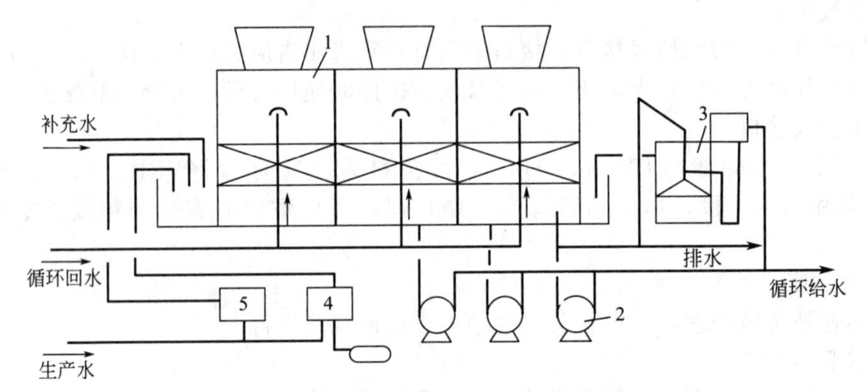

图 1-2 有压回水循环冷却水系统流程示意图

1—冷却塔；2—循环冷却水泵；3—无阀滤池；4—加氯机；5—加药装置

（2）当回水为无压回水时，循环水系统流程如图 1-3 所示。

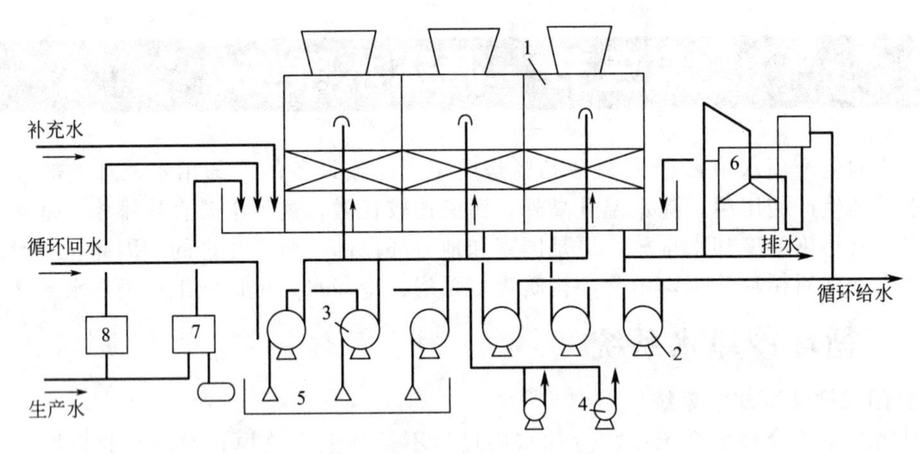

图 1-3 无压回水循环冷却水系统流程示意图

1—冷却塔；2—循环冷却水泵；3—循环热水泵；4—真空泵；

5—热水池；6—无阀滤池；7—加氯机；8—加药装置

（3）当回水被污染需经处理才能循环使用时，循环水系统流程如图 1-4 所示。

二、 循环冷却水系统的水平衡

在敞开式循环水系统中，水在被冷却时，由于风吹、蒸发会损失一部分水量；而水分的蒸发会使水中盐分浓缩致使水中含盐量增加，为了保持水中一定的含盐量，循环水必须排污；此外，水在与空气的接触过程中，必将受到空气中灰尘、粉尘等悬浮物的污染，系统内还必须设置旁滤装置来保证循环水的水质，旁滤装置的冲洗水也应列入排污水之列。因此，

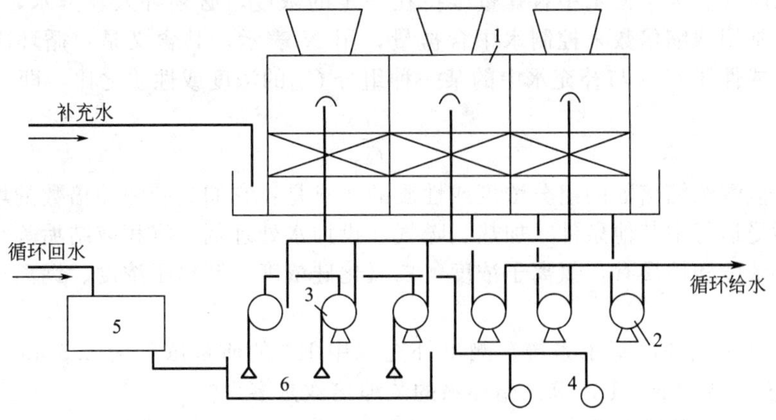

图 1-4　回水被污染循环冷却水系统流程示意图

1—冷却塔；2—循环冷却水泵；3—循环热水泵；4—真空泵；
5—污水处理设施；6—热水池

在循环水系统中必须补充新鲜水来弥补风吹、蒸发、排污的水量损失，保持水量平衡。循环冷却水系统水平衡见图 1-5。

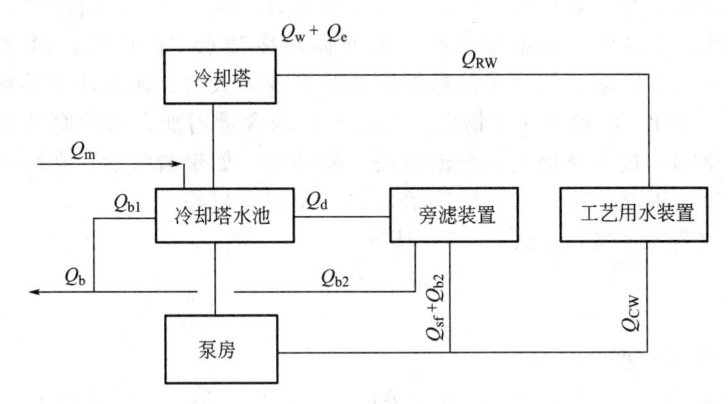

图 1-5　循环冷却水系统水平衡图

Q_{CW}—循环水量；Q_{RW}—循环回水水量；Q_m—补充水量；
Q_w—风吹损失水量；Q_e—蒸发损失水量；Q_{sf}—旁滤水量；
Q_b、Q_{b1}、Q_{b2}—排污水量

（一） 补充水量计算

在循环冷却水系统完好，没有渗漏情况下，补充水量按式（1-2）计算：

$$Q_m = Q_e + Q_b + Q_w \tag{1-2}$$

式中　Q_m——循环水系统的补充水量，m^3/h；

Q_e——循环水系统的蒸发水量，m^3/h；

Q_b——循环水系统的排污损失，m^3/h；

Q_w——循环水系统的风吹损失，m^3/h。

其中：

$$Q_m = \frac{Q_e N}{N-1} \tag{1-3}$$

式中　N——循环水系统的浓缩倍数。

在敞开式循环冷却水系统中，由于蒸发，系统的水越来越少，而水中各种矿物质和离子

浓度就会越来越大。为了使水中含盐量维持在一定的浓度，必须补入新鲜水，排出浓缩水。在操作时，通常用浓缩倍数来控制水中含盐量，用 N 表示，其含义是：循环冷却水中某一种组分的浓度或性质 C_{CW} 与补充水中的某一种组分 C_m 的浓度或性质之比，即

$$N=\frac{C_{CW}}{C_m} \tag{1-4}$$

对于用来监测浓缩倍数的组分浓度或性质的要求是：它们只随浓缩倍数的增加而成比例地增加，而不受运行中其他条件（加热、曝气、投加水处理剂、沉积或结垢等）的干扰。通常选用的组分浓度和性质有：氯离子浓度、二氧化硅浓度、钾离子浓度、钙离子浓度、含盐量和电导率。

【例 1-1】 某一循环冷却水系统，测出补充水中 K^+ 的质量浓度为 8.5mg/L，循环水中 K^+ 的质量浓度为 22.0mg/L，求该循环水的浓缩倍数是多少？

解： 循环水的浓缩倍数为

$$N=\frac{C_{CW}}{C_m}=\frac{22.0}{8.5}=2.6$$

提高循环冷却水的浓缩倍数，可以降低补充水的用量，从而节约水资源；还可以降低排污水量，从而减少对环境的污染和废水的处理量。此外，提高浓缩倍数还可以减少水处理剂的消耗量，从而降低冷却水处理的成本，一般浓缩倍数不应小于 3，间冷敞开式循环水系统不宜小于 5。但是，过多地提高浓缩倍数，会使循环冷却水中的硬度、碱度和浊度升得太高，水的结垢倾向增大很多，从而使结垢控制的难度变得太大；还会使循环冷却水中的腐蚀性离子（如 Cl^- 和 SO_4^{2-}）和腐蚀性物质（如 SO_2）的含量增加，水的腐蚀性增强，从而使腐蚀控制的难度增加；过多地提高浓缩倍数还会使药剂（如聚磷酸盐）在冷却水系统内的停留时间增长而水解。因此，冷却水的浓缩倍数并不是越高越好。

循环水系统的蒸发水量，按式（1-5）计算

$$Q_e=P_eQ \tag{1-5}$$

$$P_e=K\Delta t \tag{1-6}$$

式中　P_e——蒸发损失水率，%；

K——系数，$℃^{-1}$，按表 1-5 的规定采用，当进塔气温（干球温度）为中间值时可采用内插法计算；

Δt——进出冷却塔的水温差，℃；

Q——循环冷却水量，m^3/h。

表 1-5　系数 K

进塔气温/℃	−10	0	10	20	30	40
$K/℃^{-1}$	0.08	0.10	0.12	0.14	0.15	0.16

【例 1-2】 某一循环冷却水系统，循环水量 $1000m^3/h$，冷却塔的进水温度 42℃，冷却塔的出水温度 32℃，进入冷却塔空气的干球温度为 20℃，求该冷却塔循环水的蒸发损失量。

解： 由表 1-5 查得，系数 $K=0.14$

冷却塔进出水温差 $\Delta t=42-32=10℃$

冷却塔蒸发损失量 $Q_e=P_eQ=0.14\times10\div100\times1000=14m^3/h$

循环水系统的风吹损失，按式（1-7）计算：

$$Q_w=P_wQ \tag{1-7}$$

式中　P_w——风吹损失水率，%，按表 1-6 采用。

表 1-6　冷却塔风吹损失水率

塔型	机械通风冷却塔	风筒式自然通风冷却塔
P_w/%	0.1	0.05

排污损失水量，根据循环水水质确定，一般水质情况时，$Q_b=(0.2\sim0.3)\%Q$。

（二） 旁流水量计算

循环水系统中如有下列情况之一时，应设置旁流水设施。

（1）循环冷却水在循环过程中受到污染，使循环冷却水水质不断恶化而超出允许值。在此情况下，必须对系统中分流出的旁流水进行旁滤处理，以维持循环冷却水水质指标在允许范围之内。

（2）当补充水某一项或几项指标较高时，可能会导致循环水水质超标。如补充水 Cl^- 含量为 110mg/L，当浓缩倍数 $N=3$ 时，循环冷却水的 Cl^- 将达到 330mg/L，已超过循环水水质标准。此时可考虑降低浓缩倍数或采取旁滤水处理措施加以解决，在此情况下必须经过技术经济比较确定。

（3）旁滤水流量可按循环水量的 1% ～5%或结合运行经验确定，也可按公式计算。

① 旁流过滤去除悬浮物时，其过滤水量按式（1-8）计算：

$$Q_{sf}=\frac{Q_m C_{ms}+K_s A C_a-(Q_b+Q_w)C_{rs}}{C_{rs}-C_{ss}} \tag{1-8}$$

式中　Q_{sf}——旁流过滤水量，m^3/h；

C_{ms}——补充水的悬浮物含量，mg/L；

C_{rs}——循环冷却水的悬浮物含量，mg/L；

C_{ss}——旁流过滤后水的悬浮物含量，mg/L；

A——冷却塔空气流量，m^3/h；

C_a——空气中含尘量，g/m^3；

K_s——悬浮物沉降系数，可通过试验确定，当无资料时可选用 0.2。

② 当采用旁流水处理去除碱度、硬度、某种离子或其他杂质时，其旁流水量按式（1-9）计算：

$$Q_{si}=\frac{Q_m C_{mi}-(Q_b+Q_w)C_{ri}}{C_{ri}-C_{si}} \tag{1-9}$$

式中　Q_{si}——旁流处理水量，m^3/h；

C_{mi}——补充水中某项成分的含量，mg/L；

C_{ri}——循环冷却水中某项成分的含量，mg/L；

C_{si}——旁流处理后水中某项成分的含量，mg/L。

三、 循环冷却水系统的布置

（一） 位置选定

循环水系统中有各种冷却设施，如冷水池、喷水池、河道冷却、冷却塔等，在化工企业中应用最广的是冷却塔。冷却塔在厂区的位置是循环水系统布置的核心，选择冷却塔在厂区的位置时，应根据生产工艺流程的要求，冷却塔与周围环境的相互影响及化工厂的发展扩建等因素综合考虑，并应符合下列规定。

（1）为避免或减轻冷却塔的飘滴、水雾对厂区主要构筑物及露天配电装置的不良影响，冷却塔应布置在厂区冬季主导风向的下侧。

（2）为了防止煤尘和其他粉尘对循环水的污染，冷却塔应布置在堆煤场等粉尘污染源的全年主导风向的上风侧。

（3）冷却塔应远离厂内露天热源，如化工厂的露天加热设备、电站锅炉等，以免由于露天热源的影响，使进入冷却塔的空气参数长时间高于设计值，导致冷却塔的效果达不到设计要求。

（4）冷却塔之间或冷却塔与其他建筑物之间的距离，除应满足冷却塔的通风要求外，还应满足管、沟、道路、建筑物防火防爆要求，以及冷却塔和其他建筑物的施工和检修的要求。

（5）冷却塔的集中或分散布置方案的选择，应根据各工艺装置使用循环水水量，水质水温要求、分布位置，通过技术经济比较确定。

（二） 场内布置

1. 场内布置的一般要求

（1）冷却塔应充分利用地形，合理布置，冷却塔水池宜采用地上式或半地上式，以减少风沙侵入保护水质，并有利于设计地上式泵房，便于操作。

（2）循环水泵应靠近冷却塔，也可放在冷却塔端头，以减少吸水管路的长度。

（3）循环水场的布置应考虑发展扩建的可能，必要时冷却塔一端留有扩建余地，泵房的发展扩建能力应与冷却塔的发展相适应，一般可采取以下措施：

① 远期工程更换较大型号的水泵；

② 在泵房内预留水泵机组的位置；

③ 预留扩建端，远期有扩建泵房和增加机组的可能。

（4）循环水场内的加药间、加氯间、氯瓶间应集中设置，并与循环水泵房合建。加药、加氯间均应靠近加药、加氯点，与加药、加氯点的距离不宜大于30m。

（5）循环水场的仪表控制室和变配电间宜与循环水泵房合建。

（6）大中型循环水场应设置化验分析室，并靠近加药、加氯间。小型循环水场的化验分析室可与厂区中心化验室或其他工艺装置化验室合并。

2. 机械通风冷却塔的布置要求

（1）单侧进风的塔的进风面宜向夏季主导风向；双侧进风的塔的进风面宜平行于夏季主导风向。

（2）当塔的格数较多时，应结合地形、地质和总平面布置等因素统一考虑冷却塔的布置，必要时冷却塔宜分成多排布置。每排的长度与宽度之比不宜大于5∶1。

（3）两排以上的塔排布置应符合下列要求：

① 长轴位于同一直线上的相邻塔排净距不小于4m；

② 长轴不在同一直线上相互平行的塔排净距不小于塔的进风口高的4倍。

（4）周围进风的机械通风冷却塔之间的净距不应小于冷却塔的进风口高度的4倍。

（5）根据冷却塔的通风要求，塔的进风口侧与其他建筑物的净距不应小于塔的进风口高的2倍。

3. 风筒式自然通风冷却塔的布置要求

（1）相邻的风筒式冷却塔净距应符合下列规定：

① 逆流式冷却塔不应小于塔的进风口下缘的塔筒半径；

② 横流式冷却塔不应小于塔的进风口高的3倍；

③ 当相邻两塔几何尺寸不同时应按较大的塔计算。

（2）根据冷却塔的通风要求，塔与其他建筑物的净距不应小于塔的进风口高的2倍。

四、 循环水泵房

（一） 水泵选择

1. 常用的循环水泵

化工厂循环水泵一般采用卧式离心泵，常用的水泵性能、型号见本书附录。

2. 选泵原则

（1）水泵应满足化工厂用水装置循环用水的最大流量和最高扬程的要求，并使所选水泵特性曲线的高效范围尽量平缓，以适应在一定范围内的工况情况下，流量和扬程的要求。

（2）同一循环水系统尽量选用同型号水泵。

（3）一般应尽量减少水泵台数，选用效率较高的大泵。同一循环水系统，循环水泵台数不多于5台时，一般设置1台备用泵（型号与系统最大一台循环水泵型号相同）。

3. 水泵选择

（1）流量　循环水泵房的最大流量应满足化工工艺装置和其他装置的循环水用水要求。

（2）扬程

① 有压回水循环冷却水系统如图1-6所示，循环冷却水泵扬程按式（1-10）计算。

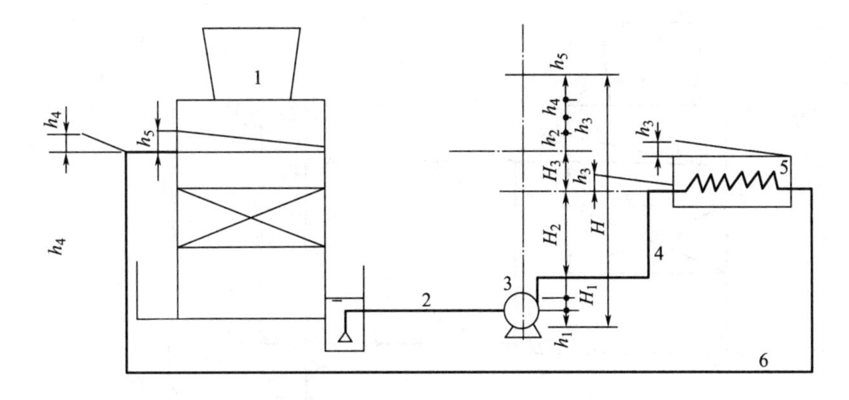

图1-6　有压回水循环水系统循环冷却水泵扬程简图

1—冷却塔；2—吸水管路；3—循环冷却水泵；4—循环供水管路；

5—工艺用水设备（最不利点）；6—循环回水管路

$$H=H_1+H_2+H_3+h_1+h_2+h_3+h_4+h_5 \tag{1-10}$$

式中　H——循环冷却水泵扬程，m；

H_1——水池最低水位与循环水泵基准面的几何高差，m，自灌式启动时为负值；

H_2——泵轴与工艺用水设备（最不利点）的几何高差，m；

H_3——工艺用水设备（最不利点）与冷水配水装置的几何高差，m；

h_1——吸水管路水头损失，m；

h_2——循环供水管路水头损失，m；

h_3——工艺用水设备的水头损失，m；

h_4——循环回水管路的水头损失，m；

h_5——配水装置所需要的自由水头，m。

② 无压回水循环冷却水系统如图1-7、图1-8所示，循环冷却水泵扬程按式（1-11）计算，循环热水泵扬程按式（1-12）计算。

a. 循环冷却水泵扬程计算

$$H_a=H_1+H_2+h_1+h_2+h_3 \tag{1-11}$$

式中　H_a——循环冷却水泵扬程，m。

其余符号与式（1-10）相同。

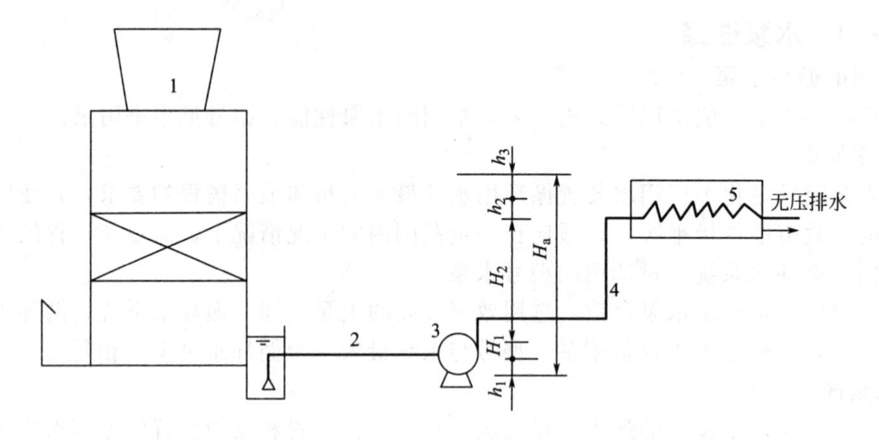

图 1-7　无压回水循环水系统循环冷却水泵扬程简图

1—冷却塔；2—吸水管路；3—循环冷却水泵；4—循环供水管路；5—工艺用水设备（最不利点）

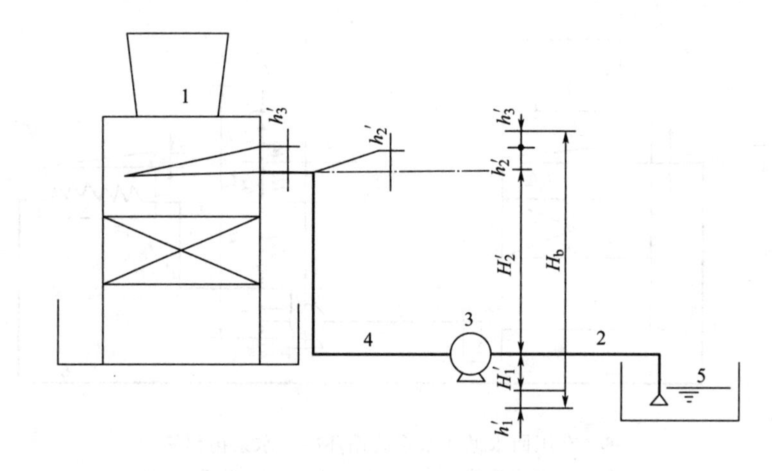

图 1-8　无压回水循环水系统循环热水泵扬程简图

1—冷却塔；2—吸水管路；3—循环热水泵；4—热水压水管路；5—热水池

b. 循环热水泵扬程计算

$$H_b=H_1'+H_2'+h_1'+h_2'+h_3' \tag{1-12}$$

式中　H_b——循环热水泵扬程，m；

H_1'——水池最低水位与循环热水泵基准面的几何高差，m，自灌式启动时为负值；

H_2'——泵轴与冷却塔上塔管（最不利点）的几何高差，m；

h_1'——热水泵吸水管路水头损失，m；

h_2'——热水泵压水管路水头损失，m；

h_3'——配水装置所需要的自由水头，m。

管路水头损失的计算，水泵工况的确定与计算参见流体输送方面教材相关章节。

（二）泵房管路布置

1. 管道流速

循环水泵吸水管、出水管的流速按表 1-7 范围选取。

表 1-7 吸水管、出水管流速选取

管径/mm	$DN<250$	$DN250\sim DN1000$	$DN1000\sim DN1600$	$DN>1600$
吸水管流速/(m/s)	1.0～1.2	1.2～1.6	1.5～2.0	1.5～2.0
出水管流速/(m/s)	1.5～2.0	2.0～2.5	2.0～2.5	2.0～3.0

2. 管道敷设

(1) 吸水管宜单独设置，自灌状态的吸水管上应设手动阀门，以便于水泵检修。

(2) 吸水管吸入端的渐缩管必须采用偏心渐缩管，吸水管还应有向水泵上升的坡度($i\geqslant 0.005$)。

(3) 吸水管在吸水井中的安装尺寸见图 1-9。

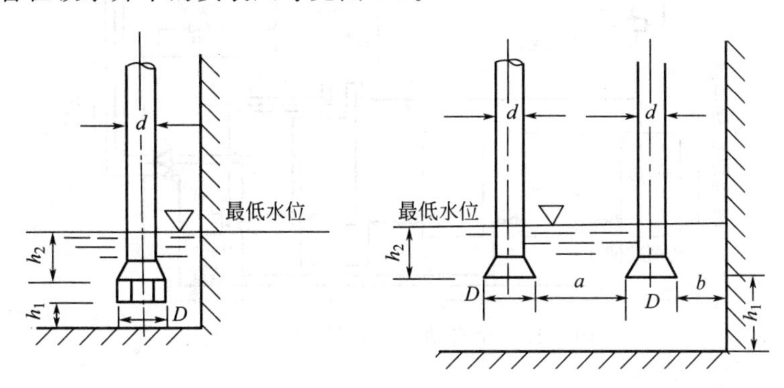

图 1-9 吸水管在吸水井中的安装尺寸

$h_1=(0.6\sim 0.8)D$；$a=(1.5\sim 2.0)D$；$b=(0.75\sim 1.0)D$；$h_2=0.5\sim 1.0\text{m}$

(4) 出水管上应设阀门和逆止阀，当管径≥300mm 时，采用电动阀。

(5) 阀门、逆止阀及较大管道下应设承重支墩(支架)，避免重量传至泵体。

(6) 管道穿过水池壁及地下泵房钢筋混凝土墙壁时，应设防水套管。

(7) 当泵房的吸水管和出水管直线布置时，为拆装水泵和阀门方便，宜设置伸缩节，或采用带伸缩节的阀门。

(8) 当管道设在地面上有碍通行时，可在跨越管道处设置跨梯或通行平台，或将管道敷设在管沟内，以便操作和通行。

五、 加药设备

1. 加药设备的形式

(1) 新型液态药剂投加装置　当前缓蚀阻垢药剂绝大部分为液态药剂，很多工厂采用液态药剂投加装置，运行情况良好。目前生产的加药机有如下几种。

① 柜式自动加药机　具有提升药剂到溶液桶、装满后自动停止的功能并设置了药剂流量调节装置及药剂投加量控制装置，可使药剂投加量准确、恒定，用户还可在 0.76～15L/h 的流量范围内任意调节加药量以满足生产工艺要求。

② 全自动加药装置　自动化程度高，适用于大型循环水系统。由微处理控制器、TDS 探头、电子流量计、电磁式加药泵、贮药箱等组成，系统如图 1-10 所示。能自动探测循环水的电导率，自动控制循环水浓缩倍数，准确控制排污量，自动测定补充水流量，按比例自动投加缓蚀、阻垢药剂，并可根据用户要求控制杀菌灭藻剂交替投加，还可与循环水系统的微机监控系统接口，便于集中管理。

(2) 固态药剂加药装置　WA 系列和 JY 系列加药装置在中小型循环水系统中得到广泛

运用。WA 系列加药装置由 1 个溶解箱（带搅拌机）、1 个溶液箱和投药装置组成。具体如图 1-11 所示。JY 系列加药装置由 1 个溶解箱（带搅拌机）、2 个溶液箱和投药装置组成。具体如图 1-12 所示。WA、JY 系列加药装置均有计量泵和水射器投加两种方式。

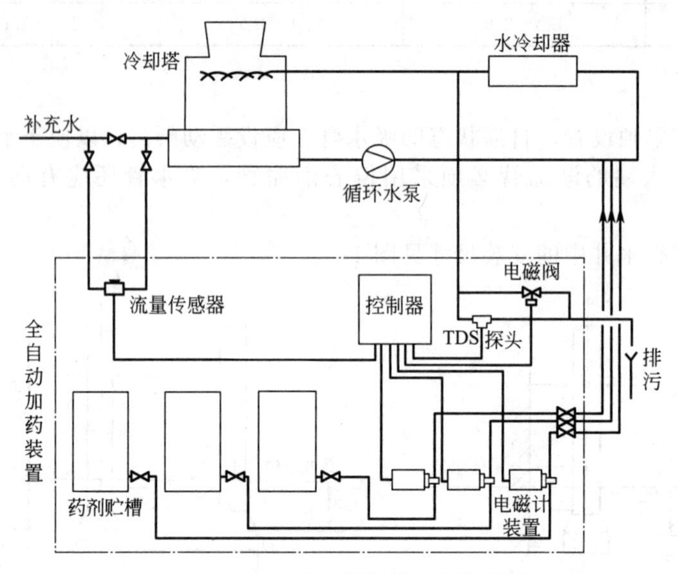

图 1-10　全自动加药装置系统流程图

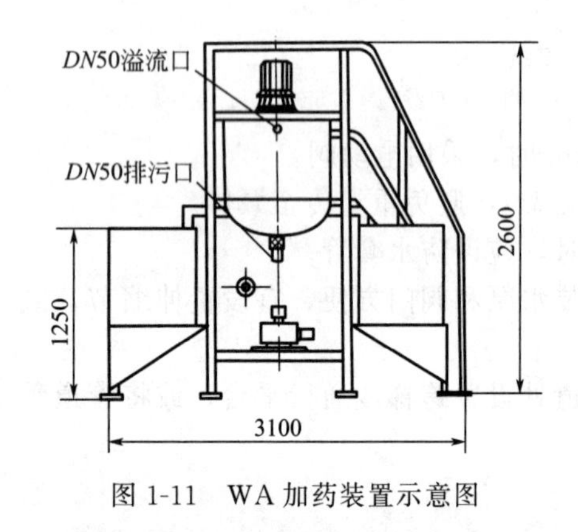

图 1-11　WA 加药装置示意图

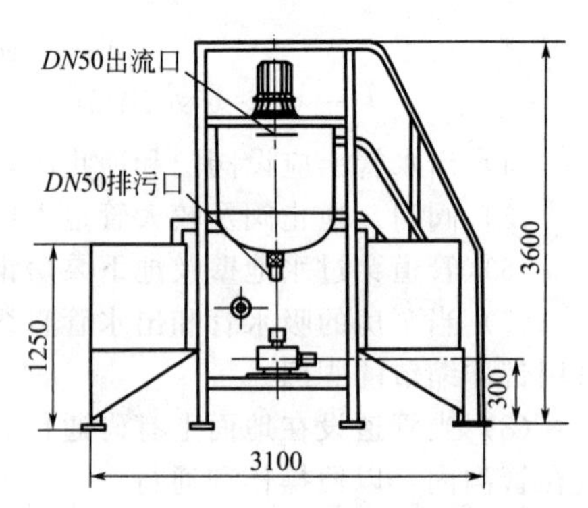

图 1-12　JY 加药装置示意图

2. 加药设备选择

① 缓蚀阻垢剂溶液槽的容积和数量应按药剂和使用情况确定。大中型循环冷却水处理装置宜采用 2 个药剂溶液槽，其容积每个宜按 12～24h 用药量确定；对于小型循环水处理装置，采用液体复合配方时，可采用 1 个药剂溶液槽，其容积按不小于 24h 的用药量确定。

② 药剂溶液槽的材质按药剂的化学特性确定，应采用具有防腐蚀性能的玻璃钢、钢衬（涂）防腐材料或其他非金属防腐材料。

③ 药剂溶液的计量，宜采用耐腐蚀的计量泵或转子流量计。

④ 当缓蚀阻垢剂为液态药剂时，宜采用原液投加。药剂原液投加的方式，无需二次释放原液，也不需设搅拌装置，加药设备体积小、电耗省、操作简单、运行稳定，可以全自动投药。

⑤ 当采用固体药剂时，需设溶解槽，溶解槽的设置应符合下列规定：

a. 溶解槽的总容积可按 8～24h 的药剂耗量和 5%～20%的溶液浓度计算确定；

b. 溶解槽宜设搅拌装置并只设一个；

c. 易溶药剂的溶解槽可与溶液槽合并。

循环冷却水系统起冷却作用的设备是冷却塔，是循环冷却水系统的核心设备，在第四节专门介绍。

六、循环冷却水系统操作与管理

（一）循环冷却水装置开停车

1. 开车

（1）开车准备

① 准备好开车及生产过程使用的药剂。

② 联系仪电表车间，检查和调试电器、仪表。

③ 通过调度室通知化验车间，准备取样化验。

④ 准备好交接班日记、设备运转记录、生产报表等。

（2）开车检查

① 冷却塔、集水池及其附属设施完好备用。

② 循环水泵及其附属设施完好备用。

③ 旁滤罐及其附属设施完好备用。

④ 确认系统流程及各个阀门的状态并做好记录。

⑤ 隔油池及其附属设施完好备用。

⑥ 加药设备及附属设施完好备用。水处理药剂齐备。

（3）运行循环水泵

① 冷却塔池、集水池充水。

② 真空泵抽真空。

③ 根据系统压力启泵。

（4）投用冷却塔

① 打开冷却塔上水阀门，开度应缓慢增大，调整阀门开度达到均匀布水。

② 根据冷水温度确定是否开风机。

③ 热回水压力调整至0.15～0.2MPa，冷却塔池液位控制在规定范围内。

（5）运行旁滤罐（池）。

（6）根据各装置及生产运行情况投用隔油池。

（7）根据各装置及生产运行情况进行水质处理。

2. 停车

（1）停车准备

① 对装置进行一次全面大检查，对需要整改的问题进行记录。

② 与有关单位联系工作，做好停工准备。

③ 接到调度停工通知后，在车间的安排下稳妥进行。

（2）停工操作

① 关闭旁滤罐进水阀门，停运旁滤罐，旁滤罐放空。

② 停止加药并将贮药罐（池）清理干净。

③ 按电机停止按钮，停运风机。

④ 关闭新鲜水补水阀，停止补水。

⑤ 停运循环水泵，停运冷却塔，停运隔油池。

⑥ 开、关相应系统的管网阀门。

（3）停车说明

① 循环水场正常停工前应明确停工范围和日期，要编制停工检修方案、盲板图和安全规程等，冬季停工应有防冻措施。

② 循环水场如部分停工，应明确停工部位，并将部分泵和管线的阀门关闭，缓慢排水，准备检修。

③ 循环水场如全部停工，应与调度室和用水单位联系好，按预定时间停冷热水泵及风机，停止补水，并将系统水慢慢排放，以保证排污泵的正常运行。

④ 冬季循环水场停工时水塔、水池系统管线、阀门等要做好防冻保温工作。

（二） 循环冷却水系统的监测和控制

循环冷却水系统运行中，必须进行各种必要的监测和控制，保证循环水系统的正常运行。监控分运行监控和水质监测。

1. 运行监控

运行监控主要监测和控制循环水系统的压力、流量、循环水温度和水池液位，系统监测控制仪表的设置项目及控制水平见表 1-8。

表 1-8 循环水系统监测项目

检测项目	就地指示	控制盘				备 注
		指示	记录	积算	信号	
循环水泵总管出口压力	*					
各循环水泵出口压力	*					
循环回水总管压力	*					
循环回水各上塔管压力	*					
循环回水热水泵出口压力	*					设有热水泵时
加药装置计量泵出口压力	*					计量泵投加时
加药装置喷射器进水管压力	*					水射器投加时
加氯机喷射器进水管压力	*					
循环水泵总管出口流量		*	*	*		
循环水回水总管流置		*	*	*		
循环水上塔管流量	*	*				就地指示和控制盘指示也可只设一种
旁滤装置进口流量	*	*				就地指示和控制盘指示也可只设一种
补充水管流量		*	*	*		
循环水泵总管温度	*					
循环水回水上塔管温度	*					
冷却塔水池液位	*	*			*	
热水池液位	*	*			*	设有热水池时
真空泵进口管真空度	*					当水泵为非自灌起动需设置真空泵时

注：表中“*”号表示应设置的仪表。

2. 水质监测

许多循环水系统的补充水是地面水，它们的组成往往随季节变化。夏季时由于雨量充沛，故水的含盐量低；冬季时则由于地面降雨稀少，故水的含盐量增加，有些地方甚至可以增加 2～3 倍。如果用相同的工艺条件和水处理方案，在夏天时可能效果很好，但冬天时可能会结垢。因此，在日常运行中需要对冷却水系统的补充水和循环水的化学组成与物理化学性质进行监测和控制，并根据监测资料及时采取必要的措施。

水质监测的方法有直接监测和间接监测两种。

（1）直接监测法

① 监测挂片法　监测挂片简单且监测方便，大、中、小规模的循环水系统均应设置。

监测挂片安装在循环冷却水的供水管或回水管上，挂片可采用立管式挂片和水平安装的管式挂片，挂片数量宜用6片，但不得少于4片。挂片监测时间一般为15～20d。

② 监测热交换器　监测热交换器是在热流密度、壁温、材质、流速、流态、水温方面模拟实际换热设备的循环水监测装置，以低压蒸汽为热源，冷却水以一定流速通入进行热交换，比挂片更接近生产实际情况。大、中型循环水系统均应设置。

监测热交换器内的监测管宜采用4～6根，其管材应与工艺生产用的关键热交换器材质相一致。监测热交换器的进水管，应从循环冷却水的出水总管上接出。当需要特别观测某台生产用换热器时，则将监测热交换器安装在生产用换热器的旁路上，并使监测热交换器的工艺条件尽可能与生产用换热器相似。

③ 仪器监测　监测循环水系统中换热器的结垢、腐蚀和微生物危害情况的仪器有腐蚀仪、缓蚀阻垢仪、黏泥测定器，根据循环水系统的规格、水质要求情况选用。

（2）间接监测法　通过对水样进行分析监测，取得循环水中的碱度、pH值、浓缩倍数、药剂含量等项目的测定数据，是循环水水质监测不可缺少的方法。

① 循环冷却水系统宜在下列管道上设取样管

a. 循环供水总管。

b. 循环回水总管。

c. 补充水管。

d. 旁滤水出水管。

e. 冷却水池的排污管。

② 监测项目

a. 水质的物理、化学常规分析项目，见表1-9。表中溶解固体、悬浮固体、总固体、悬浮物与浊度指标含义如下。

表1-9　循环冷却水常规水质分析项目

取样地点：________　　水样名称：________

取样时间：________　　水　　温：________

项目	数量	备注
Ca^{2+}/(mg/L) Cl^-/(mg/L) M碱度/(mg/L) 总溶固体/(mg/L) 悬浮固体/(mg/L) 浊　度/(mg/L) 总　锌/(mg/L) 溶解锌/(mg/L) 总　磷/(mg/L) 正　磷/(mg/L) 缓蚀剂/(mg/L) 阻垢剂/(mg/L) 稳定指数 pH值 电导率/(μS/cm)		1. 项目可根据情况增加(如NH_3—N、石油等)。 2. 缓蚀剂、阻垢剂应按投加药剂品种确定其内容，采用非磷系配方时，总磷和正磷即可取消。 3. 每日分析3次，按检测系统控制运行范围

溶解固体是指水经过过滤之后，那些溶解于水中的各种无机盐类、有机物等。

悬浮固体是指那些不溶于水中的泥沙、黏土有机物、微生物等悬浮物质。

总固体是指溶解固体和悬浮固体之和。

悬浮物是颗粒较大且悬浮在水中的一类杂质的总称。由于这类杂质没有统一的物理性质和化学性质，所以很难确切地表示出它们的含量。

在水质分析中，常用浊度测定值来近似表示悬浮物和胶体的含量，它的单位是 mg/L。循环水中的悬浮物通常由沙子、尘埃、淤泥、黏土、腐蚀产物和微生物等组成。

b. 水质的微生物监测项目，见表 1-10。

表 1-10 循环冷却水微生物监测项目

取样地点：________ 水样名称：________

取样时间：________ 水　温：________

项目	数量	项目	数量
细菌总数/(个/L)		硝化菌/(个/L)	
异养菌/(个/L)		亚硝化菌/(个/L)	
真　菌/(个/L)		反硝化菌/(个/L)	
铁细菌/(个/L)		氨化菌/(个/L)	
硫酸还原细菌/(个/L)		藻　类/(个/L)	
硫化菌/(个/L)			

注：1. 异养菌采用平皿法计活菌总数。检测频率每周 1～3 次，取给水总管加氯后及回水总管加氯前水样。

2. 真菌：每月初取给水总管加氯后及回水总管加氯前水样检测 1 次。

3. 铁细菌、硫酸还原细菌、硫化菌和硝化菌群：每月初取给水总管加氯后及回水总管加氯前水样检测 1 次。

4. 藻类每季或夏季、冬季检测 1 次。

3. 水质处理

由于循环冷却水在运行过程中水质发生变化，致使冷却设备产生不同程度的结垢和腐蚀。设备和管道结垢会使过水断面减少，使换热效率降低，导致能耗增加；而腐蚀将造成设备、管道穿孔，酿成事故。

循环冷却水处理就是要采取适当措施，控制循环冷却水由水质引起的结垢和腐蚀，保证设备的换热效率并延长设备的使用寿命，使生产安全正常运行。

(1) 确定处理方案　根据工艺对阻垢、缓蚀和菌藻等控制效果的要求，结合下列因素通过技术经济比较后确定。

① 冷却水的水质标准。

② 补充水的水量和水质。

③ 设计的浓缩倍数。

④ 选用的冷却水处理方法所要求的控制指标。

⑤ 旁滤水和补充水处理方法。

⑥ 药剂对环境的影响。

(2) 阻垢和缓蚀　循环冷却水的阻垢、缓蚀处理方案应经动态模拟试验确定，亦可根据水质和工况条件相类似的工厂运行经验确定。当做动态模拟试验时，应结合下列因素进行：

① 补充水水质。

② 循环水的水质和温度，水中结垢性和腐蚀性的离子及其产物、水中悬浮杂质、水中微生物和黏泥、油类等污染物的含量。

③ 换热设备材质、热流密度，冷却水侧管壁的污垢热阻值、腐蚀率和冷却水的流速。

④ 药剂的允许停留时间，药剂对环境的影响，药剂的热稳定性与化学稳定性。

几种有代表性的缓蚀剂适用的 pH 值范围见表 1-11

表 1-11　几种有代表性的缓蚀剂适用的 pH 值范围

缓蚀剂	铬酸盐	聚磷酸盐	铬酸盐-锌盐	铝酸盐	硅酸盐
适用的 pH 值范围	6.5～9.0	6.0～7.0	6.5～7.5	7.5～10.5	7.5～10.5

由表 1-11 中可见，各种水处理剂都有其适用的 pH 值范围。循环水的 pH 值低于这一范围时，水的腐蚀性将增加，容易造成设备的腐蚀；循环水的 pH 值高于这一范围时，则水的结垢倾向增大，容易引起换热器的结垢。

（3）菌藻处理　菌藻处理应根据水质、菌藻种类、阻垢和缓蚀剂的特性以及环境污染等因素综合比较确定。

循环冷却水经常使用的杀菌灭藻剂是液氯，液氯杀菌灭藻效果较好、价格较低，因此被广泛使用。但当循环水的 pH 值较高时，氯的杀菌灭藻效果降低；长期使用液氯，能使菌藻产生一定的抗药性；此外，对黏着在换热器管壁上的生物黏泥，液氯不起作用，因此还需投加非氧化性杀菌灭藻剂。

非氧化性杀菌灭藻剂的选择应符合以下要求。

① 高效、广谱、低毒，易于降解并便于处理，pH 值适用范围较宽。

② 与阻垢、缓蚀剂不相互干扰。

③ 具有较好的剥离生物黏泥的作用。

常用的非氧化性杀菌灭藻剂有季铵盐类（如十二烷基二甲基苄基氯化铵和十四烷基二甲基苄基氯化铵）。

（4）旁流水处理　循环冷却水处理设计中在下列情况下，水质不能满足循环水水质指标时，应设旁流水处理设施。

① 冷却水在循环过程中受到环境污染，使悬浮物含量超标时，冷却水应进行旁流过滤处理，其处理水量由计算决定，或结合国内运行经验按循环水量的 1%～3%确定。旁流过滤一般采用过滤法进行处理，常用的设备有无阀过滤池（器）、机械过滤器等。

② 当循环水系统按设计选择的浓缩倍数运行后，致使循环水中的碱度、硬度或某种离子的含量超过循环水水质标准时，经过技术经济比较，为了保持一定的浓缩倍数，需要采用旁流水处理去除碱度、硬度或某种离子。

③ 当冷却水与工艺物料直接接触或工艺泄漏对循环水有污染时，需对冷却水进行旁流处理。其处理流量和处理方法均根据污染情况决定。

（5）补充水处理　补充水处理的方法应根据补充水水质、水量、循环水水质标准、浓缩倍数并结合旁流水处理和全厂供水处理的因素综合确定。补充水水量由计算决定。

第四节　冷却塔

冷却塔是用空气同水的接触（直接或间接）来冷却水的装置（见图 1-13），它主要由风机、电机、填料、输水系统、塔身、水盘等组成，水与空气直接接触的称为湿式冷却塔，水和空气间接接触的称为干式冷却塔。湿式冷却塔冷却的基本原理有两个方面：一是利用水本身的蒸发潜热来冷却；二是利用水和空气两者的温度差通过热传导来冷却水。

图 1-13　冷却塔外观

一、 冷却塔的工作原理

（一） 工作原理

以圆形逆流式冷却塔的工作过程为例：工艺设备换热后的热水以一定的压力经过管道、横喉、曲喉、中心喉将循环水压至冷却塔的布水系统内，通过布水管上的小孔将水均匀地播洒在填料上面；干燥的低焓值的空气在风机的作用下由底部入风网进入塔内，热水流经填料表面时形成水膜和空气进行热交换，高湿度、高焓值的热风从顶部抽出，冷却水滴入底盆内，再经循环泵供应工艺设备进行冷却。以蒸发、接触、辐射三种方式将热量取走，三种散热方式在水冷却过程中所起的作用随空气的物理性质不同而异。

夏季大气温度较高，蒸发冷却起主要作用，蒸发散热约占总散热量的75%～80%。在冬季，气温较低，接触散热作用增大，散热量从夏季的10%～20%增加到40%～50%，严冬甚至可增加到70%。

1. 蒸发散热

进入塔内的空气、是干燥低湿球温度的空气，水和空气之间明显存在着水分子的浓度差和动能压力差，当风机运行时，在塔内静压的作用下，水分子不断地向空气中蒸发，成为水蒸气分子，剩余的水分子的平均动能便会降低，从而使循环水的温度下降。水蒸发时需要吸收大量的汽化潜热，每蒸发1kg水需要吸收2.43×10^6J热量，吸收的这些热量可使58kg的水降低温度约10℃。

蒸发降温与空气的温度（通常说的干球温度）低于或高于水温无关，只要水分子能不断地向空气中蒸发，水温就会降低。但是，水向空气中的蒸发不会无休止地进行下去。当与水接触的空气不饱和时，水分子不断地向空气中蒸发，但当水气接触面上的空气达到饱和时，水分子就蒸发不出去，而是处于一种动平衡状态。蒸发出去的水分子数量等于从空气中返回到水中的水分子的数量，水温保持不变。由此可以看出，与水接触的空气越干燥，蒸发就越容易进行，水温就容易降低。

2. 接触散热

接触散热包括传导和对流。当高温物体与低温物体接触时，温差使高温物体的热能向低温物体传递，表现出高温物体被冷却，低温物体被加热。温度较高的循环水与温度较低的空气接触时，循环水的热能向空气传递，使循环水的温度得到降低。

3. 辐射散热

辐射散热不需传热介质的作用，是以电磁波的形式传播热能。在循环水系统，辐射散热的作用一般很小，可忽略不计。

从以上分析可以看出，冷却塔中的散热效率决定于下列几个因素：

① 水与空气接触的表面积；

② 空气与水的相对速度；

③ 空气与水接触的时间；

④ 进水空气湿球温度与回水温度之间的温差。

（二） 冷却水系统基本概念

（1）饱和蒸汽　在一定压力和温度下，水不断蒸发，湿空气中水蒸气含量不断增加，则某一时刻，水的蒸发量不再增加，即蒸发的水量等于水以水滴状凝结又回到水中的水蒸气量，则蒸发与凝结处于动平衡状态，此时的状态称为饱和状态，这时的湿空气称饱和蒸汽，水蒸气的分压称为饱和蒸气压。

（2）空气的干球温度　空气的干球温度是温度计水银球干燥时所测的温度，即用一般温度计所测得的气温。

（3）空气的湿球温度　空气的湿球温度是在温度计水银球上盖上一层很薄的湿布，湿布中的水分必然要蒸发进入空气中，其蒸发所需的汽化热则由水温降低所散发的热来供给，水温不断下降直至稳定，该时的温度就是湿球温度。湿球温度可以代表当地气温条件下水可能被冷却的最低值。

（4）湿空气　湿空气是干空气和水蒸气所组成的混合气体。大气中一般含有或多或少的水蒸气，所以，大气实际上都是湿空气。

（5）空气的绝对湿度　每 $1m^3$ 湿空气所含水蒸气的质量称为空气的绝对湿度。

（6）空气的相对湿度　空气的绝对湿度和同温度下饱和空气的绝对湿度之比，称为空气的相对湿度。

（7）湿空气的含湿量　每 1kg 干空气所含水蒸气的质量称为湿空气的含湿量。

（8）湿空气的容重　湿空气的容重等于每 $1m^3$ 湿空气中所含干空气的质量和水蒸气的质量之比。

（9）湿空气的比热容　总质量为 1kg 的湿空气（含 $x$kg 的水蒸气），温度升高 1℃所需的热量，称为湿空气的比热容。

（10）热负荷（Q_r）　冷却塔每 $1m^2$ 有效面积上单位时间内所能散发的热量，单位为 $kJ/(m^2 \cdot h)$。

（11）水负荷（q）　冷却塔每 $1m^2$ 有效面积上单位时间内所能冷却的水量，即淋水密度，单位为 $m^3/(m^2 \cdot h)$。

（12）热负荷与水负荷的关系

$$Q_r = 1000\Delta t c_w q = 4187\Delta t q \tag{1-13}$$

式中　c_w——水的比热容，$4.187kJ/(kg \cdot ℃)$。

热负荷或水负荷越大，冷却的水量越多。

【例 1-3】 已知冷却塔的水负荷为 $13m^3/(m^2 \cdot h)$，水的比热容为 $1000kcal/(m^3 \cdot ℃)$ $(1cal = 4.1868J)$，冷却温度为 10℃，试求该塔的热负荷为多少？

解： 塔的热负荷

$Q_r = 1000\Delta t c_w q = 1000 \times 10 \times 13 = 13 \times 10^4 kcal/(m^2 \cdot h)$

二、 冷却塔的分类

冷却塔的分类方式很多，主要有：按通风方式分为自然通风冷却塔、机械通风冷却塔、混合通风冷却塔，按热水和空气的接触方式分为湿式冷却塔、干式冷却塔、干湿式冷却塔，按热水和空气的流动方向分为逆流式冷却塔、横流（交流）式冷却塔、混流式冷却塔。

它们的结构特点见图 1-14。

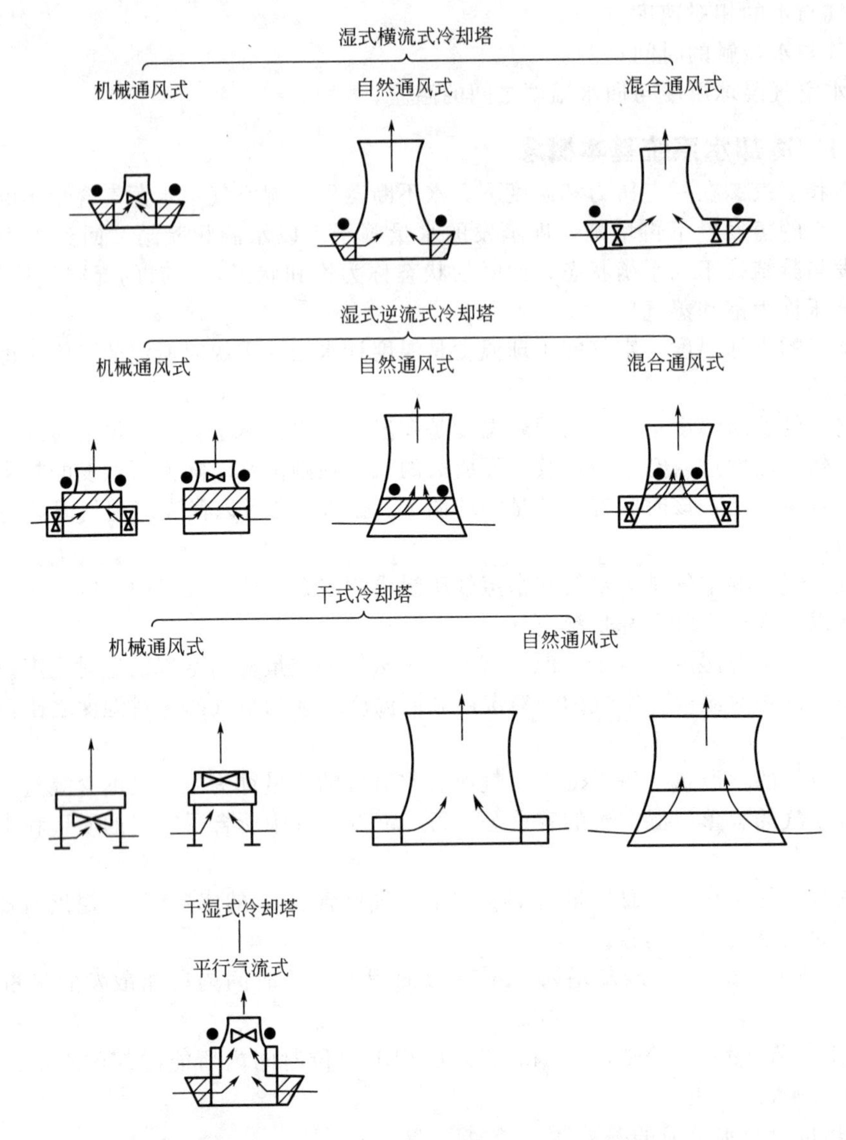

图 1-14　常用冷却塔结构特性示意图

⋈风扇；●集水槽；▨湿填料；□干填料

图 1-15 为机械通风逆流式冷却塔结构示意图，图 1-16 为机械通风横流式冷却塔结构示意图。

另外，还有：按用途分为一般空调用冷却塔、工业用冷却塔、高温型冷却塔，按噪声级别分为普通型冷却塔、低噪型冷却塔、超低噪型冷却塔、超静音型冷却塔，其他如喷流式冷却塔、无风机冷却塔、双曲线冷却塔等。

化工厂循环水系统采用的冷却塔一般为机械通风逆流式冷却塔和机械通风横流式冷却塔，冷却塔的大型、中型、小型界限按下列划分。

大型：单格冷却水量负荷大于 1500m^3/h；

中型：单格冷却水量负荷大于 5000 m^3/h，小于和等于 1500 m^3/h；

小型：单格冷却水量负荷小于和等于 500m^3/h。

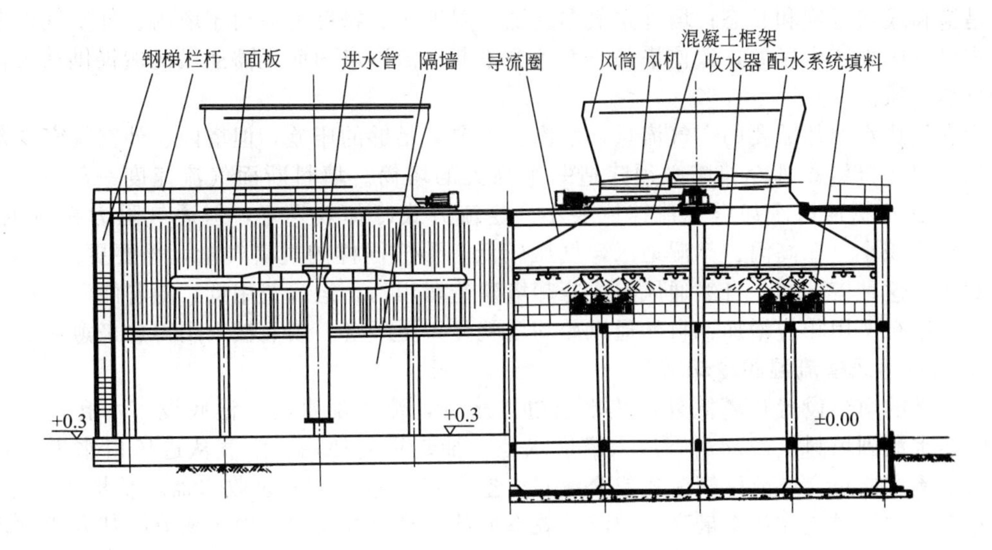

图 1-15　机械通风逆流式冷却塔结构示意图

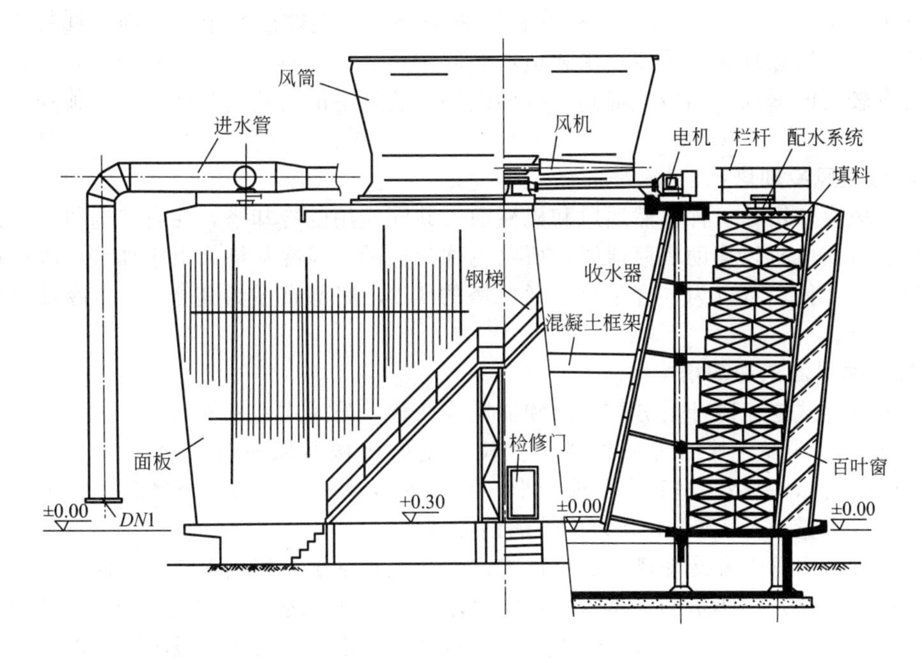

图 1-16　机械通风横流式冷却塔结构示意图

三、 各种冷却塔特性

1. 自然通风逆流湿式冷却塔

自然通风逆流湿式冷却塔在我国电力部门使用最多，这种塔型的通风筒常采用双曲线形。热水由管道通过竖管（竖井）送入热水分配系统。这种分配系统在平面上呈网状布置，分槽式布水、管式布水或槽管结合布水；然后通过喷溅设备，将水洒到填料上；经填料后成雨状落入蓄水池，冷却后的水抽走重新使用。塔筒底部为进风口，用人字柱或交叉柱支承。空气从进风口进入塔体，穿过填料下的雨区，和热水流动成相反方向流过填料（故称逆流式），通过收水器回收空气中的水滴后，再从塔出口排出。塔外冷空气进入冷却塔后，吸收由热水蒸发和接触散失的热量，温度增加、湿度变大、密度变小，因此，收水器以上的空气经常是饱和或接近饱和状态；塔外空气温度低、湿度小、密度大。由于塔内、外空气密度差异在进风口内外产生压差，致使塔外空气源源不断地流进塔内而无需通风机械提供动力，故称为自然通风。

为满足热水冷却需要的空气流量，塔内、外要有足够的压差，但塔内、外空气密度差是有限的，因此自然通风冷却塔必须建造一个高大的塔筒。填料断面气流速度一般为1.0～1.2m/s，比机械通风冷却塔气流速度要小。逆流方式冷却效果好，但通气阻力相对也大，所以填料体积小。在高温、高湿地区，气压较低，形成同样的过塔气量，需要更高的塔筒，所以对建造这种塔不利。自然通风湿式冷却塔建造费用高，运行费用低，随着能源价格的提高，机械运行费用相应增加，自然通风冷却塔就显得更经济，因而被采用得愈来愈多了。

2. 自然通风横流湿式冷却塔

这种塔的填料设置在塔筒外，热水通过上水管，流入配水池，池底设布水孔，下连喷嘴，将热水洒到填料上冷却后，进入塔底水池，抽走重复使用。空气从进风口水平穿过填料，与水流方向正交，故称横流式或交流式。空气出填料后，通过收水器，从塔出口排出。在冷却方式中，逆流式效率最高，顺流式效率最低，横流式居中。由于横流冷却方式效率比逆流式冷却方式效率低，所以需要比逆流式冷却方式大的填料体积，但通气阻力较小，因此淋水密度可以加大到15～20 $m^3/(m^2 \cdot h)$。横流塔若采用薄膜式填料，则因耗材太多而增加了塔的造价，所以现在多采用点滴式填料。使用点滴式填料的另一个好处是，淋水表面在大水量时有较大的增加，相应地提高了冷却效果。这种塔的塔筒内是空的，气流速度可以高一些。

3. 混合通风冷却塔

混合通风冷却塔是一种自然通风和机械通风共同作用的冷却塔，在自然通风逆流式冷却塔底部，加装鼓风机以辅助塔筒通风，所以也称为辅助通风冷却塔。由于加装了辅助塔筒通风，塔筒高度降低，可以为同容量自然通风塔的1/2，底部直径为其2/3，当冷却负荷小时可以不开风机。

4. 机械通风湿式冷却塔

机械通风湿式逆流冷却塔分鼓风式和抽风式两种。鼓风式塔从塔底部进风口用风机向塔内鼓风，现使用不多，其原理同抽风式。较大型的机械通风逆流式冷却塔，一般是多座（格）塔连成一排，每格塔呈正方形或矩形，从两面进风。只有在单个塔时才作成圆形，如一些较小型（水量小于1000m^3/h）的玻璃钢冷却塔。

热水通过上水管进入冷却塔，通过槽式或管式配水系统，使热水沿塔平面成网状均匀分布，然后通过喷嘴，将热水洒到填料上，穿过填料，成雨状通过空气分配区（雨区），落入塔底水池，变成冷却后的水待重复使用。空气从进风口进入塔内，穿过填料下的雨区，与热水成相反方向（逆流）穿过填料，通过收水器、抽风机，从风筒排出。淋水密度一般为12～15$m^3/(m^2 \cdot h)$。过大的淋水密度，尤其在用薄膜式填料时，会引起阻塞现象，气流阻力突然急剧增加。通过填料断面的风速宜为2.2～3.0m/s。风速也不宜太大，不然会带来大的风吹损失及阻力。2.8m/s的风速会将直径0.5mm（相当于小斜雨）的水滴吹走，薄膜式填料风速可以大一些，点滴式填料风速则应小一些。进风口面积和填料断面面积之比取0.5～0.6为宜。

5. 机械通风横流湿式冷却塔

机械通风横流湿式冷却塔的主要原理和自然通风横流式冷却塔一样，只是用风机来通风，因此风速可以高一些，一般填料断面风速取2.2～3.0m/s。配水用盘式，为了保证水深比较均匀，配水盘可以分几格，盘底打孔，装喷嘴将热水洒向填料，然后流入底部水池。淋水密度大者可达20～50$m^3/(m^2 \cdot h)$。填料倾斜安装，以保证运行时水不洒到填料外。对点滴式填料，倾角用9°～11°，薄膜式填料倾角用5°～6°。填料高度和深度比值取2～2.5。进风口安装百叶窗，叶片面与水平夹角取45°～60°。

6. 多风机混式冷却塔

多风机混式冷却塔即一座塔上安装多台风机，可以用于多风机横流式冷却塔，也可以用于逆流式。塔平面形状一般为圆形，也可以是长方形。其原理与单风机塔相同。这种塔的优点是占地小，投资少，包括低的建筑费用及管理费用。风机之间对热羽流有相互促进作用，因而羽流上升高度大、不易形成热空气向进风口回流。由于风机的互相干扰，总的抽风量减小。

7. 干式冷却塔

干式冷却塔的热水在散热翅管内流动，靠与管外空气的温差，形成接触传热而冷却，干塔可以用自然通风，也可以用机械通风。干式冷却塔的特点是：

① 没有水的蒸发损失，也无风吹和排污损失，所以干式冷却塔适合于缺水地区，如我国的北方地区，因为没有蒸发，所以也没有空气从冷却塔出口排出所造成的污染；

② 水的冷却靠接触传热，冷却极限为空气的干球温度，效率低，冷却水温高；

③ 需要大量的金属管（铝管或钢管），因此造价为同容量湿式塔的4～6倍。

因干式冷却塔有后两点不利因素，所以在有条件的地区，应尽量采用湿塔。

8. 干湿式冷却塔

这种塔为湿式塔和干式塔的结合，干部在上、湿部在下。也有的塔四面进风，相对两边为湿部，另外两边为干部。采用这种塔的目的，部分是为了省水，但大多数是为了消除从塔出口排出的饱和空气的凝结。塔上部用干段，则由塔下部湿段排出的饱和湿空气，流经干段时，会被加热而变成不饱和的空气，因而出塔后不会凝结，避免造成塔周围的污染。

四、 冷却塔产品选用原则

冷却塔的选型要考虑很多的因素，除冷却水量必须满足工艺要求外，热力性能（包括鉴定实测技术资料）应满足使用要求，大中型冷却塔应提供热力计算资料。还需考虑建构筑物的实际情况等。

1. 冷却水量

选塔的时候将算出的冷却水量乘上1.15。

2. 进出塔温差

这是冷却塔选型的重要参数。民用冷却塔标准塔型工况为进水温度37℃，出水温度32℃，进出塔温差为5℃；工业用冷却塔工况一般分65～45℃、43～33℃、40～32℃等几挡，进出塔温差可达8～20℃。

3. 湿球温度

冷却塔回水与出水温度之差一般称作冷却范围，它主要取决于周围空气的湿球温度。冷却塔的凉水功效用出水温度与进风湿球温度之差来衡量。因此，当地湿球温度的变化直接影响冷却塔的冷却作用。

4. 干球温度

空气冷却塔是利用传导使空气吸热来实现散热的，所以冷却效果受空气干球温度的影响。由于空气干球温度较高，比热容小，吸热能力有限，且冷却效率低，因此，需要空气冷却器有很大的表面积而使得空气冷却器造价高。

除上述考虑的工艺技术因素外，还应考虑其他一些因素。如，塔体结构稳定、材料经久耐用、耐大气和水腐蚀，组装精确；配水均匀、壁流较少、喷溅装置选用合理，不易堵塞；淋水填料的型式符合水质、水温要求；除水器效果达到国家规定的标准；风机匹配，能长期正常运行，无振动和异常噪声；叶片耐水侵蚀性好并有足够的强度；电耗低，经常维护方便；造价低，中小型钢骨架玻璃钢冷却塔还要求质量轻。

化工装置正常生产的热负载在全年内比较稳定不变，所以较多地采用机械通风冷却塔。

五、 冷却塔的结构

冷却塔由淋水装置、配水系统、通风设备、风筒、除水器、风机和塔体等组成。

1. 淋水装置

淋水装置又称为填料，是冷却塔的重要组成部分。水的冷却过程主要在淋水装置中进行；需要冷却的水多次溅散成水滴或在填料上形成水膜，增加了水和空气的接触面积和时间，促进水和空气的热交换，达到冷却的目的。

淋水装置按照塔内水冷却表面形式，可分为点滴式、薄膜式、点滴薄膜式三种类型。淋水填料可由塑料、玻璃钢、钢丝网水泥、木材等多种材料组成，其中塑料填料由于其制作方便、散热性能优良、通风阻力小且经久耐用等优点，近年来发展迅速，已广泛应用于不同类型的大、中、小型冷却塔。

图 1-17 薄膜式淋水装置

(1) 淋水填料的种类和特性 在薄膜式淋水装置中，热水以水膜状态在淋水装置表面流动，增加了水同空气的接触面积，提高了热交换能力。薄膜式淋水装置多为波形膜板式，是目前使用较多的淋水填料。如图 1-17 所示。

点滴式淋水装置，主要依靠水在溅落过程中形成的小水滴散热。常见的点滴式淋水填料有水泥板条式、木条式和塑料板条式等。

点滴薄膜式淋水装置，兼有将被冷却水溅散成小水滴的点滴式填料的功能，又具有薄膜填料的特性。热水在淋水装置形成水滴状散热，又在填料表面形成水膜进行散热。

近年来应用较广、冷却效果较好的淋水装置的名称及特性见表 1-12、表 1-13。

表 1-12 薄膜式淋水装置特点及适用性

填料名称	特 点	适用性
重波Ⅱ型淋水填料	新型填料，比表面积大，冷却效果好，试验结果表明在相同的条件下，冷却后的水温比折波填料低 1.3℃	逆流式冷却塔
折波填料	板面的折波加强了水流和空气的扰流，其散热面积增长系数较大，板面上的突出件，既保持了片距，增加了填料的刚度，又使片之间落下的水流层溅散成细小水滴，填料有点滴薄膜式的性能，提高了冷却效果	横流式冷却塔
斜波填料	波形突出，性能优良，通风阻力小，组装块刚度好，经久耐用	逆流式冷却塔
组合波Ⅰ型填料		
人字波填料		
双斜波填料		
HTB-80-26 型填料		横流式冷却塔

续表

填料名称	特　点	适用性
垂直波框架组合填料	全塑结构经组装成块体，安装方便、准确，散热面积大，冷效好，可处理淋水密度≥40m³/(m²·h)的水量。整体刚度好，耐冲击，长期使用不变形，不堵塞，整塔热力性能长期稳定，用于严寒地区可抵御冬季冰害	横流式冷却塔更适用于寒冷地区

表 1-13　点滴薄膜式淋水填料特点及适用性

填料名称	性能特点	适用性
M形填料	冷却效率高、阻力小	横流式冷却塔
拱形填料		
水泥格网填料	材料来源易得、强度高，使用时间长，散热效果好、通风阻力小，加工较难	适用于浊循环水
DB-91点滴薄塑料格网填料	一种塑料网板，板面布滴小孔，水下落时，由于水的表面张力在填料面形成一层不稳定的水膜，因此该填料既有点滴填料的功能又有薄膜填料的特性。热力性能大大提高，阻力却相对降低；安装方便，施工周期短	横流塔
薄壁网格淋水填料	结构稳定光滑，安装方便，阻力小，冷却效果好；耐腐蚀、抗老化，适用于80℃以下的净循环水、浊循环水	逆流塔

（2）淋水装置的选择　淋水装置是冷却塔内使水和空气之间进行充分接触的重要组件，应根据塔型、通风条件、冷却任务的要求和填料的热力及阻力特性等因素经过技术经济比较进行选择。

塔型。不同的塔型对填料的要求不同，有的填料适合于逆流塔，有的填料专用于横流塔，有的填料虽可用于逆流塔和横流塔，但其热力特性和阻力特性在用于逆流塔和横流塔时又有不同。塔的大小与填料的选择也密切相关，有的填料适合中小型冷却塔，有的填料适合大型冷却塔。选择填料时应首先考虑塔型的差异。

填料的热力特性和阻力特性。应选择有较高的热交换能力和通风阻力小的填料。根据所选择的填料的热力特性和阻力特性方程进行冷却塔的热力和阻力计算，选择符合要求的填料。

循环水的水温和水质。循环水的水温和水质是决定填料型式和材质的重要因素。

① 当循环水水质较差，易在填料表面形成灰垢阻塞填料时（如合成氨厂的煤造气污水冷却塔），不宜采用薄膜填料，而宜采用点滴式或点滴薄膜式淋水填料。

② 当循环水热水温度高于65℃时，应选择耐温型材质的淋水填料，当使用地区最低月平均气温低于－8℃时，应选用耐寒性填料。

淋水填料的材料应有良好的物理力学性能，不变形、不破碎、不脆裂，顶部不松散、不倒伏，底部不塌陷、扭曲，保持气水通畅，实现高效稳定运行，使用寿命不少于20年。

（3）填料的布置　淋水填料在塔内有悬挂式和重叠式布置两种方式。

① 悬挂式布置　将大块薄膜填料黏结成块体，用不锈钢丝悬挂于填料上方的梁上，或为网格填料、M形填料、拱形填料分层吊装。

② 重叠式布置　重叠式布置是填料安装最常见的形式，填料呈块体状重叠放置于填料支承梁上，逆流塔填料堆放高度一般为1.2～2.0m，横流塔填料总高度较大，一般应分层堆

放，每一层填料高度不大于 3m，横流塔填料总高度与填料径深比不宜小于 2 倍。

2. 配水系统

配水系统的功能是将需要冷却的水均匀分布在冷却塔整个淋水装置的表面，充分发挥其冷却作用。配水系统应满足配水均匀、通风阻力小、能耗低和便于维修等要求，并应根据塔型、循环水质等条件按下列规定选择。

① 小型逆流式冷却塔宜采用管式或旋转布水器。

② 大中型逆流塔宜采用管式配水。

③ 横流塔宜采用池式或管式配水。

(1) 固定管式配水　管式配水为有压配水方式，与无压的槽式配水比较，因管道断面小，占据通风面积小，改善了塔中气流条件，因此一般逆流式冷却塔均采用管式配水。如图 1-18 所示。

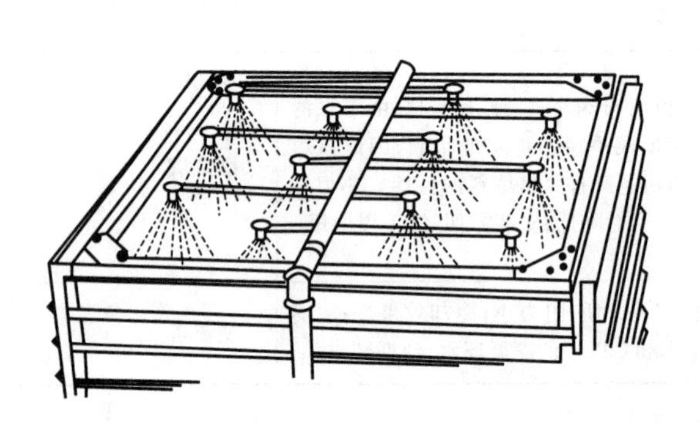

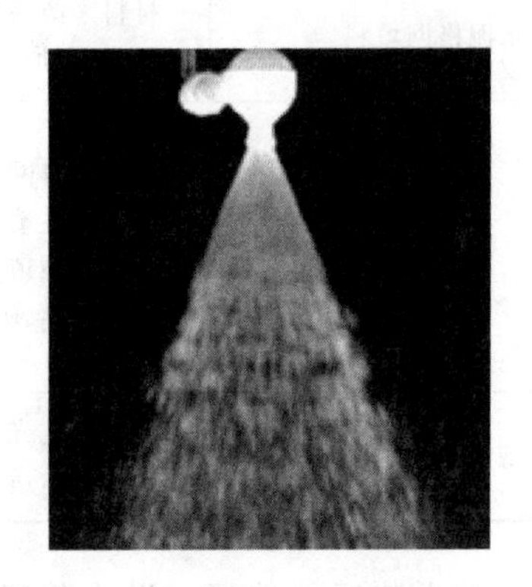

图 1-18　管式配水系统

(2) 池式配水系统　池式配水系统用于横流式冷却塔，由配水管、流量控制阀、消能箱、配水池和配水孔（或配水喷嘴）组成。如图 1-19 所示。

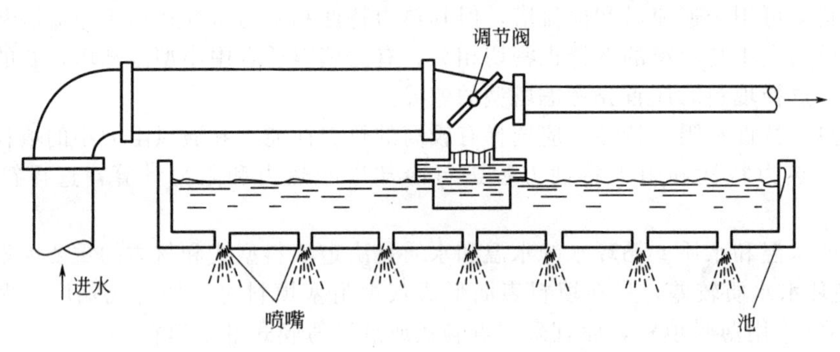

图 1-19　池式配水系统

(3) 旋转式配水系统　旋转式配水系统是在配水管上开有出水孔或扇形出水槽。利用水喷出时的反作用力推动配水管旋转，使淋水装置表面得到轮流而均匀的布水。这种配水系统适合中小型圆形冷却塔。如图 1-20 所示。

为了更好地进行配水，在配水装置出水处通常安装喷溅装置，又称喷嘴式喷头。有单旋流喷头、靶式喷头、反射型喷头、三溅式喷头、花篮式喷头等多种形式。如图 1-21 所示。

喷溅装置应具备喷洒水滴均匀细小，组合均布系数小、无伞膜中空现象，工作水龙头适应性强，不易堵塞等基本性能；还应当结构简单合理，安装方便牢靠，整体稳固耐用。

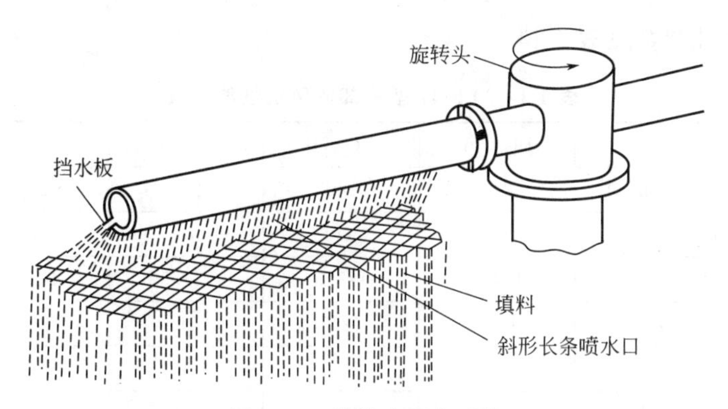

图 1-20　旋转式配水系统

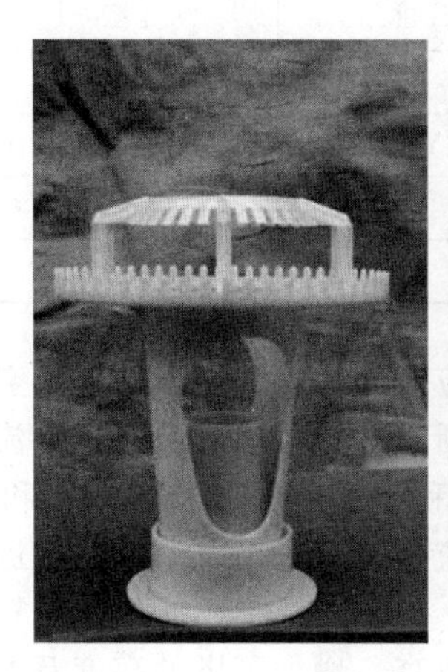
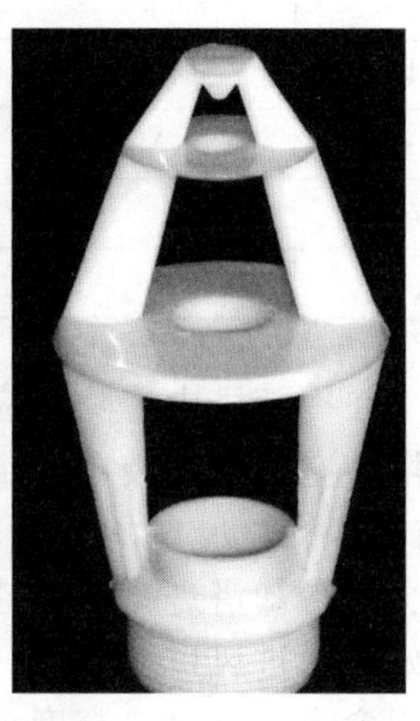
图 1-21　喷头

3. 通风设备

机械通风冷却塔中，水冷却所需要的空气流量由冷却塔风机供给。冷却塔风机通风量大，风压较小，耐水雾和大气腐蚀，在户外可长期连续运转，噪声小，能耗低，可正反向旋转。冷却塔风机的种类有如下几种。

(1) 鼓风式风机　当循环冷却水有较大的腐蚀性时，为了避免风机腐蚀而采用鼓风冷却方式，鼓风机直径一般小于 4m。部分冷却塔采用抽风式风机。图 1-22 为 LF-47 型冷却塔风

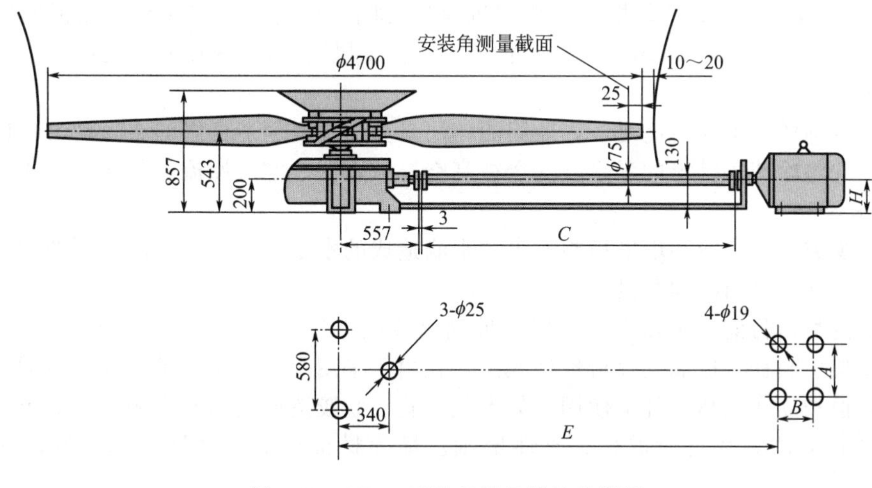

图 1-22　LF-47 型冷却塔风机结构简图

机结构简图，其性能参数见表1-14。

表1-14　LF-47型冷却塔风机性能参数

参数	型号	LF-47A	LF-47B	LF-47C	LF-47D	LF-42E
风机性能参数	叶轮转速/(r/min)	240	240	240	240	240
	风量/(m^3/h)	60	60	78	60	60
	全压/Pa	127.5	127.5	127.5	127.5	127.5
	叶片安装角/(°)	12.5	12.5	19	12.5	12.5
	叶片数/个	4	4	4	6	6
	叶轮轴功率/kW	25.5	25.5	38	25.5	25.5
	全压效率/%	83.3	83.3	78.1	83.3	83.3
	风机质量/kg	549	543	549	543	543
配套电机	型号	Y225M-6	Y200L-4	Y225M-4/6	YB225M-6	Y200L-4
	功率/kW	30	30	45/15	30	30
	质量/kg	292	245	333	292	245

(2) 空气分配装置　在冷却塔中，除了应使冷却水均匀分配外，空气在塔内的均匀分配也是十分重要的。逆流塔中空气分配装置包括进风口和导风装置，横流塔中仅为进风口。

① 进风口的外形和面积　进风口的外形和面积对塔内气流分布和进风口区的气流阻力影响极大。进风口过小会使冷却塔进口气流流速过高，风速不均，在进口区产生涡流，使塔的阻力增加，影响冷却效果。进风口面积大、进口风速小，对气流分布均匀和降低塔内气流阻力有利。但进风口面积愈大、进风口高度愈高，增加了塔的高度及上塔水头并增加了塔的造价，因此进风口高度应结合进风口空气动力阻力，塔内空气流场分布、冷却塔塔体的各部分尺寸及布置、淋水填料的形式等因素，通过技术经济比较确定。根据国内外工程实例分析和科学试验成果，推荐冷却塔进风口面积与淋水面积之比不宜小于0.5，进风口风速为3.5～4.0m/s。当进风口面积与淋水面积之比小于0.4时，应在进风口上缘设导风板。

② 导风装置　逆流式冷却塔的进风口，如设百叶窗导风装置，将加大气流阻力，布置不当时还会使塔内气流分体恶化。因此，逆流式冷却塔在进风口一般不设置百叶窗导风装置。横流式冷却塔以及在多风地区的逆流式冷却塔，应设百叶窗导风装置。

③ 塔内隔板　逆流式冷却塔，在相对进风口之间应设塔内中间隔板，隔板底应低于凉水塔水池设计的最低水位200mm，以防止产生“穿堂风”、引导气流向上流动。

4. 风筒

风筒是冷却塔的重要组件之一，风筒的作用是为冷却塔创造良好的空气动力条件，减少通风阻力，并将冷却塔排出的湿热空气送往高空，减少湿热空气回流，如图1-23所示。

5. 除水器

为了减少或消除从冷却塔塔顶飘逸出的水滴造成的水量损失和避免因水滴的飘逸造成对环境的危害，冷却塔内必须装设除水器。

除水器的材质目前应用较多的是聚酯玻璃钢或改性聚氯乙烯塑料制成的片材，ABS塑料制成的支架、联杆。玻璃钢片材价格较高，且由于采用手工糊制，虽然新片材的强度和刚度均较好，但长期在湿热条件下使用，易老化变脆、脱胶造成变形而影响收水效果，目前已逐步被改性聚氯乙烯片材所取代。改性聚氯乙烯片材价格低，材料自熄性好，如图1-24所示。

图 1-23　风筒外形图

图 1-24　除水器

6. 塔体

大中型冷却塔一般采用钢筋混凝土结构，或钢结构。围护板一般采用钢筋混凝土墙板、玻璃钢墙板。

小型冷却塔一般采用玻璃钢、型钢作为塔体结构材料，外壁用玻璃钢板、涂塑钢板围护。

7. 集水池

集水池在循环冷却水系统中起贮存和调节水量作用，不需考虑贮存和调节水量时，可设计成集水盘。

六、 冷却塔热力计算简介

（一） 计算主要任务

（1）在规定的冷却任务下，确定冷却塔的淋水面积及所需淋水装置的冷却表面积，或一定结构的淋水装置容积。

（2）验算已知的冷却塔，在不同条件下的冷却塔出水温度，或根据给定的热负荷、水力负荷及外界空气参数，确定淋水密度。

（3）通过热力计算，可以确定在冷却过程中，因蒸发而损失的水量。

（二） 计算条件

（1）热负荷。

（2）冷却水量。

（3）进入冷却塔的水温。

（4）外部空气参数　干球温度、湿球温度（或相对湿度和大气压力）。

（5）淋水装置的蒸发散质系数的试验数据。

（三） 冷却塔热力计算

1. 淋水填料的体积计算

冷却塔的热力计算采用焓差法或经验法。采用焓差法时，按公式（1-14）计算。

逆流式冷却塔：

$$\frac{KK_{\mathrm{a}}V}{Q}=\int_{t_2}^{t_1}\frac{c_{\mathrm{w}}\mathrm{d}t}{h''} \tag{1-14}$$

$$K=1-\frac{c_{\mathrm{w}}t_2}{\gamma_{t_2}} \tag{1-15}$$

式中　V——淋水填料的体积，$\mathrm{m^3}$；

Q——进入冷却塔循环水流量，$\mathrm{m^3/h}$；

K——考虑蒸发水量散热的系数；

γ_{t_2}——与冷却后水温相应的水的汽化热，kJ/kg；

K_a——与含湿量差有关的淋水填料的散质系数，kg/（m^3·s)；

c_w——循环水的比热容，kJ/（kg·℃)；

t_1——进入冷却塔的水温,℃；

t_2——冷却后的水温,℃；

h''——与水温 t 相应的饱和空气比焓，kJ/kg。

式（1-14）右侧可采用辛普森近似积分法或其他方法求解

横流式冷却塔，计算比较复杂，在此不作讨论，需要的话，参见《冷却塔》相关章节。

2. 热力计算中其他参数计算

（1）湿空气的比焓

$$h=c_d\theta+X(\gamma_0+c_v\theta) \tag{1-16}$$

式中 h——湿空气的比焓，kJ/kg；

c_d——干空气的比热容，可取 1.005kJ/(kg·℃)；

c_v——水蒸气的比热容，可取 1.846kJ/(kg·℃)；

θ——空气的干球温度,℃；

γ_0——水 0℃的汽化热，可取 2500kJ/kg；

X——空气的含湿量，kg/kg。

（2）饱和水蒸气压力

$$\lg p''=2.0057173-3.142305\left(\frac{10^3}{T}-\frac{10^3}{373.16}\right)+8.2\lg\frac{373.16}{T}-0.0024804(373.16-T) \tag{1-17}$$

式中 p''——饱和水蒸气压力，kPa；

T——温度，K。

（3）湿空气密度

$$\rho=\frac{1}{T}(0.003483p_A-0.001316\varphi p''_{v\theta}) \tag{1-18}$$

式中 ρ——湿空气密度，kg/m^3；

φ——空气的相对湿度；

p_A——大气压力，Pa；

$p''_{v\theta}$——温度为 θ 时的饱和水蒸气压力，Pa。

（4）出塔空气干球温度

$$\theta_2=\theta_1+(t_m-\theta_1)\frac{h_2-h_1}{h''_m-h_1} \tag{1-19}$$

式中 θ_1——进塔空气的干球温度,℃；

θ_2——出塔空气的干球温度,℃；

t_m——进、出塔水温的算术平均值,℃；

h_2——排出塔湿空气的比焓，kJ/kg；

h''_m——与水温 t_m 相应的饱和空气的比焓，kJ/kg。

（5）出塔空气比焓

$$h_2=h_1+\frac{c_w\Delta t}{K\lambda_1} \tag{1-20}$$

式中 Δt——进、出塔的水温差,℃；

λ_1——进入塔的干空气和循环水的质量比（又称气水比）。

3. 冷却塔通风阻力计算

$$H=\xi\rho_m\frac{u_m^2}{2g} \tag{1-21}$$

式中　H——冷却塔的全部或局部通风阻力，Pa；

u_m——计算风速，m/s；

ρ_m——计算空气密度，kg/m^3；

g——重力加速度，$9.81m/s^2$；

ξ——冷却塔的总阻力系数或局部阻力系数。

应采用与所采用冷却塔相同或相似的实测数据或试验数据，若缺乏数据时，可以按式（1-22）估算。

$$\xi=\xi_a+\xi_b+\xi_c \tag{1-22}$$

$$\xi_a=(1-3.47\varepsilon+3.65\varepsilon^2)\times(85+2.51\xi_f-0.206\xi_f^2+30.0962\xi_f^3) \tag{1-23}$$

$$\xi_b=6.72+0.654D+3.5q+1.43u_m-60.6\varepsilon-0.36u_mD \tag{1-24}$$

$$\xi_c=\left(\frac{F_m}{F_e}\right)^2 \tag{1-25}$$

式中　ξ——冷却塔的总阻力系数；

ξ_a——从冷却塔进风口至塔喉部的阻力系数（不含雨区淋水阻力）；

ξ_b——淋水时雨区淋水阻力系数；

ξ_f——淋水时的填料、除水器、配水系统的阻力系数；

ε——塔进风口面积（按进风口上缘直径计算的进风口环向面积）与进风口上缘塔面积之比，$0.35<\varepsilon<0.45$；

D——淋水填料底部塔内径，m；

u_m——淋水填料计算断面平均风速，m/s；

ξ_c——塔筒出口阻力系数；

F_m——冷却塔淋水面积，m^2；

F_e——塔筒出口面积，m^2。

七、冷却塔的安装与验收

（一）冷却塔的安装要求

（1）冷却塔应安装在通风良好的地方，冷却塔的进风口应与周围建筑物保持一定距离，保证新风进塔，避免挡风和防止冷却塔工作时排出的热空气回流。冷却塔尽量避免安装在车间内与变电所、锅炉房的顶上及有热量产生或粉尘飞扬场所的下风口。

（2）风筒安装应保证风筒圆度，尤其是喉部尺寸；此外需保证风筒分块之间和风筒与基础之间的密封性。

（3）齿轮箱及电机底座在安装前后必须进行校平。

（4）风机齿轮箱安装前应预先检查各部件在运输过程中是否有损坏现象，如有损坏则必须修好后再进行安装。检查各部件的连接件、密封件有无松动，如有则加以紧固。

（5）风机安装应严格按风机安装标准进行，风机叶片安装应保持水平，叶片顶端与风筒壁圆周等距。

（6）风机试转正常后，应将电动机的接线盒用环氧树脂或其他防潮材料密封，以防电机受潮。

（7）收水器安装后片体不得有变形，平面上块体之间不得出现大于50mm的缝隙。

(8) 布水系统的水平管路安装应保持水平，连接喷嘴的支管要求垂直向下，喷嘴底盘应保持在同一水平面内。

(9) 填料要求堆放平整，四周与冷却塔内壁紧贴，块体之间无空隙。

(10) 钢结构件在安装中所有焊接处需重新补做防腐。

(11) 在冷却塔安装过程中需焊接时，应做好防火安全措施。

(12) 管道上装滤网装置，保证进塔水的干净，管道需做好水密工作。

（二） 冷却塔的安装验收

冷却塔的安装验收包括以下几方面。

(1) 冷却塔施工必须严格按照设计要求进行，应检查塔体各部分尺寸是否符合设计要求，塔体围护板是否封闭完整，水池渗水试验是否合格。

(2) 塔内外钢管、钢部件、管卡、塔体和水池的防腐是否符合设计防腐处理要求。

(3) 塔内配水系统的水平管是否水平，连接喷嘴的布水支管是否垂直向下，布水喷嘴的底盘溅水碟是否在同一水平面；当采用池式配水时（横流塔），应检查配水池内壁是否光滑，喷嘴是否垂直安装，且同在一个水平面上。

(4) 淋水装置的材质和安装是否符合设计要求，有无出现“通天缝隙”。

(5) 风机安装是否符合产品说明书的要求，应着重检查风机安装标高、叶片安装角度及叶片与风筒的间隙，施工误差应在设计允许范围之内。

（三） 冷却塔的测试考核

根据国家工业循环水冷却塔设计规范要求，冷却塔安装完毕后，在投入正常运行前应进行调试；在投入正常运行后的一年内应对冷却塔的冷却能力进行考核验收。新设计的冷却塔应有供验收测试使用的仪器和安装位置及设施。

1. 测试验收项目

(1) 大气气象参数

① 空气干球温度和湿球温度。

② 外界风速风向。

③ 大气压力。

(2) 进塔空气干球温度和湿球温度。

(3) 进塔空气量。

(4) 出塔空气干球温度、湿球温度及温度分布。

(5) 冷却水量、上塔水压。

(6) 进塔水温。

(7) 出塔水温。

(8) 淋水装置及塔各部分风压损失、塔体总风压损失。

(9) 淋水密度分布。

(10) 冷却后水温。

(11) 补充水量及水温。

(12) 塔内风速分布。

(13) 出塔水滴的飘散范围及影响。

(14) 风机电机参数（电流、功率、转速、电压、叶片安装角度、风机进出口全压）。

(15) 噪声（包括风机、电动机、淋水声）。

(16) 水质分析。

上述测试项目可根据实际需要选定。

2. 测试要求

测量仪表及测量方法详见电力行业标准（DL/T 1027—2006）《工业冷却塔测试方法》。

八、 冷却塔的维护管理

冷却塔是循环水系统正常平稳运行的主要设备之一，对保证化工企业的连续生产起着重要作用。因此，必须加强对冷却塔的运行管理与维护。

1. 配水系统的维护

（1）开车前应做好塔内外管道的清扫工作。

（2）管道堵塞时应及时清堵，喷嘴堵塞和脱落时应及时清扫和更换；保证配水均匀。

（3）对池式配水系统的配水池，配水槽应根据水质及当地风沙情况，定期进行清扫，经常保持水流畅通。

（4）塔内外钢管道应定期防腐，宜安排在一年一度的大修时间。

2. 淋水装置的维护

（1）淋水装置应保证整体完整。对损坏、变形的填料应定期维护或更换。

（2）当淋水填料表面有水垢、藻类式或其他污物时，应即时采取措施进行清洗。一般可用压力水冲洗或用蒸气式化学药剂进行清洗。

3. 集水池的维护

（1）开车前冷却塔集水池内应冲刷干净，运行中应定期清除液面的浮渣，池底的污物应定期在大修期间彻底清除，并应经常保持格栅不被堵塞。

（2）冷却塔运行中，应经常保持集水池内的正常水位，以充分利用集水池的有效容积。

（3）发现水池漏水时，应及时修补，以避免循环水损失。

4. 风机的维护

风机的安装维护管理，应按产品说明书要求进行。一般情况下，一年大修检查一次。

5. 塔壁、塔顶和风筒均不得漏水和透风

如有漏洞和缝时要及时修补。塔顶的人孔盖板和塔壁板上的检修门应随时关严，以保证塔体的密封性。

6. 冷却塔的防冻维护

在气候寒冷地区使用冷却塔时，冬季运行时最大危害是冷却塔的结冰。冷却塔结冰不但影响冷却塔的通风、降低冷却效率，严重时，会造成淋水填料塌陷，塔体结构和设备的损坏。

（1）冷却塔易结冰的部位及危害

① 进风口

a. 抽风式冷却塔结冰首先在进风口处发生，逆流塔一般在进风口上、下缘及两侧结冰。横流塔在进风口百叶窗内缘挂冰及因顶部进水槽漏水造成进水口支柱和百叶窗外侧大面积的结冰。

b. 鼓风式冷却塔，只是在进风口或风机叶片上产生局部结冰，直接影响塔的通风。

② 淋水填料和填料的支承梁、柱结冰　当全塔水负荷、热负荷过小时，会造成塔内填料底部挂冰，在填料局部水量过小，或淋水填料外围支柱紧靠进风时，易造成结冰。

③ 塔顶和冷却塔周围地面结冰　当防水器效率低时，水滴从风筒口飘落在塔顶和冷却塔周围地面上，造成塔顶和地面结冰。塔顶的结冰会对冷却塔结构造成危害，塔顶和地面结冰还将影响运行人员的安全。

④ 风机叶片结冰　当机械通风冷却塔塔数较多时，冬天常有一些塔停止运行，塔下连通口水池的水汽或其他塔排出的水汽飘落到已停止运行的风叶上，水汽会在风叶上积聚结

冰，造成叶片损坏。若风机运行前不将叶片上的结冰进行融化处理，风机运行时会遭受损坏。

（2）防冻措施

① 逆流式机械通风冷却塔在进风口上缘设置向塔内喷射热水的化冰管，喷射热水的总量为冬季进塔水量的20%～40%。

② 在冷却塔的进水干管上设旁路水管，使部分或全部循环水直接流入集水池。

③ 当循环供水系统中有多格冷却塔时，可根据热负荷和气温变化，停开一台或数台风机，对风机运转的冷却塔应适当加大淋水密度。

④ 冷却塔应安装除水效率高的除水器。

⑤ 抽风式冷却塔还可采用使风机每次倒转10～15min的方法消除冰冻，倒转周期根据气温和冰冻程度确定。

⑥ 冷却塔风机叶片可采用涂料来涂抹叶片，防止结冰，可采用钠基润滑油、锭子油和石蜡各1/3的混合涂料。

第五节 纯水系统

纯水在化学工业中的应用十分广泛，化工生产中常需要涉及锅炉用水，纯水的应用可以保证锅炉及整个系统的正常运行，化工生产中的工艺用水也需要纯水。在精细化工产品的生产中，如指示剂、固化剂、生物染色剂等产品的生产过程中，反应用水、洗涤用水、结晶用水等需要大量的纯水，这些工艺用水对水质要求通常为1～5MΩ·cm，水量为1～20t/h；在化工高纯材料，如电子工业用MOS级试剂，高绝缘性能的微粉及纳米级化工材料等生产工艺中需要用18MΩ·cm的超纯水。

图1-25为某牙膏厂纯水制造系统的工艺流程。以城市自来水为水源，最终纯水出水为5t/h，电阻率大于5MΩ·cm，原水经凝聚过滤、活性炭处理、反渗透，脱盐率可达97%，产水电导率1～10μS/cm；后处理系统由两台混床、1μm过滤器、254nm紫外线杀菌器和0.45μm终端膜过滤器所组成，混床运行方式，可并、可串、可置换，操作十分方便。

该纯水制备过程由预处理、反渗透和离子交换系统三部分组成，其中反渗透和离子交换是纯水制备中常用技术，除外还有电渗析技术。比较纯水制备脱盐技术，一般认为：

① 当盐浓度很低时，采用离子交换技术最为有利；

② 当盐浓度处于中等程度时，采用反渗透技术和电渗析技术最为有利；

③ 当盐浓度很高时，采用蒸发技术最为有利。

蒸发技术是化工生产的典型操作单元，在化工单元操作技术书籍已有详细介绍，本节将介绍离子交换、反渗透、电渗析这些纯水处理技术。

一、离子交换树脂脱盐技术

离子交换树脂的应用非常广泛，大量用于化工、医药、环境等方面的分离、提取及回收操作。离子交换树脂更因其能长时间反复使用、成本低、利用率高等优点而被大量应用于纯水的制备。目前，全世界应用离子交换树脂来进行水处理占了树脂年消耗量的90%以上。

离子交换树脂品种繁多，按离子交换树脂所带交换官能团性质来分，可以分为阳离子交换树脂、阴离子交换树脂和具有特殊交换性能的树脂（如具有两性、螯合性及氧化还原性的树脂），官能团呈酸性则为阳离子型交换树脂，官能团呈碱性则为阴离子型交换树脂。同为

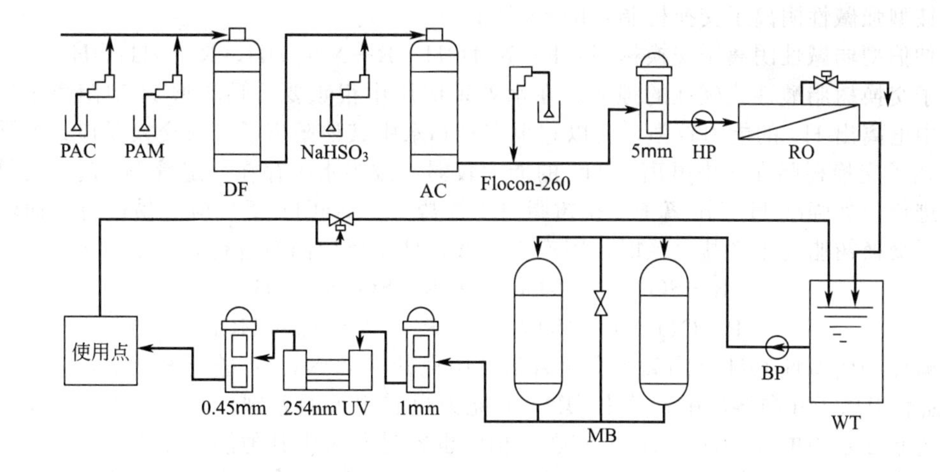

图 1-25　5t/h、5MΩ·cm 精细化工用纯水制备流程图

PAC—聚合氯化铝；PAM—聚丙烯酰胺；DF—过滤器；AC—活性炭过滤器；
HP—高压泵；WT—水池；BP—增压泵；RO—反渗透；MB—离子交换混床；
UV—紫外线杀菌器；Flocon-260—阻垢剂

酸性的离子交换树脂，酸性强者为强酸性阳离子交换树脂，酸性弱者为弱酸性阳离子交换树脂；同样阴离子交换树脂也分为强碱性阴离子交换树脂和弱碱性阴离子交换树脂。故按交换官能团性质来分，可以分类如下。

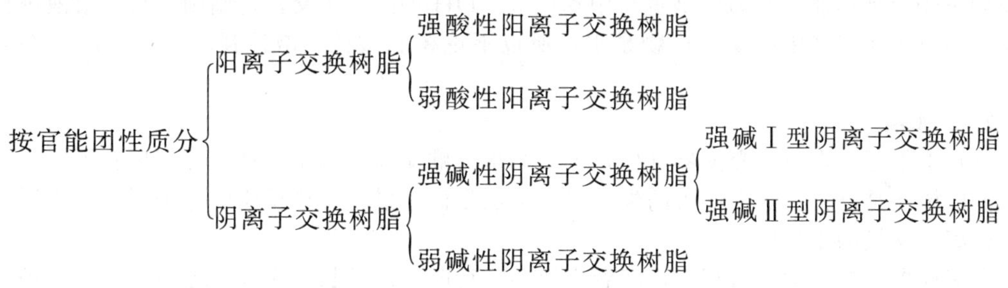

（一）离子交换原理

1. 离子交换反应

离子交换树脂之所以在水处理工艺中能得到广泛应用，就是因为它具有离子交换的性能。类似于电解质，离子交换树脂也有酸碱性，具有中和反应和水解反应的特征。

（1）交换反应的可逆性　离子交换反应是可逆的，例如用含 Ca^{2+} 的水通过 Na 型树脂时，其交换反应为：

$$2RNa + Ca^{2+} \longrightarrow R_2Ca + 2Na^{+}$$

当此反应进行到离子交换树脂大都转化为 Ca 型，以致它已不能继续使水中 Ca^{2+} 交换成 Na^{+} 时，可以用 NaCl 溶液通过此 Ca 型树脂，利用上式的逆反应，使树脂重新恢复成 Na 型。

离子交换反应的可逆性是离子交换树脂可以反复使用的重要性质。

（2）酸性、碱性和中性盐分解能力　H 型阳离子交换树脂和 OH 型阴离子交换树脂，分别在水中可以电离出 H^{+}、OH^{-}，这种性质被称为树脂的酸性、碱性。根据电离出 H^{+}、OH^{-} 能力的大小，它们又有强弱之分。在水处理工艺中，常用的强、弱型树脂有以下几种。

磺酸型强酸性阳离子交换树脂：$R—SO_3H$。

羧酸型弱酸性阳离子交换树脂：R—COOH。

季铵型强碱性阴离子交换树脂：$R \equiv NOH$。

叔仲伯型弱碱性阴离子交换树脂：$R \equiv NHOH$、$R-NH_2OH$、$R-NH_3OH$。

离子交换树脂酸性或碱性的强弱，在水处理应用中很重要。强酸型H型阳离子交换树脂在水中电离出H^+的能力较强，所以它很容易和水中其他阳离子进行交换反应；而弱酸性H型阳离子交换树脂在水中电离出H^+的能力较弱，故当水中存在一定量H^+时，交换反应就难以进行。如强酸H型阳离子交换树脂与中性盐（如NaCl）等反应容易进行，而弱酸H型阳离子交换树脂与中性盐交换时，因产生强酸，抑制反应向右进行，可示意为：

$$R-SO_3H + NaCl \longrightarrow R-SO_3Na + HCl$$

$$R-COOH + NaCl \longrightarrow R-COONa + HCl$$

强碱性和弱碱性OH型阴离子交换树脂与中性盐（如NaCl）进行离子交换时，其交换Cl^-等强酸阴离子并向溶液中释放出OH^-的能力也有很大的差别，其中季铵型强碱性阴离子交换树脂在水中电离OH^-的能力较强，相应也容易和水中其他阴离子进行交换反应，而弱碱性阴离子树脂与中性盐交换时，因产生强碱，抑制反应向右进行，可示意为：

$$R \equiv NOH + NaCl \longrightarrow R \equiv NCl + NaOH$$

$$R-NH_3OH + NaCl \longrightarrow R-NH_3Cl + NaOH$$

离子交换树脂与水中的中性盐进行离子交换反应，同时生成游离酸或碱的能力，通常称为树脂的中性盐分解能力。显然，强酸性阳离子交换树脂和强碱性阴离子交换树脂的分解能力强，而弱酸性阳离子交换树脂和弱碱性阴离子交换树脂基本没有中性盐分解能力。

（3）中和与水解　在离子交换过程中可以发生类似于水溶液中的中和反应和水解反应。H型阳离子交换树脂可与碱溶液进行中和反应，OH型阴离子交换树脂则可与酸溶液进行中和反应，由于在溶液中的反应产物是水，所以不论树脂酸性、碱性强弱如何，反应都容易进行。

2. 工作层

（1）工作层　在离子交换器（柱）中，当水流顺流通过离子交换层时，树脂可分为三个区，上层树脂是已失去交换能力的失效层，下层是尚未进行交换反应的保护层区，中层是正在进行离子交换的工作层。

在交换器（柱）运行过程中，随着交换器运行时间的延长，失效层逐渐增加，保护层不断降低，工作层不断向水流方向推移。当工作层下缘的某一处移到交换剂出水端时，欲除去的离子便开始泄漏于出水中，为了保证出水水质，此时交换器（柱）应停止运行。因此，出水端总有一部分树脂层的交换容量未能完全发挥。工作层越厚，穿透点出现越早，交换器（柱）内树脂的交换容量利用率就越低。

（2）影响工作层厚度的因素　影响工作层厚度的因素很多，这些因素大致可分为两个方面：一方面是影响离子交换速度的因素，若能使交换速度加快，则离子交换越易达到平衡，工作层便越薄；另一方面是影响水流沿交换柱过水断面均匀分布的因素，若能使水流均匀，则可降低工作层厚度。归纳起来，这些因素有：树脂种类、树脂颗粒大小、空隙率、进水离子浓度、出水水质的控制标准、水通过树脂层时的流速以及水温等。

① 树脂的选择性系数越大，树脂与水中离子的交换反应势就越大，工作层就越薄。

② 树脂颗粒越大，单位体积树脂比表面越小，离子在树脂相中的扩散所需要的时间就越长，工作层就越厚。

③ 进水中离子浓度越高，交换反应所需时间就越长，工作层就越厚。

④ 水的流速越大，水与树脂接触的时间就越短，工作层就越厚。

⑤ 水温越高，可以减少树脂颗粒外水膜的厚度，有利于交换反应的进行，工作层就越薄。水温对弱型树脂的影响更为明显。

3. 工作交换容量

（1）概念　工作交换容量是指在一定条件下，一个交换周期中单位体积树脂实现的离子交换量，即从再生型离子交换基团变为失效型基团的量。它是鉴别离子交换树脂性能的重要指标，可以用下式计算：

$$q_{工}=q'_V(R_{初}-R_{残}) \tag{1-26}$$

式中　$q_{工}$——树脂工作交换容量，mmol/L；

q'_V——树脂体积全交换容量，mmol/L；

$R_{初}$——整个树脂层平均初始再生度；

$R_{残}$——整个树脂层平均残余再生度。

树脂的工作交换容量除了和树脂本身的性能有关以外，还和工作条件有关。工作条件包括：树脂开始工作的状态，即树脂的再生度，对给定的树脂层，再生度与再生前树脂层的离子成分及分布情况有关，也与再生条件（再生剂种类、浓度、用量、再生液温度、流速、配制再生液用水质量等）有关，具体分析如下。

（2）影响工作交换容量的因素

① 影响$R_{初}$的因素　它包括水源的成分、杂质浓度、温度、流速及对出水水质要求、树脂层高度、运行方式、设备结构的合理性等。

a. 树脂的酸碱性　弱型树脂对H^+或OH^-的亲和力最大，所以它的再生度比较高；强型树脂则相反，再生度较低。Ⅱ型强碱树脂的碱性比Ⅰ型强碱树脂的弱，所以在一般再生状况下，它的再生度较高，初始容量也较高。

b. 再生剂用量　再生剂用量越大，树脂的再生度越高，但随着再生剂用量的增大，再生度增加的幅度越来越小，最后趋于平稳。

c. 再生剂纯度　树脂再生度与再生剂的纯度有关，再生剂纯度越高，再生度也越高。

d. 再生液温度　再生液的温度会影响选择性系数和离子交换的速度，从而影响再生度。强碱树脂的再生温度还会影响硅的聚结程度，从而影响其再生程度。

e. 再生液流速　为了保证树脂和再生液有足够的接触时间，必须限制再生液流速。为了防止在再生过程析出硫酸钙沉淀和产生胶体硅，又必须保证足够的再生液流速（为此，往往降低再生液浓度，以保证足够的再生时间和再生流速）。

f. 再生液浓度　在保证足够的再生时间，且不会析出沉淀和形成胶体硅的情况下，较浓的再生液对树脂获得较高的再生度是有利的。

g. 失效树脂的离子组成　不同离子的选择性不同，在同样再生条件下，失效树脂的离子组成不同，再生度也不同。

② 影响$R_{残}$的因素

a. 水中离子总量 水中欲被去除的离子总量越大，工作层高度越高，残余再生度也越高。

b. 水中离子组成　欲被去除的离子和树脂的亲和力越大，树脂残留容量就越低。这对再生不利，因此，对于一定的工艺（如逆流、顺流）和一定的再生工况，水中反离子的组成在某一比例下有最大的交换容量。

c. 运行流速 根据离子交换速度可知，运行流速对弱型树脂的离子交换过程影响较大，其工作层高度随流速的提高而增加，因而残留容量也随着增加。强型树脂的残留容量受流速影响较小。

d. 运行水温 和运行流速一样，温度对弱型树脂的离子交换影响较大，运行水温越高，残留容量就越低。

③ 树脂层高度　从整个树脂层看，残留容量的分布是不均匀的。出水端处工作层内树脂的残留容量最多。在一定条件下运行时，工作层高度和树脂层高度有关。因此，树脂层高

度越大，工作交换容量就越大。

④ 树脂的性质　除了树脂层高度以外，上述的每一项都和树脂本身的性质有关，它包括树脂的体积全交换容量、选择性系数和动力学性质。

仅就一对离子的交换而言，树脂的工作交换容量就受到上述诸因素的影响，其中有些影响尚不能用一个简单的数学关系表示，而各因素又互相交叉影响。当有几种离子同时发生离子交换，以及交换结果形成难解离物质，则离子交换现象变得很复杂。在实际运行中，离子交换设备还会出现水流分布不均的现象，同一层面上各点的树脂再生度和失效度也不同。树脂在使用一段时间后，其性能会发生一定的变化或受到一定程度的污染。这些都使得很难对离子交换树脂的工作交换容量作定量的描述。

（二） 离子交换水处理技术

1. 软化

水的软化是指将水的硬度（主要是水中钙、镁离子）去除或降低到一定程度的过程。由于阳离子交换树脂类型不同，交换后产生的软水组分也不同。

(1) RNa 型软化　钠离子交换软化法是最常用的软化法，水中硬度离子与树脂中钠离子进行交换，由于钠盐的溶解度很高，所以就避免了随温度的升高而造成水垢生成的情况。这种方法是目前最常用方式。钠离子交换软化法原理如图 1-26 所示。

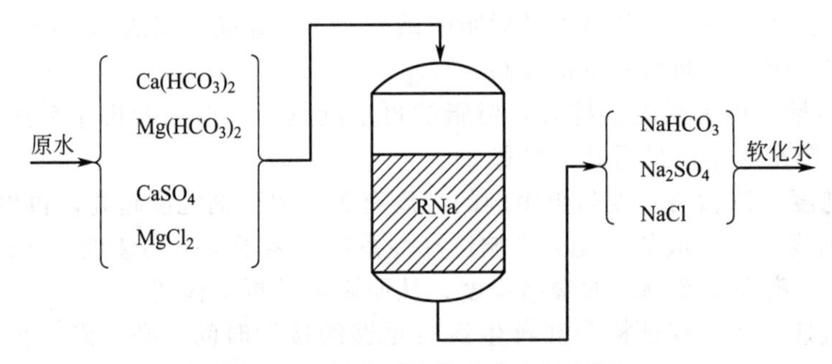

图 1-26　钠离子交换软化法原理图

钠离子交换软化法主要优点是：效果稳定准确，工艺成熟。采用这种方式的软化水设备一般叫作离子交换器（由于采用的多为钠离子交换树脂，所以也多称为钠离子交换器）。经过钠离子交换器后，水中的 Ca^{2+}、Mg^{2+} 被 Na^+ 取代，阴离子成分没有变化，所以，出水硬度降低，而碱度没有变化。

常用的钠离子软化工艺过程有单级或双级串联，如图 1-27 和图 1-28 所示。单级操作系统出水残余硬度小于 0.03mmol/L，可达到低压锅炉水质标准的要求，设备简单，运行操作方便，投资较少；双级串联操作系统出水残余硬度可达 5.0μmol/L 以下，而且出水水质更稳定可靠。

(2) 脱碱软化　单纯的钠离子软化工艺并没有改变水中的碱度，在锅炉给水中若原水碱度较高，会发生如下反应：

$$2NaHCO_3 \longrightarrow Na_2CO_3 + H_2O + CO_2$$

$$Na_2CO_3 + H_2O \longrightarrow 2NaOH + CO_2$$

产生 NaOH 会影响锅炉的安全运行，同时 CO_2 造成水系统的酸腐蚀。所以若原水中碱度大于 2mmol/L 时，就必须除硬的同时要求脱碱。

根据所用离子交换树脂和工艺的不同，主要有以下几种脱碱软化法。

① H-Na 串联　将进水分成两部分：一部分进入氢型离子交换器，出水软水与另一部分

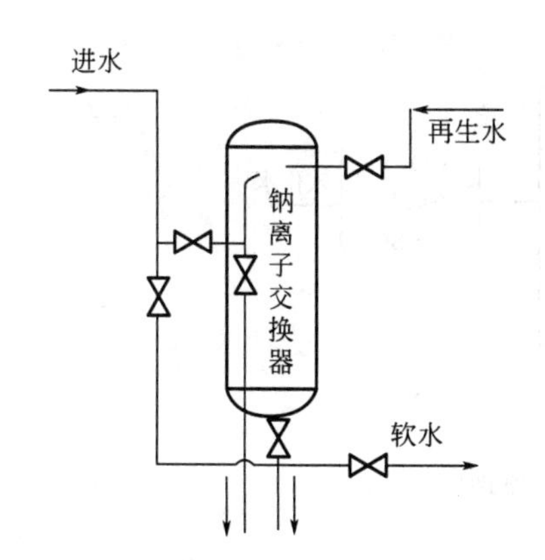

图 1-27 单级串联钠离子交换软化系统

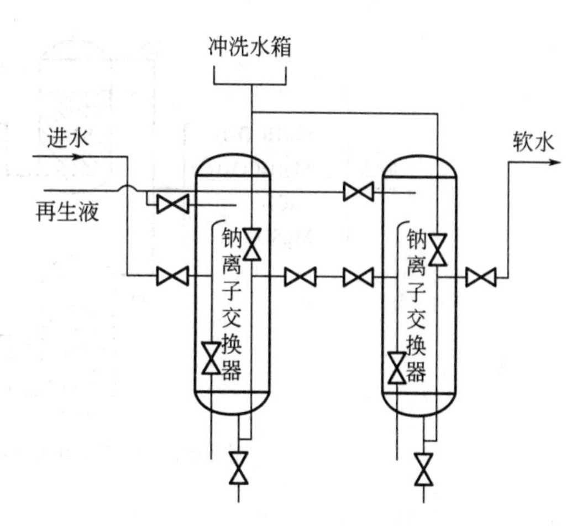

图 1-28 双级串联钠离子交换软化系统

进水混合，利用进水的碱度中和软水中的强酸，反应产生的 H_2CO_3 通过除碳器脱气除去，最后经钠离子交换器软化另一部分进水引入的硬度。H-Na 串联离子交换脱碱原理如图 1-29 所示，系统操作流程如图 1-30 所示。

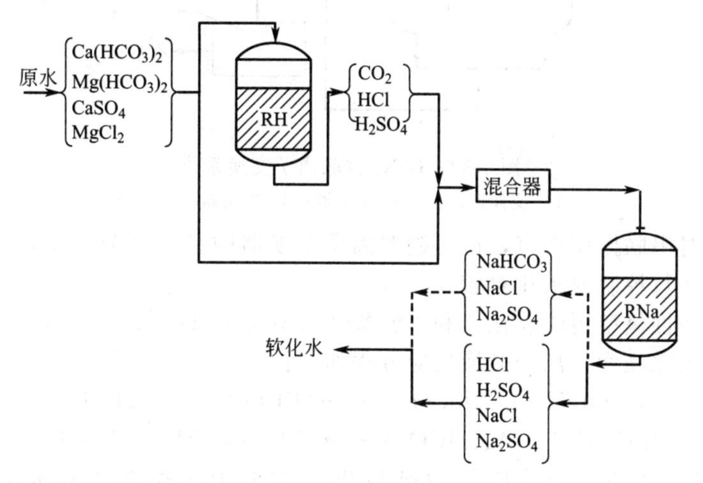

图 1-29 H-Na 串联离子交换脱碱软化原理图

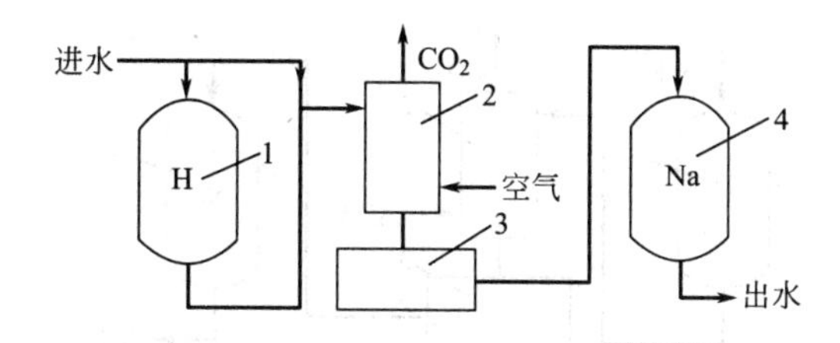

图 1-30 H-Na 串联离子交换系统

1—H^+ 交换器；2—除碳器；3—水箱；4—Na^+ 交换器

② H-Na 并联 与串联一样，将进水分成两部分，分别进入氢型离子交换器和钠型离子交换器，然后两部分出水软水混合，利用钠型树脂出水的 HCO_3^- 碱度中和氢型树脂出水的强酸，反应产生的 H_2CO_3 仍通过除碳器脱气除去。H-Na 并联离子交换脱碱原理如图 1-31 所示，系统操作流程如图 1-32 所示。

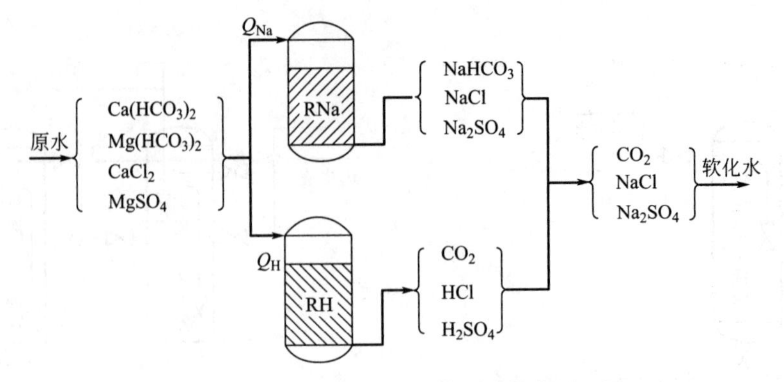

图 1-31　H-Na 并联离子交换脱碱软化原理图

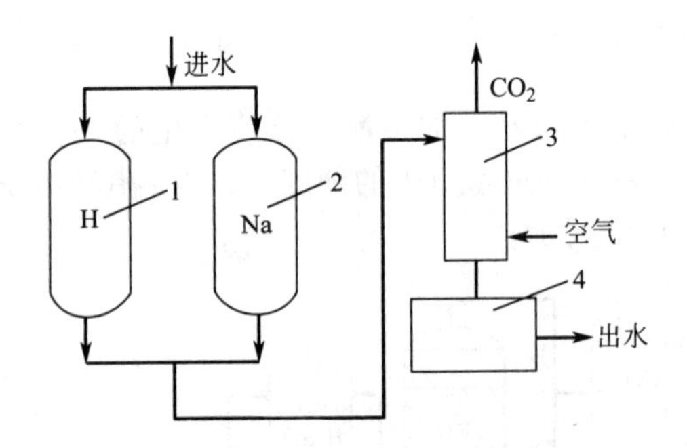

图 1-32　H-Na 并联离子交换系统

1—H^+交换器；2—Na^+交换器；3—除碳器；4—水箱

并联操作相对串联操作而言，通过钠型离子交换器的只有部分进水，设备容量可小些，投资费用少，但运行控制要求相对较高。

（3）利用弱酸性氢型树脂软化　利用弱酸性氢型树脂只能与水中碳酸盐类硬度进行离子交换反应的特点去除碱度。离子交换反应方程如下：

$$2RCOOH+Ca(HCO_3)_2 \longrightarrow (RCOO)_2Ca+2H_2CO_3$$

$$2RCOOH+Mg(HCO_3)_2 \longrightarrow (RCOO)_2Mg+2H_2CO_3$$

反应后不产生强酸，经除碳器脱碳后再经钠离子交换器去除非碳酸盐（$CaCl_2$、$MgCl_2$、$CaSO_4$、$MgSO_4$）硬度，可达软化脱碱目的。操作流程如图 1-33 所示。

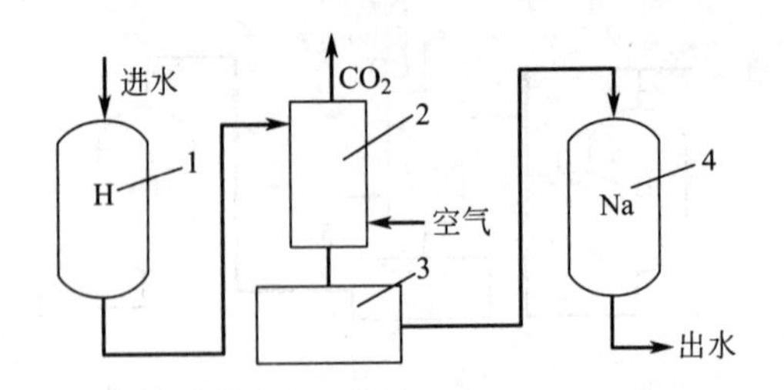

图 1-33　H-Na 串联离子交换系统

1—弱酸性 H^+交换器；2—除碳器；3—水箱；4—Na^+交换器

弱酸性氢型离子交换树脂交换容量大且再生容易，出水软水不显酸性，系统运行安全可靠，但弱酸性氢型树脂价格较贵，与钠离子交换器串联，要求钠离子交换器的设备容量大，投资费用较高。

(4) 氯-钠离子交换法　此法利用氯型树脂与水中的阴离子交换，去除水中碱度，氯型树脂的离子交换反应如下：

$$2RCl+Ca(HCO_3)_2 \longrightarrow 2RHCO_3+CaCl_2$$

$$2RCl+Mg(HCO_3)_2 \longrightarrow 2RHCO_3+MgCl_2$$

经氯型离子交换器后，水中的阴离子几乎都转变为 Cl^-，碱度因此被除去，而阳离子没有变化，然后用钠型树脂去除水中硬度。

此法软化水后 Cl^- 含量增加，且几乎所有进水中的非 Cl^- 都被交换成 Cl^-，适用于碱度高的水处理过程，一般进水碱度以占总阴离子含量一半以上为宜。氯型树脂和钠型树脂既可串联也可组成双层床操作运行。

2. 脱盐

离子交换与其他脱盐处理方法，如反渗透、电渗析、蒸馏法相比最主要的优点是脱盐比较彻底，可使出水的含盐量接近于零，但当原水中含盐量过高，采用离子交换法所耗化学药剂量大大增加，制水成本过高，还可能造成对环境的污染。因此离子交换法通常与其他方法联用脱盐。

为了达到脱盐目的，离子交换法选用的阳离子交换树脂必须是氢型的，而阴离子交换树脂必须是氢氧型树脂。离子交换脱盐原理如图 1-34 所示。

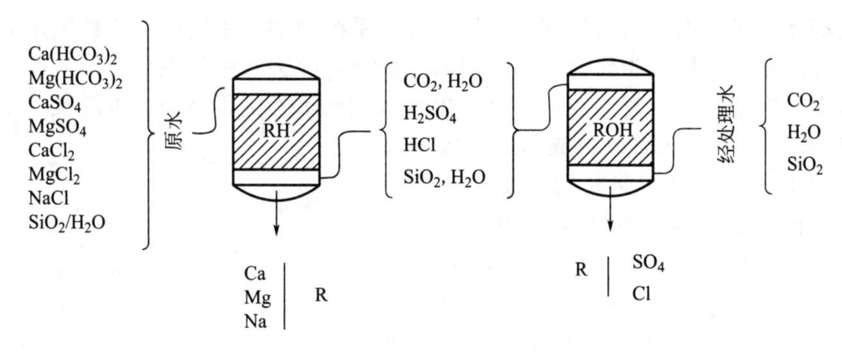

图 1-34　离子交换脱盐原理图

阴阳离子树脂在脱盐流程中可能有不同安排，主要分复床脱盐、混床脱盐、双层床脱盐以及三层床脱盐等。

(1) 复床脱盐　复床是用阳离子交换树脂和阴离子交换树脂两种离子交换器串联组成的脱盐系统，是脱盐系统中的最简单的一种。原水先通过阳床除去水中的金属阳离子，形成酸性水，然后通过阴床除去水中的酸性阴离子。原水相继只通过一次阳床和阴床的脱盐系统称为一级复床脱盐系统。其示意图如图 1-35 所示。另外还有二级、三级复床等。在复床系统中，原水通过强酸性阳离子交换树脂后，HCO_3^- 全部都转换成为了游离的 CO_2，而这都要被阴床所吸附，这从经济上是不合算的。因为 CO_2 是很容易除去的，通常在复床系统中加入脱气塔来除去 CO_2，这样既可提高树脂的交换容量，还可以减少再生剂的用量。

对于一级复床脱盐系统，只有一个阳离子交换器和阴离子交换器，因为阴离子交换树脂的工作交换容量一般只为阳离子交换树脂的一半左右，为了和阳离子交换器配套使用，阴离子交换器中的阴离子交换树脂的体积一般为阳离子交换树脂的两倍。

根据原水中含盐量的不同，从经济上考虑，常采用下面几种不同复床（一级复床加混合床系统）。

① 水中重碳酸盐含量高、强酸性盐含量低时，即水中 HCO_3^- 浓度较高（>4mmol/L），强酸根浓度较低（<2mmol/L）时，可用：弱酸性阳床-酸性阳床-脱气塔-强碱性阴床。

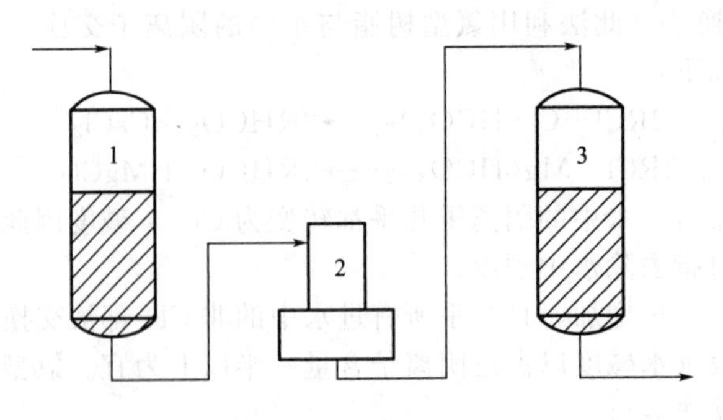

图 1-35　一级复床脱盐示意图

1—阳床；2—除碳器；3—阴床

② 水中重碳酸盐含量低，强酸性盐含量高，即水中 HCO_3^- 浓度较低（<4mmol/L），强酸根浓度较高（>2mmol/L）时，可用：强酸性阳床-脱气塔-弱碱性阴床-强碱性阴床。

③ 水中的重碳酸盐和强酸性盐含量都较高时，即水中 HCO_3^- 浓度较高（>4mmol/L），强酸根浓度较高（>2mmol/L）时，可用：弱酸性阳床-强酸性阳床-脱气塔-弱碱性阴床-强碱性阴床。

因为强碱性树脂的再生费用很高，这样在复床系统中加入不同的弱酸性阳床或弱碱性阴床，以弱碱性阴离子交换树脂作为第一级阴离子处理，除去水中的强酸性物质，可以大大降低树脂的再生剂用量。单级复床一般适合于出水水质要求不是很高的一级脱盐水系统。

（2）混床脱盐　混床可以看成是由多级阳离子交换树脂和阴离子交换树脂在同一交换柱中交替排列而组成的复床。因为在床层中阴阳离子交换树脂是均匀混合的，运行时，水中的阴离子和阳离子几乎同时发生离子交换反应。床层中经过 H 型阳离子交换树脂交换反应生成的 H^+ 和经过 OH 型阴离子交换树脂交换反应生成的 OH^- 在床层内立即发生中和反应，消除了反离子的干扰，离子交换反应进行比较彻底，出水水质很好，其结构示意图如图 1-36 所示。混合床中阳离子交换树脂和阴离子交换树脂的体积比约为 1∶2，根据出水水质的酸碱性，适当调节阳离子交换树脂和阴离子交换树脂的用量，使出水呈中性。混合床中树脂的装填高度一般为交换柱高的 2/3，不能装得过多，因为混床在逆洗时，树脂会发生膨胀，树脂上层必须预先留下一定的空间。

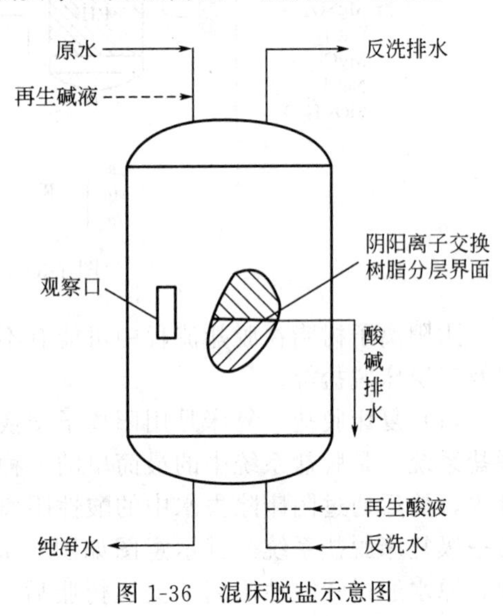

图 1-36　混床脱盐示意图

混合床的再生可以分为体内再生和体外再生等方式，体内再生又可以分为酸、碱分别再生和体外再生。酸、碱分别再生是利用阴离子交换树脂和阳离子交换树脂的密度差，用水力反洗的方法，先将两种树脂分开，再用酸和碱对其分别进行再生。体外再生是将失效树脂全部压入专用再生器进行再生，体外再生中，交换和再生不在同一个设备内进行，使得设备紧凑，更适合交换和再生的各自用途，提高再生效率，再生剂也不会发生交叉污染，还可以缩短设备所需的停车时间，提高运行效率。但是体外再生将树脂压进压出，树脂的磨损率增大，容易使树脂粉碎而失效。

混合床脱盐装置离子交换反应彻底，出水水质高，满足大多数工厂企业和科研用水的要求。但是混床再生时要利用阴阳离子交换树脂的密度差将两种树脂先分开后再生，在实际操作中两种树脂往往不能完全分开，而且在水力冲洗过程中，由于树脂间的相互摩擦碰撞，会造成一些树脂的破坏损失，这是混床工艺的不足之处。

(3) 双层床脱盐　双床是按一定比例在交换柱中依次装填强、弱两种同性离子交换树脂。根据强弱树脂的密度和粒径差异，颗粒和密度较大的强型树脂在交换柱底部，而密度小、颗粒细的弱型树脂处于交换柱的上部，在柱内形成上下两层，成为双床，如图 1-37 所示。双床可分为阳离子双床和阴离子双床。运行时，水先由上通过弱型树脂，再通过强型树脂；再生时采用逆流再生，再生液从下面先经过强型树脂，再通过弱型树脂。这样不但充分地发挥了弱型树脂的大交换容量的特性，还很好地利用了再生剂，经过强型树脂的低浓度再生剂对弱型树脂的再生效率仍能达到 80%～100%。有的在双层床两种树脂间用隔板隔开，避免树脂间的混层，这种装置称为双室双床系统。

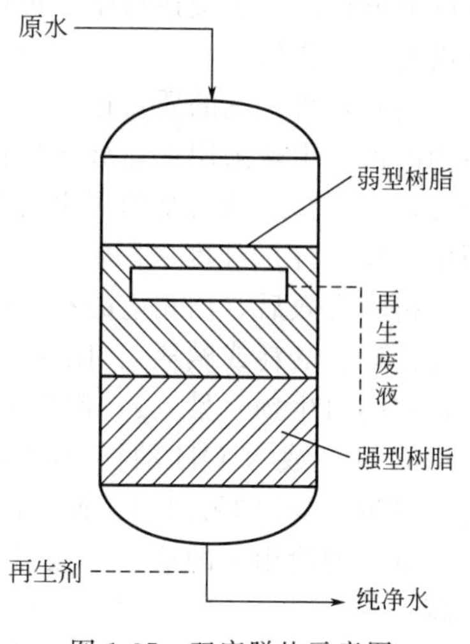

图 1-37　双床脱盐示意图

双床脱盐系统具有如下优点。

① 减少交换器个数，简化脱盐系统，降低了设备投资和场地的占用。

② 由于弱型树脂的大交换容量特性和强型树脂的串联使用，使双床的交换能力大为提高，对水中的离子去除能力（尤其是对硅的去除能力）大大提高，经过阳离子双床和阴离子双床的串联配套使用，出水水质显著上升。

③ 再生剂的逆流串联再生使用，使再生剂的用量大大降低，同时再生后的废酸、废碱浓度降低，减少了再生液的后续处理难度。

④ 弱碱型阴离子交换树脂对有机物有良好的吸附和解吸能力，降低了强碱型阴离子交换树脂被有机物污染的程度。

(4) 三层床脱盐　三层床脱盐工艺是针对普通混床阴离子、阳离子交换树脂分层不清，再生剂利用率低且容易造成交叉污染等缺点提出的，在混床中加入了一种密度和粒度介于强酸性阳离子交换树脂和强碱性阴离子交换树脂之间的惰性树脂，由于惰性树脂的沉降速度介于中间，在反洗操作时树脂明显分为三层，惰性树脂层介于中间起到隔离作用，避免了普通混床的缺点，提高了再生效率，制水周期增加，出水水质提高。而且通常三种树脂色泽明显差异，可直观判断分层和混合效果，操作方便可靠。

3. 离子交换树脂再生

(1) 再生剂的选择　再生剂的选择对于离子交换过程的正常运行以及提高出水水质是很重要的，再生剂的种类以及质量都直接影响到树脂的再生效果和处理水的质量。一般来说，阳离子交换树脂的再生用盐酸最好，它的氧化能力很弱，不会破坏树脂结构和氧化树脂，从树脂上解析下来的离子大多都形成可溶性氯化物，便于用水清洗，减少对树脂的污染。若用硫酸作为再生剂，解析下来的离子可能会形成微溶性的钙、镁等硫酸盐沉淀，堵塞孔道，降低树脂的交换容量。但是由于硫酸的价格非常便宜，工业上也常用不超过 5%浓度的稀硫酸溶液作为再生剂。硝酸由于其强氧化性，即使很稀的溶液也会使树脂氧化，破坏树脂的结构，影响其寿命，一般不用。

阴离子交换树脂的再生一般用 NaOH 作为再生剂。用 NaOH 作为再生剂，不仅阴离子交换树脂的再生度高，而且除去硅的能力也强。从经济上考虑，对于交换容量高，再生较容易的弱碱性阴离子交换树脂，也可以用Na_2CO_3或$NH_3 \cdot H_2O$作为再生剂，但其对强型树脂没有多大作用。

同时，再生剂的质量也是影响树脂再生效果和处理质量的重要因素。例如在阳离子交换树脂的再生中若采用工业级盐酸作为再生剂，由于其中含有较高的杂质量，尤其是铁的含量较高，不但会降低树脂的再生效果，还可能引起树脂的铁中毒。同理，阴离子交换树脂的处理中，NaOH的纯度也影响其再生效果。

树脂失效后，用相应的盐、酸或碱再生以恢复其工作能力。一般用再生剂耗（通常分别称为盐耗、酸耗或碱耗）、比耗来衡量树脂再生能力。在失效的树脂中再生每摩尔交换基团所耗用的再生剂质量（g）称为再生剂耗（单位为g/mol）。在树脂中再生每摩尔交换基团所耗用的HCl或NaOH的物质的量称为比耗（单位是mol/mol），通常以无量纲形式表示。理论上再生1mol的失效型交换基团应耗用1mol的NaOH、HCl。因此，比耗表示了再生剂实际用量是理论用量的倍数。显然，在用HCl和NaOH再生时，比耗越接近于1，再生效率越高。

当采用多元酸（H_2SO_4）或多元碱来分别再生阳离子交换树脂或阴离子交换树脂时，不能按理论值离解出全部H^+或OH^-。如1mol H_2SO_4并不一定解离出2mol的H^+，H_2SO_4再生的比耗往往高于盐酸再生的比耗，但这并不能说明H_2SO_4再生能力低于盐酸。各种树脂的再生剂耗、比耗参考值如表1-15所示。

表1-15　各种离子交换树脂的再生剂耗和比耗（供参考）

树脂	再生工艺	再生剂耗/(g/mol)	比耗
强酸性阳离子交换树脂	顺流	NaCl 100～200 HCl≥73 H_2SO_4 100～150	NaCl约2 HCl≥2 H_2SO_4 2～3
	逆流	NaCl 180～100 HCl 50～55 H_2SO_4≤70	NaCl约1.4 HCl 1.4～1.5 H_2SO_4≤1.9
弱酸性阳离子交换树脂	逆流	HCl 38～44	HCl 1.05～1.2
强碱性阴离子交换树脂	顺流	液碱80～120	液碱2～3
	逆流	液碱60～65 固碱48～60	液碱1.5～1.6 固碱1.2～1.4
弱碱性阴离子交换树脂	逆流	液碱44～48	液碱1.1～1.2

（2）再生方式　按再生剂的通液方向和原水通水方向大致可以分为顺流再生式、逆流再生式、复床逆流再生式和混床再生式。

① 顺流再生　顺流再生是指再生剂在交换柱中的流过方向和交换工作时水流方向相同，下向流再生，下向流通水。此时，处于交换柱上部的树脂的再生程度高，越往交换柱下部，树脂的再生程度就越低，在柱底部的树脂再生效果最差。

顺流再生方式下，新鲜再生剂从交换柱上方进入交换柱，首先和失活最严重的树脂接触，使树脂上的杂质离子解析，进入再生溶液中，树脂恢复活性，此时再生剂具有最大的再生解析能力。当再生剂流经交换柱下部时，其中混入的部分杂质离子可能被再次吸附在树脂上，其再生解析能力随之下降，为了把这部分杂质离子洗脱出来，势必得多消耗再生剂。到了交换柱底部，再生剂的解析再生推动力降至最低。这种方式下，树脂的再生效果不佳，再生剂的利用效率也不好。

顺流再生是一种较老的再生方式。其设备简单，容易操作，同时存在较大的缺陷，主要表现在再生剂耗量大、利用效率不高，树脂的再生程度低，处理水的水质不好。因为在再生时，处于交换柱下部的树脂再生效果最差，还可能吸附了部分从上部解析出来的杂质离子，在交换工作时容易出现离子的提前穿透现象，使出水水质和树脂的交换容量降低。尤其是在纯水制备过程中，钠离子的穿透量更是显著增大，对制备十分不利。目前一般都采用逆流再生方式来进行树脂的再生，顺流再生和逆流再生方式的流程示意图见图 1-38。

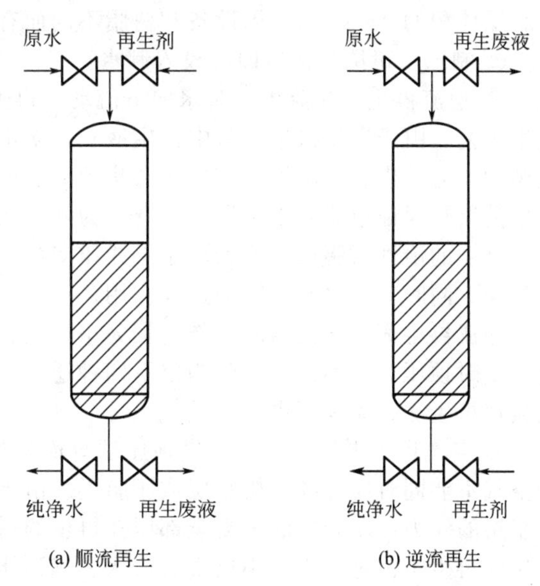

图 1-38　顺流再生和逆流再生示意图

顺流再生离子的运行通常分为五步，从交换器失效后算起为：反洗、进再生液、置换、正洗和制水。这五个步骤，组成交换器的一个循环，称运行周期。

a. 反洗　交换器中的树脂失效后，在进再生液之前，通常先用水自下而上进行短时间的强烈反洗。反洗的目的是松动树脂层，在交换过程中带有一定压力的水持续地自上而下通过树脂层，因此树脂层被压紧。为了使再生液在树脂层中均匀分布，需在再生前进行反洗，使树脂层充分松动。

清除树脂上层中的悬浮物、碎粒。在交换过程中，上层树脂还起着过滤作用，水中的悬浮物被截留在这层中，使水通过时的阻力增大。此外，在运行中产生的树脂碎屑，也会影响水流通过。反洗可以清除这些悬浮物和碎屑，这一步骤对处于最前级的阳离子交换器尤为重要。

反洗水的水质应不污染树脂，反洗强度可由试验确定，一般应控制在既能使污染树脂层表面的杂质和树脂碎屑被带走，又不使完好的树脂颗粒跑掉，而且树脂层又能得到充分松动。经验表明，反洗时使树脂层膨胀 50%～60%效果较好。反洗要一直进行到排水不浑为止，一般需 10～15min。

反洗也可以依据具体情况在运行几个周期后，定期进行。这是因为，有时在交换器中悬浮物颗粒的积累并不很快，而且树脂层并不是在 1 个周期内就压得很紧，所以有时没有必要每次再生前都进行反洗。

b. 进再生液　进再生液前，先将交换器内的水放至树脂层以上约 100～200mm 处，然后使一定浓度的再生液以一定的流速自上而下流过树脂层。再生是离子交换器运行操作中很重要的一环。影响再生效果的因素很多，如再生剂的种类、纯度、用量、浓度、流速、温度等。

c. 置换　当全部再生液送完后，树脂层中仍有正在反应的再生液，而树脂层面至计量箱之间的再生液则尚未进入树脂层。为了使这些再生液全部通过树脂层，需用水按再生液流过树脂的流程及流速通过交换器，这一过程称为置换。它实际上是再生过程的继续。置换水一般用配再生液的水，水量一般为树脂层体积的 1.5～2 倍，以排出液离子总浓度下降到再生液浓度的 10%～20%以下为宜。

d. 正洗　置换结束后，为了清除交换器内残留的再生产物，应用运行时的进水自上而下清洗树脂层，流速约 10～15m/h。正洗一直进行到出水水质合格为止。正洗水量一般为树脂层体积的 3～10 倍，因设备和树脂不同而有所差别。

e. 制水　正洗合格后即可投入制水。

② 逆流再生　逆流再生时水向下流动、再生液向上流动的逆流工艺称逆流（也称对流）再生工艺。由于逆流再生工艺中再生液及置换水都是从下而上流动的，如果不采取措施，流速稍大就会发生和反洗那样使树脂层扰动的现象，这通常称乱层。再生时，离子交换树脂不发生乱层是保证逆流再生效果的关键，为此，在采用逆流再生工艺时，在树脂表面层上加装一定高度的惰性树脂层（称为压脂层或压实层），以防止再生液和置换水向上流动时引起树脂乱层，同时对进水起一定的过滤作用。

逆流再生离子交换器的工作过程为小反洗、再生、置换、清洗、运行、大反洗。由于逆流再生时顶压方式不同，可分为以下四种逆流再生的方法：气顶压再生法、水顶压再生法、低流速再生法、无顶压再生法。

a. 空气顶压再生法　在空气顶压法（简称气顶压法）的再生和置换的整个过程中，水和空气不能同时通过同一树脂层或压脂层。由于在压脂层的颗粒间充满了空气，去掉了水对压脂层的浮力，压脂层的重力全部压在再生的树脂上，防止了下部树脂的浮动和乱层。气顶压法的再生工艺过程为：小反洗、放水、气顶压、再生、置换、正洗，并定期进行大反洗。再生过程见图 1-39。

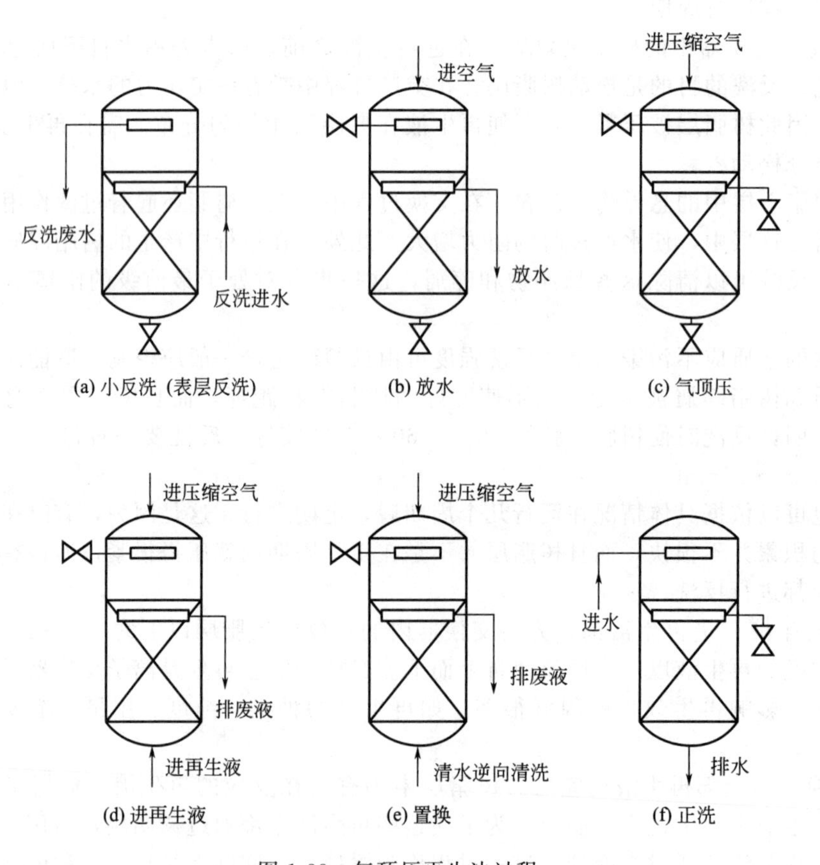

图 1-39　气顶压再生法过程

气顶压法采用干净压缩空气的压力为 0.03～0.05MPa，空气流量为 0.2～0.3$m^3/(m^2 \cdot min)$。

b. 水顶压再生法　就是用压力水代替压缩空气，从交换器顶部引入水（顶压水），经过压脂层时会产生一定的压降，将树脂层压住而防止树脂层乱层。顶压水与再生液同时从中间排液装置排出。再生过程见图 1-40。

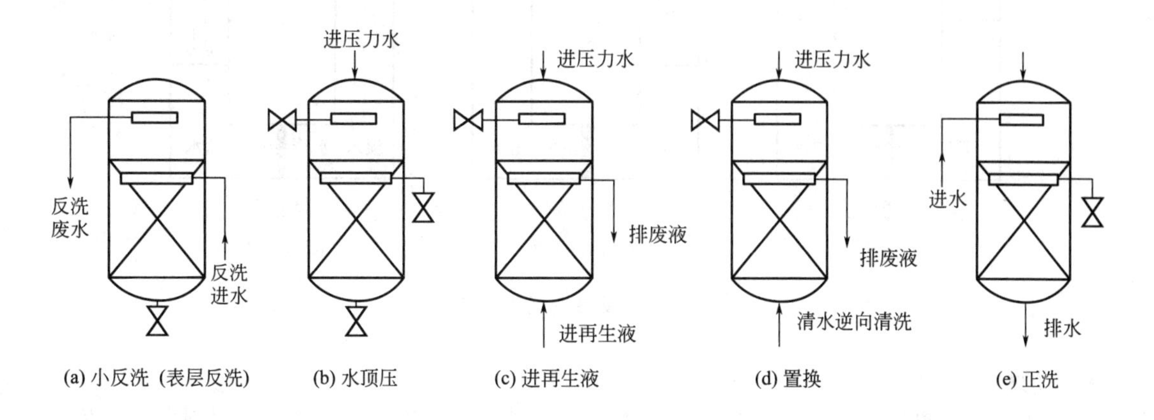

图 1-40　水顶压再生法过程

水顶压再生法的操作过程为：小反洗、水顶压、再生、置换、正洗、运行、定期大反洗。顶压水水压为 0.05MPa，顶压水流量为再生液流量的 1～1.5 倍。

c. 低流速再生法　低流速再生法是一种无顶压的再生，它是以很低流速的再生液从下向上流过树脂层，并由交换器中间或顶部排出，在防止树脂错动下达到树脂再生的目的。此法多用于小型交换器。

d. 无顶压再生法　无顶压法操作程序与顶压法相间，只是本法不进行顶压，只要控制排液小孔流速在 0.1m/s 和再生液流速为 3～5m/h。

二、 反渗透脱盐技术

反渗透是一种以压力梯度为动力的膜分离过程，反渗透过程是自然渗透的逆过程，在使用过程中，为产生反渗透过程所需的压力梯度，需用泵类设备将盐水施加压力，操作压力一般为 1～10MPa，以克服其自然渗透压，从而使水透过反渗透膜，而原水中盐类等杂质在反渗透膜的另一侧被浓缩。

反渗透法（也就是反渗透混床脱盐系统）的废酸碱排放量与离子交换法相比，减少了 90%，基本上解决了废酸碱的污染问题，而且节能、设备占地面积小、脱盐率和原水利用率高；电渗析脱盐耗水量大，脱盐率低，经常需消耗大量化学试剂再生并污染环境；所以，反渗透是理想的脱盐技术，目前广泛应用于化工、制药、电子行业的纯水及超纯水制备。

（一） 反渗透原理

在一定的温度下，用一张易透水而难透盐的半透膜将淡水和盐水隔开［如图 1-41（a）所示］，淡水即透过半透膜向盐水方向移动，随着右室盐水侧液位升高，产生一定的压力，阻止左室淡水向盐水侧移动，最后达到平衡，如图 1-41（b）所示。此时的平衡压力称为溶液的渗透压，这种现象称为渗透现象。若在右室盐水侧施加一个超过渗透压的外压［如图 1-41（c）所示］，右室盐溶液中的水便透过半透膜向左室淡水中移动，使淡水从盐水中分离出来，此现象与渗透现象相反，称反渗透现象。

由此可知，反渗透脱盐的依据是：①半透膜的选择透过性，即有选择地让水透过而不允许盐透过；②盐水室的外加压力大于盐水室与淡水室的渗透压力，提供了水从盐水室向淡水

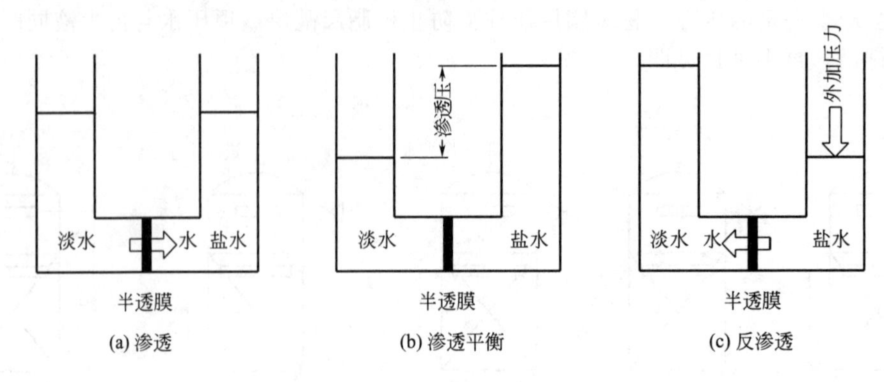

图 1-41　反渗透现象图解

室移动的推动力。

上述用于隔离淡水与盐水的半透膜称为反渗透膜。反渗透膜多用高分子材料制成。实用性反渗透膜均为非对称膜，有表层和支撑层，它具有明显的方向性和选择性。所谓方向性就是将膜表面置于高压盐水中进行脱盐，压力升高，膜的透水量、脱盐率也增高；而将膜的支撑层置于高压盐水中，压力升高脱盐率几乎为 0，透水量却大大增加。由于膜具有这种方向性，应用时不能反向使用。

1. 反渗透分离特性

反渗透对水中离子和有机物的分离特性不尽相同，归纳起来大致有以下几点。

（1）有机物比无机物容易分离。

（2）电解质比非电解质容易分离。高电荷的电解质更容易分离，其去除率顺序一般如下：

$$Al^{3+} > Fe^{3+} > Ca^{2+} > Na^{+}，PO_4^{3-} > SO_4^{2-} > Cl^{-}$$

对于非电解质，分子越大越容易去除。

（3）无机离子的去除率与离子水合状态中的水合离子半径有关。水合离子半径越大，越容易被除去，去除率顺序如下：

$$Mg^{2+}、Ca^{2+} > Li^{+} > Na^{+} > K^{+}，F^{-} > Cl^{-} > Br^{-} > NO_3^{-}$$

（4）对极性有机物的分离规律：

醛＞醇＞胺＞酸，叔胺＞仲胺＞伯胺，柠檬酸＞酒石酸＞苹果酸＞乳酸＞醋酸

（5）对异构体：

叔(*tert*-)＞异(*iso*-)＞仲(*sec*-)＞原(*pri*-)

（6）有机物的钠盐分离性能好，而苯酚和苯酚的衍生物则显示了负分离。极性或非极性、离解或非离解的有机溶质的水溶液，当它们进行膜分离时，溶质、溶剂和膜间的相互作用力决定了膜的选择透过性，这些作用包括静电力、氢键结合力、疏水性和电子转移四种类型。

（7）一般溶质对膜的物理性质或传递性质影响都不大，只有酚或某些低分子量有机化合物会使醋酸纤维素在水溶液中膨胀，这些组分的存在，一般会使膜的水通量下降，有时还会下降很多。

（8）硝酸盐、高氯酸盐、氰化物、硫代氰酸盐的脱除效果不如氯化物好，铵盐的脱除效果不如钠盐。

（9）而相对分子质量大于 150 的大多数组分，不管是电解质还是非电解质，都能很好脱除。

在实际工作中，有许多工作是相互制约的。因此在理论指导的前提下，必须进行试验验证，掌握物质的特性或规律，正确运用反渗透技术，这点是十分重要的。

2. 反渗透膜

反渗透膜大多数是复合膜，复合膜的特征是用两种以上膜材料复合而成的。从结构上来说，复合膜属于非对称膜的一种，实际只不过是两层的薄皮复合体。

由单一材料制成的非对称膜，致密层与支撑层之间并没有一个明显的界限，即存在一个过渡区，膜的压密主要发生在这个区域。而复合膜不存在过渡区，因而抗压密能力强。单一材料膜的另一缺点是脱盐率与透水速度相互制约，难以自由控制，因为同种材料很难兼具脱盐与支撑两者均优的特点。复合膜则不同，它用异种材料制成，容易实现制膜材料和制膜工艺的最优化，可以分别针对致密层的功能要求选择一种脱盐性能最优的材料、针对支撑层的功能要求选择另一种机械强度高的材料，从而实现高脱盐率、高渗透通量。此外，复合膜脱盐层可以做得很薄，有利于降低膜的推动压力，降低了能耗。复合膜的这种结构形式，可以实现膜的高脱盐率、高透过性、低推动力以及良好的化学稳定性、耐热性和强抗压密能力；复合膜易制成干膜，便于存放。图1-42是复合膜的横断面结构放大示意图。

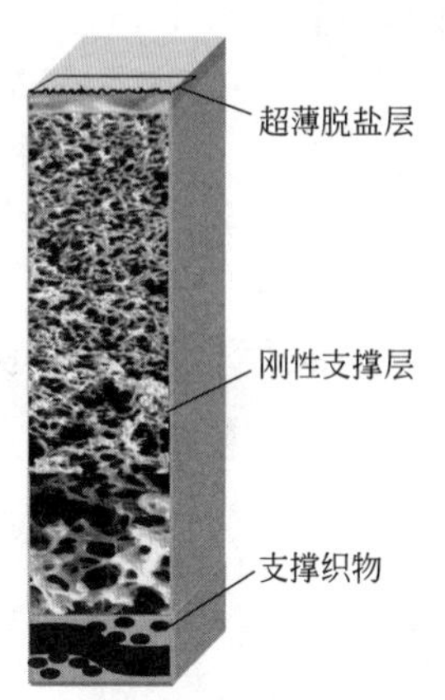

图 1-42　薄层复合膜的横断面图

（二）反渗透水处理装置及影响反渗透系统性能的因素

反渗透水处理装置是包括从保安过滤器的进口法兰至反渗透淡水出水法兰之间的整套单元设备，包含保安过滤器、高压泵、反渗透本体装置、电气、仪表及连接管线、电缆等可独立运行的装置。此外包含化学清洗装置和反渗透阻垢剂加药装置，海水脱盐系统中还包含能量回收装置。

1. 反渗透水处理装置

（1）保安过滤器　为保证反渗透本体的安全运行，即使有良好的预处理系统，仍需要设置精密过滤设备，起安全保障作用，故称为保安过滤器（也称精密过滤器）。在反渗透系统中，保安过滤器不应作为一般运行过滤器使用，仅应作保安过滤器使用，通常设在高压泵之前。保安过滤器有多种结构形式，常用的保安过滤器如图1-43所示，滤元固定在隔板上，水自中部进入保安过滤器内，从隔板下部出水室引出，杂质被阻留在滤元上。

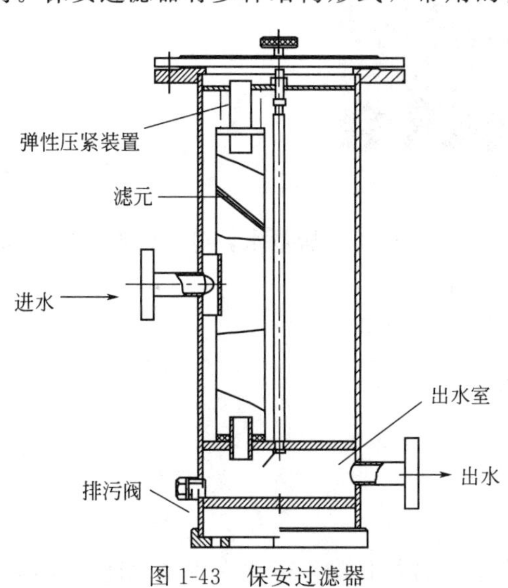

图 1-43　保安过滤器

反渗透水处理系统选择的过滤精度一般为5μm。这种滤元的优点是过滤精度高，制造方便，价格便宜，使用安全，杂质不易穿透。但反洗和化学清洗效果不明显，只能一次性使用，当运行压差达到0.2MPa左右时需要更换滤元。

（2）高压泵　反渗透膜运行时，需要经高压泵将水升至规定的压力后送入，才能完成脱盐过程。高压泵有离心式、柱塞式和螺杆式等多种形式，其中，多级离心式水泵使用最广泛。这种泵的特点是效率较高，可以达到90%以上，节省能耗。

选择高压泵时，应使泵的扬程、流量和材质

符合要求。泵的扬程应根据反渗透组件的操作压力大小及高压泵后沿水流程的阻力损失来计算。泵的材质不仅对泵运行寿命有影响，而且对保证反渗透入口水质有很大关系，一般水泵过流部件选用不锈钢材质，以防止高含盐量和低 pH 值的原水对钢材发生腐蚀，增加铁对膜的污染。

2. 反渗透水处理系统技术术语

为便于理解，我们结合图 1-44 对反渗透系统关键技术术语说明如下。图 1-44 中反渗透本体装置见图 1-45。

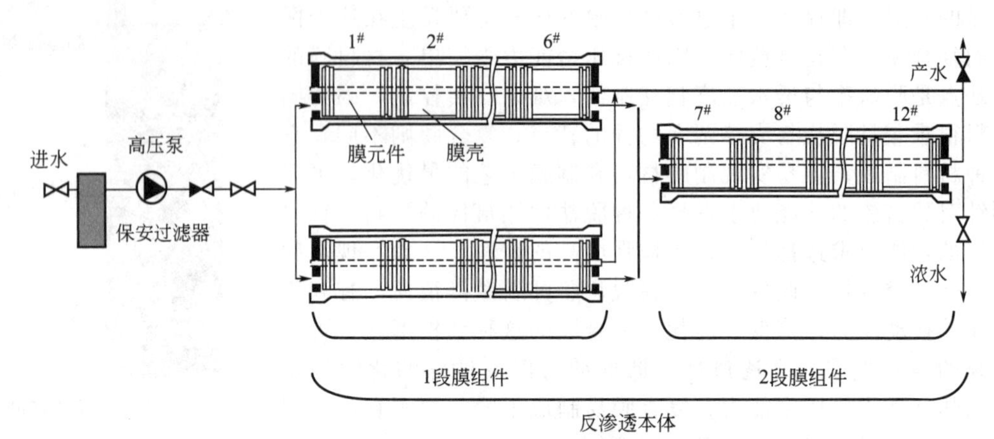

图 1-44　一级二段反渗透水处理装置系统图

图 1-45　反渗透本体装置

(1) 浓水　反渗透水处理装置运行过程中形成的浓缩的高含盐量水，Q_C (m^3/h)。

(2) 淡水　反渗透水处理装置的产水，Q_p (m^3/h)。

(3) 回收率　水流量占进水流量的百分比，计算公式见式(1-27)。

$$Y=\frac{Q_p}{Q_f}\times 100\% \tag{1-27}$$

式中　Y——回收率,%；

Q_f——进水流量，m^3/h；

Q_p——淡水流量，m^3/h。

(4) 脱盐率　反渗透水处理装置除去的盐量占进水含盐量的百分比，用来表征反渗透水处理装置的除盐效率。在工业生产过程中，反渗透水处理装置的脱盐率有两种计算方法：一种是将水中的含盐量代入公式计算，计算公式为式(1-27)；另一种是将水的电导率进行计算，公式与式(1-27) 类似。

$$R=\left(1-\frac{C_p}{C_f}\right)\times 100\% \tag{1-28}$$

式中 R——脱盐率,%；

C_p——淡水含盐量，mg/L；

C_f——原水含盐量，mg/L。

(5) 段　反渗透膜组件按浓水的流程串接的阶数。图 1-44 中反渗透水处理装置为二段。

(6) 级　反渗透膜组件按淡水的流程串联的阶数，表示对水利用反渗透膜进行重复脱盐处理的次数。图 1-44 系统为一级反渗透水处理装置系统，若增设一套反渗透水处理装置对其淡水进行再次处理，则新增设的反渗透脱盐装置称为二级反渗透水处理装置。

(7) 产水通量　又称膜渗透通量或膜通量，指单位反渗透膜面积在单位时间内透过的水量，L/(m^2 · h)。

(8) 背压　反渗透膜组件淡水侧压力与进水侧压力的压力差，MPa。

3. 影响反渗透水处理系统性能的因素

针对特定的系统条件，水通量和脱盐率是反渗透膜的特性，而影响反渗透本体的水通量和脱盐率因素较多，主要包括压力、温度、进水含盐量、回收率和 pH 值等影响因素。

(1) 压力的影响　反渗透进水压力直接影响反渗透膜的膜通量和脱盐率。如图 1-46 所示，膜通量的增加与反渗透进水压力呈线性关系；脱盐率与进水压力成线性关系，但压力达到一定值后，脱盐率变化曲线趋于平缓，脱盐率不再增加。

(2) 温度的影响　如图 1-47 所示，脱盐率随反渗透进水温度的升高而降低。而产水通量则几乎呈线性地增大。主要是因为，温度升高，水分子的黏度下降，扩散能力强，因而产水通量升高；随着温度的提高，盐分透过反渗透膜的速度也会加快，因而脱盐率会降低。

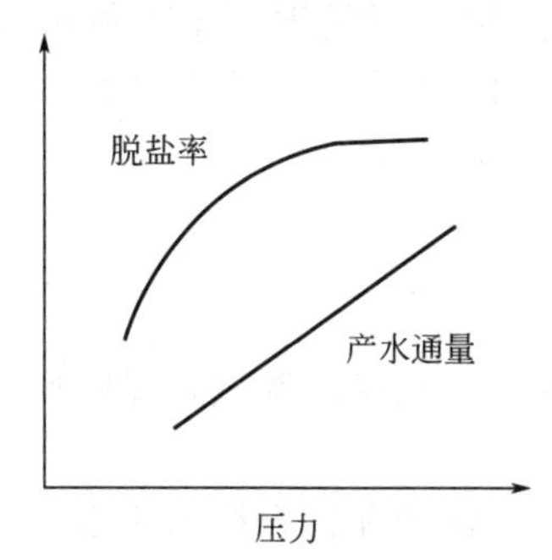

图 1-46　压力对膜通量和脱盐率影响趋势图

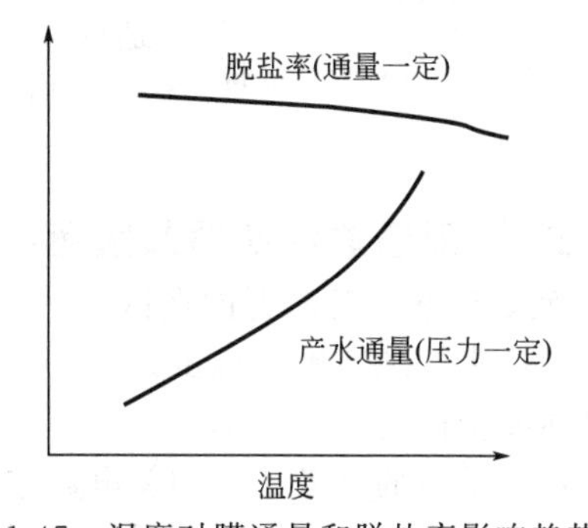

图 1-47　温度对膜通量和脱盐率影响趋势图

反渗透膜元件都有一个极限使用范围，一般为 0～45℃。适当提高原水温度，可以提高膜产水通量，减少膜元件的数量，降低了设备一次投资费用。在工程实践中，反渗透装置的进水水温一般控制在 15～25℃。

原水温度是反渗透系统的一个重要参考指标。如某厂在进行反渗透工程技改时，设计时原水水温按 25℃计算，计算出来的进水压力为 1.6MPa，而系统实际运行时水温只有 8℃，进水压力必须提高至 2.0MPa 才能保证淡水的流量。这导致系统运行能耗增加，反渗透装置膜组件内部密封圈寿命变短，增大了设备的维护量。

（3）含盐量的影响　水中盐浓度是影响膜渗透压的重要指标，随着进水含盐量的增加，膜渗透压也增大。如图 1-48 所示，在反渗透进水压力不变的情况下，进水含盐量增加，因渗透压的增加抵消了部分进水推动力，因而通量变低，同时脱盐率也变低。

（4）回收率的影响　反渗透系统回收率的提高，会使膜元件进水沿水流方向的含盐量更高，从而导致膜渗透压增大，这将抵消反渗透进水压力的推动作用，从而降低了产水通量。膜元件进水含盐量的增大，使淡水中的含盐量随之增加，从而降低了脱盐率。图 1-49 为回收率对膜通量和脱盐率影响的趋势。

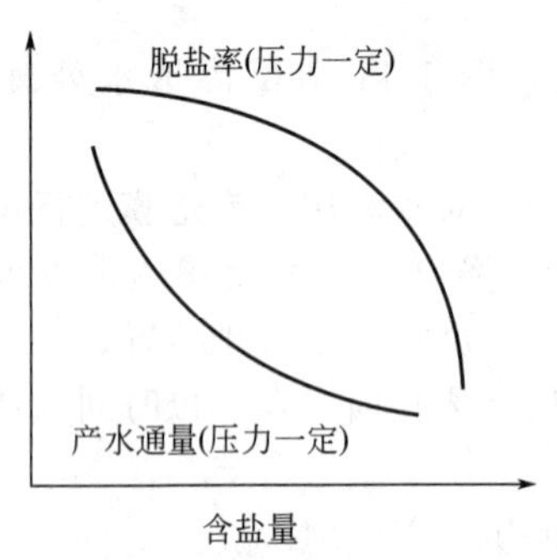

图 1-48　含盐量对膜能量和脱盐率影响趋势图

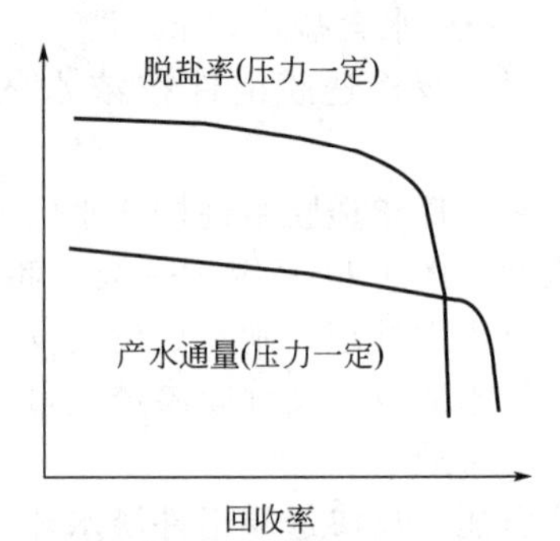

图 1-49　回收率对膜通量和脱盐率影响趋势图

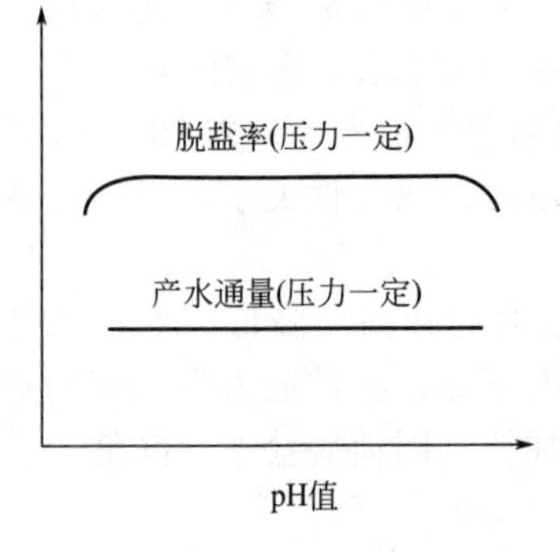

图 1-50　pH 值对膜通量和脱盐率影响趋势图

系统中反渗透系统最大回收率并不取决于渗透压的限制，往往取决于原水中盐分的成分和含量大小，因为随着回收率的提高，微溶盐类如碳酸钙、硫酸钙和硅等在浓缩过程中会发生结垢现象。

（5）pH 值的影响　不同种类的膜元件适用的 pH 值范围差别较大，如醋酸纤维膜在 pH 值 4～8 的范围内产水通量和脱盐率趋于稳定，在 pH 值低于 4 或高于 8 的区间内，受影响较大。目前工业水处理使用的膜材料绝大多数为复合材料，适应的 pH 值范围较宽（连续运行情况下 pH 值可以控制在 3～10的范围），在此范围内的膜通量和脱盐率相对稳定，如图 1-50 所示。

（三）反渗透水处理装置运行

1. 反渗透水处理装置的调试

反渗透水处理装置的调试是进入生产运行前的重要环节，正确的调试是保障反渗透水处理装置性能指标的重要基础。

（1）调试前的准备　各相关电源连接完好；系统各连锁保护和仪表指示正常；预处理系统调试完毕，出水满足反渗透装置进水要求；系统管路及设备冲洗完毕，并经试运运转正常；相关药品配制工作准备妥当；监督用的相关实验室仪器准备完好；系统经打压试验后，无渗漏。

（2）启动步骤　以某厂地下水反渗透水处理装置为例（图 1-51），启动步骤如下。

① 启动预处理系统，调整出水温度，控制在 (25±2)℃，并测量出水 SDI 值，待 SDI 值小于 4 后具备反渗透水处理装置启动条件。

② 确定反渗透本体装置各阀门的开闭状态（开状态阀门为 V_1、V_3、V_6、V_7、V_8，关状态阀门为 V_2、V_5）。

③ 对膜进行膜元件低压冲洗，操作过程如下：缓慢关闭 V_1 并开启保安过滤器排气阀

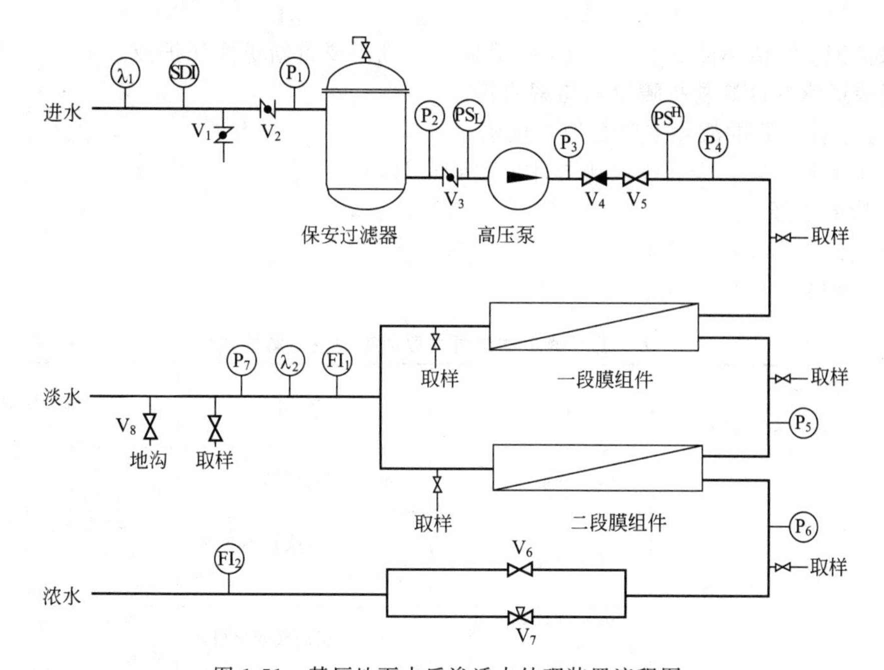

图 1-51　某厂地下水反渗透水处理装置流程图

λ—电导率仪；SDI—SDI 仪；P—压力表；PS_L—低压保护开关；PS^H—高压保护开关；FI—流量计

(待出水后关闭)，同时缓慢开启 V_5，用低压、低流量水将膜组件内的空气排出，控制进水压力 0.2～0.4MPa、流量控制在 6～8m^3/h，连续冲洗 6～8h。低压冲洗过程中预处理系统不投加阻垢剂。

④ 投运阻垢剂加药装置，关闭 V_5、V_6，启动高压泵，缓慢开启 V_5 同时缓慢调小 V_7 的开度，通过来回调整 V_1 和 V_7 使淡水流量、浓水流量 FI_2 达到设计流量（浓水流量大小通过淡水流量和回收率计算得来），在调整过程中浓水流量首先应不低于膜生产厂的设计导则推荐值。

⑤ 确定淡水电导率达到设计值后，关闭 V_8 向后续系统供水。

⑥ 每 1h 抄表 1 次，记录系统各运行参数，连续运行 24h 后，比较 24h 内的记录数据，主要包括压力、温度、流量及电导率，来判断系统制水能力、回收率、脱盐率、膜组件进出口压差和保安过滤器进出口压差是否稳定。

⑦ 比较运行值与设计值的差异。

⑧ 若系统运行稳定，将⑥～⑦获得的数据作为系统初始运行值，作为以后评估系统运行状况的基础数据。

（3）停运步骤

① 开启 V_8，关闭 V_5，停运高压泵。

② 停运阻垢剂加药泵。

③ 进行低压冲洗 5～10min（通过调试确定，即浓水侧的电导与进水电导率接近）。

④ 开启 V_1，关闭 V_2，停运预处理系统。

（4）反渗透系统停运保护

① 若反渗透装置停运在 7d 内，装置可以每 12h 低压冲洗一次，每 24h 启动 30min。

② 若反渗透装置停运时间超过 7d，应采取如下措施：

a. 用 1% 的食品级亚硫酸氢钠溶液置换出反渗透本体装置系统内的水，确定彻底置换后，关闭装置所有进出口门；

b. 保护液 pH 值不能低于 3，若 pH 值低于 3 则需要重新更换保护液。

2. 反渗透水处理装置故障诊断与解决措施

反渗透本体装置的故障主要有如下现象：

① 淡水流量下降，需要提高压力才能达到设计值；

② 脱盐率下降；

③ 膜组件进出口压差增大。

具体处理措施见表 1-16。

表 1-16　反渗透本体装置主要故障现场与解决措施

故障现象			直接原因	间接原因	解决措施
淡水流量	脱盐率	压差			
淡水流量下降	脱盐率下降	不变	膜元件损坏	预处理氧化剂氧化	更换膜元件并调整预处理氧化剂加药系统
			膜片渗漏	背压损坏或进水颗粒划破膜片	更换膜元件，并查找背压产生的原因或检查保安过滤器的过滤效果
			膜元件连接接头密封不严	安装不正确或老化损坏	冲洗安装膜元件或更换密封圈
			高温水长时间通过膜元件	加热器控制系统故障	更换膜元件并检修加热设备
	脱盐率下降	升高（末段组件）	结垢	预防结垢措施不当	清洗并改进阻垢措施
	脱盐率下降	升高（一段组件）	胶体污染	预处理系统不当	清洗并改进预处理措施
	不变	升高	生物污染	预处理系统不当	清洗、消毒并改进预处理措施

3. 膜元件的管理

（1）膜元件的保护　当经过运行的膜元件需要从膜壳中取出单独贮存时，需要进行如下处理：①首先对反渗透本体装置进行化学清洗；②配制 1%的食品级亚硫酸氢钠溶液；③将膜元件从膜壳中取出，将膜元件在配制好的亚硫酸氢钠溶液中垂直放置浸泡 1h 左右，取出垂直放置沥干后装入密封的塑料袋内，将塑料袋内的空气排出并封口，建议用膜生产商原来的包装袋。

（2）膜元件的再湿润　当不慎造成膜元件干燥后，可能会造成膜通量不可挽回的损失，应首先向膜供应商咨询，以下介绍某制造商提供的几种恢复性试验：

① 用 50%的乙醇水溶液或丙醇水溶液浸泡 15min；

② 将膜元件装入装置中，将反渗透本体装置淡水阀微开，将反渗透本体装置一段进水缓慢加压至 1.0MPa 左右，加压过程中应通过控制淡水阀门的开度使装置产水压力和浓水压力接近；

③ 将膜元件在 1%的盐酸或 4%的 HNO_3 中浸泡 1～100h，元件应垂直浸泡，以便将空气全部排出。

（3）膜元件的贮存

① 膜元件应存放于干燥避光处。

② 膜元件贮存的环境温度范围应在－4～45℃（干膜可以低于－4℃）。

（四）反渗透水处理装置的清洗

反渗透膜在运行过程中，会受到各种各样的污染问题，如胶体、微生物、结垢、金属氧化物污染，当膜受到污染后，会引起脱盐率、产水量的下降和膜组件压差的上升，影响工业安全生产，为了恢复膜元件的初始性能，需要对膜元件进行化学清洗。化学清洗一般在3～6个月进行一次，若过于频繁，则需要对预处理系统进行检查。

当遇到下述情况，则需要清洗膜元件：

① 产水量低于初始运行值的10%～15%；

② 反渗透本体装置进水压力与浓水压力差值超过初始运行值的10%～15%；

③ 脱盐率增加到初始运行值的5%以上。

注意：上述数据应在系统运行条件与初始运行条件相同的情况下进行比较。

1. 清洗系统设备选择

化学清洗装置系统流程如图1-52所示。化学清洗装置主要由清洗箱、清洗泵、清洗精密过滤器、系统管道、阀门、流量计、pH计及温度计组成。清洗液的pH值可能在1～12之间，因此清洗装置的材料应当具有相应的防腐能力。

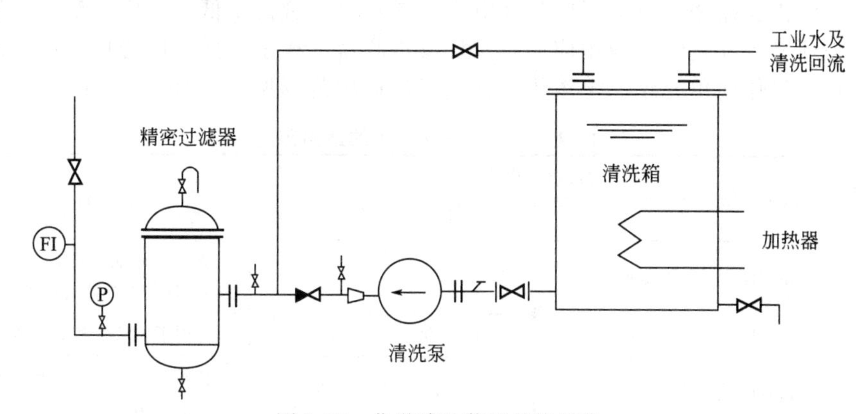

图1-52 化学清洗装置系统流程

2. 清洗药剂的选择

反渗透膜元件发生的污染主要有碳酸钙结垢、硫酸钙结垢、有机物污染、微生物污染及铁氧化物污染等，不同种类的污染，选择的清洗药剂种类也不尽相同，各膜生产商在产品技术手册中也各自推荐了相应的清洗配方。表1-17列举了常规化学清洗的配方。

表1-17 膜污染与对应的清洗药剂配方

膜元件污染类型	清洗药剂配方
碳酸钙、磷酸钙、金属氧化物(铁)	pH值3.0，2%柠檬酸溶液＋氨水，温度40℃，有时也可用pH2～3的盐酸水溶液清洗
硫酸钙、混合胶体、小分子天然有机物、微生物	pH值10.0，2%三聚磷酸钠溶液，温度40℃，有时也可用pH小于10的NaOH水溶液清洗
大分子天然有机物、微生物	pH值10.0，2%三聚磷酸钠溶液，0.25%十二烷基苯磺酸钠溶液，温度40℃

3. 清洗过程的注意事项

对于8in（1in＝0.0254m，下同）多段膜元件，对反渗透本体装置各段组件应能够分段清洗，清洗水流方向与运行水流方向一致。若污染较轻，仅为定期的保护性清洗，则可以将各段串洗。

用于配置清洗药剂的水应为反渗透淡水或除盐水，清洗过程中应检测清洗液的温度、pH值、运行压力以及清洗液颜色的变化。

当清洗过程中清洗液pH值变化超过0.5时，需要加酸或氨水进行pH值调整。清洗液

pH 值与清洗液温度应严格遵照各膜厂家规定的范围。表 1-18 为 DOW 公司膜元件产品规定的清洗液 pH 值与清洗液温度要求。当遇到经过前面介绍的常规清洗方案清洗后效果不明显情况，应及时与膜供应商联系解决。

表 1-18　Filmtec 系列膜元件清洗液 pH 值和温度极限

膜元件类型	最高温度 50℃ pH 值范围	最高温度 35℃ pH 值范围	连续操作 pH 值范围
SW30，SW30HR	3～10	1～12	2～11
BW30，BW30LE，TW30，XLE，LP	2～10	1～12	2～11

三、电渗析脱盐技术

电渗析是利用离子交换膜和直流电场的作用，从溶液中分离带电离子组分的一种电化学分离过程。电渗析脱盐相对反渗透脱盐耗电大、耗水多、脱盐率低，经常需消耗大量化学试剂再生并污染环境，在化学工业中应用不及反渗透脱盐、离子交换树脂应用广泛。因此，对电渗析脱盐技术只作简单介绍。电渗析脱盐技术的适用范围见表 1-19。

表 1-19　电渗析脱盐技术的适用范围

适用范围	含盐量单位	含盐量变化范围		耗电量/(kW·h/m³)	备注
		进水	出水		
海水淡化	mg/L	25000～35000	500～1000	13～25	适用于海船或海岛，因耗电量大，只采用中、小容器的电渗析器
苦咸水淡化	mg/L	1000～10000	500～1000	1～5	适用于苦咸水和沿海地区
自来水初级除盐	mg/L	500～1000	10～50	约 1	制备初级纯水代替蒸馏水，适于作低压锅炉用水
较高硬度原水的除盐	总硬度/(mmol/L) 电导率/(μS/cm)	3～8 700～1000	0.015～0.03 1	约 1	适用于水源硬度较高的低压锅炉用水及化学分析用水
制备高纯水	电导率/(μS/cm)	10000～17000	0.2～0.3	1～2	适用于电站高压锅炉用水及电子工业用水。 制备高纯水方法：①电渗析器→一级复床→混床；②离子交换→电渗析器

（一）电渗析器结构

电渗析器是由交替排列的膜和隔板以及两端电极组装而成（图 1-53）。在电渗析器中，一张阴离子交换膜、一个淡水隔板、一张阳离子交换膜和一个浓水隔板组成一个膜对，若干膜对组合成膜堆。

电渗析器的膜是离子交换膜，被视为电渗析的“心脏”，是一种膜状的离子交换树脂。离子交换膜的种类繁多，其结构可简单地分为基膜（高分子化合物）和活性基团（包括固定基团和反离子两部分）两大部分。

电渗析器的主要部件和辅助设备简介如下。

1. 隔板

它置于阳离子交换膜、阴离子交换膜之间，起着分隔和支撑阳离子交换膜、阴离子交换膜的作用，并形成水流通道，构成浓、淡水室。隔板上有进出水孔、配集水槽、流水道。

2. 极区

阴、阳极区分别位于膜堆两侧，其作用是向电渗析器输入直流电，并将浓、淡水引入膜堆，此外还可以送入和引出极水。极区由电极、导水板和极水室组成，电极与直流电源相连，为电渗析器供电。

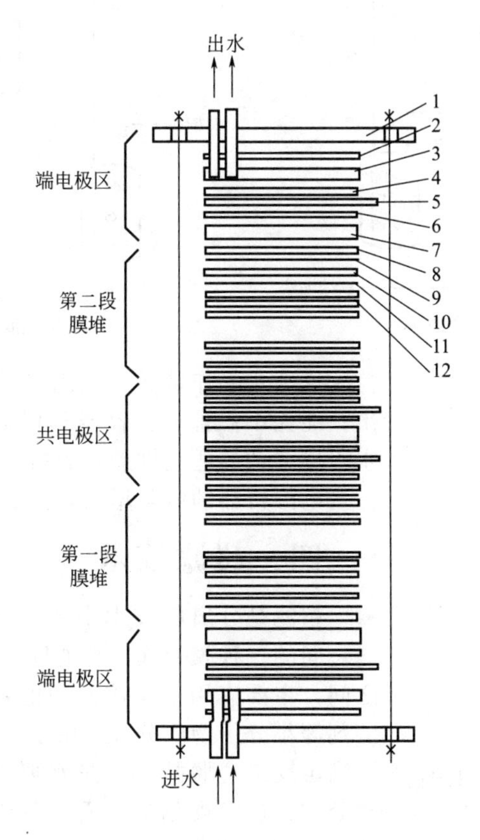

图 1-53　电渗析器组装示意图

1—压紧板；2—垫板；3—导水板；4—垫圈 A；5—电板；6—垫圈 B；7—极水室；8—多孔板；9—阳离子交换膜；10—隔板 A；11—阴离子交换膜；12—隔板 B

3. 压紧装置

压紧装置有两种：一种采用的是钢板或槽钢组合板或铸铁压板，用螺杆锁紧；另一种用液压锁紧。后者适用于膜对数较多的大型装置，具有组装方便、锁紧力均匀等优点。

4. 电渗析器的辅助设备

电渗析器除上述主要本体部件外，尚有一些辅助设备，其中主要有整流器、酸洗系统、水箱和监测仪表等。

（二）电渗析器的操作方式

图 1-54～图 1-56 描绘了几种可能的电渗析操作方式。在间歇式操作的情况下，稀溶液和浓缩液要不断循环，直到获得所希望的脱盐浓缩程度；而在部分排泄式操作中，则可以得到准稳流的产物排泄。在后一种情况下，溶液接受器主要是起缓冲作用，缓冲进料液可能出现的浓度波动。与此相对，在连续式操作中，几乎完全不用储存器。以下列出三种方式的优缺点。

间歇式操作装置：小装置。优点：脱盐率高；不受原水组成波动的影响。缺点：没有连续的产物输出；接受器、仪器、管道及调节控制的费用较高。

部分排泄式操作装置：中/大型装置。优点：连续的产物输出；对原水流量及组成波动的适应性很好；操作状态恒定。缺点：再循环率高；能量消耗高；管道费用高。

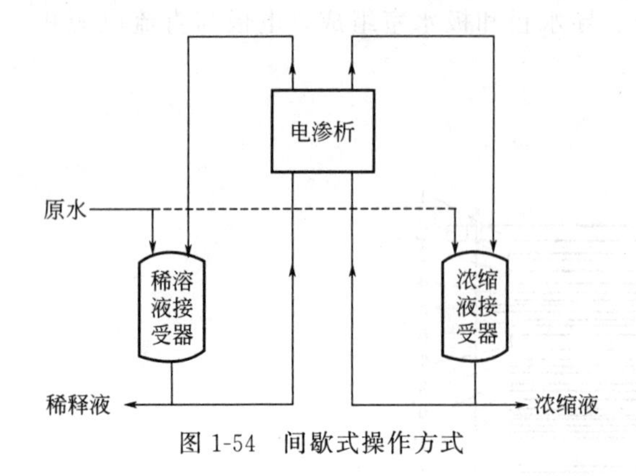

图 1-54　间歇式操作方式

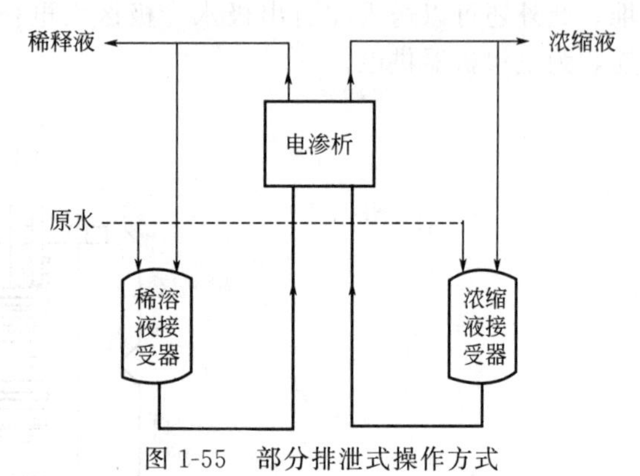

图 1-55　部分排泄式操作方式

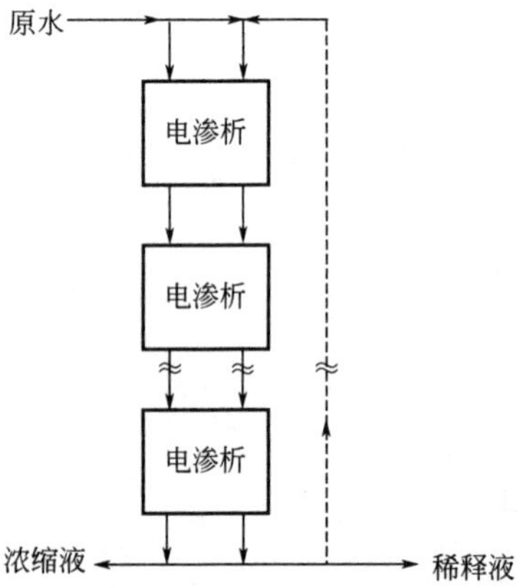

图 1-56　连续式操作方式

连续式操作装置：大型装置。优点：连续的产物输出；能耗小；管道、容器和仪器费用最小。缺点：对原水组成波动的适应性差；脱盐率和溶液的膜面流速相关；一旦电渗析器的电阻增大，其工作性能迅速恶化。

四、超滤技术

超滤是分离膜技术中的一部分，它是介于微滤和纳滤之间的一种膜处理。超滤膜孔径通常在 5nm 和 0.1μm 之间，主要应用于将溶液中的颗粒物、胶体和大分子与溶剂等小分子物质分离。由于超滤的出水水质稳定良好，可满足反渗透脱盐装置进水要求，一般用在反渗透前的预处理；从发展趋势来看，可能应用于化工循环水排污水的回用。

（一）超滤原理

1. 工作原理

超滤是利用超滤膜为过滤介质，以压力差为驱动力的一种膜分离过程。在一定的压力下，当水流过膜表面时，只允许水、无机盐及小分子物质透过膜，而阻止水中的悬浮物、胶体、微生物等物质透过，以达到水质净化的目的。

超滤膜材料要具有很好的分离（过滤）能力、亲水性、强的抗污染能力，同时水在膜表面的接触角要小、附着力要强，水要容易透过，只有这样这种膜才具有低能耗、大透过通量、抗污染的性能。

超滤产品按照膜分离的推动力可分为压力式和浸没式两种。压力式膜分离的推动力由泵在进水侧加压提供，膜组件在正压下工作；浸没式膜分离的推动力依靠产水侧抽真空提供，膜组件在负压下工作。

2. 超滤膜的污染和浓差极化

超滤过程中，随着工作时间的延长，膜表面会形成一层凝胶层，膜透过通量下降，甚至可降低到初始膜透过通量的 5%。造成这种现象的主要原因是膜污染和浓差极化。

（1）超滤膜的污染　超滤膜的污染是由于物理化学作用或机械作用使超滤膜表面或膜孔内吸附和沉积杂质造成膜孔径变小或孔堵塞，使膜透过通量及膜的分离特性产生不可逆变化的现象。

（2）浓差极化　超滤运行时，由于筛分作用，被截留的溶质在膜表面处积聚，其浓度会逐渐升高，在浓度梯度的作用下，靠近膜面的溶质又以相反方向向被处理水的主体扩散，平衡状态时膜表面形成溶质浓度分布边界层，对溶剂等小分子物质的运动起阻碍作用。这种现象称为膜的浓差极化，是一个可逆过程。界面上溶质的浓度比主体溶液浓度高的区域就是浓差极化层。

因为超滤膜截留的大多是大分子溶质或胶体，当膜面溶质浓度达到大分子或胶体的凝胶化浓度时，这些物质会在膜面形成凝胶层。如果溶质是颗粒物，如活性污泥，则会形成一层滤饼。膜面的凝胶层或滤饼非常致密，相当于第二层膜，此时溶质可能会被完全截留。

3. 提高超滤透过通量的措施

从前面的分析可以看出影响超滤膜污染和浓差极化的因素为：料液性质，膜及膜组件性质和操作条件三种类型。只有抓住了造成膜污染和浓差极化的主要因素，才能有效地控制超滤的运行，从而减少清洗频率，延长膜的有效工作时间，提高生产能力和产水效率。

（1）提高料液流速　提高料液流速对防止浓差极化以及膜污染，提高设备处理能力十分有利；但同时使工艺过程的能耗增加，导致费用增大。一般在湍流内的流速为1～3m/s，在层流内的流速小于1m/s。对于使用螺旋式组件的超滤过程，料液流动常处于层流区，通过在液流通道上设置湍流促进材料，或采用振动的膜支撑物在流道上产生压力波等方法，从而改善流动状态，控制浓差极化及膜污染，保证超滤组件的正常运行。

（2）适当的操作压力　超滤膜透过通量与操作压力的关系取决于膜和凝胶层的性质。在实际超滤过程中往往后者控制着超滤透过通量。实际的超滤操作压力约为0.5～0.6MPa，除了克服透过膜的阻力外，还要克服通过膜表面的凝胶层的流体压力损失。

（3）温度　操作温度主要取决于所处理料液的化学、物理性质以及超滤膜的稳定性，应在膜设备和料液允许的最高温度下进行操作，因为高温可以减少料液的黏度，从而增加传质效率，提高透过通量。

（4）操作时间　随着超滤过程的进行，膜表面上形成了凝胶层，使超滤透过通量下降。其透过通量随时间的衰减情况，与膜组件的水力特性、料液的性质以及超滤膜的特性有关。当运行一段时间后，就需要对膜进行清洗，这段时间称为一个运行周期。

（5）进料浓度　随着超滤过程的进行，料液（主体液流）的浓度在增高，此时黏度变小，边界层厚度扩大，这对超滤来说，无论从技术上还是经济上都是不利的，因此对超滤过程中料液的主体液流浓度应有一个限制，即最高允许浓度。

（6）料液的预处理　为了提高膜的透过通量，保证超滤膜的正常稳定运行，在超滤前需对料液进行预处理，虽然超滤的预处理过程不像反渗透过程那样严格，但这种预处理也是保证实现超滤过程正常运行的关键。通常采用的预处理方法有：①过滤；②化学絮凝；③调节pH值；④消毒；⑤活性炭吸附。上述预处理方法可以根据料液的性质和需要进行选用。

4. 超滤形式

（1）错流过滤　错流过滤是指超滤的进水以平行膜表面的流动方式流过膜的一侧，当给流体加压后，产水以垂直进水的方向透过膜，从膜的另一侧流出，形成产品水。错流过滤的特点是，进水为一股水，产品水和浓水分两股水流出，从而实现膜表面的自清洗。与反渗透的运行方式不同，当水质较差时，超滤可以错流运行，而反渗透只能是错流运行。错流的浓水如果排放掉则会使系统水回收率降低。与全量过滤相比，其结垢和污染倾向较低，阻力下降的趋势相对小。

（2）全量过滤　全量过滤又称死端过滤，是指超滤的进水以垂直膜表面的方式流动，产水以平行进水的方向透过膜，从膜的另一侧流出，形成产品水。采用全量过滤，能量消耗小，水回收率高。但是全量过滤，杂质都压在膜表面，在进水杂质含量高时在一个制水周期里将使得过滤阻力迅速增大。

通常认为，错流过滤是由于流体在膜表面产生剪切力，从而可以减少浓差极化，对提高通量、减轻膜的污堵很有帮助。一些公司的超滤产品手册中提到，当原水浊度高时，系统需从全量过滤改为错流过滤。

（二）超滤的基本工艺流程

为了控制浓差极化以及维持有效的操作，料液必须以高速流经膜表面。对于绝大部分的膜组件而言，这就意味着料液的流速要比滤液穿过膜的流速大得多。对一个单程超滤操作来说，组件入口与出口的料液浓度差一般是很小的。因此，加料液必须连续地、循环地通过超滤装置。为了达到反复循环的要求，有三种超滤操作模式：①间歇操作；②单级连续操作；③多级连续操作。

（1）间歇操作　流程如图 1-57 所示。将料液从贮罐连续地用泵送至超滤膜装置，通过该装置后再回到贮罐。随着溶剂被滤出，贮罐中料液液面下降，料液的浓度升高。

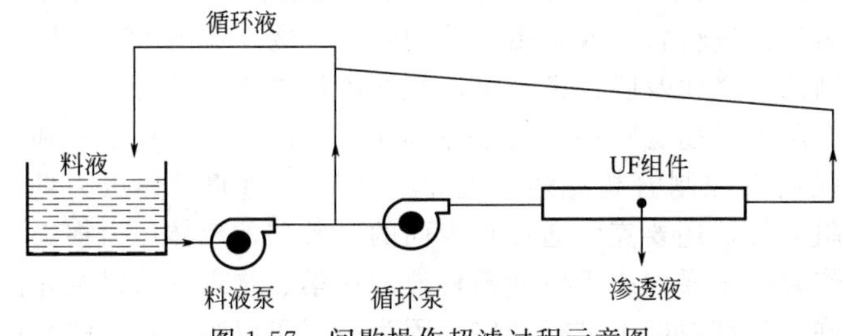

图 1-57　间歇操作超滤过程示意图

（2）单级连续操作　单级连续操作（同时加料与出料操作）是将贮罐中料液泵送至一个循环管线中，这个循环管线中有一个循环泵将料液在超滤膜系统中进行循环。从这个循环管线中连续地取出浓缩产品，同时加入等量的料液，以保证膜组件内料液流速不变。常用于小规模生产，从保证膜透过通量的角度来看，这种方式效率最高，因为膜始终可保证在最佳浓度范围内进行操作。在低浓度时，可得到很高的膜透过通量。

（3）多级连续操作　多级连续操作采用两个或两个以上串联的单级连续操作。每一级在一个固定浓度下操作，从第一级到最后一级，料液浓度逐渐增大。这种连续式超滤操作常用于大规模生产。通常，由于需要分离物料的生产量常比控制浓差极化所需的最小流量还小，因此运行时多采用部分循环方式，而且循环量常比料液量大得多。多级连续操作的流程图如图 1-58 所示。

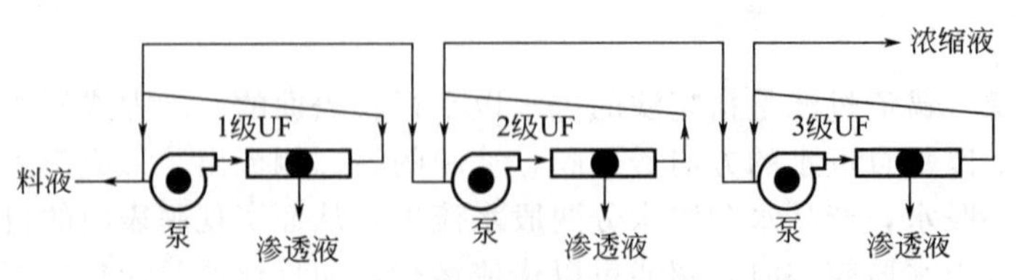

图 1-58　多级连续操作超滤过程示意图

（4）重过滤　重过滤用于大分子和小分子的分离。当料液中含有各种大小不同的溶质分子时，如果不断加入纯溶剂（水）以补充滤出液的体积，这样低分子组分就逐渐被清洗出去，从而实现大小分子的分离。重分离超滤过程如图 1-59 所示。

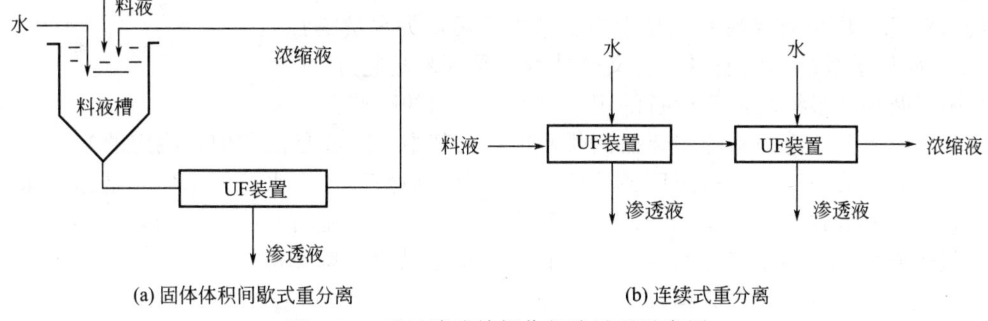

图 1-59　重过滤连续操作超滤过程示意图

（三）超滤膜的清洗

超滤膜的清洗包括正冲、反洗、化学反洗和化学清洗几个程序，这些程序的选用及组合可根据水质、膜的材料和操作条件等选择。

(1) 正冲　此种操作通过使膜表面产生切向加速度来冲刷使膜受污染的沉积物，以增加反洗的效果，使膜透过通量完全恢复。

(2) 反洗　水流方向与产水方向相反，此操作是中空纤维膜组件特有的操作方式，可以有效地减小污染。一般反洗程序分为两个过程，上反洗和下反洗，为避免在产水侧对膜产生污染和杂质对膜孔堵塞，一般采用超滤产水作为反洗水，或除去颗粒的纯净水为反洗水，要考虑到不要给后续的操作带来影响。

(3) 化学反洗　水流向与反洗一样，也分为两个程序，但化学反洗的时间较长，一般为1～10min，化学反洗频率为每天1～4次，化学药剂可根据不同的情况选用，其目的是为了防止细菌的生长和污染物的过快扩散。

(4) 化学清洗　化学清洗采用正冲化学清洗药剂循环回清洗水箱的方式进行，所选用的化学药剂要根据污染物的种类进行选择。化学清洗的时间要根据膜间压差（TMP）的上升数值来确定，比如TMP为0.07MPa时，系统要进行化学清洗。

习题与思考题

1-1　化工厂用水有几大类？为什么冷却用水几乎全是采用循环供水方式？

1-2　化工供水系统的构成有哪些？化工厂供水系统可以划分为几个系统？它们之间关系如何？

1-3　写一份周围化工企业用水报告，内容要求包含用水性质、用水系统、水源，并分析原因。

1-4　某化工厂利用距厂区1000m的河道作为生产冷却用水水源，河道与工厂之间有一条36m宽的一级公路，一块夏季种植水稻、100m宽的农田，请你为该企业进行水管布置，水管采用*DN*250钢管，并提出施工中应注意的事项。

1-5　循环冷却水系统有几种类型？分别适用于什么场合？

1-6　循环补充水量的计算。

1-7　循环冷却水泵的扬程计算。

1-8　在计算循环冷却补水量时，需要计算排污损失水量，请问这是在哪个环节产生的？为节约水资源，你可以寻找一些技术措施减少排污损失水量吗？

1-9　循环水系统的浓缩倍数含义是什么？是否越高越好？

1-10　循环水系统的加药设备的用途有哪些？加的哪些药？

1-11　说出循环冷却系统需要监测哪些项目？其中，哪些是工艺因素决定的？

1-12　南方某一化工厂利用厂旁一条河流作为冷却循环补充水，河水常年清澈，未经预处理直接用于补充冷却水，运行过程中发现春夏季节冷却水池容易生长青苔，请问是否影响生产？假若有影响，可能产生什么影响？请采取措施帮助消除影响。

1-13　冷却塔由哪几部分构成？作用分别是什么？

1-14　同一个冷却塔，同样的冷却水量，同样的进水温度，同样在干球温度为20℃的大气环境下，春季（春雨绵绵）与秋季（秋高气爽）的出水温度也相同吗？为什么？

1-15　冷却塔验收需要注意哪些环节？

1-16　选择冷却塔类型需要考虑哪些因素？什么情况下会考虑使用干式冷却塔？

1-17　用泵将湖水经内径为100mm的钢管输送到岸上A槽内，向某化工厂供冷却水，如本题图中所示。湖面与A槽液面间的垂直距离为3m，出口管高于液面1m。输水量为$60m^3/h$。有人建议将输水管插入槽A的液面中，如图中虚线所示，从泵的输出功率角度看，用计算结果说明哪种方案更合理。数据：包括一切局部阻力在内的管子总长度$l+\Sigma l_e=50m$，湖水密度$\rho=1000kg/m^3$，泵的效率$\eta=0.8$，管子出口埋在液面下后设总长度变为$l+\Sigma l_e=51.5m$。

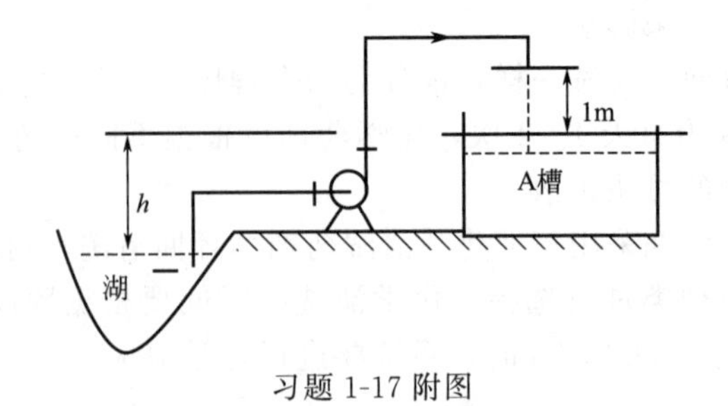

习题1-17附图

1-18　如图所示为无压回水冷却装置热水循环系统，处理量为$45m^3/h$，输入管路为内径80mm的钢管，喷头出口的压力不低于4m，管路计算总长度（包括所有局部阻力的当量长度）为20m，摩擦系数$\lambda=0.025$。求泵的功率（$\rho=992kg/m^3$）。

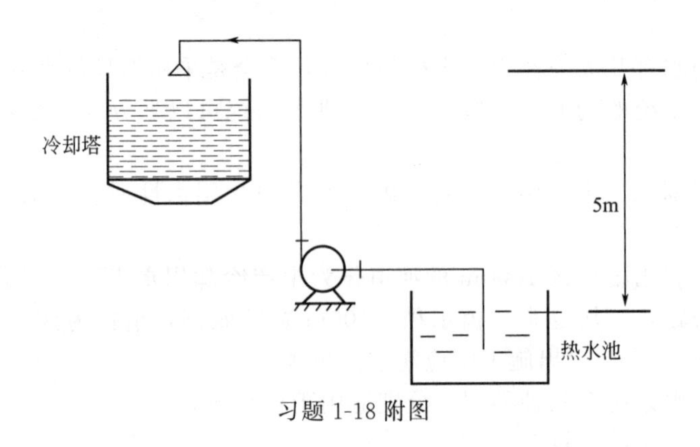

习题1-18附图

1-19　某一循环冷却水系统，采用机械通风冷却塔，循环水量$1000m^3/h$，冷却塔的进水温度38℃，冷却塔的出水温度30℃，进入冷却塔空气的干球温度为20℃，求该循环冷却水补水量。

1-20 离子交换反应有哪些特征？

1-21 什么是离子交换柱工作层？影响因素有哪些？

1-22 什么是工作交换容量？影响因素有哪些？

1-23 化工生产中需要利用硬度小于0.005mol/L的软水作为工艺用水，经检测工厂自来水的硬度为3mmol/L，碱度为0.75mol/L，试问采取什么软化工艺比较合适，画出软化水的处理流程。

1-24 离子交换脱盐的工作原理是什么？某精细化工产品生产中需要纯水作为工艺水，而工厂自来水中 HCO_3^- 浓度小于4mmol/L、SO_4^{2-} 的浓度大于24mmol/L，请选择合适的脱盐流程。

1-25 离子交换树脂逆流再生的工作过程有哪些？

1-26 反渗透脱盐的进水需要一定的压力吗？

1-27 反渗透器进水有什么要求？采取哪些措施能达到要求？

1-28 影响反渗透水处理系统性能的因素有哪些？

1-29 反渗透水处理装置调试步骤有哪些？

1-30 电渗析脱盐技术适用于哪些场合？

1-31 什么原因造成超滤膜的浓差极化？采取哪些措施降低超滤膜的浓差极化，提高超滤膜透过通量？

第二章 供冷

学习目标

知识目标

了解制冷的方法，了解制冷机的工业应用；掌握蒸汽压缩制冷原理及工作过程，理解吸收式制冷原理及工作过程；了解蒸汽压缩制冷制冷机典型设备性能，制冷工艺流程；掌握载冷剂的性质及在化工中的应用，掌握化工生产中常见供冷方式、供冷系统工作过程；了解深冷原理；了解供冷管路保冷要求。

能力目标

能根据化工生产要求，选择合适的载冷剂，选择合理的制冷方式及供冷系统；能利用所学习流体输送知识选择、布置供冷管路，能选择合适的保冷材料并提出技术要求。

素质目标

培养学生理论联系实际的思维方式，培养学生追求知识、独立思考、勇于创新的科学态度；逐步形成理论上正确、技术上可行、操作上安全可靠、经济上合理的工程技术观念，培养学生敬业爱岗、勤学肯干的职业操守及严格遵守操作规程的职业素质，培养学生团结协作、积极进取的团队合作精神，培养学生安全生产、环保节能的职业意识。

主要符号意义说明

英文字母

T_1——热源（高温热源）的温度，K；

x_5——状态5点的制冷剂干度；

T_2——冷源（低温热源）的温度，K；

h_1——吸气状态1点的制冷剂比焓，kJ/kg；

h_2——状态2点制冷剂比焓，kJ/kg；

h_4——节流前状态4点的制冷剂比焓，kJ/kg；

q_0——单位制冷量，kJ/kg；

h_5——状态5点的制冷剂比焓，kJ/kg；

q_k——单位冷凝热量，kJ/kg；

T——环境介质的热力学温度，K；

q_1——1kg制冷剂从低温热源吸取的热量，kJ/kg；

T'_0——被冷却物体的热力学温度，K；

W——1kg制冷剂循环所消耗的功，kJ/kg；

q_1——制冷剂从高温热源吸热量，kJ；

W_0——单位理论功，kJ/kg；

q_2——制冷剂向低温热源放热量，kJ。

希腊字母

η_c——卡诺循环效率；

η——热力完善度；

ε_c——逆卡诺循环的制冷系数；

ε_0——制冷系数；

γ_0——制冷剂在蒸发温度下的汽化潜热，kJ/kg。

当化工过程需要在低于常温下进行，就需要采用冷冻介质（低温冷却剂）。如水溶液中亚硝酸钠重氮化反应通常在－5℃进行中，需要供应－15℃左右的低温冷却剂；结晶在低温下进行收率会更高；氯碱工业需要利用－15℃的低温冷却剂使压缩后的氯气液化；乙烯生产中脱甲烷塔操作压力为3.0MPa时，分离甲烷所需塔顶温度约－100～－90℃等。本章主要介绍冷冻系统。

第一节　概　述

工业上一般把冷冻温度高于－50℃称为浅度冷冻（简称浅冷）；而在－100～－50℃称为中度冷冻；把等于或低于－100℃称为深度冷冻（简称深冷）。

一、载冷剂

化工生产中浅冷大多数采用间接冷却方式，即被冷却对象的热量是通过中间介质传送给在蒸发器中蒸发的制冷剂。这种中间介质起着传送和分配冷量的媒介作用，称为载冷剂。常用的载冷剂有三类，即水、盐水及有机物载冷剂。

（1）水　比热容大，传热性能良好，价廉易得，但冰点高，仅能用作制取0℃以上冷量的载冷剂。

（2）盐水　氯化钠及氯化钙等盐的水溶液，称为冷冻盐水。盐水的起始凝固温度随浓度而变，如表2-1所示。氯化钙盐水的共晶温度（－55℃）比氯化钠盐水的共晶温度低，可用于较低温度，故应用较广。氯化钠盐水无毒，传热性能较氯化钙盐水好。

表 2-1 冷冻盐水起始凝固温度与浓度的关系

相对密度(15℃)	氯化钠盐水			氯化钙盐水		
	浓度/%	100kg 水加盐量/kg	起始凝固温度/℃	浓度/%	100kg 水加盐量/kg	起始凝固温度/℃
1.05	7.0	7.5	−4.4	5.9	6.3	-3.0
1.10	13.6	15.7	−9.8	11.5	13.0	-7.1
1.15	20.0	25.0	−16.6	16.8	20.2	-12.7
1.175	23.1	30.1	−21.2			
1.20				21.9	28.0	-21.2
1.25				26.6	36.2	-34.4
1.286				29.9	42.7	-55.0

氯化钠盐水及氯化钙盐水均对金属材料有腐蚀性，使用时需加缓蚀剂重铬酸钠及氢氧化钠，以使盐水的 pH 值达 7.0～8.5，呈弱碱性。

(3) 有机物载冷剂　有机物载冷剂适用于比较低的温度，常用的有如下几种。

① 乙二醇、丙二醇的水溶液　乙二醇无色无味，可全溶于水，对金属材料无腐蚀性。乙二醇水溶液的使用温度可达－35℃（浓度为 45%），但用于－10℃（35%）时效果最好。乙二醇黏度大，故传热性能较差，稍具毒性，不宜用于开式系统。

丙二醇是极稳定的化合物，全溶于水，对金属材料无腐蚀性。丙二醇的水溶液无毒；黏度较大，传热性能较差。丙二醇的使用温度通常为－10℃或以上。

乙二醇和丙二醇溶液的凝固温度随其浓度而变，如表 2-2 所示。

表 2-2 乙二醇和丙二醇溶液的凝固温度与浓度关系

体积分数/%		20	25	30	35	40	45	50
凝固温度/℃	乙二醇	−8.7	−12.0	−15.9	−20.0	−24.7	−30.0	−35.9
	丙二醇	−7.2	−9.7	−12.8	−16.4	−20.9	−26.1	−32.0

② 甲醇、乙醇的水溶液　在有机物载冷剂中甲醇是最便宜的，而且对金属材料不腐蚀，甲醇水溶液的使用温度范围是－35～0℃，相应的浓度是 15%～40%，在－35～－20℃范围内具有较好的传热性能。甲醇用作载冷剂的缺点是有毒和可以燃烧，在运送、贮存和使用中应注意安全问题。

乙醇无毒，对金属不腐蚀，其水溶液常用于啤酒厂、化工厂及食品化工厂。乙醇也可燃，比甲醇贵，传热性能比甲醇差。

中度冷冻及深冷一般直接冷冻，即利用制冷剂的蒸发直接冷却冷间内的空气，或直接冷却被冷却物体，制冷剂即为载冷剂。如石油裂解气深冷分离采用丙烯、乙烯作为制冷剂，及液氨、液氮制冷剂等。

二、制冷剂

制冷剂又称制冷工质，是制冷循环的工作介质，利用制冷剂的相变来传递热量，即制冷剂在蒸发器中汽化时吸热，在冷凝器中凝结时放热。

当前工业制冷剂大约有 30 多种。常用的有氨制冷剂和氟里昂制冷剂。氨制冷剂，它使用较早，其主要优点是单位容积产冷量大、成本便宜、不与金属及冷冻油反应，热稳定性好，但氨具有易燃易爆、毒性较大、腐蚀有机配件等明显缺点。

氟里昂制冷剂，是饱和碳氢化合物卤族衍生物的总称，其中氟代烷烃写作FC，含氯氟代烷烃写作CFC，含氢氟代烷烃写作HFC，两者都有的写作HCFC。氟里昂制冷剂的应用比氨制冷剂晚60余年，但它一问世就以其无毒无臭、不燃不爆、稳定性好、对设备有良好的润滑作用而成为制冷工业中制冷剂的明星，如CFC-11、HCFC-22、HCFC-113、HCFC-114等制冷剂。但是，氟里昂制冷剂有其致命的缺点，它是一种温室效应气体，温室效应值比二氧化碳大1700倍，更危险的是它会破坏大气层中的臭氧，正在逐步淘汰。

三、制冷方法

正确选择制冷方法，首先必须了解不同制冷方法的制冷机的特点，现将几种常用的制冷机简介如下。

1. 制冷机的种类

（1）活塞式制冷机　活塞式制冷机是问世最早的一种机型，至今已发展到几乎完善的程度。由于其压力范围广，能够适应较宽的能量范围，有高速、多缸、能量可调、热效率高、适合用于多种制冷剂等优点；其缺点是结构较复杂，易损件多，检修周期短，对湿行程敏感，有脉冲振动，运行平稳性差。

此制冷机工艺成熟，加工较容易，造价也较低廉，国内应用极为普遍，有成熟的运行管理维护经验。但是，由于能源紧张，公害严重，因而对制冷机提出更高的要求，制冷机进入了一个新的发展时期，在这种形势下，活塞式制冷机的使用范围有逐渐缩小的趋势。

（2）螺杆式制冷机　螺杆式制冷压缩机与活塞式制冷压缩机相比，具有结构简单，易损件少，体积小，质量轻，单机压缩比大，对湿行程不敏感，振动小，对基础要求低，通常无需采用隔振措施，输气系数高，排气温度低，热效率较高，压缩机的零件总数只有活塞式的1/10，检修周期长，无故障运行时间可达2万～5万小时，制冷量可在10%～100%的范围内无级调节，实现了中间进气的经济器系统，占地面积小等优点；其缺点是噪声较高，耗油量大，油路系统和辅助设备比较复杂。但是，20世纪80年代的新型机的噪声级别和耗油量已逐渐接近于活塞式制冷机。

（3）离心式制冷机　离心式制冷压缩机与活塞式制冷压缩机相比，它具有转速高，制冷量大，机械磨损小，易损件少，维护简单，连续工作时间长，振动小，运行平稳，对基础要求低，在大制冷量时，单位功率机组的质量轻、体积小，占地面积少，能经济方便地调节制冷量，可在30%～100%的范围内无级调节，易于实行多级压缩和节流，可在各蒸发器中得到几种蒸发温度，以满足某些化工流程的要求，易于实现自动化，对于大型制冷机，可以采用经济性较高的工业汽轮机直接拖动，这对有废热蒸汽的化工企业来说，具有经济性高等优点；其缺点是效率稍低于活塞式制冷机，有高频噪声，冷却水消耗量较大，操作不当时会产生喘振。

（4）溴化锂吸收式制冷机　溴化锂吸收式制冷机利用锅炉蒸汽、热电厂二次蒸汽、工厂废热、高温热水、燃油、天然气等作为热源，故运行费用比离心式制冷机低。因为溴化锂吸收式制冷机结构简单，除了设有几台小功率的泵外，无运动部件，整机全套设备是由几个热交换器组成，所以它运转平稳、振动小、噪声低、对基础要求低，制冷量可在10%～100%的范围内无级调节，所用工质无臭、无毒、无爆炸、无燃烧、对人体无害；因为制冷机是在真空状态下运行，所以安全，管理维护也方便，而且易于实现自动化等。其缺点是：设备内保持90%～99%的真空度易漏入空气，这时将破坏运行条件，而且溴化锂对钢材的腐蚀很强，会缩短制冷机的寿命，冷却水消耗量较大，约为压缩式制冷机的2倍，如得不到廉价热源而选用这种制冷机就不如压缩式制冷机经济。

溴化锂吸收式制冷机目前分为单效与双效两种类型。双效吸收式制冷机是在单效吸收式制冷机的基础上开发出来的产品，它除了具有单效吸收式制冷机的优点之外，其蒸汽消耗量比单效机约可节省1/3，所以备受用户欢迎。

(5) 氨吸收式制冷机　氨吸收式制冷机是以消耗热能而获得0℃以下温度的制冷机。它适用于有余热或廉价燃料而且要求冷却水温度低，水源充足的地区。它具有利用废汽、废热的特点，制取温度范围广，制冷能力大，负荷可在30%～100%的范围内调节，噪声低，结构简单，制造周期短，可露天布置，操作方便，易于维护管理，可靠性高等优点；其缺点是效率低，换热设备面积大，耗钢材量大，冷却水消耗量大，一次性投资大于活塞式制冷机。

蒸汽加热的氨吸收式制冷机，适用于电、热、冷相结合的企业；利用化工废热的氨吸收式制冷机适用于在化工过程中高温放热，而在低温下又需要冷量的工艺过程；直接燃烧的氨吸收式制冷机，其制冷温度在－60～－20℃范围内，当制冷量超出1163kW时，利用廉价燃料是比较经济的。

2. 选择制冷机

制冷机种类及适用范围见表2-3。制冷工程选型还应考虑以下问题。

表2-3　制冷机种类及适用范围

<table>
<tr><th colspan="3" rowspan="2">制冷机种类</th><th colspan="4">制冷机的适用范围</th></tr>
<tr><th>常用制冷剂</th><th>适用温度范围/℃</th><th>单机制冷量/kW</th><th>主要用途</th></tr>
<tr><td rowspan="8">压缩式制冷机</td><td rowspan="6">蒸气压缩式</td><td rowspan="3">活塞式</td><td rowspan="3">R12、R22、R13、R14、R502、R717</td><td rowspan="3">－120以上</td><td>全封闭0.116～58</td><td>农业、医药卫生用的小型制冷设备、冰箱和空调器</td></tr>
<tr><td>高速多缸型5.8～512</td><td>机械、化工、电子、建筑、商业中用的冷却、冷藏和空调设备</td></tr>
<tr><td>对称平衡型407～1745</td><td>石油、化工工艺用冷却设备</td></tr>
<tr><td>离心式</td><td>R11、R12、R50、R113、R114、R123、R134a、R290、R717、R1150、R1270</td><td>－160以上</td><td>174.5～34890</td><td>石油、化工、纺织工业中工程用冷却设备，大型建筑空调设备</td></tr>
<tr><td>螺杆式</td><td>R12、R22、R502、R717</td><td>－80以上</td><td>23.3～5815</td><td>石油、化工、商业、交通运输中用的冷却、冷藏和空调设备</td></tr>
<tr><td>滑片式
滚动转子式</td><td>R12、R22、R502、R717</td><td>－30以上</td><td>大型17.45～674.5
小型0.116～17.45</td><td>商业、交通运输中的冷却和冷藏设备
商业中的小型制冷设备、冰箱和空调器</td></tr>
<tr><td rowspan="2">气体压缩式</td><td>空气制冷机</td><td>空气</td><td>－150以上</td><td>5.82～1163</td><td>航空、电子仪表工业中的环境模拟和空调设备</td></tr>
<tr><td>气体回热式</td><td>H_2、He</td><td>－100～－253</td><td>0.0005～25</td><td>液氮、液氦设备，红外技术、超导技术中的超低温设备</td></tr>
</table>

续表

制冷机种类		制冷机的适用范围			
		常用制冷剂	适用温度范围/℃	单机制冷量/kW	主要用途
吸收式制冷机	氮吸收式	NH_3-H_2O	−65 以上	10.47～6978	化工工艺用的冷却设备
	溴化锂吸收式	LiBr-H_2O	0 以上	12.8～6978	各种工业用空调和大型民用空调或工艺用低温水设备
	吸收扩散式	NH_3-H_2O-H_2	−20 以上	0.01163～0.1163	小型冰箱
蒸汽喷射式制冷机		H_2O	0 以上	34.89～3489	冶金、纺织、化工中的空调和工艺用低温水设备
半导体制冷机			120 以上	0.01163～34.89	医用和仪器用小型制冷设备，舰船中的冷却和空调

(1) 温度范围　选择制冷机时，首先应该考虑生产工艺对制取温度的要求。制取温度的高低对制冷机的选型和系统组成有着极为重要的实际意义。例如：溴化锂吸收式制冷机用于10℃左右时优点颇多，但是它不能制取低温，因此，必须了解制冷机的适用范围。

(2) 制冷量与单机制冷量　制冷量的大小将直接关系到工程的一次性投资、占地面积、能量消耗和运行经济效果，这是值得重视的。

一般情况下不设单台制冷机，这主要是考虑到当一台制冷机发生故障或停机检修时，不致停产。当然选用过多的机组也是不合适的，这就必须了解单机制冷量，结合生产情况，选定合理的机组台数。

(3) 能量消耗　能量消耗系指电耗与汽耗。特别是当选用大型制冷机时，应当考虑到能量的综合利用，因为大型制冷机是一种消耗能量较大的设备，所以对于区域性供冷的大型制冷站，应当充分考虑到对电、热、冷的综合利用和平衡，特别要注意到对废汽、废热的充分利用，以期达到最佳的经济效果。

(4) 环境保护　选用制冷机时，必须考虑到环境保护问题，以满足生产、科研和生活等方面的要求。以下三个方面是值得重视的。

制冷机运行时均发生噪声，其噪声值随制冷机的大小而增减。但是各种类型的制冷机的噪声值是相差较大的。

有些制冷机所用制冷剂有毒性、刺激性、燃烧性和爆炸性。

有些制冷机所用制冷剂会破坏大气中的臭氧层，达到一定程度时，将会给人类带来灾难。国际环境保护会议上对某些制冷剂已限定了其使用年限，已经引起世界各国对于CFC代替物的大量研究与开发工作。

(5) 振动　制冷机运行时均产生振动，但是其频率与振幅大小因机种不同相差较大。对于制冷站房周围有防振要求时，应选用振幅较小的制冷机，或对制冷机的基础与管道进行减振处理。

(6) 一次性投资　选择制冷机时，应该注意到，即便是在相同制冷量情况下，由于选用的机种不同，其一次性投资亦不相同，而且有时相差较大。

(7) 运行管理费　由于各种制冷机的特点不同，所以其全年的运行管理费用亦不相同，选型时应注意到这一点。

(8) 冷却水的水质　冷却水的水质好坏，对热交换器的影响较大，其危及设备的作用是结垢与腐蚀，这不仅会使制冷机制冷量的降低，而且严重时会导致换热管堵塞与破损。

(9) 优先选用制冷机组　当选定了制冷机的种类之后，应当优先考虑选用制冷机组，特别是优先选用专用的制冷机组，例如：除湿机组、氨泵机组、盐水机组、乙醇机组、冷水机组等，此外，还有单机双级机组、冷凝机组和压缩机组等。

第二节　蒸气压缩制冷循环

在获得低温的众多方法中，蒸气压缩式制冷是目前应用最广泛的人工制冷方法之一。这是由于蒸气压缩式制冷所需的机器设备紧凑，操作管理方便，应用范围广，从稍低于环境温度至－150℃制冷温度范围内都能得到较好的应用，并且在浅冷温度范围内蒸气压缩式制冷具有较高的循环效率，因而被广泛地应用于国民经济的各个领域中。

一、蒸气压缩式制冷循环

1. 卡诺循环

由互相交替的两个可逆绝热过程和两个可逆等温过程所组成的在一个恒定高温热源和一个恒定低温热源间工作的可逆循环，称为卡诺循环。它是由法国科学家卡诺发现的。卡诺循环有正向和逆向两种循环形式。其中正向卡诺循环又称为理想热机循环，它解决了热机循环中热能的最大利用程度是多少，即在一定条件下热能转换成机械能的极限是多少这个问题。在给定的高低温热源条件下，按卡诺循环工作，热机将有最高的效率。

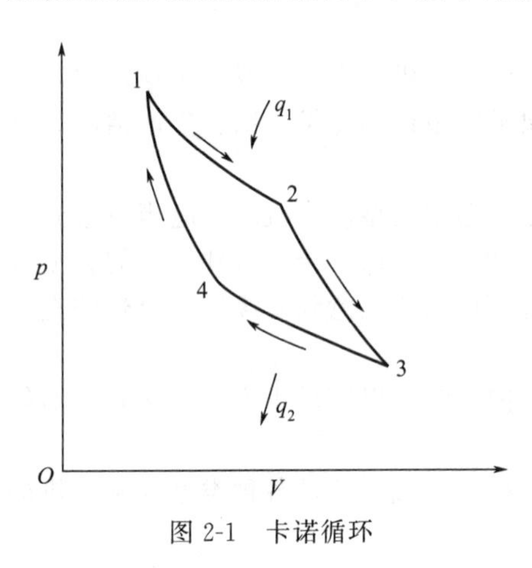

图 2-1　卡诺循环

图 2-1 为卡诺循环的示意图，工质在绝热的气缸里，必要时可与热源或冷源进行换热。工质在 T_1 温度下从热源吸热 q_1，由状态 1 等温膨胀到状态 2；接着工质与热源分开，以过程 2—3 进行绝热膨胀；然后在 T_2 温度下由状态 3 等温压缩到状态 4，并向冷源放热 q_2；最后以过程 4—1 进行绝热压缩，回到初始状态 1。由于上述过程是在理想条件下进行的，故卡诺循环是一个理想循环。

卡诺循环的效率用下式计算：

$$\eta_c=\frac{q_1-q_2}{q_1}=1-\frac{q_2}{q_1}=1-\frac{T_2}{T_1} \tag{2-1}$$

式中　T_1——热源（高温热源）的温度，K；

T_2——冷源（低温热源）的温度，K。

由上式可得到以下结论：

① 卡诺循环的热效率仅取决于热源和冷源的温度，与所用工质的性质无关。

② 要提高卡诺循环热效率，可以用提高热源温度 T_1 和降低冷源温度 T_2 的办法来实现，其中以降低 T_2 的效果尤为显著。

③ 卡诺循环的热效率总是小于 1，而且不可能等于 1。因为要等于 1，就必须 $T_1=\infty$ 或 $T_2=0$K，这显然是不可能的。

④ 当 $T_1=T_2$ 时，即没有温差时，$\eta_c=0$，即单热源的热机不能使热量转化为功，所以循环中的温差是能量转换的必要条件。

2. 理想制冷循环

如果工质按卡诺循环的线路反方向进行循环，则称作逆卡诺循环。如图 2-2 所示，工质从点 1 绝热膨胀到点 2，然后等温膨胀到点 3，并从冷源 T_2 取热量 q_1；之后工质被绝热压缩到点 4，再等温压缩到点 1，同时向热源 T_1 放出热量 q_2。此时，压缩气体消耗的功 W_1 大于气体膨胀所做的功 W_2，排出热量 q_2 大于吸入热量 q_1。

完成逆卡诺循环的结果是，消耗了一定数量的机械功 $W=W_1-W_2$，并和从冷源取得的

热量 q_1 一起排给热源。由于热量由低温移向高温，类似于将水从低处输送到高处，所以可将按逆卡诺循环工作的热机称为热泵或制冷机。所以逆卡诺循环又称理想热泵循环或理想制冷循环。制冷机工作的必要条件是消耗外功；不消耗外功，自发地从低温物体把热量传给高温物体是不可能的。这就是遵循热力学第二定律的规律。

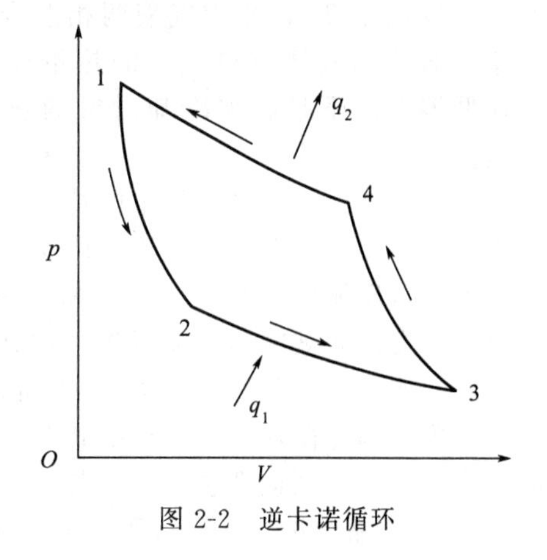

图 2-2 逆卡诺循环

(1) 逆卡诺循环的制冷系数 ε_c 取决于冷源和热源的温度，而与所用制冷剂的性质无关。

制冷系数：

$$\varepsilon_c=\frac{q_1}{W}=\frac{T_1}{T_1-T_2} \qquad (2\text{-}2)$$

式中 q_1——1kg 制冷剂从低温热源吸取的热量，kJ/kg；

W——1kg 制冷剂循环所消耗的功，kJ/kg；

ε_c——理想循环制冷系数，消耗单位功所获得的制冷量。

(2) 冷热源的温差越大，制冷系数就越小，制冷机的经济性越差。

(3) 由热力学第二定律证明，在一定的温度条件下，逆卡诺循环的制冷系数最大，实际制冷循环的制冷系数都比它小。用热力完善度 η 表示实际制冷循环的制冷系数 ε 与逆卡诺循环的制冷系数 ε_c 之比：

$$\eta=\frac{\varepsilon}{\varepsilon_c} \qquad (2\text{-}3)$$

η 愈接近 1，表示实际循环的不可逆程度愈小，循环的经济性愈好。

3. 理论制冷循环

(1) 制冷循环　对完成制冷循环来说，起到主要作用的只有四大部件：压缩机、冷凝器、膨胀阀和蒸发器。它们在制冷循环中是缺一不可的。

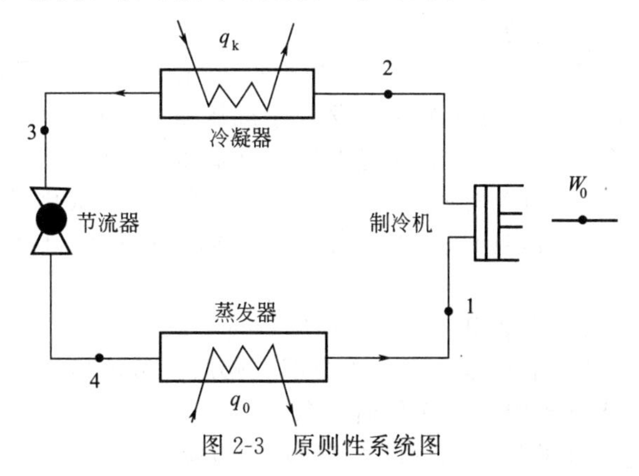

图 2-3 原则性系统图

从热力学角度考虑，制冷剂在其中所进行的热力过程是基本上相同的。因此，单级蒸气压缩式制冷机组的基本组成和工作过程可以用图 2-3 所示的简图来表示，称为压缩制冷机的原则性系统图。

工作过程：在蒸发器中产生的压力为 p_0 的制冷剂蒸气，首先被压缩机吸入并绝热地压缩到冷凝压力 p_k；然后进入冷凝器中，被冷却水（或空气）冷却冷凝成压力为 p_k 的高压液体；制冷剂液体经过节流机构，压力由冷凝压力 p_k 降低到蒸发压力 p_0，同时温度也

降低到蒸发温度 T_0，变成气液两相混合物；然后进入蒸发器中，在低温低压下吸收被冷却对象（载冷剂液体或空气）的热量而汽化成制冷剂蒸气。这样，便完成了一个制冷循环。在低温低压下吸收被冷却对象的热量，连同压缩机的功转化的热量一起，转移给环境介质。

蒸气压缩制冷循环具有如下的特点：①制冷设备需组成一个封闭的系统，制冷剂在其中循环流动，并在一次循环中要连续两次发生相变（一次冷凝、一次蒸发）；②实现制冷循环的推动力来自压缩机，在它同节流机构的配合作用下，将制冷系统分为低压和高压两个部分，通过蒸发器向被冷却物体吸热，在高压部分中，通过冷凝器向环境介质放热；③制冷剂蒸气只经一次压缩，从蒸发压力 p_0 压缩到冷凝压力 p_k。

（2）理论制冷循环　蒸气压缩式制冷机的理论循环是在最理想的情况下，制冷机可以实现的工作循环，所谓最理想的情况是基于如下的几点假设。

① 制冷压缩机进行干压行程，并且吸气时制冷剂状态为干饱和蒸气，压缩过程为等熵过程。这说明理论制冷循环中不存在由于制冷剂蒸气过热所引起的有温差传热和压缩过程中的不可逆损失。

② 理论制冷循环中制冷剂与热源间进行交换：在蒸发器内制冷剂与低温热源间换热时传热温差为无限小，即蒸发温度 T_0 等于低温热源温度 T_1（$T_0=T_1$）。在冷凝器中，只在过热蒸气被等压冷却成干饱和蒸气时存在传热温差，而在干饱和蒸气等压冷凝成饱和液体时，制冷剂与高温热源间无传热温差，即冷凝温度 T_k 等于高温热源温度 T_h（$T_k=T_h$），并且制冷剂在换热设备内流动时无流动阻力，无压降。

③ 制冷剂液体在节流前无过冷，并且等焓节流。

④ 制冷剂在管道内流动时，无流阻损失，无压降，与外界无传热，这说明制冷剂在管道内不发生任何状态变化。

由上述的假设条件可知：理论制冷循环在外部仅存在压缩后的过热蒸气被冷却成干饱和蒸气过程中的传热温差这一不可逆耗散；在内部仅存节流这一不可逆耗散。所以说，理论制冷循环仍属于不可逆循环的范畴，是不可逆性最少的不可逆循环。

（3）理想制冷循环与理论制冷循环的比较　单级蒸气压缩式制冷理论循环与单级干压行程理想制冷循环具有下列共同的假设条件。

① 制冷压缩机吸气状态为干饱和蒸气、干压行程压缩。所不同的是理论制冷循环按图 2-4(b)中过程 1—2 等熵压缩，即制冷剂蒸气由蒸发压力 p_0 压缩至冷凝压力 p_k。而理想制冷循环按图2-4(b)中过程 1—2 等熵压缩及图2-4(b)中过程 2—3 等温压缩，制冷剂蒸气由 T_0 压缩至 T_k。

② 理论制冷循环与理想制冷循环在蒸发器内进行等压等温汽化时制冷剂与低温热源间的传热温差为无限小。在冷凝器内进行等压等温冷凝阶段时制冷剂与高温热源间传热温差亦为无限小。

③ 制冷剂在换热器内无流动阻力，不存在压降损失。

④ 制冷剂状态变化只在制冷压缩机、冷凝器、膨胀或节流器、蒸发器等热力设备内进行，在管道内无传热、无流动阻力、无任何状态变化。

图 2-4 为单级理论循环的流程图［图 2-4(a)］、温熵图［图 2-4(b)］和压焓图［图 2-4(c)］。由图 2-4 可知，循环由等熵压缩（过程 1—2）、等压冷却和冷凝（过程 2—3—4）、等焓节流（过程 4—5）和等压蒸发（过程 5—1）四个过程组成。

循环的性能指标如下。

① 单位制冷量 q_0　单位制冷量 q_0（kJ/kg）是 1kg 制冷剂在蒸发器中由状态 5 变化到状态 1 所吸取的热量，也称为单位质量制冷量。

$$q_0=\gamma_0\ (1-x_5)\ =h_1-h_5=h_1-h_4 \tag{2-4}$$

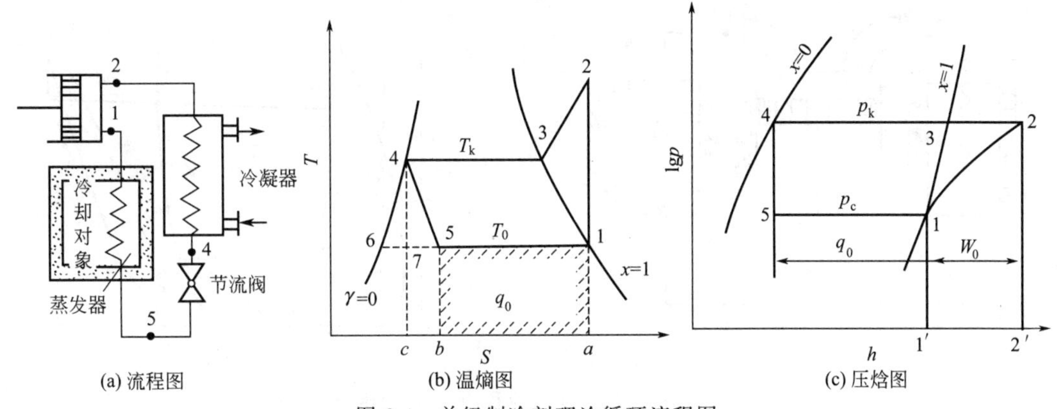

图 2-4　单级制冷剂理论循环流程图

式中　γ_0——制冷剂在蒸发温度下的汽化潜热，kJ/kg；

x_5——状态 5 点的制冷剂干度；

h_1——吸气状态 1 点的制冷剂比焓，kJ/kg；

h_5——状态 5 点的制冷剂比焓，kJ/kg；

h_4——节流前状态 4 点的制冷剂比焓，kJ/kg。

② 单位理论功 W_0　每 1kg 制冷剂在理论循环中所消耗的功，称为单位理论功 W_0（kJ/kg）。在蒸气压缩式制冷循环中，它也等于等熵压缩 1kg 制冷剂要做的功，因为节流过程对外不做功，因此

$$W_0=h_2-h_1 \tag{2-5}$$

式中　h_2——状态 2 点制冷剂比焓，kJ/kg。

③ 单位冷凝热量 q_k　每 1kg 制冷剂蒸气在冷凝器中由状态 2 冷凝到状态 4 所放出的热量称为单位冷凝热量 q_k（kJ/kg）。

$$q_k=h_2-h_4 \tag{2-6}$$

$$q_k=q_0-W_0 \tag{2-7}$$

④ 制冷系数 ε_0　制冷系数 ε_0 是循环的单位制冷量 q_0 和单位功 W_0 之比。

$$\varepsilon_0=\frac{q_0}{W_0}=\frac{h_1-h_4}{h_2-h_1} \tag{2-8}$$

⑤热力完善度 η　循环的制冷系数和相同热源温度下的逆向卡诺循环制冷系数之比，称为热力完善度。

$$\eta=\frac{\varepsilon_0}{\varepsilon_c}=\frac{h_1-h_4}{h_2-h_1}\times\frac{T-T_0'}{T_0'} \tag{2-9}$$

式中　T——环境介质的热力学温度，K；

T_0'——被冷却物体的热力学温度，K。

4. 实际制冷循环

实际制冷循环与理论制冷循环中的差异主要表现在以下几点。

（1）实际制冷循环中制冷压缩机吸入的制冷剂往往是过热蒸气，节流前也往往是过冷液体，即实际制冷循环在与高温热源、低温热源换热时存在着蒸气过热和液体过冷这些具有传热温差的外部不可逆因素。图 2-5 为单级制冷机实际循环流程图和压焓图。

（2）制冷压缩机在工作中存在诸多的不可逆损失，因此实际压缩过程是增熵过程，这表现在以下几点。

① 实际吸气过程中，制冷剂蒸气通过吸气管道、吸气阀件时有摩阻压降，使得进入气

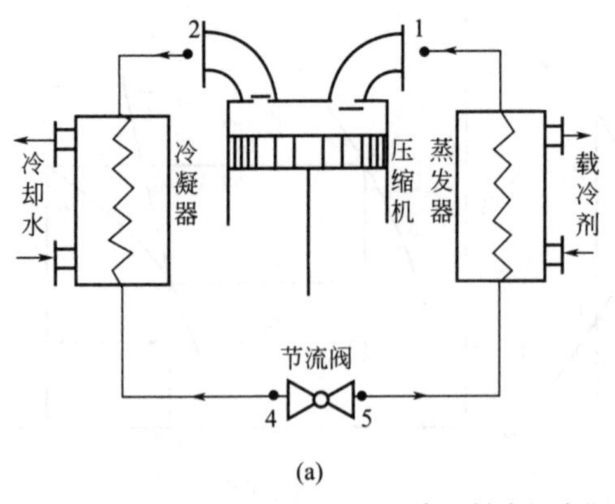

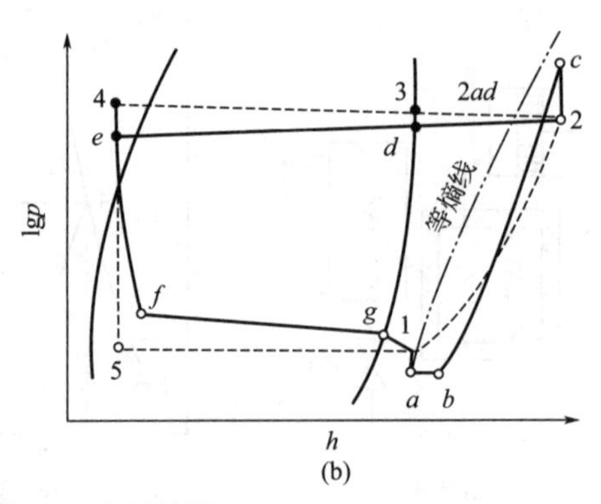

图 2-5 单级制冷机实际循环流程图（a）和压焓图（b）

缸中的制冷剂蒸气压力必低于系统的蒸发压力。低温蒸气进入气缸时将吸收气缸壁热量而比容增大，使实际吸气量减少。

② 实际压缩过程不是等熵过程，也不是绝热的过程。在压缩的初始阶段，制冷剂蒸气的温度低于气缸壁的温度，制冷剂蒸气吸收气缸壁的热量；在压缩过程的终了阶段，制冷剂蒸气温度高于气缸壁的温度，制冷剂蒸气又向气缸壁放出热量；只在压缩过程的中间阶段才是绝热的。所以压缩过程是一个多指数不断变化着的不可逆多变过程，其表现出来的总效应使得压缩后的熵增加。

③ 实际排气过程中，只有当实际排气压力高于冷凝压力时，才能开启排气阀片。同时，排气时制冷剂通过排气阀件时有节流压降。

④ 在压缩过程中，制冷机运动部件存在机械摩擦；制冷剂会通过制冷机气缸部件的间隙由高压部位向低压部位泄漏；还有，活塞式制冷压缩机存在余隙容积，这都能造成制冷压缩机的实际输气量减少，不可逆因素增多，无效耗功增大。

（3）制冷剂与高温热源、低温热源间进行换热时，存在换热温差。

（4）制冷剂在换热器和管道内流动时，还存在流动阻力，产生压降。管道不可能完全绝热，制冷剂与外界存在着一定的换热，并发生状态变化。

（5）实际节流过程不完全是绝热的等焓过程，而在节流中存在少量的换热，节流后的焓值有所增加，因此实际制冷循环节流过程中的不可逆耗散要比理论制冷循环节流过程大。

综上所述，在蒸气压缩式制冷实际循环的压缩、换热、节流以及在管道内流动等各热力过程中，存在诸多的外部、内部不可逆耗散。由于这些不可逆耗散的存在，实际制冷循环的制冷系数必定低于相同工作温度下的理论制冷循环。

二、单级蒸气压缩式制冷机的组成和工作过程

图 2-6 是一套单级蒸气压缩式制冷机组的工作原理图。它表示出机组的设备、控制部件、设备与阀门的管道连接，以及各种监测仪表和安全阀等。这一流程可以说是典型的单级蒸气压缩式制冷机组的工作流程，构成部件及工作过程说明如下。

（1）压缩机是用来压缩和输送制冷剂气体，使蒸发器中产生的制冷剂的低压蒸气被压缩到冷凝压力，并迫使制冷剂在系统内循环流动。

（2）冷凝器是用来使被压缩到冷凝压力的制冷剂蒸气冷却并凝结为相同压力下的液体，冷凝时放出的热量被冷却水带走。

（3）热力膨胀阀是用来使制冷剂液体节流降压，并同时起控制制冷剂流量的作用，以适应冷量负荷的变化。

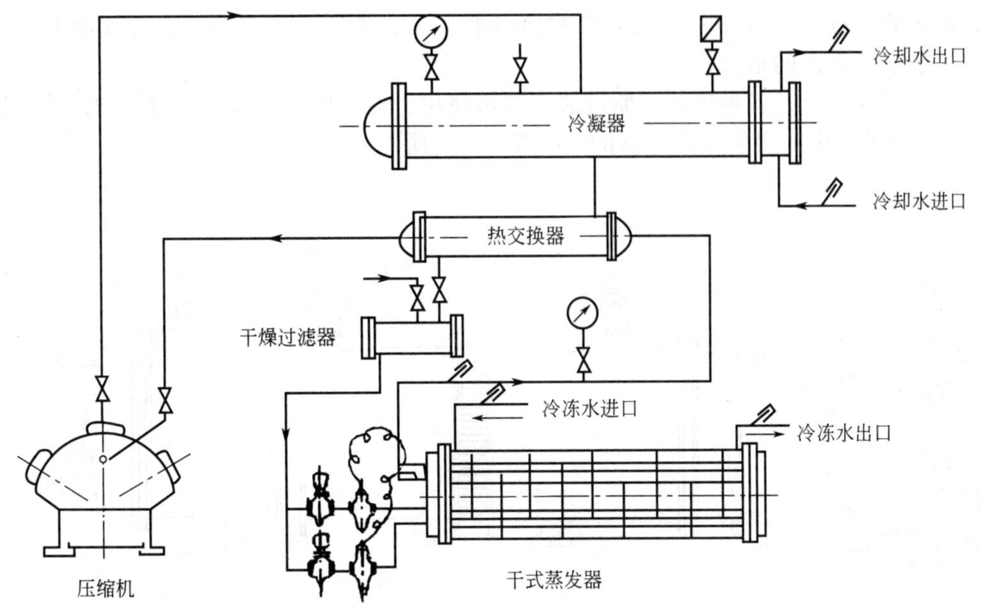

图 2-6　单级蒸气压缩式制冷机组的工作原理图

(4) 热交换器是利用制冷剂低压蒸气的低温，使由冷凝器出来的制冷剂液体过冷，以防止其在膨胀阀前汽化；干燥过滤器是用来清除制冷剂液体中的水分和机械杂质，免使膨胀阀的阀孔堵塞或在膨胀阀中产生冰堵。

(5) 在蒸发器中，制冷剂液体在低压低温条件下蒸发吸热，使冷水（或称冷媒水、冷冻水）的温度降低，可用于空气调节或某些生产工艺过程。

(6) 系统中设有几个截止阀，通过它们的启闭，可使得制冷系统连通或断开；其中电磁阀同热力膨胀阀连用，以防止停机后制冷剂液体继续流入蒸发器引起下次开机时的压缩机液击。

(7) 系统中还装有压力表和温度计，用来监测冷水、冷却水和制冷剂的压力和温度；此外，冷凝器上还装有安全阀，当压力超过规定值时，安全阀能自动开启，将部分制冷剂蒸气放掉。

三、制冷系统换热设备

制冷系统中的热交换设备主要是用于制冷剂与热源之间的换热，它是制冷系统中的主要热力设备，与其他制冷设备一起构成了完整的制冷系统。根据其工作原理可分为以下两种。

(1) 换热式热交换器　两个载热体间的传热是通过被隔开的器壁来进行的，所以又称为间壁式热交换器。像制冷装置中的各种冷凝器、蒸发器、回热器等。

(2) 混合式热交换器　两个载热体间的传热是通过直接混合接触进行的，所以又称为接触式热交换器。在制冷装置中，像中间冷却器等。

（一）冷凝器

冷凝器的作用是将压缩机排出的高温、高压制冷剂过热蒸气冷凝成液体，制冷剂在冷凝器中放出的热量由冷却介质（水或空气）带走。主要有水冷式、空气蒸发式、空气与水联合冷却式等类型。

1. 冷凝器类型

(1) 卧式壳管式冷凝器　卧式壳管式冷凝器是水冷式冷凝器的一种型式。用水作为冷却介质，常用的水冷式冷凝器有立式壳管式冷凝器、卧式壳管式冷凝器、套管式冷凝器等型式，多用于水源丰富的地区。

它应用最为广泛，各种型式的制冷装置都可使用。氨用卧式壳管式冷凝器的结构如图 2-7 所示，氟里昂用卧式壳管式冷凝器的结构如图 2-8 所示。

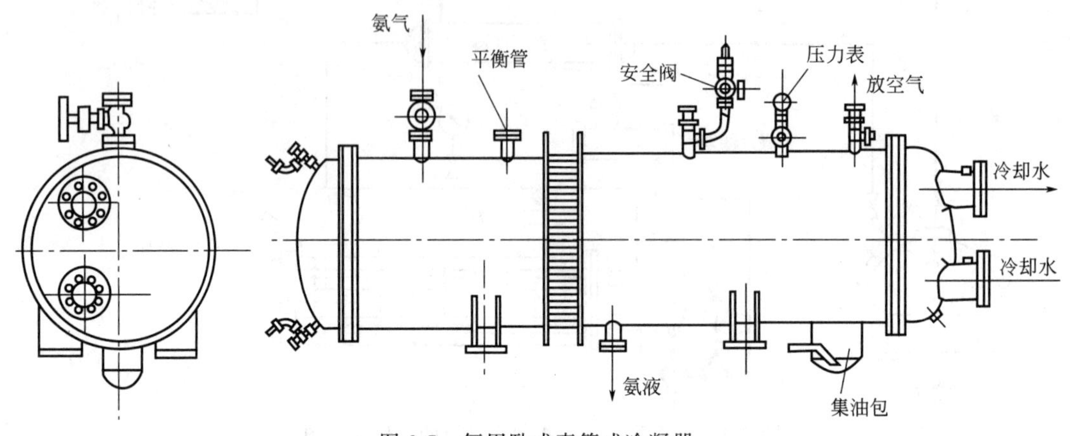

图 2-7 氨用卧式壳管式冷凝器

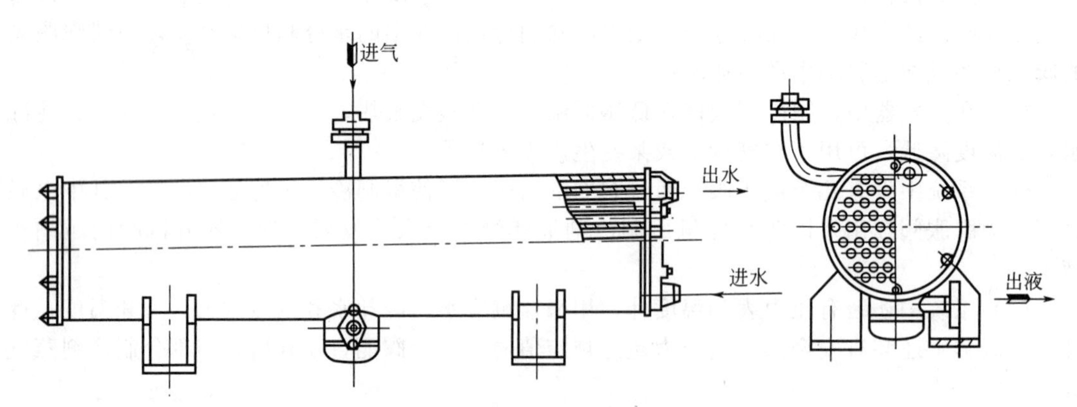

图 2-8 氟里昂用卧式壳管式冷凝器

卧式壳管式冷凝器系水平放置，所以也称为卧式冷凝器。在这种冷凝器中，制冷剂的蒸气是在管子外表面上冷凝，冷却水是在泵的作用下经管内流过，制冷剂蒸气从上部进入筒体内，凝结成液体后由筒体的下部流入贮液器中。因管径所限，凝结的液膜在重力作用下顺着管壁流下，较快地与管壁脱开，上部管簇在制冷剂一侧有较高的凝结放热系数，上部凝液滴到下部管簇外壁表面上时会增大其液膜厚度，降低放热效果。因此合理的增大冷凝器的长径比，错开管簇排列，减少垂直方向管子的排数，可提高冷凝器的整体传热系数。

卧式壳管式冷凝器的两端用两个端盖封住，端盖内部用隔板分开，两个端盖的分隔要互相配合，以便冷却水能在管子内多次往返流动。冷却水每向一端流一次，称为一个流程。冷凝器的管程数一般为双数，这样冷却水的进出口就可设在同一端盖上，而且冷却水是从下面流进，上面流出，这样就可保证在运行中，冷凝器管子始终被水流充满。

(2) 立式壳管式冷凝器　立式壳管式冷凝器也是一种水冷凝器，用于氨制冷系统中，垂直安放在室外混凝土的水池上，结构如图 2-9 所示。立式壳管式冷凝器是一种固定管板列管式换热器，在壳体上部有进气管、安全管和放空气管等接头；中部有均压管、压力表管和混合气体管等接头；下部有出液管和放油管接头。壳体最上端装有配水箱，配水箱中装有多孔筛板，筛板下每根管口上装一个带斜槽的导流管头，使水呈膜状流动，从而延长冷却水流动的路程和时间，同时空气在管子中心向上流动，增强热量交换，提高冷却能力，节省用水。但在实用中不易达到，尤其是当斜槽锈蚀或堵死后水从导流管头的中孔往下直流，在管壁表面上不能形成液膜层，所以要经常检查更换损坏或堵塞的导流管头。冷凝器运行时注意水量不宜过小，水量过小就不能形成连续水膜，降低了传热系数并加速管壁的腐蚀和结垢；也不可水量过大，水量过大时传热系数是不按比例增加的，反而造成浪费。

立式冷凝器的传热过程：从油分离器来的氨气从上部进气管进入筒体的管间空隙，通过

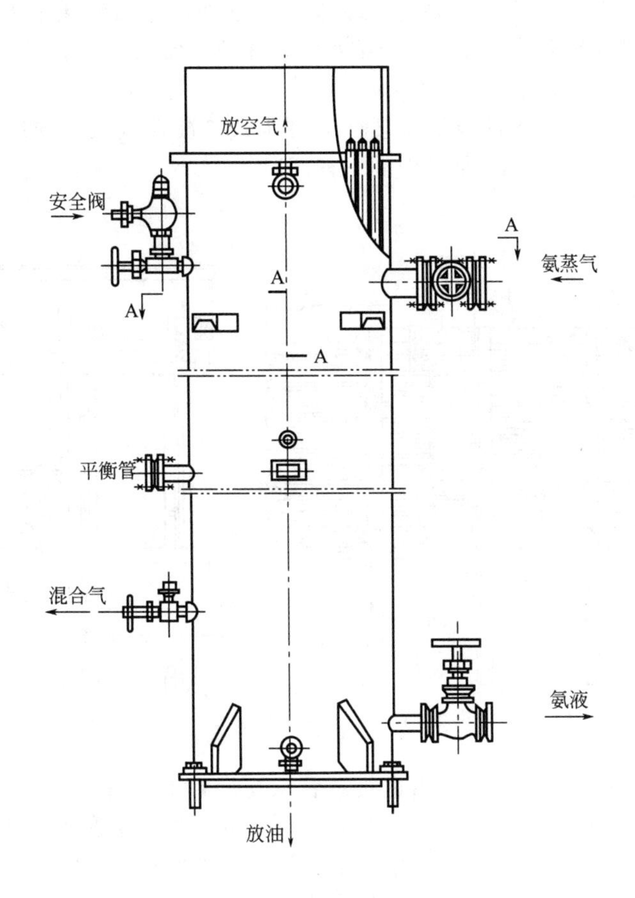

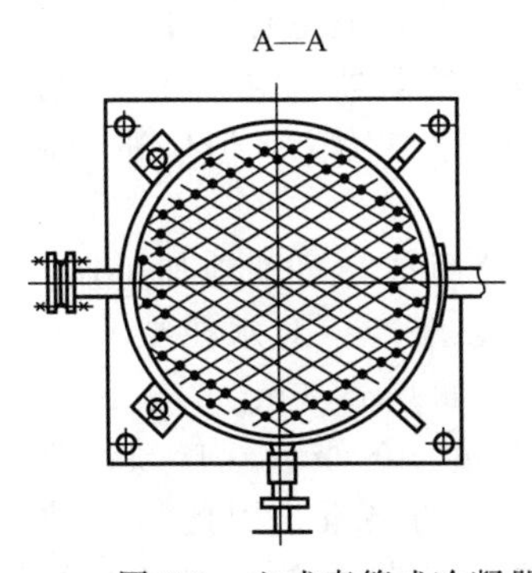

图 2-9　立式壳管式冷凝器

管壁与冷却水进行热交换，氨蒸气放出热量，在管外壁表面上呈膜状凝结，沿管壁流下，经下，部出液管流入贮液器。若冷凝器内混有不凝性气体，经放空气管和混合气体管通往空气分离器放出。积聚的油经放油管通往集油器放出，但实际操作中从这里放不出什么油，近年来一些生产厂不再装放油管了，筒体上的平衡是靠和贮液器相通，以保持两个密闭容器的压力均衡，保证凝结的氨液及时流往贮液器来维持的。

立式壳管式冷凝器具有传热系数高，冷却冷凝能力大的特点；可以安装在室外，节省机房面积。若循环水池设置在冷却塔下面，可简化冷却水系统，节约占地面积。立式壳管式冷凝器对冷却水质要求不高，并在清洗时不需要停止制冷系统工作。

但立式壳管式冷凝器用水量大，冷凝器的单位面积冷却水量约为 $1\sim1.7m^3/(m^2\cdot h)$，一般当冷却水温升高 2～3℃时，水泵耗功率也相应增加；金属消耗量大，比较笨重，搬运安装不方便；制冷剂泄漏不易发现；易于结水垢，需要经常清洗。适用于水质差、水温较高而水量充足地区的大、中型氨制冷系统。

(3) 淋浇式冷凝器　淋浇式冷凝器又称为淋水式冷凝器或大气式冷凝器，它主要用于大、中型氨制冷系统中。图 2-10 是其中的一种。

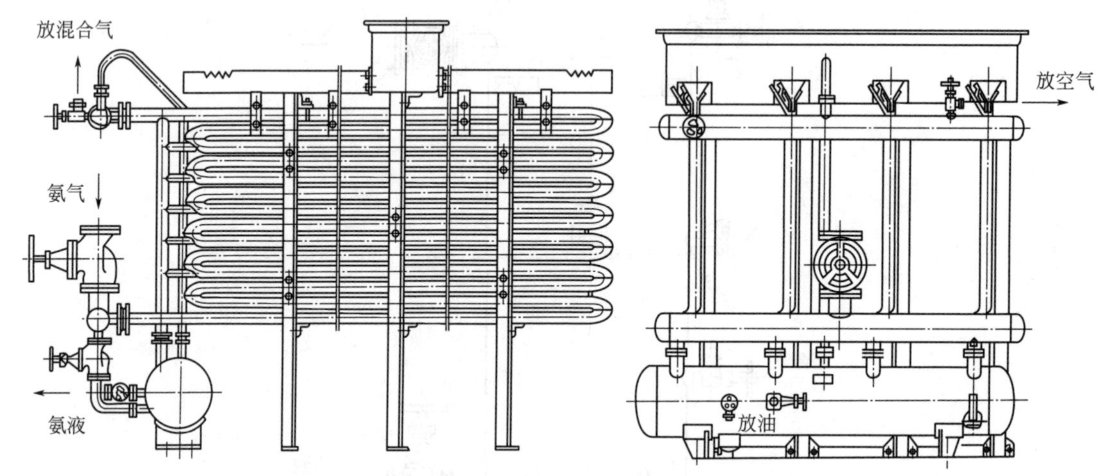

图 2-10　淋浇式冷凝器

淋浇式冷凝器在工作时，氨蒸气由进气总管从蛇形管下部进入，在管内自下向上流动，沿途凝结的液体分别从蛇形管一端的支管及时导出，流入凝液立管及集管，并经冷凝器出液管流入贮液器。冷却水由配水箱沿配水槽流下，淋浇在蛇形管外表面上。当冷却水自上而下地以水膜的形式流过每根管子外壁面时，将吸收管内制冷剂的热量，最后流入水池。氨蒸气在冷凝时放出的热量主要是由冷却水吸收，但也有部分热量被流经管间的空气带走，同时冷却水蒸发也带走部分热量，所以称这种冷凝器为空气与水联合冷却的冷凝器。淋浇式冷凝器一般安装在空气通畅的屋顶或专门的建筑物上，但应避免阳光照射和减少冷却水飞溅的损失。

淋浇式冷凝器的优点是结构比较简单，可就地加工制作；安装较方便；便于清洗水垢和检修；检修时分组进行，可不必停产；对水质要求不高，用水量比壳管式冷凝器要少，单位面积冷却水量约是 $0.8\sim1.0m^3/(m^2\cdot h)$。由于部分冷却水蒸发，所以需按循环水量的 10%～12%补充新鲜水量。冬季或气候较冷地区采用淋浇式冷凝器时，由于流动空气与冷却水蒸发会吸收较多的热量，因此这些地区采用淋浇式冷凝器时可减少冷却水量。淋浇式冷凝器有较高的传热系数，但易受气候条件影响，当气温和湿度较高时其传热系数会发生明显下降，冷却水需求量增大；并且占地面积、金属耗用量也较大。因此淋浇式冷凝器一般适用于气温与湿度都较低、水源一般、水质较差的地区及空气通畅的场合。

此外，还有套管式冷凝器、螺旋板式冷凝器、蒸发式冷凝器等型式。

2. 冷凝器的选择

冷凝器的选用取决于当地的水温、水质、水量、气候条件和制冷剂的种类。在实际工程中要根据工艺要求和各种冷凝器的特点及适用范围，综合比较衡量后再决定较合理的选用方案。表 2-4 为各种冷凝器的选用方案。

表 2-4　各种冷凝器的选用方案

冷凝器型式	适用条件	安放位置
立式壳管式	水质较差、水温较高、水量充裕的地区，常用于氨制冷系统	安置在室外，可与冷却塔作垂直上下布置
卧式壳管式	水质较好、水温较低的地区，氨和氟里昂制冷系统都可采用	一般布置在室内和用于船舶制冷装置中
淋浇式	大气温度低、空气相对湿度较低、水源水量不充裕、水质较差和风力较大的地区	布置在室外高处或通风良好的地方
蒸发式	水源不足、水质良好、气候干燥的地区	设置在厂房的屋顶或室外通风良好的地方
螺旋板式	水温较低、水质良好（尤其是硬度较低）的地区	室内、室外皆可
空气冷却式	无法供水的地方，主要用于小型氟里昂制冷装置中	

（二）蒸发器

蒸发器的作用是利用液态制冷剂在低压下蒸发转变为制冷剂蒸气并吸收被冷却介质的热量，达到制冷的目的。

1. 蒸发器的种类、构造和特点

制冷装置中的蒸发器，按其被冷却介质的特性，可以分为冷却液体载冷剂的蒸发器及冷却空气的蒸发器两大类。冷却液体载冷剂的蒸发器，包括壳管式和水箱式两种型式。冷却空气的蒸发器也有多种结构型式，但都是制冷剂在管内蒸发而空气在管外侧被冷却。化工生产中基本上使用的是冷却液体的蒸发器。

（1）卧式壳管式蒸发器　卧式壳管式蒸发器主要用于冷却载冷剂，有满液式和干式两大类。

① 满液式卧式壳管式蒸发器　图 2-11 为氨用满液式卧式壳管式蒸发器。它在正常工作时筒内要充灌 70%～80%液面高度的制冷剂液体，因此称为满液式。其结构和冷热流体相对流动的方式与卧式壳管式冷凝器相似，不同的是它们在整个制冷系统中所在位置和作用不一样；在结构上制冷剂的进出口相反，冷凝器为上进下出，而蒸发器为下进上出。

满液式卧式壳管式蒸发器的工作过程：制冷剂液体节流后进入筒体内管簇空间，与自下而上作多程流动的载冷剂通过管壁交换热量。制冷剂液体吸热后汽化上升到回气包中，将蒸气中夹带的液滴分离出来流回筒体，蒸气通过回气管被压缩机吸走。润滑油沉积在集油包里，由放油管通往集油器放出。

满液式卧式壳管式蒸发器的液面要保持一定的高度，液面过低会使蒸发器内产生过多的过热蒸气降低蒸发器的传热效果，过高易使湿蒸气进入压缩机而引起液击。所以用浮球阀或

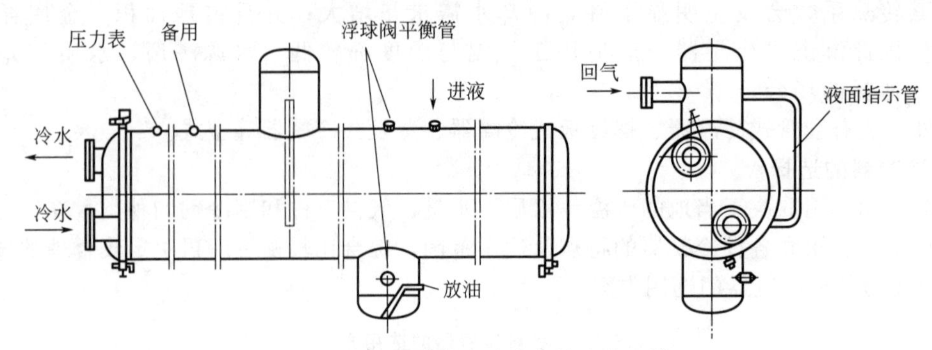

图 2-11　氨用满液式卧式壳管式蒸发器

液面控制器来控制满液式卧式壳管式蒸发器的液面。

满液式卧式壳管式蒸发器具有结构紧凑，占地面积小；传热性能好；制造工艺和安装较方便，以及用盐水作载冷剂可减少腐蚀和避免盐水浓度被空气中水分稀释等优点。但制冷剂充灌量大，受制冷剂液体静压力影响，其下部液体蒸发温度提高，减小了蒸发器的传热温差，蒸发温度愈低影响愈大，所以它的应用范围逐渐受到限制。

② 干式壳管式蒸发器　干式壳管式蒸发器用于氟里昂制冷系统。这种蒸发器不是没有制冷剂液体而是充灌量较少，大约为管组内部容积的 35%～40%，而且制冷剂在汽化过程中不存在自由液面。

干式壳管式蒸发器中，制冷剂的液体在管内蒸发，而液体载冷剂在管外被冷却。为了增加管外载冷剂流动速度，在壳体内装设折流板。如图 2-12 所示。

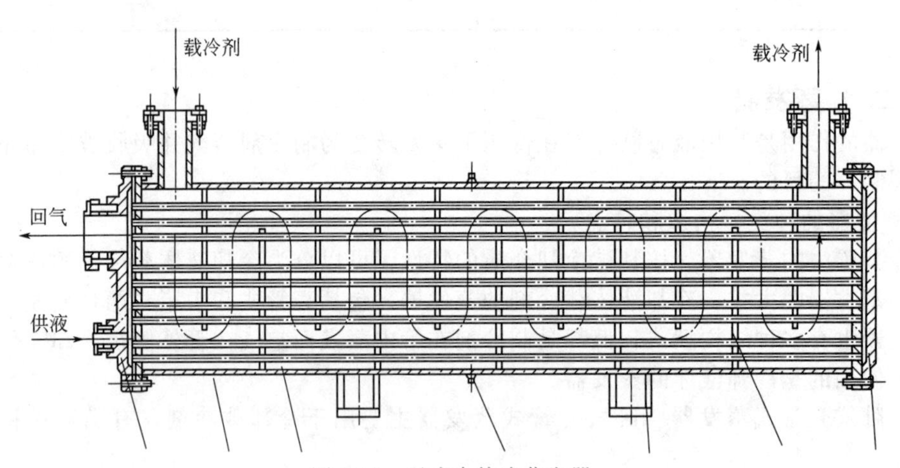

图 2-12　干式壳管式蒸发器

干式壳管式蒸发器不仅克服了满液式卧式壳管式蒸发器的一些缺点，而且由于制冷剂在管内汽化，管外被水或盐水包围，冷量损失小；管外空间的充水量较大，有一定的热稳定性，而且不会发生管子结冻而胀裂的现象。但是干式壳管式蒸发器的装配工艺较复杂；管外清洗比较困难。而且折流板与壳体及管子之间存在间隙，影响载冷剂的正常流动及传热效果。

(2) 沉浸式蒸发器　壳管式蒸发器中容水量较少，运行过程中热稳定性差，即水或盐水的温度容易发生波动。为了消除上述缺点，设计和制造出水箱式蒸发器。这种蒸发器的特点是蒸发管组浸于水或盐水箱中，制冷剂在管内蒸发，水或盐水在搅拌器的作用下，在箱内流动，以增强传热。应用水箱式蒸发器时，载冷剂只能采用开式循环。

①直立管式蒸发器　直立管式蒸发器主要用于氨制冷装置，其结构如图 2-13 所示。它全部用无缝钢管焊制而成，蒸发器管以组为单位，根据不同容量的要求，可由若干管组组成。蒸发器的管组安装在矩形金属箱中。在管组的上端，上集气管接气液分离器，下集气管接集油器。氨液从中间的进液管进入蒸发器。供液管由上一直伸到下集气管，这样使氨液进入下集气管，均匀地进入各立管中去。制冷剂在立管中吸收载冷剂的热量，蒸发成蒸气，进入上集气管，经气液分离后，被制冷压缩机吸走。集油器上端由一根管子与吸气管相通，以便将冷冻机油中的制冷剂抽走，积存的冷冻机油定期从放油管放出。为了提高直立管式蒸发器的热交换效果，在水箱内装有搅拌器。

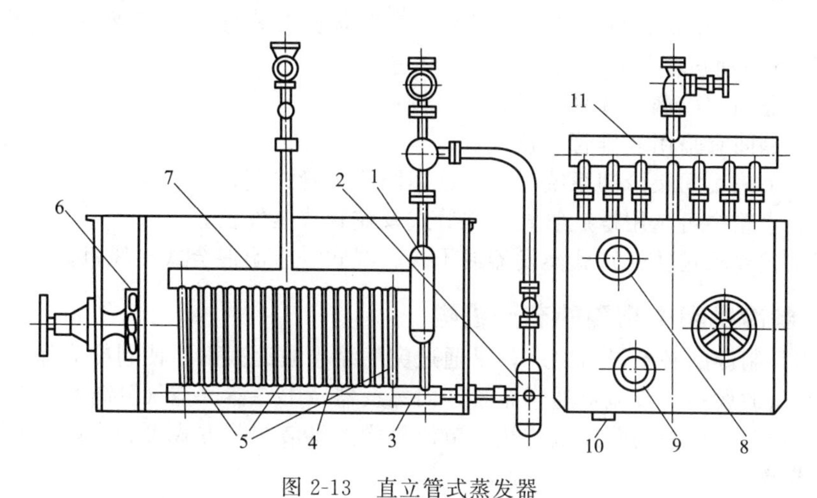

图 2-13　直立管式蒸发器

1—气液分离器；2—集油器；3—下集管；4—蒸发管；5—下降管；
6—搅拌器；7—上集管；8—溢水管；9—出水管；10—放水管；11—集气管

② 螺旋管式蒸发器　螺旋管式蒸发器的结构，如图 2-14 所示。其工作原理和直立管式蒸发器相同，结构上的主要区别是蒸发管采用螺旋形盘管代替直立管。因此当传热面积相同时，螺旋管式蒸发器的外形尺寸比直立管式小，结构紧凑，减小了焊接的工作量，制造更方便。为了使其结构更紧凑以缩小体积，在管组的弹簧状盘管中，套入直径较小的盘管，两个盘管均焊于上下总管上，组成双头螺旋管组。外螺旋管采用 ϕ38mm×3.5mm 的无缝钢管绕

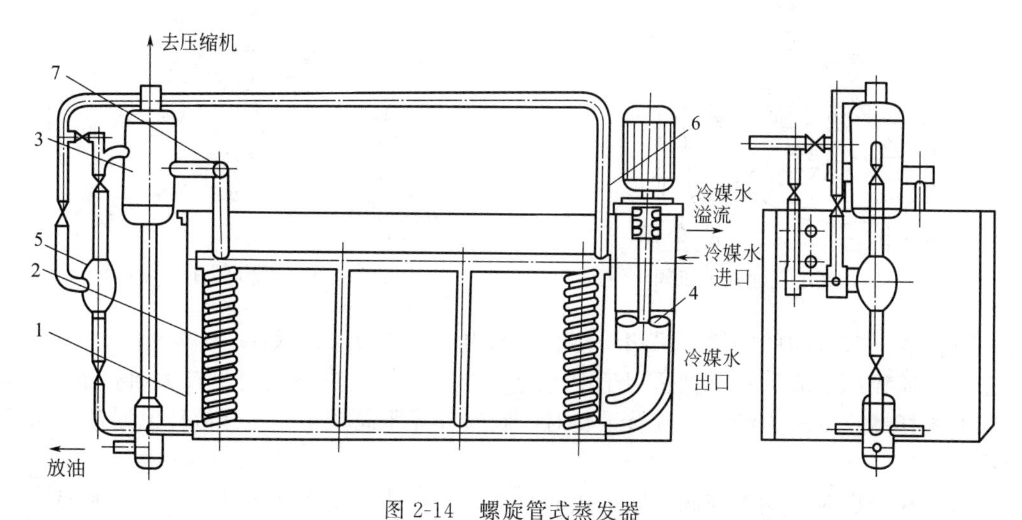

图 2-14　螺旋管式蒸发器

1—蒸发水箱；2—螺旋管组；3—氨液分离器；4—搅拌器；5—浮球阀；6—供液总管；7—回气总管

制而成，内螺旋管采用 ϕ7mm×3mm 的无缝钢管绕制而成。

③ 蛇管（盘管）式蒸发器　蛇管（盘管）式蒸发器是小型氟里昂制冷装置中常用的一种蒸发器。由若干组铜管绕成蛇形管组成，蛇形管用纯铜管弯制，氟里昂液体制冷剂经分液器从蛇形管的上部进入，蒸发产生的冷剂蒸气由下部排出。蛇形管组整体地沉浸在水（或盐水）箱中，水在搅拌器作用下，在箱内循环流动。蛇管式蒸发器由于蛇管布置较密、流速较小，以及蛇管下部的传热面积未得到充分利用，因此传热效果较差。

2. 蒸发器的选用

蒸发器的选用主要根据生产需要和制冷工艺的要求进行，根据冷却对象和冷却方式的要求确定，在保证产品质量、数量的条件下选择蒸发器要求运行安全可靠、经济高效、节能、节省劳力和降低劳动强度。一般可按下列原则选用：

① 冷冻结晶间和冷藏间宜采用干式冷风机；

② 冷冻结晶间宜采用墙排管、顶排管；

③ 冷藏船上采用间接冷却系统时，可选用卧式壳管式蒸发器；

④ 冷冻盐水箱中可选用螺旋管式、立管式及蛇管式蒸发器；

⑤ 根据工艺要求选择壳管式蒸发器或干式、湿式、干湿混合式冷风机。

（三）制冷机组中常用的节流机构

节流机构是制冷的必备设备之一，是通过突然缩小通道截面，使制冷剂降压节流和适当调节制冷剂流量的设备。节流器通常布置在向蒸发器、中冷器、空气分离器、低压循环贮液器或氨液分离器节流供液的管路上。按照节流机构的供液调节方式可分为以下五个类型。

1. 手动节流阀

一般称作手动节流阀。以手动方式调整阀孔的流通面积来改变向蒸发器的供液量，其结构与一般手动阀门相似。多用于氨制冷系统，氨用直通式节流阀的结构如图 2-15 所示，氟用直通式节流阀的结构如图 2-16 所示。

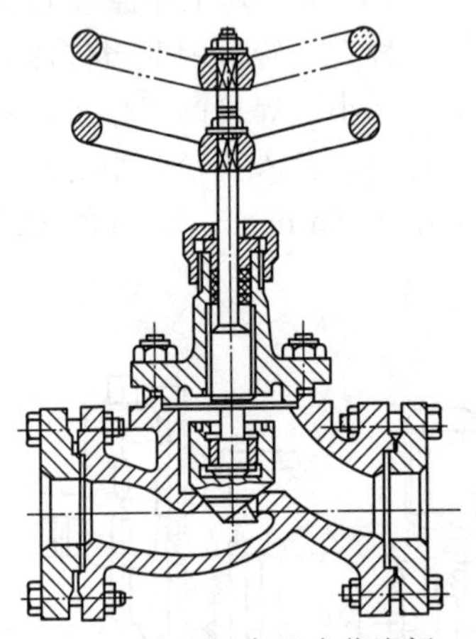

图 2-15　氨用直通式节流阀

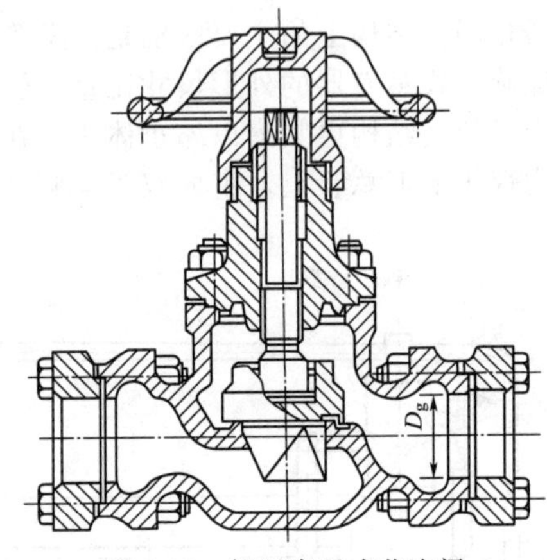

图 2-16　氟用直通式节流阀

根据需要，节流阀的阀瓣可采用针型、塞型和窗型等型式，如图 2-17 所示。一般针型适用于较小通径的节流阀；塞型适用于中等通径的节流阀；窗型适用于较大通径的节流阀。节流阀的阀杆螺纹一般为细牙，旋转手轮时，阀瓣升降距离较小，允许液体流通截面积变化也很小。

节流阀在开启时，阀瓣与阀座间形成的窄小通径，使得制冷剂流过时产生极大的流动阻力，压力发生明显地下降，紧接着通道面积突然扩大，使制冷剂膨胀继续降压，从而完成绝热节流效应。节流后的低压制冷剂（气液混合流体）供入蒸发器、中冷器、空气分离器、低压循环贮液器或氨液分离器等。

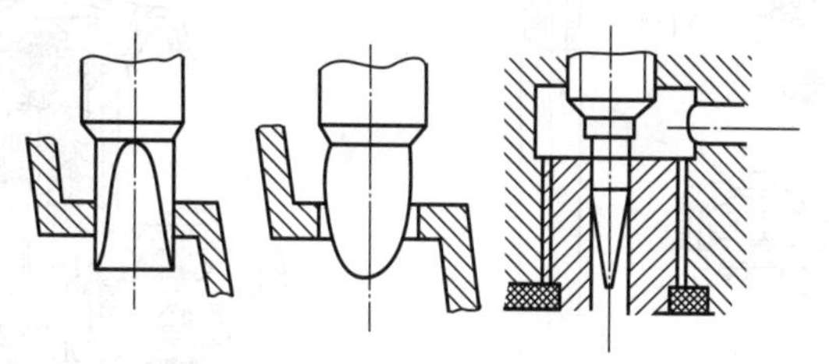

图 2-17　节流阀阀瓣

2. 浮球调节阀

它利用浮球的位置随着液面高度变化而变化的特性控制阀芯开闭，达到稳定蒸发器内制冷剂的液量的目的。制冷系统浮球阀除了起到节流作用外，还可以用来保持容器内的液位稳定，所以浮球阀被广泛地应用在氨液分离器、中间冷却器、低压循环贮液器及满液式蒸发器等需节流及控制液位的设备上。制冷系统浮球阀实质是浮球型节流器。

按液体在浮球阀中流通的方式分为直通式和非直通式两种。制冷设备中普遍采用的是非直通式浮球阀，结构如图 2-18 所示，在铸铁壳体内装有钢制空芯浮球、杠杆、平衡块、阀座和阀芯，阀的液体进、出口设在壳体上部，阀盖只供安装、检修和调整平衡块用。

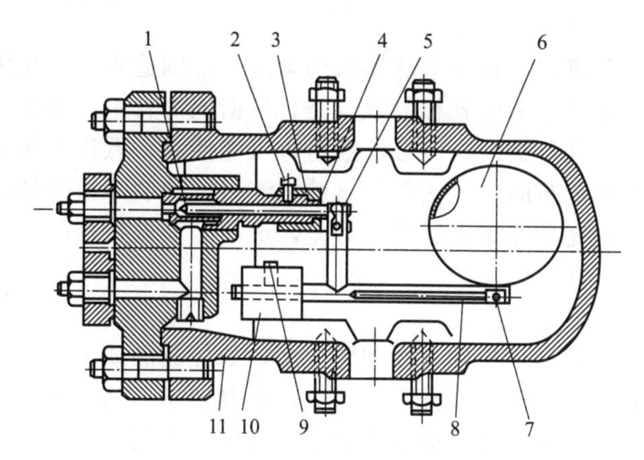

图 2-18　浮球阀

1—阀座；2—螺钉；3—加固套管；4—阀杆；5—连动轴；6—浮球；
7—铆钉；8—杠杆；9—螺钉；10—平衡块；11—壳体

3. 热力膨胀阀

热力膨胀阀是蒸气压缩式制冷装置中，控制进入蒸发器制冷剂流量的主要控制元件，同时完成由冷凝压力至蒸发压力的节流降压和降温过程。它通过蒸发器出口过热度的大小调整热负荷与供液量的匹配关系，以此控制节流孔的开度大小，实现蒸发器供液量随负荷变化而改变的调节机制。主要用于氟里昂制冷系统及中间冷却器的供液。

热力膨胀阀作为节流装置安装在蒸发器等容器的进液口管道上。热力膨胀阀用感温包来感受蒸发器出口蒸气过热度的大小，自动调节阀芯的开启度，控制制冷剂流量。热力膨胀阀能根据蒸发器热负荷变化情况进行随机调节，因而操作方便、安全可靠。常用的热力膨胀阀有内平衡式和外平衡式两类。

图 2-19 为内部平衡式热力膨胀阀的结构图，图 2-20 为外部平衡式热力膨胀阀的结构图。

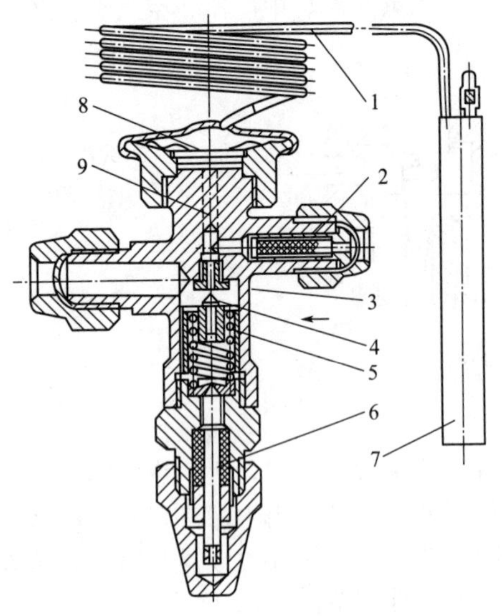

图 2-19　内部平衡式热力膨胀阀结构

1—毛细管；2—阀体；3—阀座；4—阀芯；5—弹簧；6—调节杆；7—感温包；8—感应薄膜；9—推杆

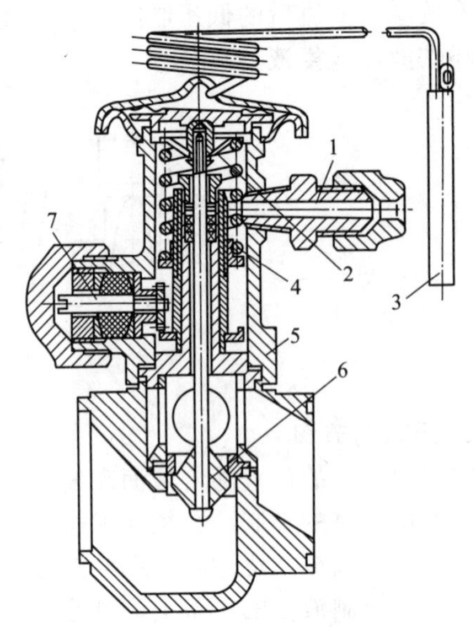

图 2-20　外部平衡式热力膨胀阀结构

1—外平衡管接头；2—阀杆螺母；3—感温包；4—弹簧；5—阀体；6—阀杆；7—调节杆

4. 节流孔板

节流孔板是固定式节流器，这种节流器结构紧凑，特别适宜于溴化锂制冷机组、离心式制冷机组和某些测试系统中。节流孔板的缺点是自平衡能力较差。小孔的通径是保证节流效果的关键，通径过大，在低负荷时难以形成液封，可能使高、低压两侧相通，影响制冷机正常运行；通径过小，在高负荷时，无法保证足够的流量，使制冷机的性能受到影响。所以在设计这种节流装置时，应充分考虑高、低压力差，最高和最低负荷时的流量等因素，并通过试验方可采用。

5. 电子膨胀阀

热力膨胀阀用于蒸发器供液控制存在问题很多，如控制品质不高，调节系统无法实施计算机控制，只能实施静态匹配；工作温度范围窄，感温包感温延迟大，在低温调节场合，振荡问题比较突出。因此采用技术日趋成熟的电子膨胀阀，为制冷装置实现自动化和提高控制精度提供了可靠的保证。

电子膨胀阀供液控制系统原理如图 2-21 所示。它由温度传感器（铂电阻、热敏电阻

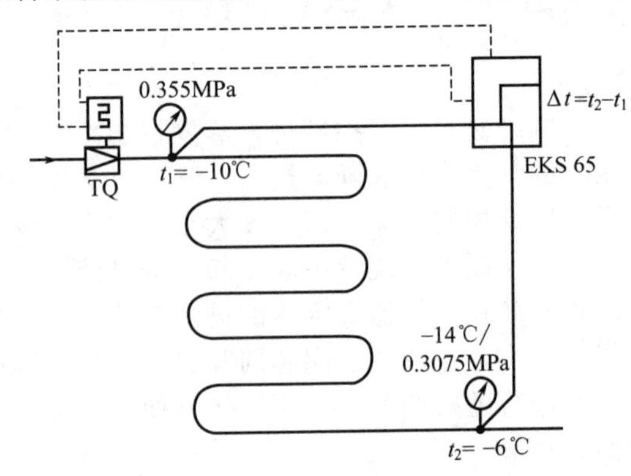

图 2-21　电子膨胀阀供液控制系统原理

TQ—带参考压力系统的电子膨胀阀；EKS 65—专用电子调节器或单板计算机；t_1、t_2—蒸发器进、出口温度

等）、电子控制器和电子膨胀阀组成。它们之间用导线连接输送电量信号，控制规律则由控制器设定。

目前国内外流行的电子膨胀阀型式较多，它的主要特点是驱动形式不同，有热动式、电动式和电磁式等几种。

四、蒸气压缩式制冷机工艺流程

图 2-22 为单级压缩活塞式制冷机系统流程图，图 2-23 为单级螺杆式制冷压缩机系统流程图。

压缩机排出的高温高压气体，先进入油分离器进行油气分离，然后气体进入立式冷凝器和冷却水进行换热，在冷凝器中冷凝的氨液进入贮氨器。

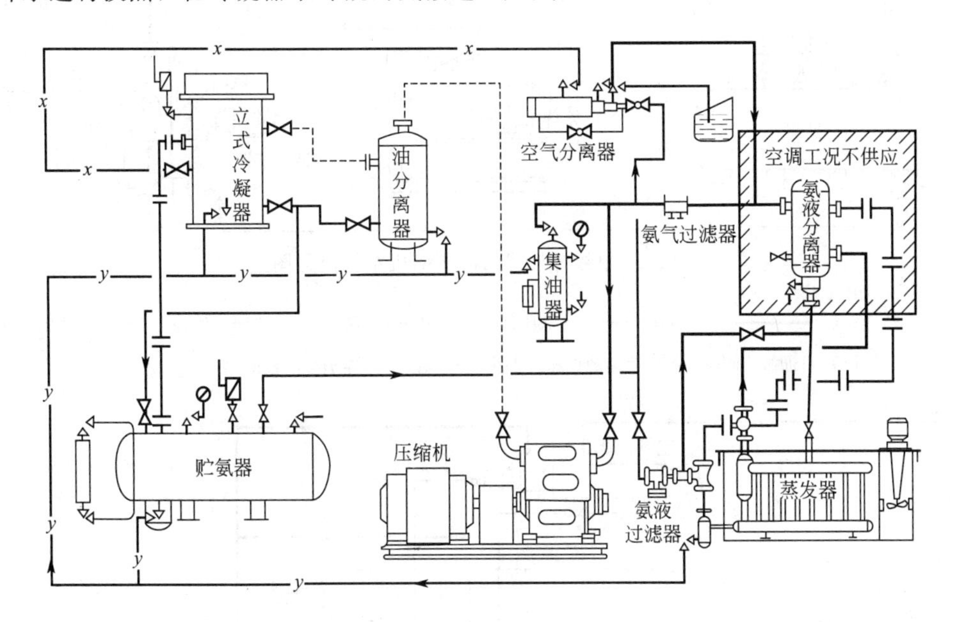

图 2-22　单级压缩活塞式制冷机系统流程图

----· 排气管；——— 吸气管；——— 液体管；—||— 平衡管；—y— 放油管；—x— 放空气管；
⋈ 直通截止阀；直角截止阀；安全阀；⊘ 压力表；⋈ 节流阀

氨液从贮液器中出来，经氨液过滤器、节流阀后进入蒸发器中蒸发，蒸发后的氨气进入氨液分离器进行气液分离，气体被压缩机吸入进行压缩。分离出来的氨液回流到蒸发器继续蒸发。

图 2-24 为双级压缩活塞式制冷机系统流程图。双级压缩制冷循环的特点是压缩过程分两个阶段进行，并在高压级和低压级之间设置了中间冷却器。在系统流程图中，该制冷循环采用了一级节流、中间完全冷却、节流前液体过冷的循环。

经压缩机高压级压缩后的制冷剂蒸气在冷凝器中冷凝，冷凝后的制冷剂液体分成两部分：一部分经中间冷却器前节流阀节流后进入中间冷却器，与压缩机低压级排出的气体混合，完全冷却成为中间压力下的饱和蒸气，与中间冷却器中产生的饱和蒸气混合后进入压缩机高压级；另一部分液体制冷剂在中间冷却器的盘管内冷却变成过冷液体，然后经蒸发器前节流阀节流后进入蒸发器，蒸发后的氨气进入氨液分离器进行气液分离，气体进入压缩机低压级。分离出来的氨液回流到蒸发器继续蒸发。

图 2-25 为双级离心式制冷压缩机系统流程图，液氨自液氨贮槽下部流出，经节流阀降低压力后进入膨胀器膨胀，闪蒸所产生的氨蒸气去压缩机第二段。膨胀器下部的液氨再经节

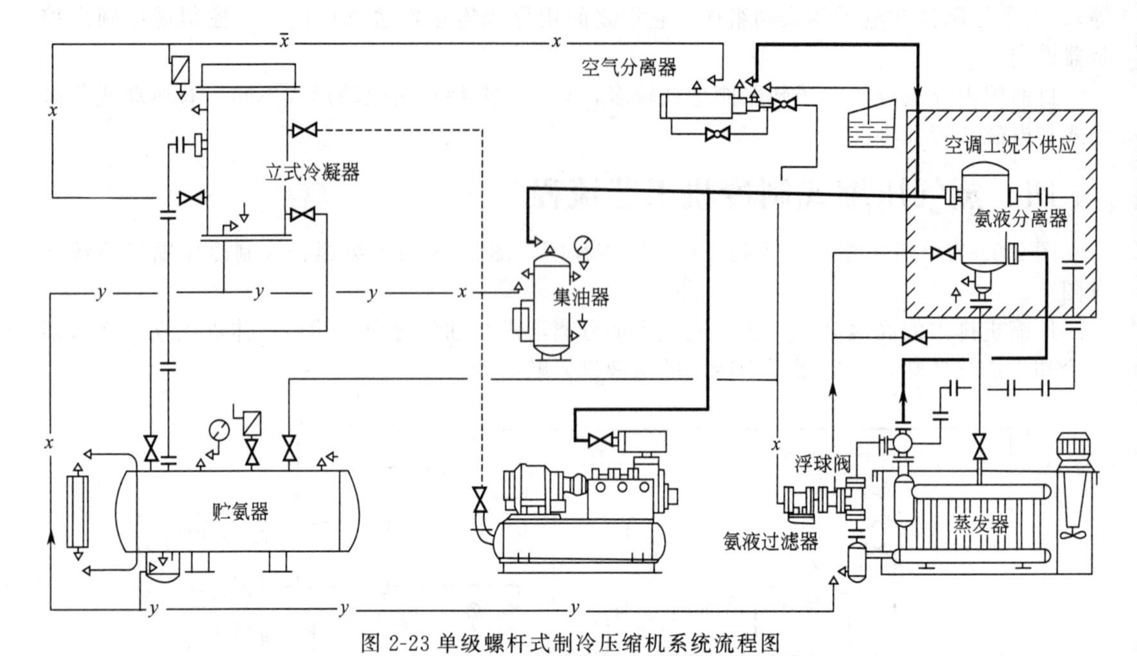

图 2-23 单级螺杆式制冷压缩机系统流程图

排气管；吸气管；液体管；平衡管；—y— 放油管；—x— 放空气管；

直通截止阀；直角截止阀；安全阀；压力表；节流阀

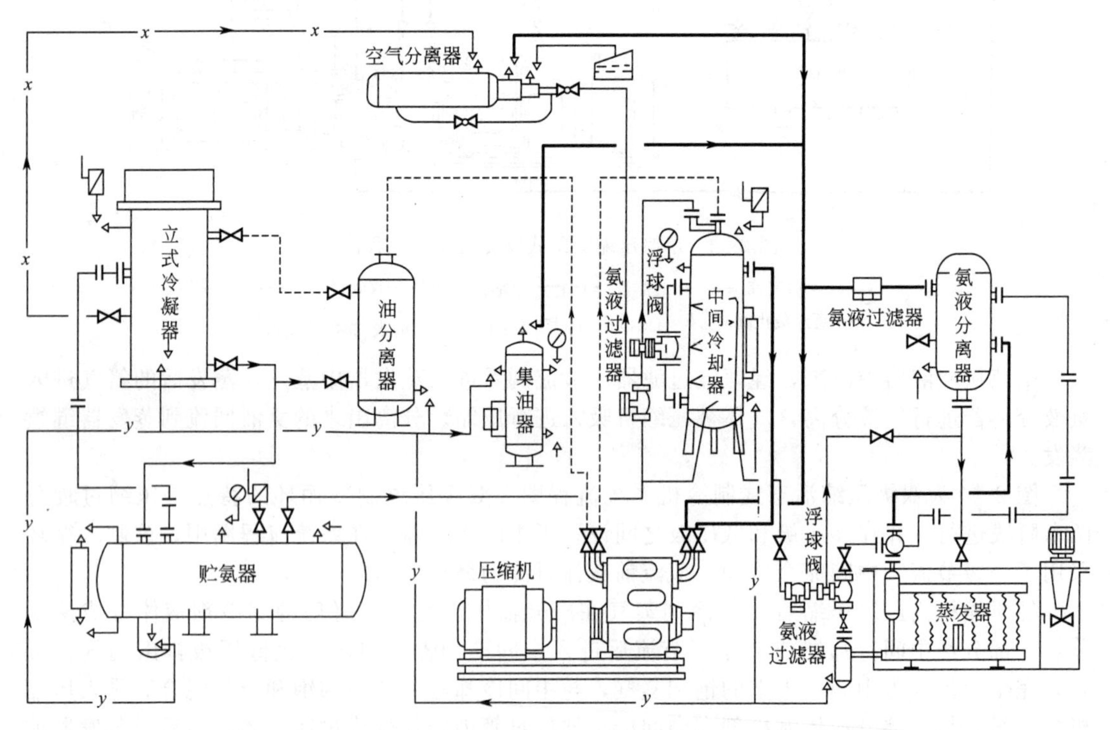

图 2-24 双级压缩活塞式制冷机系统流程图

排气管；吸气管；液体管；平衡管；—y— 放油管；—x— 放空气管；

直通截止阀；直角截止阀；安全阀；压力表；节流阀

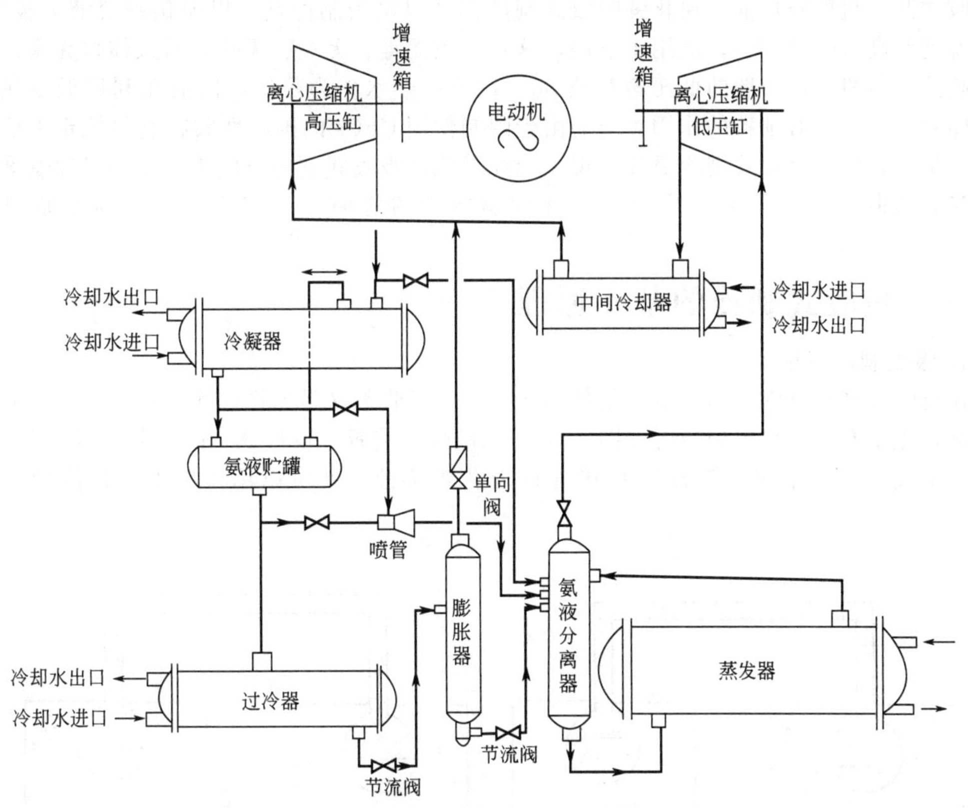

图 2-25　双级离心式制冷压缩机系统流程图

流阀节流后进入分离罐，上部的氨气进入压缩机第一段，下部的液氨用氨循环泵送出，在工艺冷冻用户的蒸发器中蒸发制冷。制冷后的氨气返流至分离罐中，经挡液网分离液滴后，从分离罐顶部流出被压缩机吸入，氨气经一段压缩后，因排气温度过高而引至中间冷却器用水冷却后，再和膨胀器顶部来的冷氨气混合再降温后进入二段压缩，排出的高温高压氨气进入冷凝器，用水冷却冷凝成液氨，流入液氨贮槽。

第三节　吸收式制冷循环

目前人工制冷所消耗的补偿能不外乎两种：一种是机械能；另一种是热能。前面介绍的压缩式制冷是以消耗机械能（电能）作为补偿，而吸收式制冷是以消耗热能作为补偿，因此，吸收式制冷机是一种以热能为主要动力的制冷机。它的工作原理早在 18 世纪 70 年代就已提出，直到 1859 年才试制成功第一台吸收式制冷机。

早期的吸收式制冷循环用氨水溶液作工质，其中氨为制冷剂，水为吸收剂，并使用水蒸气为热源。它是一种蒸发温度较低的吸收式制冷循环。当热源温度在 100～150℃范围内，冷却水温度为 10～30℃时，蒸发温度可达－30℃；两级氨水吸收式制冷循环则可获得更低的蒸发温度。但是氨有毒，对人体有危害，因而它的应用受到限制。同时，由于装置比较复杂，金属消耗量大，加热蒸汽的压力要求较高，冷却水消耗量大，热力系数较低等原因，使氨水吸收式制冷机的使用受到限制。

1945 年美国开利公司试制出第一台制冷量为 523kW 的单效溴化锂吸收式制冷机，开创了吸收式制冷机的新局面。溴化锂吸收式制冷循环以水为制冷剂，以溴化锂溶液为吸收剂，蒸发温度较高（0℃以上），适用于空调，这种工质无毒、无臭、无味，对人体也无害。溴化锂吸收式制冷机可用一般的低压蒸汽或60℃以上的热水作为热源，因而在利用低温热能及太阳能制冷方面具有独特的作用。当前由于限制使用CFCs的国际性蒙特利尔议定书已开始实施，世界各国对吸收式制冷更加重视，因此溴化锂吸收式制冷机的生产正在迅速发展。

吸收式制冷循环是由溶液的正循环和制冷剂的逆循环来实现的，其制冷原理叙述如下。

一、吸收式制冷的基本原理

1. 吸收制冷原理

在吸收式制冷机中，制冷效应是如何产生的？吸收剂又是怎样起作用的？为了说明这两个问题，先来看一个简单的装置。图2-26所示的这一装置，设有A、D两个容器，用管道C联接，组成一密闭系统。向容器D中充以溴化锂溶液，就可以用来制冷，具体操作过程如下。

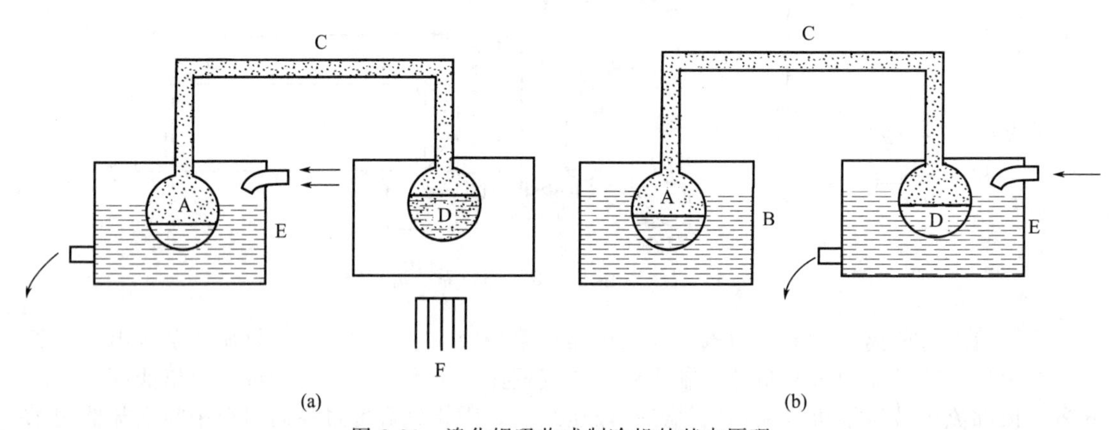

图2-26　溴化锂吸收式制冷机的基本原理

（1）把D［如图2-26(a)所示］放在加热源F上加热，同时把A放在水槽E中冷却，D内的溶液温度升高，其中的水分不断蒸发，蒸发出来的蒸汽经过管道C进入容器A内冷凝。于是D内的液面由于水分的失去而降低，而A中出现了凝结水的聚集，液面逐渐升高。当D中溴化锂溶液的浓度达到与A内的冷凝压力相对应的平衡浓度时，停止加热。

（2）把D移入E，把A移入水槽B中，如图2-26(b)所示。由于D被冷却，其中的溴化锂溶液吸收水蒸气的能力增强，于是D中的蒸汽被溴化锂溶液吸收，D及A中的压力降低，于是A中的水蒸发，产生制冷效应，把水槽B中水的热量带走，使水的温度降低。但当D中的溴化锂溶液达到与其浓度相对应的饱和温度时，蒸发制冷过程就停止了。如此反复进行上述操作，就把水槽B中的热量带走，达到制冷的目的。

由上述可知，为了实现吸收制冷，首先需要从溴化锂溶液中获取制冷剂，并将它冷凝成冷剂水，然后使其在低压下蒸发，用以产生制冷效应。所以吸收制冷必须包括发生（通过加热溶液获取制冷剂），冷凝（将发生出来的冷剂蒸汽冷凝成冷剂水），蒸发（在低压下蒸发吸热以实现制冷），吸收（吸收蒸发过程中产生的冷剂蒸汽）这样几个过程。这就是吸收制冷的基本工作过程。图2-26所示装置中，容器D是为了实现发生及吸收过程，可称之为发生-吸收器，容器A是为了实现冷凝和蒸发过程，可称为冷凝-蒸发器。其操作过程是交替进行的，所以不能连续地获得冷量。

2. 吸收式制冷循环的组成

为了能连续不断地获得冷量，吸收式制冷循环必须由以下一些设备，如发生器、吸收器、冷凝器、蒸发器及溶液泵、节流器等构成。它的工质通常是由吸收剂和制冷剂构成。如图 2-27 所示。

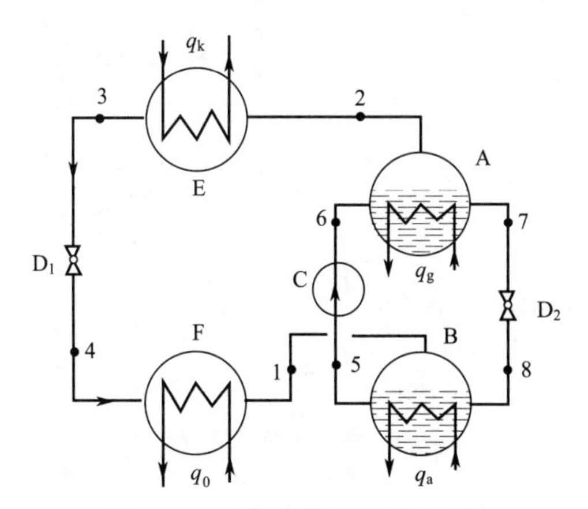

图 2-27　吸收式制冷循环原理图

A—发生器；B—吸收器；C—溶液泵；D—节流器；E—冷凝器；F—蒸发器

3. 吸收式制冷循环的工作过程

吸收式制冷循环的工作过程是：利用工作热源（如水蒸气、热水及燃气等）在发生器 A 中加热由溶液泵 C 从吸收器 B 输送来的具有一定浓度的溶液，并使溶液中的大部分低沸点制冷剂蒸发出来而输送到冷凝器 E 中被冷却介质冷凝成液体，再经制冷剂节流器 D_1，降压到蒸发压力，制冷剂经节流后进入蒸发器 F 中汽化吸收被冷却系统中的热量，成为蒸发压力下的低压制冷剂蒸气。在发生器 A 中经蒸发过程剩余的溶液（吸收剂以及少量未蒸发的制冷剂）经吸收剂节流器 D_2 降至蒸发压力进入吸收器 B 中与蒸发器 F 来的制冷剂低压蒸气相混，合并吸收制冷剂低压蒸气而恢复溶液原来的浓度。吸收过程往往是一个放热过程，故需在吸收器 B 中用冷却水来冷却混合溶液。在吸收器 B 中浓度恢复了的溶液再经溶液泵 C 升压后送入发生器中继续循环。

吸收式制冷循环也包括高压制冷剂蒸气的冷凝过程、制冷剂液体的节流过程及其在低压下的蒸发过程。这些过程同压缩式制冷循环是一样的。所不同的是后者依靠压缩机的做功使低压制冷剂蒸气复原为高压蒸气，而吸收式制冷机则是依靠发生器-吸收器组来完成。很显然，发生器-吸收器组起着压缩机的作用，故称为热化学压缩器。

4. 压缩式制冷机与吸收式制冷机原理的异同

蒸气吸收式制冷和蒸气压缩式制冷一样，都是利用液体在汽化时要吸收热量这一物理特性来实现制冷的，同时其蒸发温度的高低也是取决其对应的压力，压力越低其对应的蒸发温度也就越低。此外，它们之间存在着差别，这些差别主要反映在所采用的工质，制冷装置和工作原理上。图 2-28 和图 2-29 分别表示蒸气压缩式制冷机和蒸气吸收式制冷机的原理方框图。

对于压缩式制冷机，压缩机与拖动它的原动机就是能量的补偿部分。压缩式制冷机的工作过程是：气态制冷剂在压缩机中被压缩（能量补偿过程）后，进入冷凝器，将热量传递给周围环境介质，凝结为液体制冷剂，然后经节流阀进入蒸发器，吸热蒸发，产生制冷效果，又从液态变为气态。如此循环不已，从而达到连续制冷的目的。它的制冷工质一般是一种物质组成的制冷剂。

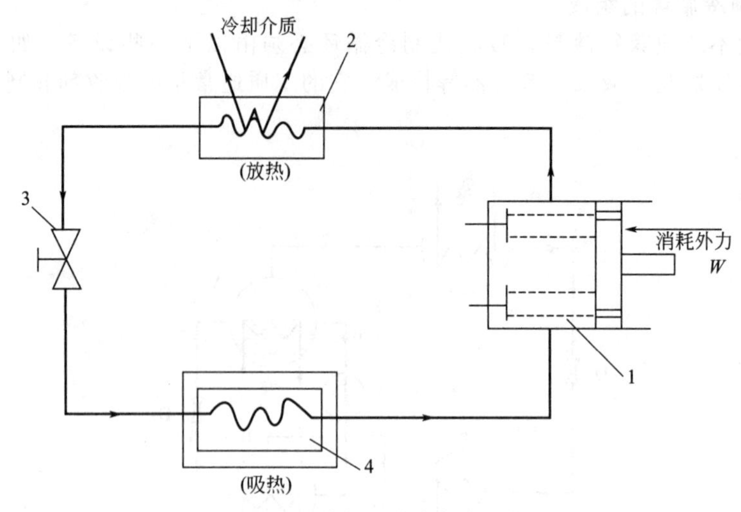

图 2-28　蒸气压缩式制冷系统

1—压缩机；2—冷凝器；3—膨胀阀；4—蒸发器

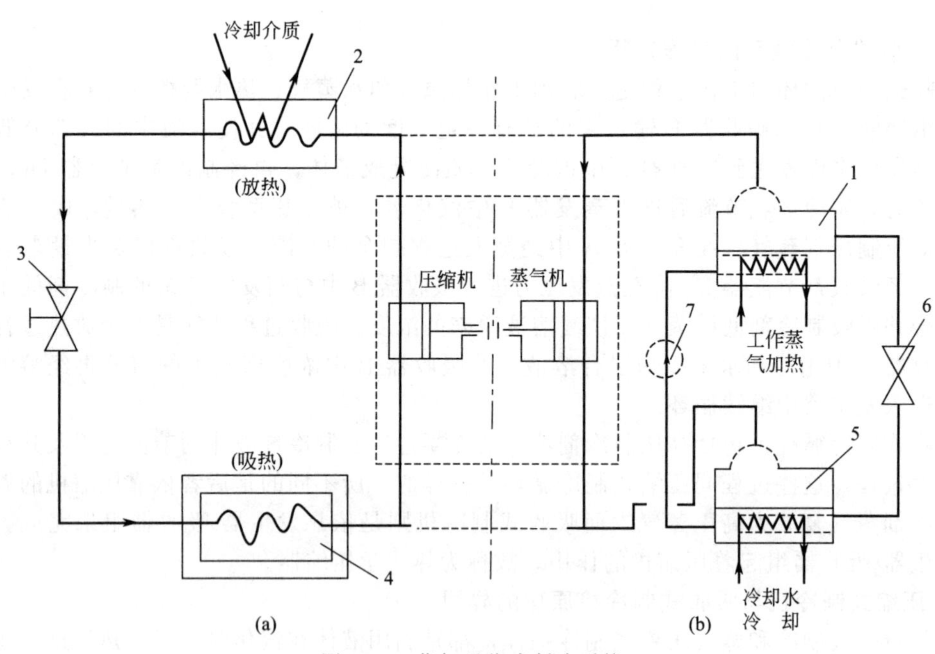

图 2-29　蒸气吸收式制冷系统

1—发生器；2—冷凝器；3—膨胀器；4—蒸发器；5—吸收器；6—节流器；7—溶液泵

在吸收式制冷机中，冷凝器、蒸发器、节流机构的功能与压缩式制冷机完全相同。只是能量补偿部分的设备与能源形式不同而已。吸收式制冷机的能量补偿部分的设备，包括发生器（能量输入并产生气态制冷剂）、吸收器（能量输出并吸收气态制冷剂）、溶液泵及溶液节流机构等。吸收式制冷机的工作过程是：溶液（工质）在发生器中被加热，分离出制冷剂蒸气，冷剂蒸气进入冷凝器中被冷凝成液态制冷剂，再经节流装置后进入蒸发器，吸热蒸发，进行制冷。蒸发过程中，液态制冷剂蒸发后形成的气态制冷剂，进入吸收器，被来自发生器的浓溶液吸收，得到稀溶液，然后将稀溶液再次送入发生器中如此循环。它的工质通常是由两种物质混合组成的工质对，但工质对中各组成物质的蒸发温度显著不同，其中低蒸发温度的组成成分为制冷剂，高蒸发温度的组成成分为吸收剂。

二、吸收式制冷机的工质

吸收式制冷机的工质除了制冷剂外，还需要有吸收剂，两者组成工质对。制冷剂用来制冷，吸收剂用来吸收产生制冷效果后形成的制冷剂蒸气，以完成制冷循环。吸收式制冷机的工质通常用二元溶液，由沸点不同的两种物质组成，以低沸点的物质作制冷剂，高沸点组分作吸收剂。

（一）对吸收式制冷循环工质的选择要求

1. 制冷剂的选择要求

吸收式制冷循环对制冷剂的要求，与蒸气压缩式制冷相同。应具有较大的单位容积制冷量，工作压力不应太高或太低、价廉、无毒、不爆炸和不腐蚀等性质。

2. 吸收剂的选择要求

（1）吸收剂应具有强烈的吸收制冷剂的能力。这种能力越强，在制冷机中所需要的吸收剂量越小，发生器工作热源的加热量、在吸收器中冷却介质带走的热量以及泵的消耗功率也随之减少。

（2）作为吸收剂和制冷剂的两种物质，它们的沸点希望相差越大越好。吸收剂的沸点越高，越难挥发，在发生器中蒸发出来的制冷剂纯度就越高。如果吸收剂不是一种难挥发的物质，则发生器中蒸发出来的将不全是制冷剂，这就必须通过精馏的方法将这部分吸收剂除去，否则将影响制冷效果。使用精馏方法将吸收剂与制冷剂分开，这不仅需要专用的精馏设备，而且由于精馏效率的存在而降低了制冷循环的工作效率。

（3）吸收剂也希望具有较大的热导率。较小的密度和黏度，而且应具有较小的比热容，以提高制冷循环的工作效率。

（4）在化学性质方面与制冷剂一样，要求无毒、不燃烧、不爆炸，对制冷机的金属材料无腐蚀和具有较好的化学稳定性。

（5）吸收式制冷循环工质对所组成的二元溶液，必须是非共沸溶液。因共沸溶液具有共同的沸点，故共沸溶液不能作为吸收式制冷循环的工质对。

（二）吸收式制冷循环工质

1. 溴化锂水溶液

用溴化锂水溶液作为吸收式制冷循环的工质是比较理想的，因为在常压下，水的沸点是100℃，而溴化锂的沸点为1265℃，两者相差甚大，因此，溶液沸腾时产生的蒸气几乎都是水的成分，很少带有溴化锂的成分，这样就无须进行精馏就可得到几乎纯制冷剂蒸汽。

水作为制冷剂，有许多优点：价格低廉、取之方便、汽化潜热大、无毒、无味、不燃烧、不爆炸等。缺点是常压下蒸发温度高，而当蒸发温度降低时，蒸发压力也很低，蒸汽的比容又很大。另外，水在0℃就会结冰，因此，用它作制冷剂所能达到的低温仅限于0℃以上。

供吸收式制冷机应用的溴化锂，应符合下列要求。

（1）性状　无色透明液体、无毒、有咸苦味，溅在皮肤上微痒。加入铬酸锂后溶液呈淡黄色。

（2）浓度　50%±1%。

（3）酸碱度　pH值为9.0～10.5。

(4) 杂质最高含量

① 氯化物（Cl^-）：0.5%。

② 硫酸盐（SO_4^{2-}）：0.05%。

③ 溴酸盐（BrO_3^-）：无反应。

④ 氨（NH_3）：0.001%。

⑤ 钡（Ba）：0.001%。

⑥ 钙（Ca）：0.005%。

⑦ 镁（Mg）：0.001%。

另外，溶液中不应含有二氧化碳（CO_2）、臭氧（O_3）等不凝性气体。

2. 氨-水溶液

氨极易溶解于水，在常温下，1体积的水可溶解约700倍体积的氨蒸气，因此，水很早就被人们利用作为吸收式制冷机的工质对。

氨溶解在水中大部分是呈氨分子状态存在的，只有少数氨分子与水结合而生成$NH_3 \cdot H_2O$，电离为NH_4^+与OH^-，因此，溶液呈弱碱性。在很多性质上氨水溶液仍然具有氨的性质，如氨水同样是无色的，带有特殊刺激性臭味。纯粹的氨水对钢无腐蚀作用，但能腐蚀锌、铜、青铜及其他铜的合金（高锡磷青铜除外）。温度过低时，氨水溶液将析出结晶，已经发现的有$NH_3 \cdot H_2O$，它的结晶温度为−79℃；另一种为$2NH_3 \cdot H_2O$，它的结晶温度为−78.8℃。这就限制了氨水溶液在吸收式制冷循环中所能达到的最低温度。

氨与水的沸点不如溴化锂与水沸点相差大，而它们仅相差133℃。因此水相对于氨也具有一定的挥发能力。当氨水溶液被加热沸腾时，氨蒸发出来的同时也有部分水被蒸发出来。所以在氨水吸收式制冷循环中需用精馏方法来提高进入冷凝器的氨蒸气浓度。

纯氨液在0℃时的密度为0.64kg/L，对氨水溶液而言，它的密度随温度和浓度的变化而变化。

第四节 其他制冷形式

一、蒸汽喷射式制冷

蒸汽喷射式制冷也是一种以热能为动力的制冷方式。蒸汽喷射式制冷利用制冷剂在低压下的相变汽化吸热来制取冷量。蒸汽喷射式制冷循环具有如下特点。

① 蒸汽喷射式制冷的设备结构简单，金属耗量少，造价低廉，运行可靠性高，使用寿命长，一般都不需备用设备。

② 制冷系统操作简便，维修量少。

③ 蒸汽喷射式制冷循环耗电量少，如果使用于有较多工业余气的场合，能节约能量。

④ 蒸汽喷射式制冷以水作为制冷剂，并且根据需要可使制冷剂、载冷剂合为一体，或者采用开式循环形式。由于水具有汽化潜热大，无毒等优越性，所以系统安全可靠。

⑤ 用水作为制冷剂制取低温时受到水的凝固点的限制。为了获得更低的蒸发温度，正在研究以用氨、氟里昂为制冷剂的蒸汽喷射式制冷机。另外将蒸汽喷射器与活塞式制冷压缩机、吸收式制冷机等串联，用以作为低压级，也能获得较低的蒸发温度。

⑥ 蒸汽喷射器的加工精度要求较高。

蒸汽喷射式制冷是以高压水蒸气为工作动力的循环。蒸汽喷射式制冷循环由正向循环和逆向循环共同组成，见图 2-30。

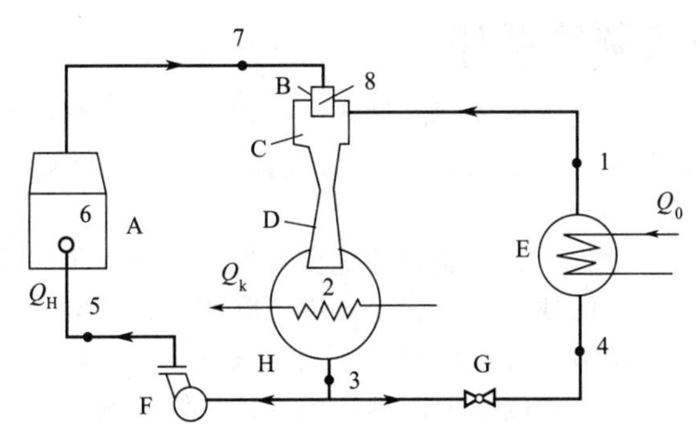

图 2-30 蒸汽喷射式制冷循环工作原理图

A—锅炉；B—喷嘴；C—混合室；D—扩压管；E—蒸发器；
F—凝水泵；G—节流器；H—冷凝器

正向循环（热动力循环）：锅炉、冷凝器、喷射器、凝水泵。

逆向循环（制冷循环）：喷射器、冷凝器、节流器、蒸发器。

正向循环和逆向循环通过喷射器、冷凝器互相联系。

蒸汽喷射式制冷循环基本组成和工作过程如下。

1. 主要热力设备

（1）锅炉　锅炉是蒸汽喷射式制冷循环的动力设备，在正向循环中锅炉消耗热能产生压力为 0.198～0.98MPa 的工作蒸汽，以保证完成循环。

（2）蒸汽喷射器　循环中的蒸汽喷射器分主喷射器和辅助喷射器。主蒸汽喷射器在循环中起到压缩机的作用，即压缩和输送制冷剂的作用（它将被引射的蒸汽由 p_0 压缩至 p_k 的过程是依靠气流速度与压力的相互转化来实现的）。辅助蒸汽喷射器、水喷射器则用以维持制冷装置内各设备真空度，保证制冷系统正常、高效工作。

由热力学分析可以知道，蒸汽在喷射器内的热力过程包括三个阶段：①工作蒸汽的绝热膨胀过程；②工作蒸汽与被引射蒸汽的混合过程；③混合蒸汽的压缩过程。

（3）冷凝器　在蒸汽喷射式制冷循环中有主冷凝器和辅助冷凝器。主冷凝器既作为动力循环中向正向循环的低温热源放热的设备，也作为制冷循环中向逆向循环的高温热源放热的设备。正向循环的低温热源和逆向循环的高温热源都是环境介质。所以主冷凝器的冷凝负荷和冷凝面积是正向、逆向循环的总冷凝负荷和总冷凝面积。蒸汽喷射式制冷循环的主冷凝器常采用混合式或蒸发式冷凝器。辅助冷凝器是设置在辅助喷射器后，冷凝由辅助喷射器引出的混合气体，分离不凝性气体和制冷剂水蒸气，以提高循环效率。

（4）凝结水泵　凝结水泵是在正向循环中，将凝结水输送回锅炉的设备。

（5）蒸发器与节流器　在制冷剂和载冷剂合为一体的蒸汽喷射式制冷循环中的蒸发器，一般不采用表面式换热器，而采用混合式热交换器，在混合式热交换器中蒸发器与节流器组成一体。

2. 工作过程

锅炉提供的高压水蒸气作工作蒸汽。工作蒸汽被输送至蒸汽喷射器（主喷射器），在喷嘴中绝热膨胀并迅速降压而获得很大的流速（1000m/s）；在蒸发器中由于制冷量而汽化的水蒸气被引入喷射器的混合室中，与绝热膨胀后的高速工作蒸汽混合，一同进入扩压管。混合蒸汽在扩压管中将速度能变为压力能而被升压至相应的冷凝压力，然后进入冷凝器向环境介质放出热量。由冷凝器引出的凝结水分为两路；一路经节流器节流降压至蒸发压力后在蒸发器中汽化吸热；另一路经凝水泵送入锅炉中继续加热循环。

二、空气压缩式制冷循环

空气压缩式制冷循环与蒸气压缩式制冷循环有相似之处。当制冷工质在整个压缩式制冷循环中仅以气体状态存在时，这种制冷循环称为气体压缩式制冷循环。以空气为制冷工质的，称为空气压缩式制冷循环。

蒸气压缩式制冷在浅冷过程中有其显著的优良特性，但蒸气压缩式制冷在应用于－60℃以下的制冷范围内也有其明显的缺点：①制冷效率下降明显；②空气易渗入系统，使制冷机性能下降；③制冷量随工况调节困难，维护、使用要求较高。所以在低于－60～80℃时使用蒸气压缩式制冷循环将受到一定程度上的限制，而气体压缩式制冷循环在某些程度上可以弥补这一缺陷。

实践证明，在较低的温度（例如－80℃以下）时空气制冷循环运行较为经济，制冷系数较高，并能克服蒸气制冷循环的缺点，所以目前空气压缩式制冷循环应用于提供低温气流、高温车间局部冷却及试验产品中发热部位的局部冷却等。

空气压缩式制冷循环是基于压缩空气的节流效应或绝热膨胀效应来制取冷量的，与蒸气压缩式制冷循环相比有如下特点。

① 在使用温度高于－80℃时，空气压缩式制冷循环的制冷系数小于蒸气压缩式制冷循环，且温度较高，差值越大。

② 在－80℃以下使用空气压缩式制冷循环，其制冷系数高于蒸气压缩式制冷循环，并且易于获得低温，降温性能可靠，设备、系统简单，所以空气制冷是获得－110～－80℃使用温度的一种很有前途的制冷手段。

③ 制冷工质无害、无污染并容易获得。

④ 空气压缩式制冷循环的使用系统较灵活，对不同的使用目的和要求适应性较强。

⑤ 利用普通低压空气压缩机，有利于综合利用和组成特殊容量的制冷机组。

⑥ 制冷量容易调节，维护操作简单。

⑦ 空气压缩式制冷循环所采用的空气需进行干燥和净化处理，工作时噪声较大。

1. 空气压缩式制冷循环基本组成

采用绝热膨胀制冷效应的空气压缩式制冷基本循环由四个基本热力学过程，即压缩、冷却放热、膨胀和吸热制冷过程组成，如图 2-31 所示。

2. 主要热力设备

（1）空气制冷压缩机　与蒸汽压缩制冷的压缩机相似，空气制冷压缩机是用来压缩和输送制冷空气的，使吸热器中产生的低压空气被压缩到所需要的压力，并迫使制冷空气在系统内循环流动。

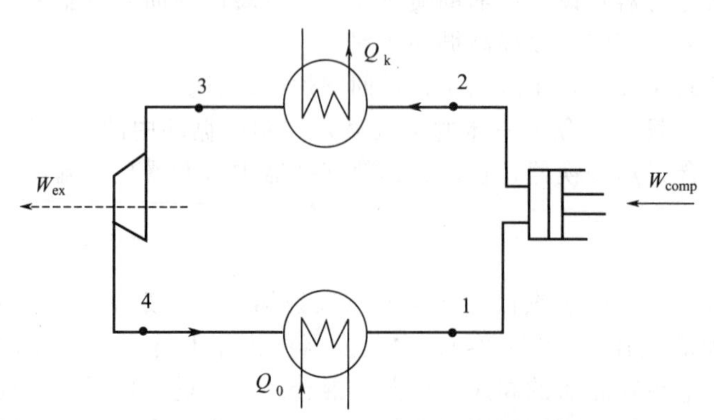

图 2-31　空气压缩式制冷循环原理图

（2）冷却器　冷却器是制冷系统中向高温热源放热的设备。但制冷剂在冷却器中不发生相变，只是被冷却介质冷却而放出冷却显热。

（3）膨胀机　膨胀机是用来使制冷系统中的空气由高压降低至低压，并产生所需的低温气流的设备，主要有节流器和膨胀机。在现代空气压缩制冷中，采用膨胀机来获得冷气流。制冷膨胀机有速度型和体积型两大类，例如涡轮冷却器、活塞式空气膨胀机等。

（4）吸热器　吸热器是系统中制冷剂从低温热源吸收热量的热交换器，在吸热过程中，制冷剂同样不发生相变。

在实际使用中，根据过程需要，也将膨胀后的冷空气直接送入被冷却系统吸热，吸热后的空气不再循环使用，而是排入大气，空气制冷压缩机则不断地从大气中吸入新鲜空气。这种循环称为开式循环系统。制冷原理同闭式相同。

此外，还有热电制冷，热电制冷（又名温差电制冷、半导体制冷或电子制冷）是以温差电现象为基础的制冷方法，它是利用塞贝克效应的逆反应——帕尔贴效应的原理达到制冷目的。

所谓塞贝克效应就是在两种不同金属组成的闭合线路中，如果保持两接触点的稳定不同，就会在两接触点间产生一个电势差——接触电动势，同时闭合线路中就有电流流过，称为温差电流。反之，在两种不同金属组成的闭合线路中，若通以直流电，就会使一个接点变冷，另一个接点变热，这种现象称为帕尔贴效应，也称温差电现象。

由于半导体材料内部结构的特点，决定了它产生的温差电现象比其他金属要显著得多，所以热电制冷都采用半导体材料，故也称半导体制冷。

第五节　化工生产供冷系统

一、蒸气压缩式间接供冷系统

1. 供冷工艺流程

化工厂冷冻站大部分采用氨、氟里昂制冷，盐水间接供冷系统。工艺流程如图 2-32、图 2-33 所示，由蒸气压缩制冷机组、盐水箱（或醇水溶液）、输送泵组成。

在图 2-32 中，使用蒸发盐水箱，蒸发器浸没在盐水箱中，制冷工质经压缩机、冷凝器、节流膨胀阀降低压力后，成为低温工质，进入蒸发器，工质蒸发为气态的同时使载冷剂（水或盐水）冷却，降温后的载冷剂由泵送至用冷设备。

在图 2-33 中，使用壳管式蒸发器，工质在蒸发器管内吸收管外载冷剂的热量蒸发为气

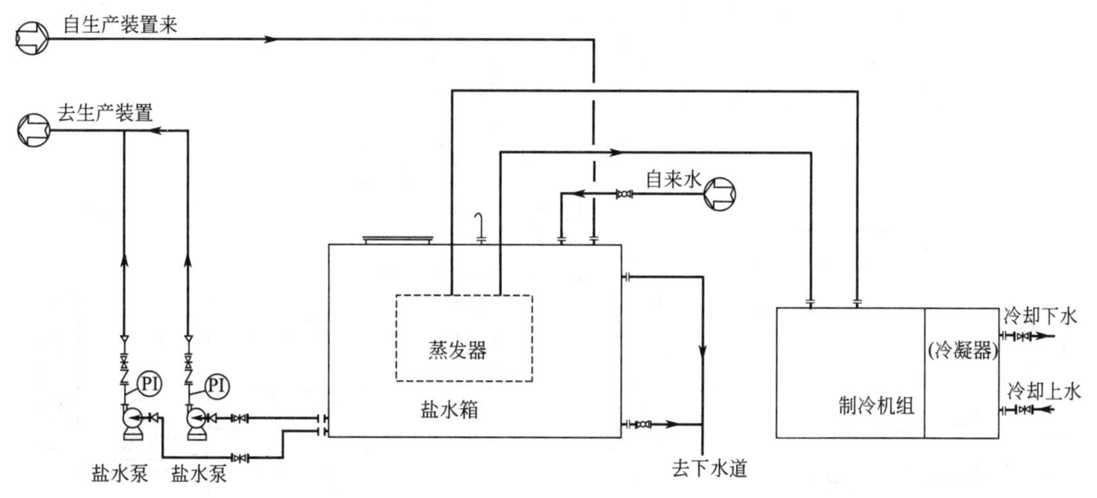

图 2-32　盐水间接供冷系统流程图（一）

态，被压缩机吸入压缩后进入冷凝器冷凝成液体。

盐水泵从盐水箱将盐水送入蒸发器，冷却后直接进入用冷设备进行换热，由用冷生产装置回来的盐水进入盐水箱。

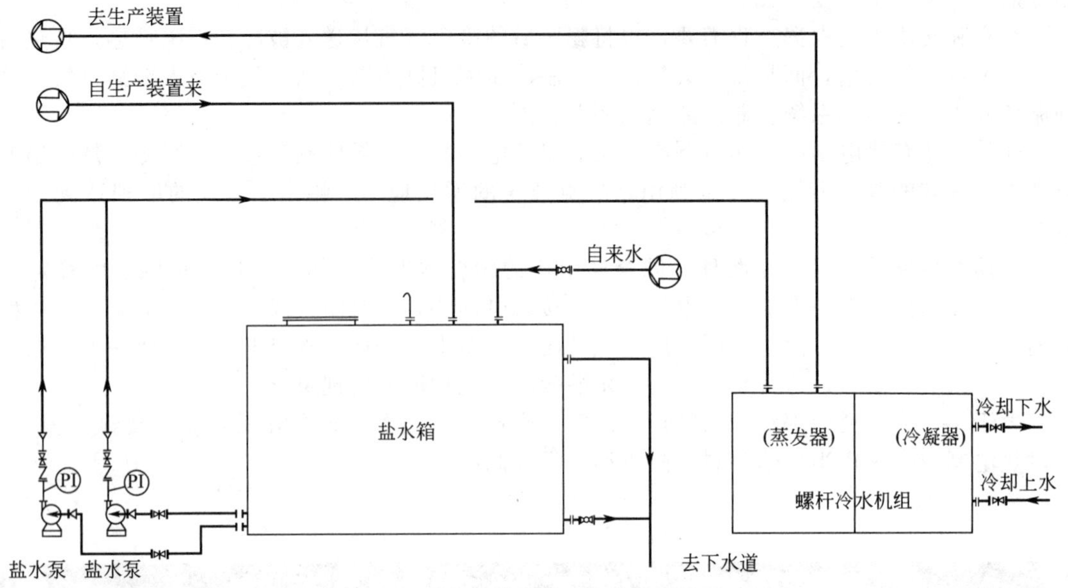

图 2-33　盐水间接供冷系统流程图（二）

2. 冰蓄冷技术

在大型的化工生产中，制冷消耗的电量在总耗电量中所占的比例是相当大的，并且这些企业大都有备用制冷设备。如果能利用这些备用设备实行冰蓄冷，那将会给企业带来巨大的经济效益，冰蓄冷技术就是在电价的谷段开启制冷设备制冰，在峰段让冰融化释放冷量，通过利用水的潜热实现冷量转移的一种蓄冷新技术。并且大大拓宽冰蓄冷技术的应用范围。

一家原料药生产企业，共有 4 个制冷站 50 多台制冷机，其中的某个制冷站有 11 台螺杆式制冷机组，向工艺车间供应－7℃盐水（氯化钙溶液），正常情况开 7 台，4 台作为备机。在实行冰蓄冷改造前，盐水管路的工艺如图 2-34 所示，由用冷车间回来的盐水经制冷机组冷却后进入盐水池，供给用冷车间的盐水温度为－7℃，回水温度为－4℃。

在改造后，利用 4 台备用制冷机参与蓄冷，工艺变为如图 2-35 所示流程。备用机组利用夜间谷电对蓄冷罐进行蓄冷，利用谷电，每年节省电费 52 万元左右。

改造后在各个运行状态下，各阀门的开关情况如表 2-5 所示。

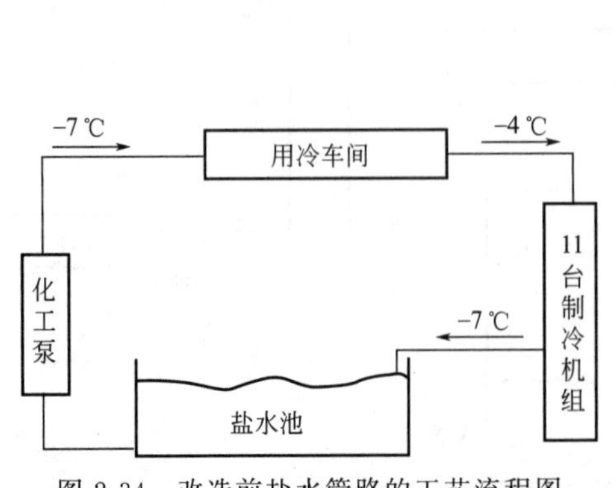

图 2-34　改造前盐水管路的工艺流程图

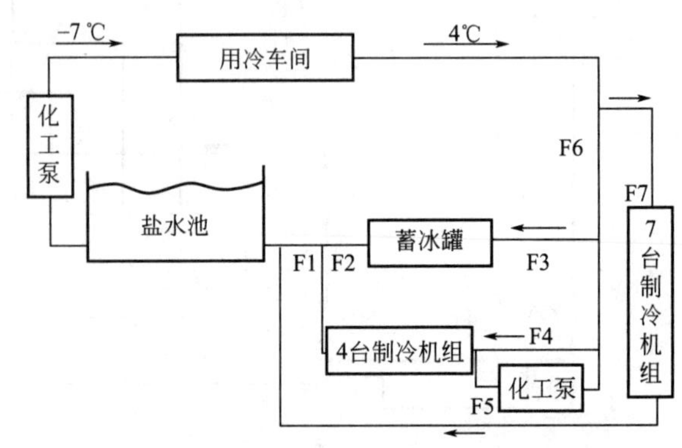

图 2-35　改造后盐水管路的工艺流程图

表 2-5 改造后在各个运行状态下，各阀门的开关情况

序号	系统运行状态	阀门(开)	阀门(关)
1	蓄冷阶段(蓄冷制冷机运行)	F2、F3、F5、F7	F1、F4、F6
2	释冷阶段(蓄冷制冷机不运行)	F1、F2、F3、F6、F7	F4、F5
3	蓄冷完毕还未释冷时,11 台制冷机参与运行	F1、F4、F6、F7	F2、F3、F5
4	释冷时 7 台制冷机不能满足需要,4 台也制冷	F1、F2、F3、F4、F6、F7	F5

二、深冷

石油裂解气的深冷分离需要把温度降到－100℃以下。为此，需向裂解气提供低于环境温度的冷剂。石油裂解气的分离具有温度级位多、要求供冷能力大、蒸发温度低的特点，采用大型离心压缩制冷系统。根据生产工艺的要求，设计成氨、乙烯、丙烯-乙烯复叠制冷系统。

深冷常用的制冷方法除用复叠冷冻循环制冷外，还有节流膨胀制冷。深冷系统利用载冷剂来直接冷却物料，工质既是制冷剂又是载冷剂，是直接供冷系统。

对乙烯装置而言，乙烯和丙烯为本装置产品，且乙烯和丙烯也具有良好的热力学特性，因而均选用乙烯和丙烯作为制冷剂。在装置开工初期尚无乙烯产品时，可用混合 C_2 馏分代替乙烯作为制冷剂，待生产出合格乙烯后再逐步置换为乙烯。表 2-6 为不同压力下某些组分的沸点。

表 2-6 不同压力下某些组分的沸点

压力/Pa 沸点/℃ 组分	1.103×10^5	10.13×10^5	15.19×10^5	20.26×10^5	25.23×10^5	30.39×10^5
H_2	－263	－244	－239	－238	－237	－235
CH_4	－162	－129	－114	－107	－101	－95
C_2H_4	－104	－55	－39	－29	－20	－13
C_2H_6	－86	－33	－18	－7	3	11
C_3H_6	－47.7	9	29	37	44	47

1. 乙烯制冷系统

乙烯制冷系统用于提供裂解气低温分离装置所需－120～－40℃各温度级的冷量。其主要冷量用户为裂解气在冷箱中的预冷以及脱甲烷塔塔顶冷凝。如对高压脱甲烷的顺序分离流程，乙烯制冷系统冷量的 30%～40%用于脱甲烷塔塔顶冷凝，其余 60%～70%用于裂解气脱甲烷塔进料的预冷。

乙烯制冷系统均采用复叠制冷循环，乙烯制冷剂用丙烯制冷系统提供－40℃温度级冷量进行冷凝。大多数乙烯制冷系统均采用三级节流的制冷循环，相应提供三个温度级的冷量。也有采用两级节流或四级节流的制冷循环，相应提供两个或四个温度级的冷量。采用三级节流制冷循环时通常提供－50℃、－70℃、－100℃左右三个温度级的冷量，其典型工艺流程如图 2-36 所示（Lummus 工艺流程）。

如图 2-36 所示，乙烯压缩机三段出口乙烯经水冷却器冷却至 38℃左右后，再经第一丙烯冷却器冷却至 24℃，经第二丙烯冷却器冷却至－9℃，经第三丙烯冷却器冷却至－15℃，再进入冷凝器由－40℃的丙烯冷剂使其在－35℃下冷凝。冷凝后的液态乙烯送入乙烯贮槽。

液态乙烯冷剂除送至乙烯精馏塔塔顶尾气冷凝器作为冷剂外，其余液体乙烯冷剂均减压至第一分离罐。第一分离罐中气态乙烯返回压缩机三段入口，罐中的液态乙烯则部分作为裂

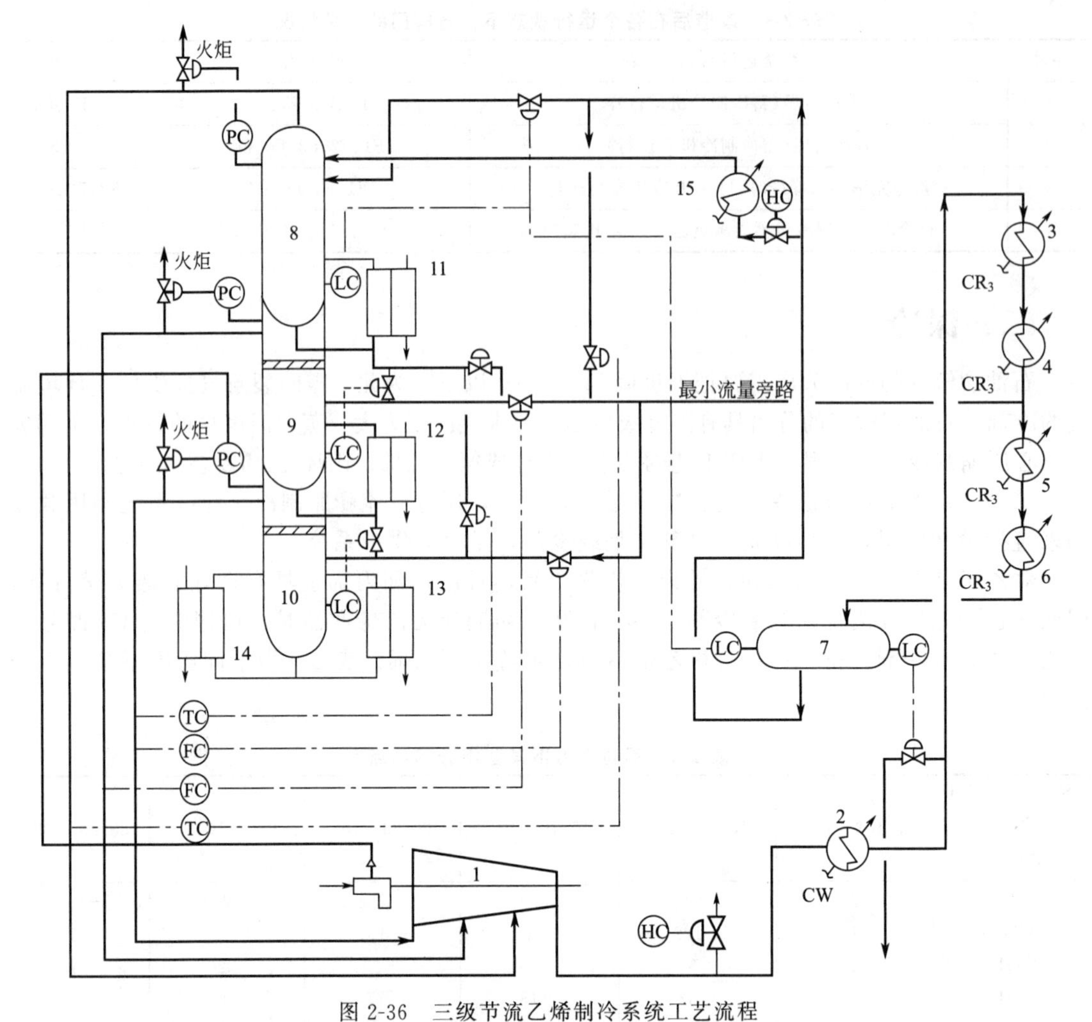

图 2-36　三级节流乙烯制冷系统工艺流程

1—乙烯压缩机；2—水冷却器；3，4，5—丙烯冷却器；6—冷凝器；7—乙烯贮罐；8—第一分离罐；9—第二分离罐；10—第三分离罐；11—裂解气冷却器；12—裂解气冷却器；13—脱甲烷塔顶冷凝器；14—裂解气冷却器；15—乙烯塔顶尾气冷凝器

解气预冷器 N01 的冷剂。其余液态乙烯由第一分离罐减压节流至第二分离罐。第二分离罐中的气态乙烯返回乙烯压缩机二段入口，罐中的液态乙烯部分作为裂解气预冷器 N02 的冷剂，其余部分液态乙烯减压节流至第三分离罐。第三分离罐中的气体返回乙烯压缩机一段入口，而液态乙烯则作为裂解气预冷器 N03 和脱甲烷塔塔顶冷凝器的冷剂。

为避免乙烯压缩机发生喘振，设有最小流量旁路管线，由第二丙烯冷却器出口将乙烯压缩机三段出口气体在流量控制下分别减压至各分离罐，以此保证各段入口流量不低于最小流量。同时，为保证压缩机出口温度在规定值之下，在气相返回的同时，尚需用液态乙烯的“冷喷”控制压缩机出口温度。

各公司采用的三级节流制冷系统大致相同。有时，尚可在乙烯冷凝器后设置乙烯冷剂过冷器，用低温工艺物料去过冷乙烯冷剂，以提高制冷循环的效率。此外，有的公司（如 Kellogg 公司）在设计最小流量旁路时，将返回的气态乙烯由分离罐底部注入分离罐，使返回的气态乙烯与分离罐中液态乙烯充分接触而换热。由此不再设置控制温度的“冷喷”措施，只需控制分离罐液面即可。

2. 复叠制冷

（1）复叠制冷原理　复叠式制冷机用于制取比两级压缩制冷机更低的温度。其循环是由两个（或数个）不同制冷剂工作的单级（也可以是多级）制冷系统组合而成。通常在高温系统里使用的是中温制冷剂，而在低温系统里使用的是低温制冷剂，因而它既能满足在较低蒸发温度下具有合适的蒸发压力，又能满足在环境温度下适中的冷凝压力。高温系统的蒸发器和低温系统的冷凝器合成一个设备，称为冷凝蒸发器。在冷凝蒸发器里，依靠高温系统制冷剂的蒸发，将低温系统的制冷剂冷凝成液体。

图 2-37 是由两个单级系统组成的复叠式制冷机流程图。高温系统由高温压缩机、冷凝器、节流阀和冷凝蒸发器组成。低温系统由低温压缩机、冷凝蒸发器、回热器、节流阀、蒸发器和膨胀容器组成。

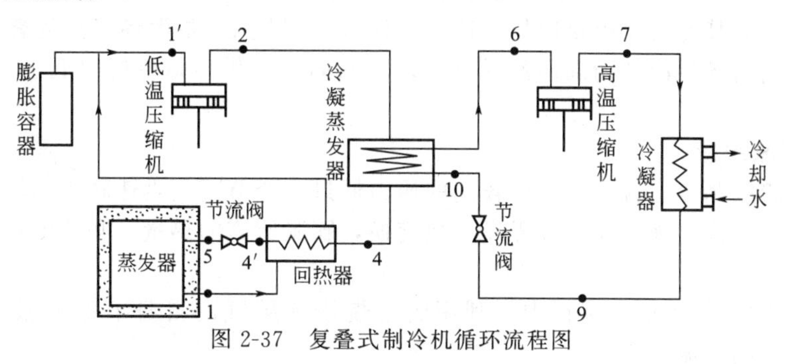

图 2-37　复叠式制冷机循环流程图

复叠式制冷机的低温系统中设有膨胀容器，通常连接在吸气管路上。工作时和停机时都与低温制冷剂的低压系统接通。膨胀容器是一个具有规定容积的承压容器，其允许承受的最高压力应与停机时系统内的最高压力相同。复叠式制冷系统在停机时，由于内部温度升高到环境温度，低温制冷剂液体蒸发，大部分低温制冷剂进入膨胀容器，使低温系统的压力不致过度升高。

（2）乙烯-丙烯复叠制冷　乙烯生产中用乙烯、丙烯分别作为低温制冷剂和高温制冷剂的复叠制冷方式获取低温。用丙烯作制冷剂构成的冷冻循环制冷过程，把丙烯压缩到 1.864MPa 的条件下，丙烯的冷凝点为 45℃，很容易用冷水冷却使之液化，但是在维持压力不低于常压的条件下，其蒸发温度受丙烯沸点的限制，只能达到－45℃左右的低温条件，即在正压操作下，用丙烯作制冷剂，不能获得－100℃的低温条件。

用乙烯作制冷剂构成冷冻循环制冷中，维持压力不低于常压的条件下，其蒸发温度可降到－103℃左右，即乙烯作制冷剂可以获得－100℃的低温条件，但是乙烯的临界温度为 9.9℃，临界压力为 5.15MPa，在此温度之上，不论压力多大，也不能使其液化，即乙烯冷凝温度必须低于其临界温度 9.9℃，所以不能用普通冷却水使之液化。为此，乙烯冷冻循环制冷中的冷凝器需要使用制冷剂冷却。工业生产中常采用丙烯作制冷剂来冷却乙烯，这样丙烯的冷冻循环和乙烯冷冻循环制冷组合在一起，构成乙烯-丙烯复叠制冷。如图 2-38 所示。

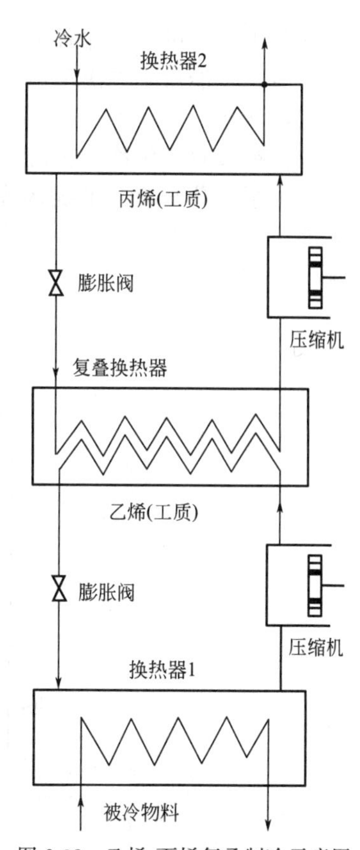

图 2-38　乙烯-丙烯复叠制冷示意图

在乙烯-丙烯复叠制冷循环中，冷水在换热器 2 中向丙烯供冷，带走丙烯冷凝时放出的热量，丙烯被冷凝为液体，然后，经节流膨胀降温，在复叠换热器中汽化，此时向乙烯气供冷，带走乙烯冷凝时放出的热量，乙烯气变为液态乙烯，液态乙烯经膨胀阀降压到换热器 1 中汽化，向被冷物料供冷，可使被冷物料冷却到－100℃左右。复叠换热器既是丙烯的蒸发器（向乙烯供冷），又是乙烯的冷凝器（向丙烯供热）。当然，在复叠换热器中一定要有温差存在，即丙烯的蒸发温度一定要比乙烯的冷凝温度低，才能组成复叠制冷循环。

用乙烯作制冷剂在正压下操作，不能获得－103℃以下的制冷温度。生产中需要－103℃以下的低温时，可采用沸点更低的制冷剂，如甲烷在常压下沸点是－161.5℃，因而可制取－160℃温度级的冷量。但是由于甲烷的临界温度是－82.5℃，若要构成冷冻循环制冷，需用乙烯作制冷剂为其冷凝器提供冷量，这样就构成了甲烷-乙烯-丙烯三元复叠制冷。在这个系统中，冷水向丙烯供冷，丙烯向乙烯供冷，乙烯向甲烷供冷，甲烷向低于－100℃冷量用户供冷。

3. 节流膨胀制冷

所谓节流膨胀制冷，就是气体由较高的压力通过一个节流阀迅速膨胀到较低的压力，由于过程进行得非常快，来不及与外界发生热交换，膨胀所需的热量，必须由自身供给，从而引起温度降低。

工业生产中脱甲烷分离流程中，利用脱甲烷塔顶尾气的自身节流膨胀可降温到获得－160～－130℃的低温。

三、吸收式冷冻工艺流程

在化工企业里，往往有余热资源，如蒸汽、热水、地下高温卤水等，如果采用溴化锂吸收式制冷，均能得到二次利用。在 0℃以上用冷时可以考虑，这虽然可能会使投资增加，但有利于经济运行。

溴化锂吸收式供冷工艺流程如图 2-39 所示，主要包括制冷机、加热器等冷热源设备以及冷媒水泵和分水箱。系统构成机房设备构成中央空调系统的心脏，为系统提供冷源或热源，并保证系统的正常运行。外管网主要担负为用户输送冷水、热水及回水任务，是系统构成循环的重要组成部分。

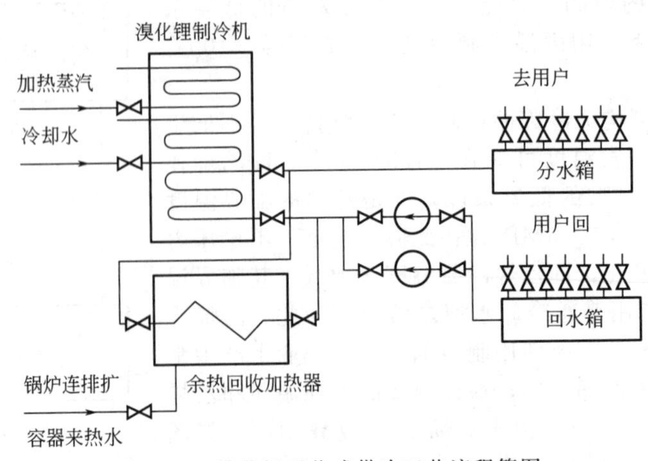

图 2-39　溴化锂吸收式供冷工艺流程简图

四、供冷管道

1. 常用管材

制冷管道应选用与制冷剂、润滑油不起腐蚀和其他危害作用的管材。制冷系统使用的管材一般为无缝钢管和铜管。氨制冷系统一律采用无缝钢管，不能用铜管和镀锌管；氟里昂系统中可采用紫铜管或无缝钢管，紫铜管的特点是质软，易弯曲加工，耐腐蚀，但强度稍弱。紫铜管质量标准应符合 GB 1527—2017 的有关规定；用于制冷工程中的中、低压管道系统的无缝钢管的材质为 10Mn 钢、20Mn 钢和 16Mn 钢等，其质量标准应符合 GB/T 8163—2018 的有关规定。

供冷管道采用无缝钢管，其质量标准也应符合 GB/T 8163—2018 的有关规定。

2. 管路的连接方法

制冷系统管路采用紫铜管，其连接方式一般采用螺纹连接，在紫铜管管口加工成喇叭口形，然后将螺母和接头旋紧，在喇叭口和接头锥面上形成一定的比压力，而起到密封作用。

制冷系统管路采用无缝钢管，其连接方式一般采用焊接，与设备、阀门的连接采用法兰连接，制冷系统压力管道采用镇静碳素钢制成的凹凸面平焊法兰，当工作温度在－40～－20℃时，法兰材料应采用 16Mn 钢。

供冷管路采用无缝钢管，其连接方式一般采用法兰连接以及焊接。

3. 管路的布置

制冷管道将制冷压缩机、冷凝器、节流阀和蒸发器等设备连接形成封闭的系统，制冷剂在系统内不断循环实现制冷的目的。制冷管道布置是否合理，将直接影响制冷系统的正常运行。

蒸气压缩式制冷系统，其管路有排气管、输液管、吸气管之分，对这三种管道的连接要求，有它们的共同点又有它们的各自特点。

（1）三种制冷管道的总体布置原则

① 接管内壁应清洁，不能有氧化皮、铁锈、油污等杂物。

② 管路尺寸应按设计要求选用，不能随意改变，以保证其必要的耐压强度和减小管道的流动阻力。特别是氟里昂系统的供液管，不能任意缩小，过小时会使阻力增加，易造成在膨胀阀前产生闪发气体。

③ 尽量缩短管路的长度，尽可能减少不必要的弯头。这样，既可减少流动阻力，又可省料省工。

④ 防止沉积润滑油在管道系统中，防止液态制冷剂进入压缩机。

⑤ 管路布置应美观合理。

三种制冷管道的布置具体要求（以氟里昂系统为例）如下。

（2）排气管的连接

① 制冷系统排气管的水平段应有不小于 1/100 的坡度向冷凝器，防止停机后管内润滑油进入压缩机顶部而产生液击。

② 排气管的上升立管应装在油分离器之后，保证低负荷下不能带走的油或停机后冷凝成的制冷剂液体不进入压缩机的顶部。

③ 制冷系统的直立排气管如管长超过 2.5～3m，为防止管内壁沉淀的润滑油进入制冷压缩机顶部，应使排气管上形成如图 2-40(c)所示的集油弯。集油弯在停车时存留液体制冷剂和润滑油的混合液体。如直立管较长，除在靠近制冷压缩机处设一个集油弯外，每隔 8m 再设一个集油弯，以保证存留混合液体的容量。

设有油分离器的排气管，可不设集油弯，系统停车后排气立管的润滑油可流入油分离器中，而不会产生倒灌入制冷压缩机的现象。单机排气管排列方式如图 2-40 所示。

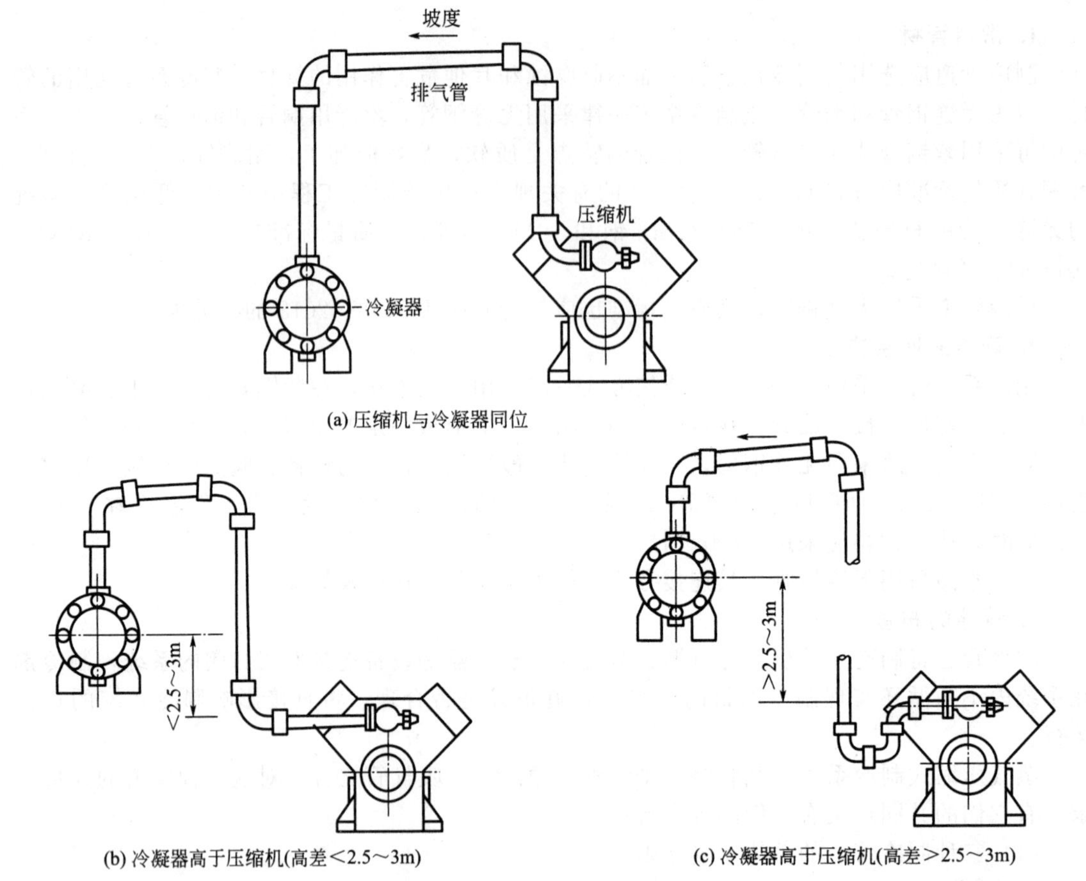

图 2-40　单机排气管排列方式

（3）输液管的连接

① 冷凝器至贮液器的液体是靠液体重力流入的，为了防止冷凝器排出液体时出现高液位的现象，冷凝器底部与贮液器顶部的垂直距离应保证不小于 0.5m，管路连接时应保持一定的坡度。冷凝器和贮液器顶部之间装设压力平衡管，如图 2-41(a)所示。

② 卧式冷凝器至贮液器的液体管道内流速不应超过 0.5m/s，水平段的坡度为 1/50，坡向贮液器。冷凝器至贮液器之间的阀门，应装在冷凝器下部出口处以下不少于 200mm 的部位。连接方式如图 2-41(b)所示。

③ 贮液器或冷凝器至蒸发器的液体管路上，一般装有干燥过滤器、电磁阀等附件，管

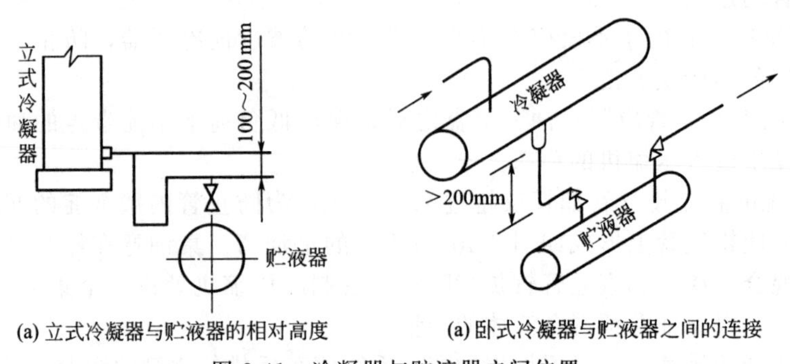

图 2-41　冷凝器与贮液器之间位置

路流动阻力较大，会引起制冷剂液体在管路内的闪发气体，造成膨胀阀的供液量不足，使制冷量下降。因此，输液管流速一般控制在0.5m/s左右，阻力控制在0.02MPa以内，同时还采用使液体过冷的方法来保证不产生闪发气体。氨系统一般情况下对供液影响不大，故一般不采用过冷方式。

④ 节流阀至蒸发器之间的接管，应尽可能短，并有良好的绝热包扎，以减少冷量损失。

输液管和蒸发器的几种连接方式如图2-42所示。

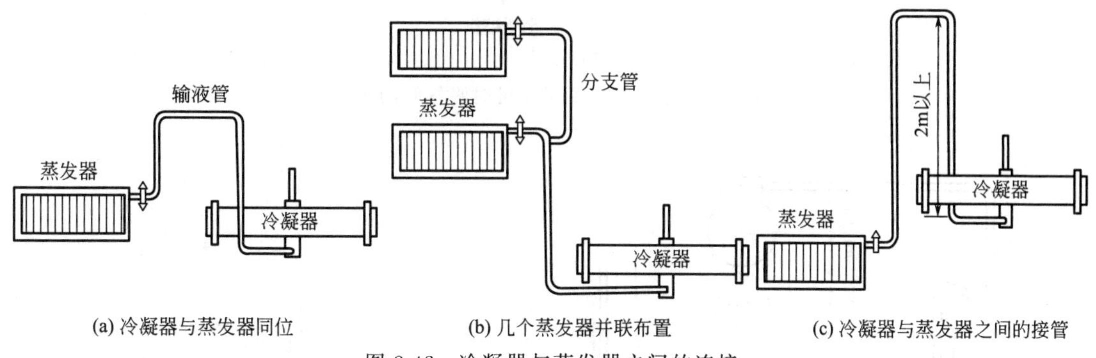

图2-42 冷凝器与蒸发器之间的连接

（4）吸气管道的连接

① 吸气管路的布置要有利于防止压缩机产生液击事故，对氟里昂系统应保证润滑油和制冷剂一起回到压缩机。蒸发器和压缩机同高度时吸气管的布置如图2-43所示，吸气管之前应设U形管，防止大量的氟里昂和润滑油冲入压缩机，且可防止安放膨胀阀温包处积液而影响感温包的灵敏度。而氨系统中的氨与润滑油不相溶解，故不存在回油问题，为了防止氨液进入压缩机而产生液击，一般水平回气管应以1/100～3/100的坡度坡向低压循环桶。

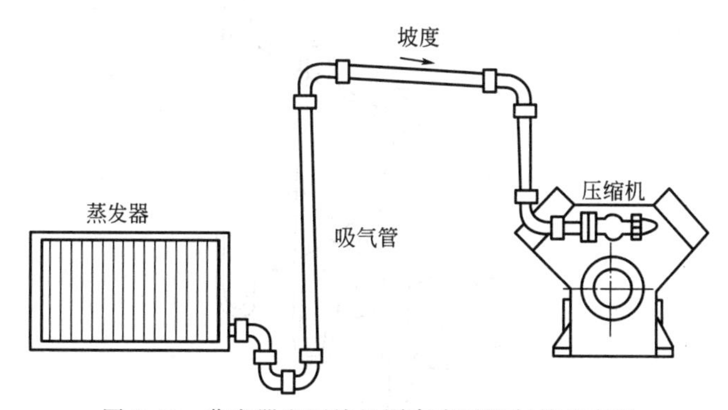

图2-43 蒸发器和压缩机同高度时吸气管的布置

② 蒸发器布置在压缩机上时，应在蒸发器上设置U形管，以防开机时液体进入压缩机而产生液击。蒸发器高于压缩机时吸气管的布置如图2-44所示。

③ 当蒸发器布置在压缩机的下面时，为了改善回油，应每隔10m左右设置一个集油弯，如图2-45所示。但压缩机吸入口处不能设集油弯，以防启动时润滑油冲缸。

④ 对串联的蒸发盘管，最后一排应是上进下出，前面几排为下进上出。对多台蒸发器并联时，为了使蒸发器工作不相互影响，应采用如图2-46所示的连接方式。

⑤ 制冷系统中未设过冷器和过热器时，压缩机吸气管与蒸发器的供液管应尽量紧贴在一起安装，这样可使用供液过冷和吸气过热，以提高制冷效果。

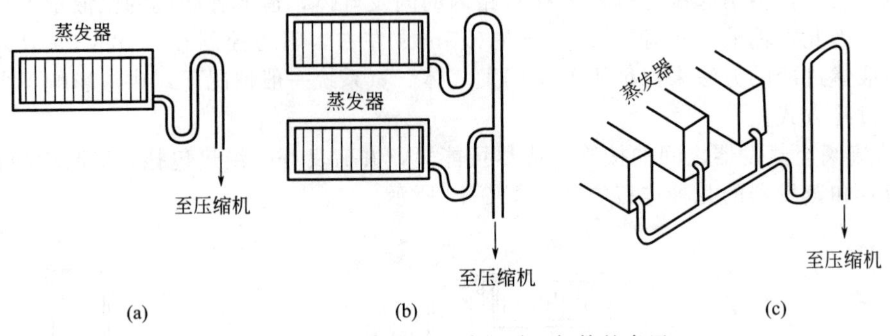

图 2-44　蒸发器高于压缩机时吸气管的布置

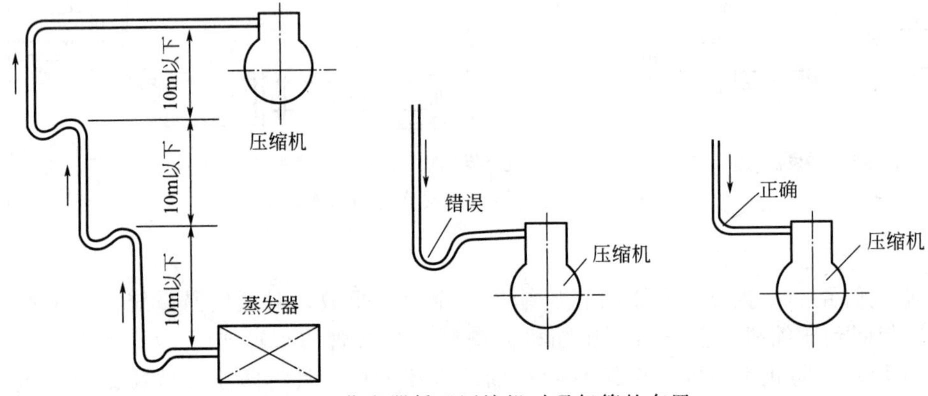

图 2-45　蒸发器低于压缩机时吸气管的布置

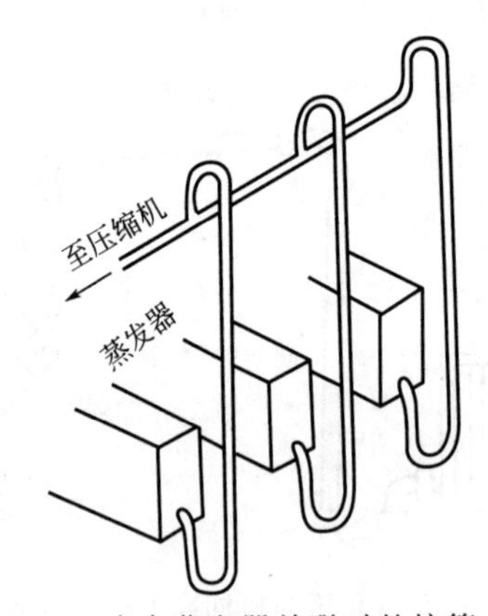

图 2-46　多台蒸发器并联时的接管方式

4. 供冷管道保冷

为减少周围环境中的热量传入低温设备和管道内部，防止低温设备和管道外壁表面凝露，在其外表面采取的包覆措施叫保冷。

（1）保冷的基本原则

① 减少冷量损失，防止表面凝露。

② 常温以下的设备和管道，为减少冷量损失或控制冷损量的保冷，应在减少（控制）冷量损失的同时并确保保冷结构外表面温度高于环境的露点温度，防止凝露结冰破坏保冷结构。

③ 0℃以上，常温以下的设备和管道，为防止外表面凝露的保冷，仅需确保保冷结构外表面温度高于环境的露点温度。

④ 应保冷的设备和管道及组成件：

需减少冷介质在生产或输送过程中的温升或汽化（包括突然减压而汽化产生结冰）；

需减少冷介质在生产或输送过程中的冷量损失或规定允许冷量损失；

需防止在环境温度下，设备或管道外表面凝露。

（2）保冷层材料的选择

通常将保温和保冷统称为隔热。保冷材料与保温材料基本相同，但也有它的要求：由于保冷材料用于常温以下的保冷或0℃以上常温以下的防结露，它的热流方向与保温的热流方向相反。保冷层外侧蒸气压大于内侧蒸气压，蒸气易于渗入保冷层，致使保冷层内产生凝结水或结冰。因此，保冷材料应为闭孔型材料，其主要性能应符合国家标准，如表2-7所示。

表2-7 保冷材料主要性能

项目	材料	
	泡沫塑料	泡沫玻璃
热导率/[W/(m·K)]	≤0.042	≤0.064
密度/(kg/m³)	≤60	≤180
含水率/%	1	1
吸水率/%	0.3	0.3
抗压强度/MPa	0.15	0.3
氧指数	≥30	

对于憎水性材料，例如憎水性微孔硅酸钙不能用于保冷。因为憎水性材料或制品在200℃以下可防止水由外部侵入，但不能阻止蒸气的渗透，故不能用于保冷和防结露。

（3）防潮层材料的选择

保冷结构的防潮层材料应具有下列性能：

① 抗蒸气渗透性能、防潮防水性能，吸水率不得大于1%；

② 化学性能稳定，使用时不挥发出有害气体，挥发物不得大于30%，对保冷材料和外护层材料不产生腐蚀或溶解作用；

③ 密封性能好，20℃粘接强度不应小于0.15MPa，有一定的耐温性，软化温度不低于65℃，夏季不软化、不起泡、不流淌，有一定的抗冻性，冬季不脆化、不开裂、不脱落；

④ 阻燃，离开火源后在1～2s内自熄或氧指数不小于30。

（4）外护层材料

外护层是隔热结构最外面的一层保护层。它必须起到保护隔热层或防潮层的作用，以阻挡环境和外力对隔热结构的影响，延长隔热结构的寿命，并使隔热结构外形整齐美观。外层材料应具有下列的性能：

① 防水、防湿、抗大气腐蚀和光照老化；

② 强度较高，在温度变化及振动情况下不开裂，使用寿命长；

③ 化学稳定性能好，不燃烧（A级）或符合B_1级要求；

④ 施工容易，外表整齐美观。

符合上述的性能要求和使用寿命与材料价格的综合经济比较，以选用铝合金板和镀锌或不镀锌薄钢板为合适。根据经验，以软质或半硬质材料做隔热层的，宜选用0.5mm镀锌或不镀锌薄钢板；以硬质材料为隔热层的宜选用0.5～0.8mm铝或铝合金板。

可拆卸结构宜选用0.5～0.6mm镀锌薄钢板或0.6～0.8mm铝合金薄板；设备与平壁

宜选用0.5～0.7mm镀锌薄钢板或0.8～1.0mm铝合金板。

在火灾危险性不属于甲、乙、丙类生产的装置或设施以及不划分火灾危险和爆炸危险区域的非燃烧性介质的公用工程管道的隔热，可使用阻燃型铝箔玻璃钢板或其他符合要求的新型材料。

五、化工冷冻经济运行

(1) 化工装置热负荷主要有两种过程产生：一是物理变化过程，如各种物料的液化、贮存；二是化学变化过程，如各种化学反应。对于物理变化过程中产生的热负荷，其热负荷的大小一般容易确定，而且热负荷比较稳定。对于化学变化过程中产生的热负荷，由于各种反应的放热量、生产周期、生产批量、反应设备等众多复杂因素，其热负荷的大小很不容易确定，而且一般情况下不均匀。

(2) 用冷温度等级。用冷温度等级是冷冻站能否经济运行的首要因素。许多化工企业往往认为：反应温度拉不下来，要使用更低的盐水温度。例如，亚磷酸三甲酯的生产，其反应过程的温度要求控制在50℃以内，在这种情况下，如果有足够的换热面积的话，使用循环冷却水作为冷源即能满足其需要。但目前国内大多数亚磷酸三甲酯生产装置均使用－15℃盐水或－28～－22℃低温盐水作冷源，这显然是不经济的。若换热面积不够，整套装置也很难正常运行。

同时，用冷温度等级还与化工生产的反应速率和产品收率有关系。在确保一定的反应速率的情况下，化工反应往往只在某个较小温度范围内其收率是最高的，如果为了节省制冷装置的能耗而使用较高的用冷温度等级，就整套装置而言也未必经济。

(3) 用冷的连续性。如果化工生产本身是连续性的话，其用冷有连续性用冷与间歇性用冷之分。对于连续性用冷，其配套的制冷装置设计与运行管理都要经济、方便得多。而对于间歇性用冷，应从化工、制冷两方面来考虑，使用冷尽量处于一种连续性状态。如化工生产，可以考虑错开不同反应釜的反应时间，以保证一种热负荷的动态平衡。

(4) 化工厂余热资源、富裕冷源的利用。在化工企业里，往往有余热资源，如蒸汽、热水、地下高温卤水等，如果采用溴化锂吸收式制冷，均能得到二次利用。在0℃以上用冷时可以考虑，这虽然可能会使投资增加，但有利于经济运行。

(5) 制冷机的台数与容量。一般情况下，配备的制冷机台数应尽量少，以简化系统和便于操作。但在化工厂里，化工装置的热负荷和产品生产密切相关，可缩性很大。因此单机制冷量不宜太大，而应考虑通过调节开机台数来保证供冷，从而避免电机功率的浪费。

习题与思考题

2-1　什么叫载冷剂？对它有什么要求？

2-2　盐水作为载冷剂有什么特点？

2-3　氨和氟里昂制冷剂的特点各是什么？

2-4　溴化锂吸收式制冷机有什么特点？适用于哪些场合？

2-5　选择制冷机应考虑哪些问题？

2-6　什么是理论循环？

2-7　什么是实际循环？它有哪些方面的能量损失？

2-8　简述单级蒸气压缩式制冷机的组成和工作过程。

2-9　简述冷凝器、蒸发器的作用。

2-10　蒸发器的构造和结构特点有哪些？

2-11　节流装置的作用是什么？常用的节流机构有哪些类型？

2-12　简述吸收式制冷工作原理。

2-13　吸收式制冷的特点是什么？适用于哪些场合？应用的前景如何？

2-14　什么叫工质对？对组成工质对物质的不同要求是什么？列举两个常用工质对。

2-15　吸收式制冷机中哪些设备代替了制冷压缩机的工作？它们各有什么作用？

2-16　简述溴化锂的性质。

2-17　简述蒸汽喷射制冷原理。

2-18　蒸汽喷射制冷有哪些特点？适用于何种场合？

2-19　在蒸汽喷射制冷机中有哪几种工质，常用的是什么？

2-20　简述空气膨胀制冷的工作原理。

2-21　空气膨胀制冷有哪些特点？适用于何种场合？

2-22　简述单级活塞式制冷压缩机制冷系统流程。

2-23　简述双级活塞式制冷压缩机制冷系统流程。

2-24　简述四级节流丙烯制冷系统流程。

2-25　简述三级节流乙烯制冷系统流程。

2-26　制冷管道常用什么管材？

2-27　制冷管道的连接方法有哪些？

2-28　制冷管道布置原则是什么？

2-29　保冷层材料选择要求有哪些？

第三章 供热

学习目标

知识目标

了解常见热媒的种类及使用范围；了解蒸汽定压发生过程及工程特性；掌握蒸汽管路构成及补偿、保温的方法；掌握导热油种类及温度范围；了解熔盐种类及温度范围；了解其他传热方式及种类。

能力目标

能够根据具体工艺选择合适的加热体系；熟悉蒸汽加热系统在化工生产中的具体应用；能够根据蒸汽加热系统构成进行系统操作；能够根据导热油加热系统构成进行系统操作；能够进行熔盐加热系统的运行操作。

素质目标

积累学生热量传递及加热系统构成的工程素养；锻炼学生根据具体工艺灵活选用加热系统的能力；增加供热工程经验，强化工程意识。培养学生理论联系实际的思维方式，培养学生追求知识、独立思考、勇于创新的科学态度；培养学生敬业爱岗、勤学肯干的职业操守及严格遵守操作规程的职业素质，培养学生团结协作、积极进取的团队合作精神，培养学生安全生产、环保节能的职业意识。

主要符号意义说明

英文字母

W——水蒸气消耗量，kg；

Q——热负荷，kJ；

$Q_热$——水蒸气放出的热量，kJ。

希腊字母

$\gamma_热$——饱和水蒸气汽化潜热，kJ/kg。

化工生产过程中，为了满足工艺需求，需要将热源的热能直接或间接地传递到被加热介质，从而达到工艺所需温度；生产过程中热能的合理利用以及废热的回收等都涉及传热的问题。物料被冷却或加热时，通常需要用某种流体取走或供给热量，其中起冷却作用的载热体称为冷却剂或冷却介质（第一章供水及第二章供冷）；起加热作用的载热体称为加热介质或热媒。

对一定的传热过程，物料的初始与终了温度常由工艺条件所决定，因此需要取出或提供的热量是一定的。热量的多少、传热速率的快慢决定了传热过程的操作费用。但是，单位热量的操作费用因载热体而异。例如当加热时，温度要求越高，费用越高。因此为了提高传热过程的经济性，必须选择适当温位的载热体。

工业上常用的加热介质有热水、饱和蒸汽、矿物油、导热油、熔盐及烟道气等，它们适用的温度范围见表3-1。

表3-1　常用加热介质及其适用温度范围

加热介质	热水	饱和蒸汽	矿物油	导热油	熔盐($KNO_3$53%、$NaNO_2$40%、$NaNO_3$7%)	烟道气
适用温度/℃	40～100	100～180	180～250	255～380	142～530	500～1000

工程中最终选择何种加热介质取决于技术、可行性和经济因素等，每个用户选择因素会有所不同。常见的三种加热介质的选择比较见表3-2，系统若所需的加热温度超过500℃时，通常采用电加热、烟道气，温度再高，可以采用热辐射。

表3-2　不同加热介质与蒸汽的比较

饱和水蒸气	热水	导热油
热容量高，潜热值近似2100kJ/kg	热容量中等，比热容4.19kJ/(kg·℃)	热容量低，比热容1.69～2.93kJ/(kg·℃)
便宜，需要水处理费用	便宜，偶尔水处理	贵
传热系数高	传热系数中等	传热系数相对较低
高温，需要高压	高温，需要高压	高温常压
不需要循环泵，管道小	需要循环泵，管道大	需要循环泵，管道更大
控制方便	控制复杂	控制复杂
温度降低容易，通过减压阀实现	温度降低比较困难	温度降低困难
需要蒸汽疏水阀	不需要疏水阀	不需要疏水阀
冷凝水处理	无冷凝水处理	无冷凝水处理
有闪蒸蒸汽	无闪蒸蒸汽	无闪蒸蒸汽
管道布置要求合理	高流动性流体，通常焊接或法兰连接	很高流动性流体，通常焊接或法兰连接
无火灾风险	无火灾风险	有火灾风险
系统非常灵活	系统不够灵活	系统不灵活

载热体的选用原则如下。

（1）载热体应能满足所要求达到的温度。

（2）载热体的温度调节应方便。

（3）载热体的比热容或潜热应较大。

（4）载热体应具有化学稳定性，使用过程中不会分解或变质。

（5）为了操作安全起见，载热体应无毒或毒性较小，不易燃、易爆，对设备腐蚀性小。

（6）价格低廉，来源广泛。

此外，对于换热过程中有相变的载热体或专用载热体，则还有比容、黏度、热导率等物性参数的要求。

第一节　水蒸气

由于水蒸气容易获得，热力参数适宜、不污染环境，在食品、纺织、化工、医药、电力、供热等工业广泛使用，在热电厂中水蒸气作为工质完成能量的转换，在其他工业主要作为热源使用。

一、水蒸气在化工生产中的应用

化工企业水蒸气的用途有两种：一是作为加热介质；二是作为动力。如大型合成氨厂，蒸汽既是参与化学反应的工艺介质，又可以作为驱动汽轮机（蒸汽透平）做功的能源，热力系统是整个合成氨装置极其重要的组成部分，既参与化工合成环节，又参与动力供给，两者结合成一个有机的整体。因此，这种蒸汽系统与化工工艺系统完全是相互依赖、相互制约、相辅相成的。

1. 化工企业水蒸气来源

化工生产中水蒸气的主要来源有企业锅炉产生的蒸汽、废热锅炉（余热锅炉）回收生产中富余热能（如化学反应热、燃烧尾气生产的热等）产生的蒸汽、闪蒸扩容器产生的蒸汽、工业园区水蒸气管网提供外来蒸汽（由热电厂供应）。

化工生产如果有条件回收富余的高、中温位余热，生产中、高压蒸汽，通常用来驱动汽轮机（蒸汽透平）后，低压蒸汽再作为其他生产装置的热源。高温位余热（指载热介质温度在500℃以上）可用作产生高压蒸汽；中温位余热（指载热介质温度在250～500℃）可用作产生中压蒸汽。

2. 水蒸气用作热源

在水蒸气加热系统中，产生和输送蒸汽的唯一目的是为相应的工艺点提供热量。作为加热介质的水蒸气一般在180℃以下比较合适，化工生产中一般利用水蒸气冷凝放出的潜热。在水蒸气冷凝加热过程中，加热介质为饱和水蒸气，饱和水蒸气与低于其温度的冷壁接触时，将凝结为液体，释放出汽化潜热。在饱和水蒸气凝结为液体的过程中，气液两相共存，对于纯物质蒸汽的冷凝，系统只有一个自由度。因此，恒压下只能有一个气相温度，即在冷凝给热时气相不存在温度梯度。因此知道了需要输入的热量和蒸汽的压力，则可以确定所需的水蒸气量，从而可以计算蒸汽的管道口径和各种附件的口径如控制阀、疏水阀等，以达到最佳的效果。

（1）确定水蒸气耗量　蒸汽耗量取决于使用的蒸汽压力。正确估计蒸汽耗量的方法有两种。

一种是直接计算，对于已有的加热装置，可以进行直接计量。

根据生产要求算出冷介质需要的热量，再考虑传热的热损耗，算出水蒸气需要给出的热量，由公式(3-1) 可以计算水蒸气的耗量 W。

$$W=\frac{Q_{热}}{\gamma_{热}} \tag{3-1}$$

式中 W——水蒸气消耗量，kg；

$Q_{热}$——水蒸气放出的热量，kJ；

$\gamma_{热}$——饱和水蒸气汽化潜热，kJ/kg。

热负荷的计算，根据体系是否有相变等状况，选用潜热法、显热法或焓变法进行热负荷计算，具体参见传热技术教材。

虽然传热的计算不是非常精确（同时可能有很多未知的变量），但可以使用从相类似应用得出的经验数据。使用这种方法得到的数据对大多数应用来说精度已经足够。

【例 3-1】 在一套管换热器内用 0.16MPa 的饱和蒸汽加热空气，空气流量为 420kg/h，进、出口温度分别为 30℃和 80℃。空气走管程，蒸汽走壳程。加热过程热损失为热负荷的 10%。试求：水蒸气的消耗量。

解：

空气的进出口平均温度为 $t_{均}=(30+80)/2=55$℃

查得 55℃下空气的比热容 $c_{冷}=1.005$kJ/(kg·K)

空气的吸热量 $Q_{冷}=W_{冷}c_{冷}(t_2-t_1)=(420/3600)\times1.005\times(80-30)=5.86$kJ/s

热损失 $Q_{损}=10\%Q_{冷}=10\%\times5.86=0.586$kJ/s

水蒸气放出的热量 $Q_{热}=Q_{冷}+Q_{损}=6.446$kJ/s

查得 $p=0.16$MPa 的饱和蒸汽的汽化潜热 $\gamma_{热}=2460.1$kJ/kg

所以，$W=\frac{Q_{热}}{\gamma_{热}}=\frac{6.446}{2460.1}\times3600=9.44$kg/h

也可以使用流量测试设备直接测量进行计算，如图 3-1 所示，这种计算方法对于现有的设备可以得到足够精确的数据。但对于尚处于设计阶段或没投入使用的设备来说，这种方法意义不大。

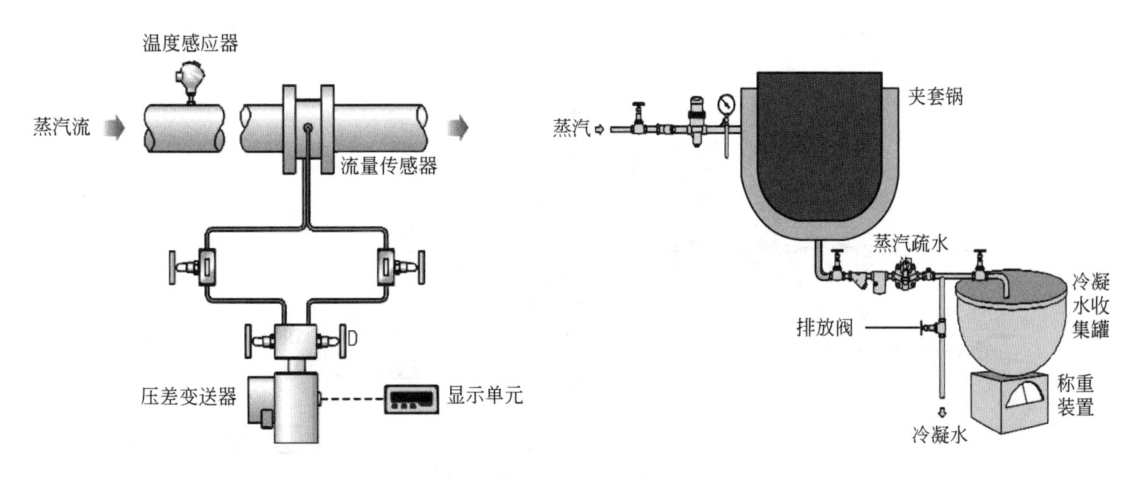

图 3-1　典型蒸汽流量计安装

图 3-2　测量蒸汽耗量的设备

另一种方法是直接测量蒸汽的耗量，即测量某一段时间内收集的冷凝水量。如果二次蒸汽的损失（没有考虑）很小，这种方法可提供比理论计算更精确的结果。图 3-2 是对一个夹套进行测试，在本例中使用一个空容器和台秤。这种方法容易操作，也能得到精确的测量结果。

所需的蒸汽量还可以通过额定热功率进行估计，化工厂被加热设备一般标有额定热功率，通常标志在化工厂各个设备的铭牌上，这些额定值通常是以 kW 表示的热量输出，有些制造设备上标有热量输出的信息。额定热功率总是涉及在特定的蒸汽压力下将一定质量的水或者其他流体加热提高一定的温度。这些公布的数据考虑了换热器表面结垢因素的影响，具有良好的可信度。

蒸汽加热可以分为没用流动的应用和流动型应用两类。在没有流动的应用中，被加热流体在一定的容器内单批加热，容器内的蒸汽盘管或环绕容器的蒸汽夹套构成加热面，这种典型的应用实例如图 3-3 所示的单效真空蒸发流程；另外一种是流动型应用，典型的应用如管壳式换热器，如图 3-4 所示（也称为非储存式换热器），主要用来为加热系统或工业制程提供热量或热水。对于流动型应用，从系统向环境的热量损失通常要远远小于非流动型换热设备，可以忽略不计；但如果热损失很大，当计算换热表面时应该考虑平均热损失。

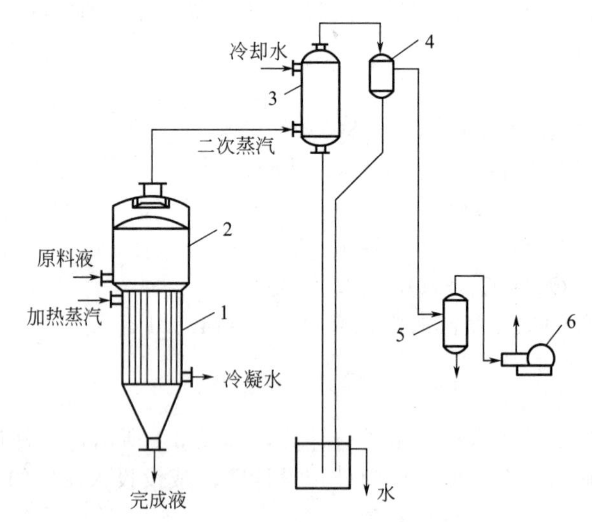

图 3-3　单效真空蒸发流程（没有流动的应用）

1—加热室；2—蒸发室；3—混合冷凝塔；4—分离器；5—缓冲罐；6—真空泵

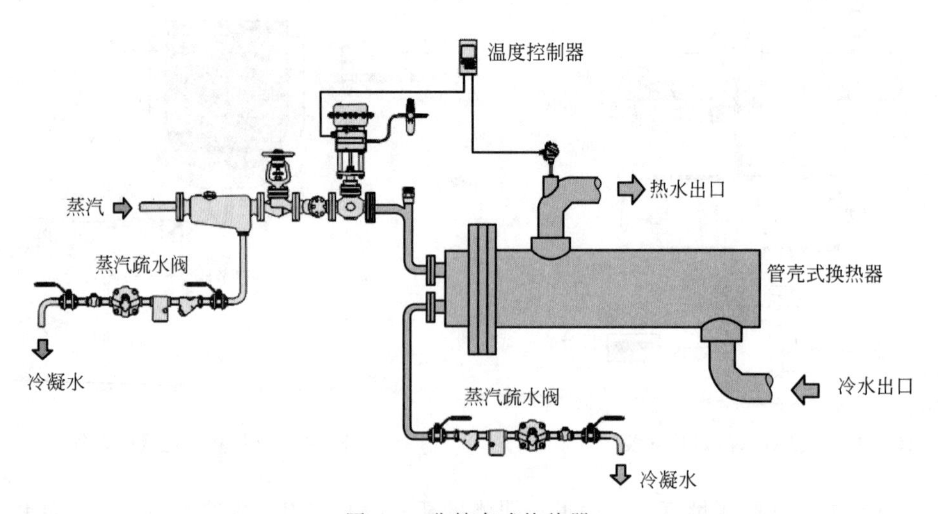

图 3-4　非储存式换热器

（2）蒸汽传热影响因素　工业上水蒸气作为加热介质的原因有两个：一是饱和蒸汽有恒

定的温度；二是它有较大的给热系数。在已知传热过程中，温差是由热阻造成的。气相主体不存在温差，意味着气相内不存在任何热阻。这是因为蒸汽在壁面冷凝的同时，气相主体中的蒸汽必流向壁面以填补空位。而这种流动所需的压降极小，可以忽略不计。

在冷凝给热过程中，蒸汽凝结而产生的冷凝液形成液膜将壁面覆盖。因此，蒸汽的冷凝只能在冷凝液表面上发生，冷凝时放出的潜热必须通过这层液膜才能传给冷壁。可见，冷凝给热过程的热阻几乎全部集中于冷凝液膜内。这是蒸汽冷凝给热过程的一个主要特点。

如果加热介质是过热蒸汽，而且冷壁温度高于相应的饱和温度，则壁面上不会发生冷凝现象，蒸汽和壁面之间所进行的只是一般的对流给热。此时，热阻将集中于壁面附近的层流内层中。因蒸汽的热导率比冷凝液的给热系数小得多，故蒸汽冷凝给热系数远大于过热蒸汽的对流给热系数。总的来说，蒸汽传热效果与热阻、总的传热系数、膜状凝结、滴状凝结等因素有关。

① 传热的热阻　在传热过程中金属墙不是唯一的热阻。在蒸汽侧可能有一层空气膜、冷凝水膜和污垢层。在产品侧，可能有粘在换热面上的产品层或污垢层以及迟滞不流动的产品层。对产品进行搅动可能消除迟滞层的影响，经常清洗产品侧可以减少污垢层。虽然经常清洗蒸汽侧表面可以减少污垢层厚度而提高传热率，但并非总是可能的。重视锅炉的正确使用，同时将蒸汽中携带杂质的水分去除，可以大大降低污垢层的影响。图 3-5 为热量传递示意图。

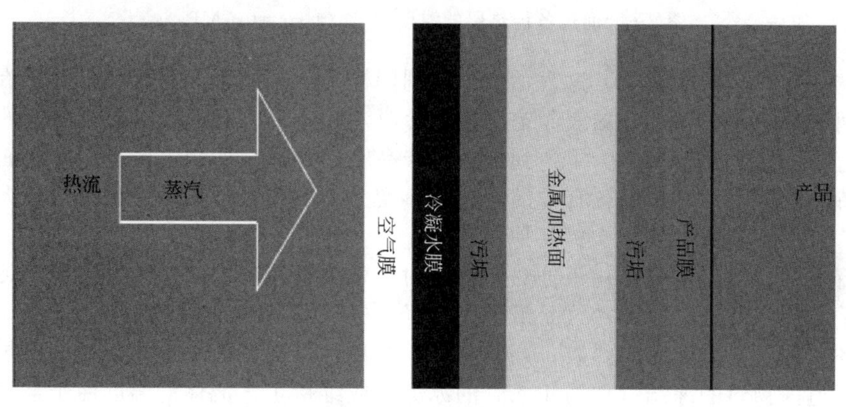

图 3-5　热量传递示意图

② 总的传热系数（K）　总的传热系数考虑了被换热面隔开了的两种流体之间的导热和对流。总的传热系数是总的传热热阻的倒数，总的传热热阻是各分项传热热阻之和。总的传热系数还需要考虑换热过程的结垢程度，在换热表面水膜和污垢的积聚将大大降低传热效果。结垢因素表示了由于流体的不纯净、铁锈的形成或流体和换热面发生反应而产生的附加热阻。

③ 膜状凝结　冷凝水膜的消除并非如想像得那么简单。蒸汽冷凝释放出蒸发焓，水滴在换热器的表面形成，这些水滴结合在一起形成连续的冷凝水膜。冷凝水膜的热阻是不锈钢换热面的 100～150 倍，是铜的 500～600 倍。

④ 滴状凝结　如果换热器表面的水滴没有马上合并就会形成非连续的冷凝水膜，就会产生滴状凝结。在滴状凝结状态下达到的传热率要远高于膜状凝结状态下的传热率。如果换热器表面大部分处于滴状凝结，那么传热系数比处于膜状凝结时的传热系数大 10 倍。如果换热器能设计成处于滴状凝结，那么它产生的热阻和其他热阻相比可以忽略不计。但是维持滴状凝结状态是很难达到的。如果换热器表面涂覆有防湿的材料，换热器有可能在一段时间

内维持滴状凝结。为了形成滴状凝结，很多换热器表面涂覆有机硅树脂、聚四氟乙烯、蜡和脂肪酸类涂层。但由于诸如氧化、结垢等原因，这些涂层将逐渐失去功效，最终膜状凝结将占主导。空气的传热热阻是钢的1500～3000倍，是铜的8000～16000倍，这表示0.025mm厚的空气层相当于400mm厚铜壁产生的热阻。通过各传热层的温度梯度如图3-6所示，表示了各传热热阻层对传热过程总的影响。这些传热热阻不仅增加了整个导热层的厚度，同时也大大降低了各层的平均热导率。

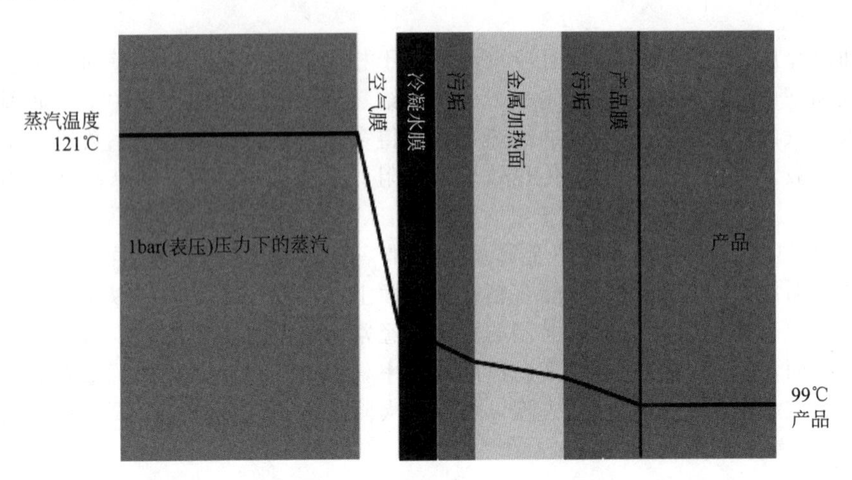

图3-6 通过各传热层的温度梯度（1bar=0.1MPa）

热阻越大，温度梯度越大，这表示为了达到同样的产品温度，需要更高的蒸汽压力。在制程和空间加热应用中，换热器表面空气膜和冷凝水膜普遍存在，实际上在所有的蒸汽加热设备中都有不同程度的存在。为了达到理想的产品输出和最小费用，减少冷凝表面的各膜层厚度以维持高的传热性能是一种有效的方法。事实上，空气对传热效率的影响最大，如果能从供给的蒸汽中排出空气能大大提高加热性能。

化工行业中，蒸汽也可以用于伴热。伴热对于化工管线和储罐的正常运行至关重要，在相关行业中应用广泛。蒸汽伴热线是沿着大口径工艺管线外部布置的一些小口径蒸汽管道。伴热管线和工艺管线之间有传热胶，两条管线一起进行保温。由于伴热管线的伴热，因此避免了工艺管道内物料的冻结（如防止水管的冰冻）或维持工艺流体的温度便于泵送。在化工生产过程中，一部分产品如醋酸、硫黄、沥青和锌的化合物需要维持在一定的温度范围之内才能经过管道输送。

工艺管线中，伴热管线和工艺管线一起被包覆在保温层内，如图3-7所示；如果伴热要求高，要求伴热均匀，可采用在工艺管线外侧加工套管，在套管内进行蒸汽伴热，如图3-8所示；对有温度要求的取样点处，可以按照图3-9所示进行设置伴热。

3. 蒸汽用作动力

化工生产如果有条件回收富余的高位能，生产中高压蒸汽，为了提高热能的利用率，通常用来驱动汽轮机（蒸汽透平），汽轮机驱动发电机发电或驱动压缩机等大功率设备。蒸汽在汽轮机内做功后仍具有一定的压力，通过管路送给热用户作为热源。

在工业生产中，直接用汽轮机作为原动机来驱动一些大型的机械设备，如大型风机、给水泵压缩机等功率比较大的设备，这种用途的汽轮机叫工业汽轮机。

工业汽轮机在现代工业企业中得到广泛应用，主要原因如下。

① 在所有既需动力又需热量，或者有副产热能的各种生产流程中，合理配置工业汽轮机，可提高能源利用率，达到节能的目的。

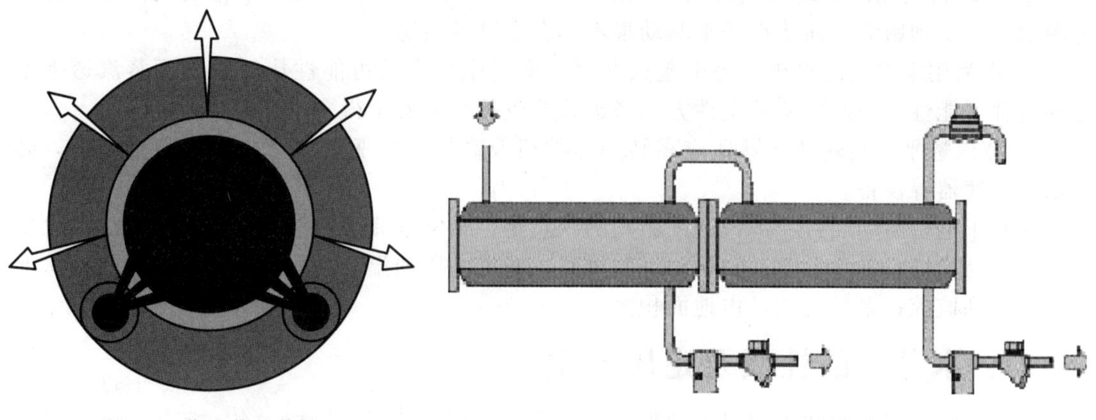

图 3-7　蒸汽伴热管线　　　　图 3-8　夹套伴热管线

② 工业汽轮机有较高的转速和较大的功率适用范围，转速可高达 20000r/min 以上，功率可从几千瓦到十万千瓦以上。它能直接驱动生产流程中的泵、鼓风机和压缩机等机械，并可平稳、灵敏地与这些被驱动机械相互协调地变速运行，以适应生产流程工况条件的变化。这是其他动力机械所不能比拟的。

③ 汽轮机具有轴对称的高速旋转部分，因而运行平稳、磨损微小、连续运行时间长，能满足现代生产流程的要求。

工业汽轮机可按驱动对象、驱动方式和热力系统原理划分类型。按驱动对象可分为工业驱动用汽轮机，如用于驱动泵、压缩机、鼓风机等；工业发电用汽轮机，如在热源、汽源或供热等方面与工业生产流程有密切联系的工业电站中驱动发电机的汽轮机。按驱动方式可分为直接驱动、间接驱动（通过减速装置驱动）两类。按热力系统原理可分为凝汽式汽轮机（汽轮机的排汽流入凝汽器）、背压式汽轮机、抽汽式汽轮机和多压式汽轮机。

对于背压式、抽汽背压式汽轮机及抽汽凝汽式汽轮机，蒸汽在汽轮机内做功后仍具有一定的压力，通过管路送给热用户作为热源。排汽压力高于大气压力的汽轮机称为背压汽轮机，背压式汽轮机热电循环如图 3-10 所示。

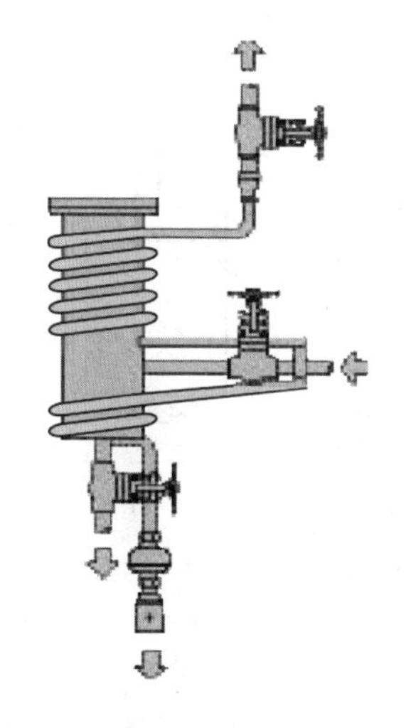

图 3-9　取样点伴热

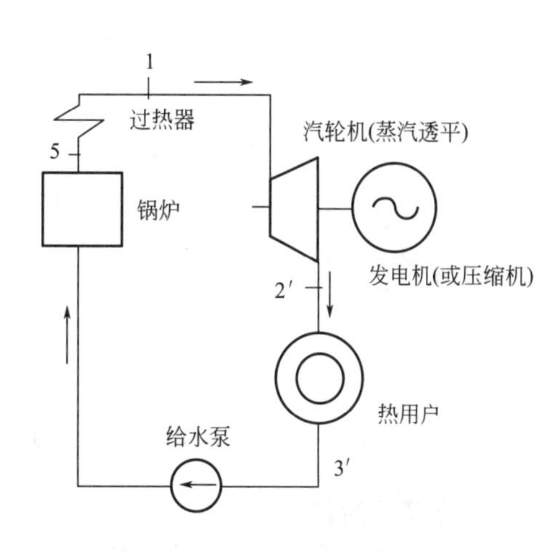

图 3-10　背压式汽轮机热电循环

蒸汽透平驱动比电机驱动有如下突出的优点。

① 电动机启动时，瞬时电流高出额定电流5～10倍。如果电机功率相当大，则可能使电源的运行受到影响，而蒸汽透平驱动根本不存在这种情况。

② 作为用电设备的电机，易引起火花，从而发生火灾的可能性比较大，而蒸汽透平不存在这种可能性。因此，从安全性方面考虑，蒸汽透平要安全得多。

③ 蒸汽透平的高转速能够适应高转速压缩机及高压泵的驱动要求，而电机则不能，必须增设增速器等设备。

相对于电机驱动而言，蒸汽透平驱动的缺点是：日常维修与停车维修的工作量比电机要大，且不易检修；轴承温度、轴振动、轴位移、润滑油压油温、油箱液位等参数的运行状况须随时得到监控；系统复杂，占地面积大。

二、水蒸气的性质及定压产生

自然界中大多数纯物质都以三种聚集态存在：固相、液相和气相。在一定压力下，对固态冰加热，冰逐渐被加热至熔点温度，开始融化为液态水，在全部融化之前保持熔点温度不变，此过程称为融解过程。对水继续加热升温至沸点温度，水开始汽化，直至全部变为水蒸气，温度始终不变；再进一步加热，温度逐渐升高变为过热水蒸气。

热力工程所使用的水主要处于液相、气相和液气共存区，汽化有蒸发和沸腾两种形式。蒸发是指液体表面的汽化过程，通常在任何温度下都可以发生，沸腾是指液体内部的汽化过程，它只能在达到沸点温度时才会发生。

对于在封闭容器中进行的蒸发过程，情况有所不同，随着蒸发的进行，气相空间蒸汽分子的浓度不断增大，返回液体的分子也不断增多，当汽化分子数和凝结分子数处于动态平衡时，宏观上蒸发现象将停止。这种汽化和凝结的动态平衡状况称为饱和状态。饱和状态的压力称为饱和压力，温度称为饱和温度。处于饱和状态下的蒸汽和液体分别称为饱和蒸汽和饱和水。饱和蒸汽和饱和水的混合物称为湿饱和蒸汽，简称湿蒸汽；不含饱和水的饱和蒸汽称为干饱和蒸汽。

工程上所用的水蒸气是由锅炉在压力不变的情况下产生的，其产生过程可通过图3-11说明。在定压容器中盛有定量（假定1kg）温度为0.01℃的纯水，容器的活塞上加载一定的重量，使水处在恒定的压力下。根据水在定压下变为蒸汽时状态参数变化的特点，水蒸气的发生过程可分为三个阶段，包含五种状态。

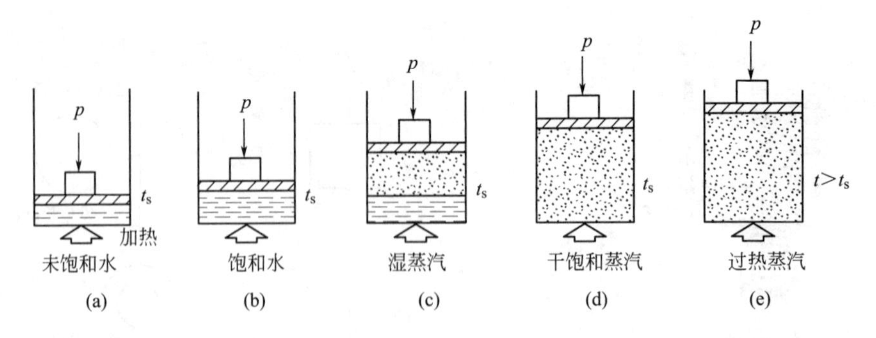

图3-11　水蒸气定压发生过程示意图

1. 定压预热阶段

水温低于饱和温度的水称为未饱和水（也称过冷水），如图3-11(a) 所示，对未饱和水加热，水温逐渐升高，当水温达到压力 p 所对应的饱和温度 t_s 时，水将开始沸腾，这时的水称为饱和水，如图3-11(b) 所示。水在定压下从未饱和状态加热到饱和状态，即为预热阶段。

2. 饱和水定压汽化阶段

把预热到t_s的饱和水继续加热，饱和水开始沸腾，在定温下产生蒸汽而形成饱和液体和饱和蒸汽的混合物，这种混合物称为湿饱和蒸汽，简称湿蒸汽，如图 3-11(c) 所示。湿蒸汽的体积随着蒸汽的不断产生而逐渐加大，直至水全部变为蒸汽。这时的蒸汽称为干饱和蒸汽(即不含饱和水的饱和蒸汽)，如图 3-11(d) 所示。把饱和水定压加热为干饱和蒸汽的过程称为汽化阶段。在这一阶段中，容器内的温度不变，所加入的热量用于由水变为蒸汽所需的能量和容积增大对外做出的膨胀功。这一热量称为汽化潜热，即将 1kg 饱和液体转变成同温度的干饱和蒸汽所需要的热量。

3. 干饱和蒸汽定压过热阶段

干饱和蒸汽再继续加热时，蒸汽温度自饱和温度起往上升高，比容增大。这一过程就是蒸汽的定压过热阶段，如图 3-11(e) 所示。由于这时蒸汽的温度已超过相应压力下的饱和温度，故称为过热蒸汽。其温度超过饱和温度之值称为过热度。

三、水蒸气的工程特性

由于各种原因，蒸汽是应用最广泛的热量载体之一，它广泛应用于工业系统，例如发电、空间加热和制程应用中。主要因为蒸汽具备以下特性。

1. 蒸汽的产生高效而经济

地球上水资源相对丰富、价格便宜，并且对健康无害，对环境没有污染。当水汽化变成蒸汽后，它又成为安全、高效的能量载体，蒸汽携带的热量相当于同等质量水所能携带热量的 5～6 倍。

当水在锅炉中被加热，它开始吸收热量，根据锅炉内压力的不同，水会在特定的温度下汽化成蒸汽。这时蒸汽内储存着大量能量，这些能量可以在制程中或空间加热时再释放出来。可以在高压下产生高温的蒸汽，压力越高，蒸汽温度也越高。高温蒸汽内储存的能量更多，它们做功的潜力也更大。

高效的热回收系统实际上可以消除排污损耗，将有价值的冷凝水回收到锅炉房可以增加蒸汽和冷凝水系统的总效率，越来越普遍的热电联产系统证明了蒸汽系统对当今环境和节能工业的重要作用。

2. 蒸汽可以方便地、高效地输送到用汽点

蒸汽是应用最广泛的可长距离传递的热量载体之一。由于蒸汽的流动是依靠管道内的压力降，因此省去了昂贵的循环泵系统。由于蒸汽的热容量很高，所以在高压下仅需要很小口径的管道就可以输送大量的热量。与其他传热介质相比，蒸汽管道安装简单、价格更便宜。

3. 蒸汽容易控制、能量传递方便

由于饱和蒸汽的压力和温度有着直接的关系，通过控制饱和蒸汽的压力，就可以很容易地控制加入到过程中的能量。蒸汽提供了优良的热传递性能。当蒸汽到达设备后通过冷凝过程将热量传递给被加热产品，热传递过程效率非常高。蒸汽间接、直接喷射来加热产品，非常容易充满整个加热空间，在恒定的温度下冷凝放热，这就消除了热传递过程中沿换热流程的温度梯度。

4. 蒸汽应用灵活、安全

蒸汽不仅是优良的热量载体，还可以用来杀菌，所以广泛应用在食品、医药、人体健康等工业以及医院的消毒装置上。蒸汽的应用大到石化企业，小到洗衣店。在很多用户那里，可以同时在空间加热和生产制程中使用蒸汽。蒸汽同时是一种非常安全的流体，它不会产生火花，也就不会导致火灾。很多石化工厂采用蒸汽灭火系统，它可以应用在危险区域和爆炸环境中。

四、蒸汽发生系统构成

1. 锅炉系统

锅炉是整个蒸汽系统的心脏，典型的现代快装式锅炉都是采用燃烧器把热量输送到炉管内。目前国内较为常见的是双锅筒弯水管锅炉及单锅筒弯水管锅炉。管式受热器直径较小，可以承受更高的压力，弯水管弹性较好，可以承受热胀冷缩。受热管使锅炉内的水达到饱和温度（饱和温度指的是在该压力下，水汽化成蒸汽时的温度），气泡产生并上升到水的表面，然后破裂，蒸汽就释放到上部的蒸汽空间内，准备进入蒸汽系统，图 3-12 为双纵锅筒弯水管锅炉，这种锅炉炉膛置于筒体之外，“炉”不受“锅”的限制，体积可大可小，可以满足燃烧及增加蒸发量的要求，以容纳水汽的管子置于炉膛、烟道中作主要受热面，锅筒一般不受热。传热性能及安全性能都显著改善，水的预热、汽化（沸腾）及蒸汽过热在不同的受热面中完成，直接受热的管子即使爆炸，其危害性也远较筒体爆炸为小。

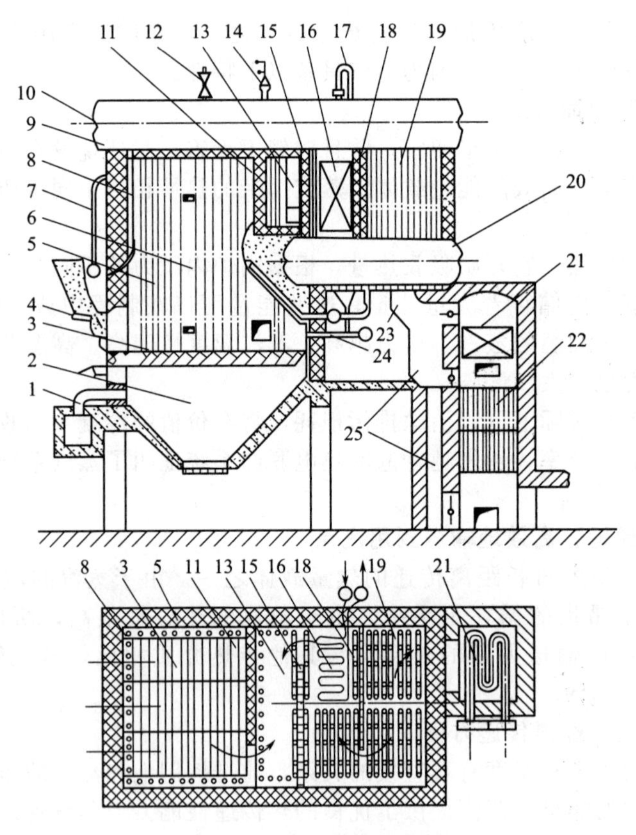

图 3-12　双纵锅筒弯水管锅炉

1—风管；2—灰渣斗；3—炉排；4—抛煤机；5—侧水冷壁；6—炉膛；7—前下降管；8—前水冷壁；9—汽包；10—汽包人孔门；11,15,18—挡火墙；12—空气阀；13—燃尽室；14—安全阀；16—过热器；17—饱和蒸汽管；19—对流管束；20—下锅筒；21—省煤器；22—空气预热器；23—烟道；24—飞灰复燃器；25—旁通烟道

蒸汽压力越高，单位质量蒸汽所占用的空间会越少。所以蒸汽锅炉经常在高压力下运行，然后通过相对比较小的管道输送到用汽点。输送到用汽点时再减压至需要的压力。如果

锅炉内产生的蒸汽量与离开锅炉的蒸汽量相等，锅炉内就会维持一定压力。燃烧器用于维持正确的蒸汽压力，这同时也保证了正确的蒸汽温度，因为饱和蒸汽的压力和温度是一一对应的。

2. 锅炉给水系统

锅炉给水的质量至关重要。为了防止对锅炉造成热冲击，给水必须控制在正确的温度，通常在80℃左右，同时又可以保证锅炉高效运行；给水的水质也非常重要，必须保证给水的水质，避免对锅炉造成危害。

普通未经处理的饮用水并不适合锅炉，它们在锅炉中很快会使炉水发泡并造成结垢，降低锅炉效率，使蒸汽中杂质增多，锅炉的寿命也会因此缩短。因此锅炉给水必须经过处理以减少杂质含量。

给水的处理和加热一般都在给水箱内进行，给水箱通常位于高于锅炉的位置，需要的时候用给水泵为锅炉补水。加热给水箱中的水可以减少溶解的氧气，这一点非常重要，因为氧气的存在会造成设备的腐蚀，图3-13为锅炉给水系统中的热力除氧系统。

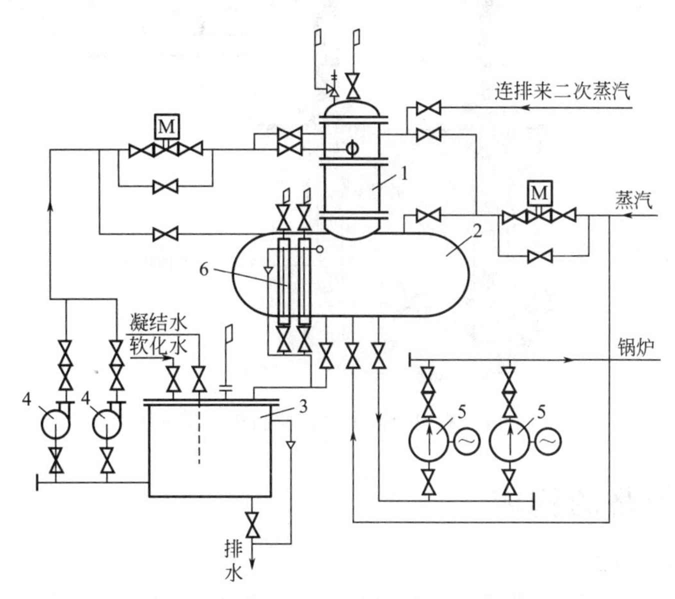

图3-13　锅炉给水系统中的热力除氧系统

1—热力除氧器；2—除氧水箱；3—软化水箱；4—除氧水泵；5—锅炉给水泵；6—溢流水封

3. 排污系统

对锅炉给水进行化学加药处理会导致锅炉内的悬浮固形物增加，这些固形物将不可避免地以淤泥的形式沉积在锅炉底部，然后通过锅炉底部排污管放掉。排污可以手动进行，锅炉操作工通过专用手柄来打开锅炉排污阀进行定期排污，通常一天2次。

锅炉水中其他杂质以溶解固形物的形式存在，它们的含量随着蒸汽的不断产生而逐渐增加。因此，锅炉需要定期清除这些杂质来降低它们的含量，这个过程称为总溶解固形物的控制（TDS控制）。可以通过在锅炉内安装探测器或采用小的感应腔来采集锅炉水样自动地测量锅炉TDS值，一旦TDS值达到设定点，控制信号使排污阀打开一段时间排污，损失的炉水由TDS值较低的锅炉给水替换，从而使整个锅炉的TDS降低。

4. 液位控制系统

如果锅炉液位没有正确地控制，将会造成灾难性后果。如果液位降低过多，炉管会暴露在水面上并造成过热，从而导致爆炸；如果液位太高，水可能进入蒸汽系统，对工艺制程造成损害。所以，需要使用自动液位控制。为遵守法律规定，液位控制系统须与报警系统联合使用，当液位有问题的时候，报警系统工作，关闭锅炉并发出警报。常用的液位控制方法是使用感应器来感应锅炉液位，在特定的液位，控制器对给水泵发出信号，给水泵工作并补充锅炉给水，当到达预先设定的值时关闭给水泵。感应器根据液位来开启或切断给水泵，同时带有低位或高位报警功能。另外可以选用浮球来控制水位。

大多数国家规定必须采用2套独立的低位报警系统，典型的锅炉水位控制和报警系统如图3-14所示。

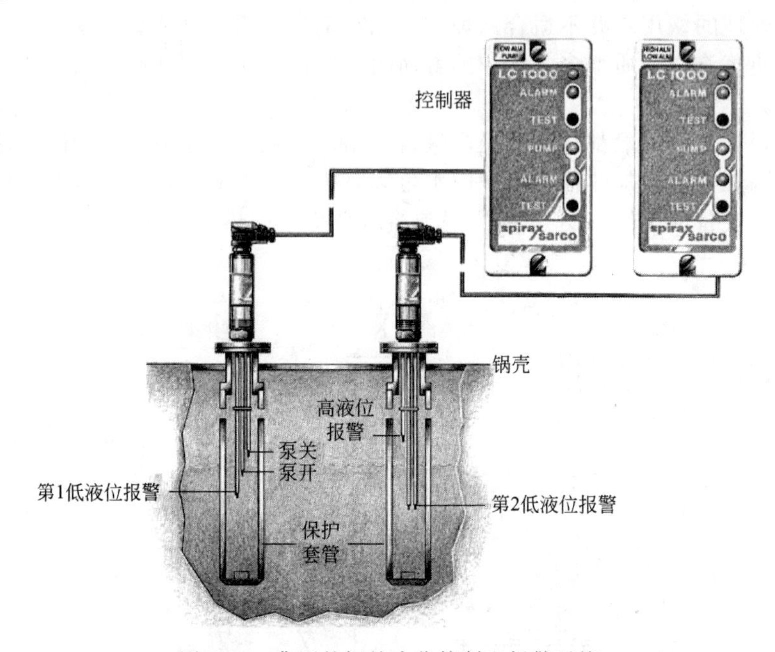

图3-14　典型的锅炉水位控制和报警系统

五、蒸汽管路的构成

1. 蒸汽管路的一般要求

(1) 蒸汽管道布置应根据热力系统和条件进行，做到选材正确、布置合理、补偿良好、疏水通畅、流阻较小、造价低廉、支吊合理、安装维修方便、扩建灵活、整齐美观，并应避免水击、共振和降低噪声。

(2) 主蒸汽管道的设计压力取决于锅炉过热器出口的额定工作压力或锅炉最大连续蒸发量下的工作压力。一般为锅炉过热器出口蒸汽额定工作温度加上锅炉正常运行时允许的温度偏差，温度偏差值可取为5℃。

(3) 主蒸汽管径选择　为简化计算，可直接查蒸汽管管径线算图来确定蒸汽管的直径（这里线算图从略，请查有关设计手册）。弯管的弯曲半径宜为外径的4～5倍，弯制后的椭圆度不得大于5%。弯管椭圆度指弯管弯曲部分同一截面上最大外径与最小外径之差与公称外径之比。

2. 管道的布置

(1) 蒸汽管道布置应结合主厂房设备布置及建筑结构情况进行，管道走向宜与厂房轴线一致。在水平管道交叉较多的地区，宜按管道的走向划定纵横走向的标高范围，将管道分层布置并且一般布置在上层。

(2) 蒸汽管道系统中应防止出现由于刚度较大或应力较低部分的弹性转移而产生局部区

域的应变集中。当管道中有阀门时，应注意阀门关闭工况下两侧管道温度差别对管段刚性的影响。

（3）大容量机组的主蒸汽管道和再生蒸汽管道宜采用单管或具有混温措施的管道布置，当主蒸汽管道、再生蒸汽管道或背压机组的排汽管道为偶数时，宜采用对称式布置。

（4）存在两相流动的管道，宜先垂直走向，后水平布置，且应短而直。

（5）当蒸汽管道或其他热管道布置在油管道的阀门、法兰或其他可能漏油部位的附近时，应将其布置于油管道上方。当必须布置在油管道下方时，油管道与热管道之间，应采取可靠的隔离措施。

（6）蒸汽管道的布置，应保证支吊架的生根结构、拉杆与管子保温层、膨胀节等管件不致相碰，如图 3-15 所示。

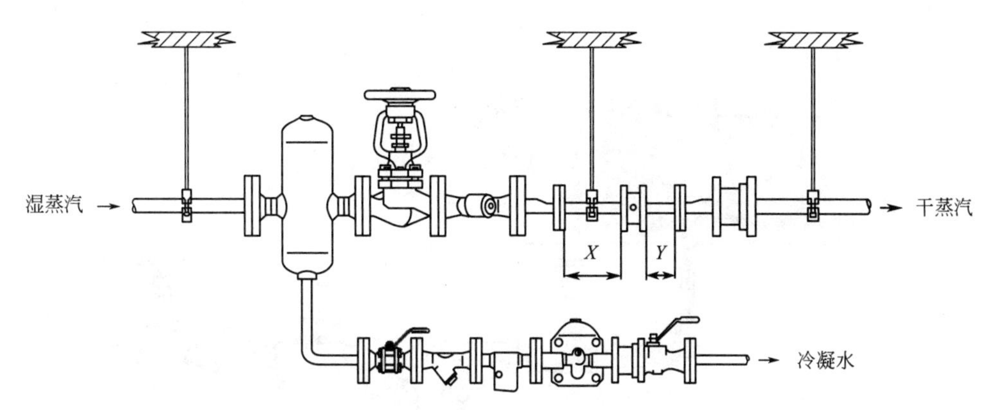

图 3-15　管道布置与吊架组合

（7）当蒸汽管道横跨人行通道上空时，管子外表面或保温表面与地面通道（或楼面）之间的净空距离应不小于 2000mm。当通道需要运送设备时，其净空距离必须满足设备运送的要求。

（8）当蒸汽管道在直爬梯的前方横越时，管子外表面或保温表面与直爬梯垂直面之间的净空距离应不小于 750mm。

（9）排汽管道出口喷出的扩散汽流，不应危及工作人员和邻近设施。排汽口离屋面（或楼面、平台）的高度，应不小于 2500mm。

（10）蒸汽管道的水平安装坡度，其坡度方向宜与汽流方向一致。在尽可能的情况下，蒸汽主管应沿流动方向布置有不小于 1∶100 的坡度（每 100m 有 1m 的下降）。该坡度将确保冷凝水在重力和蒸汽流动的作用下流向排放点，然后在排放点冷凝水可被安全有效地排出（见图 3-16）。

（11）长距离输送蒸汽的管路要在一定距离处安装疏水阀，以排出冷凝水。

（12）冷热流体管道应相互避开，不能避开时，冷管在下，热管在上；塑料管或衬胶管应避开热管。

3. 蒸汽管道特殊结构

（1）管道导淋　管道导淋点必须要保证冷凝水能到达蒸汽疏水阀。因此导淋点的设计和布置必须经过精心的考虑。还要考虑停机情况下没有蒸汽流动时冷凝水的残留问题。重力作用将使冷凝水沿管道坡度流向低点，并在低点积聚，蒸汽疏水阀因此应当布置在这些低点的位置。大口径蒸汽主管在起动阶段形成的冷凝水量较多，需要每隔 30～50m 布置疏水点，并且还要布置在管道天然的最低处，如上升管道的底部。在正常运行时，蒸汽沿着主管流动的速度会高达 145km/h，带动冷凝水一起流动。图 3-17 中安装的口径为 15mm 的疏水管道

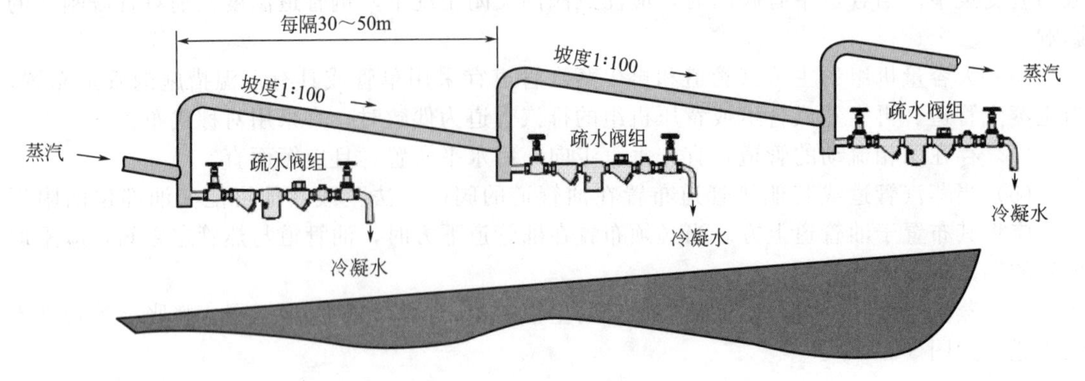

图 3-16 蒸汽主管安装图

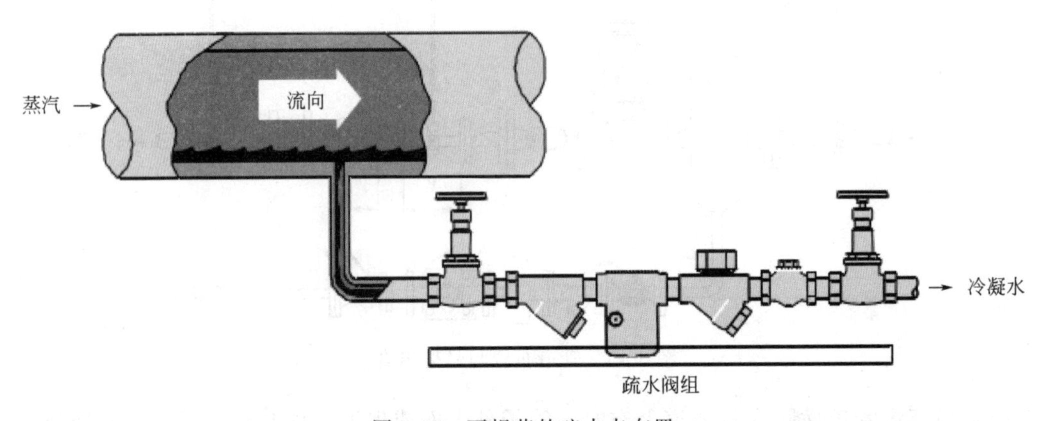

图 3-17 不规范的疏水点布置

直接连接在主管的底部，尽管口径 15mm 管道的流量足够，但它不可能捕获很多沿蒸汽主管高速流动的冷凝水，因此这样的布置方式起不到导淋的效果。

正确的疏水点布置方式见图 3-18，在蒸汽主管顶部安装集水槽，在集水槽底部连接疏水管道及疏水阀组，如蒸汽主管道管径在 100mm 以内时，疏水管道管径至少在 25～30mm，对于管径更大的蒸汽主管，疏水管管径至少为 50mm。

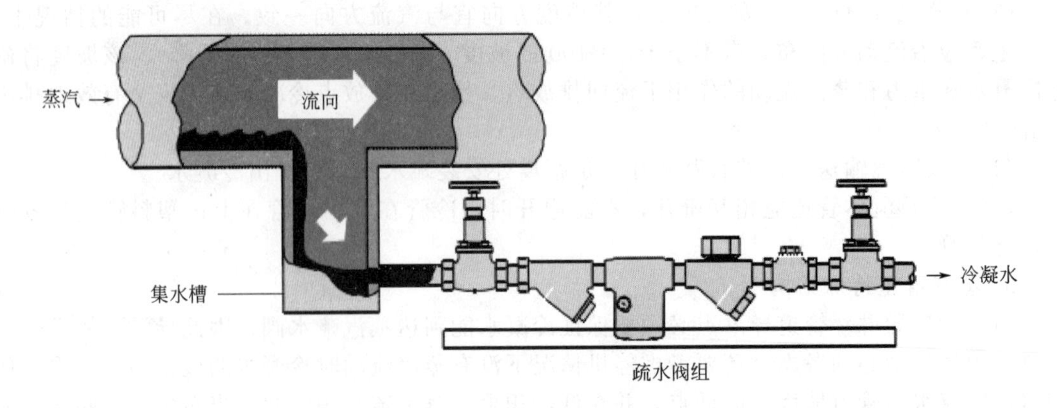

图 3-18 正确的疏水点布置方式

集水槽的底部也可加一个盲口法兰或排污阀，用于清洗目的。推荐的疏水点集水槽的尺寸见表 3-3 和图 3-19。

表 3-3 推荐的集水槽尺寸

主管直径 D/mm	集水槽直径 d_1	集水槽深度 d_2
≤100	$d_1=D$	至少 $d_2=100\text{mm}$
125～200	$d_1=100\text{mm}$	至少 $d_2=150\text{mm}$
≥250	$d_1 \geq D/2$	至少 $d_2=D$

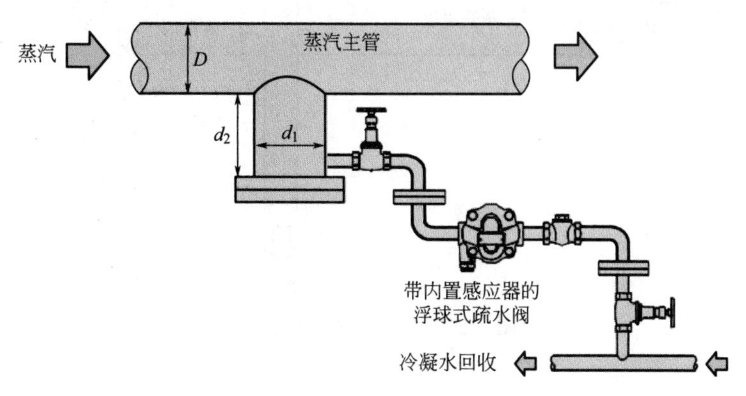

图 3-19 推荐的集水槽尺寸

（2）蒸汽管道排空装置 汽水分离器及其配套的疏水阀可以保证在流量计上游有效地排除冷凝水。同时在蒸汽管道的末端应该安装排空气阀来排除空气和其他不凝性气体。图 3-20 为蒸汽管道末端安装排空装置。

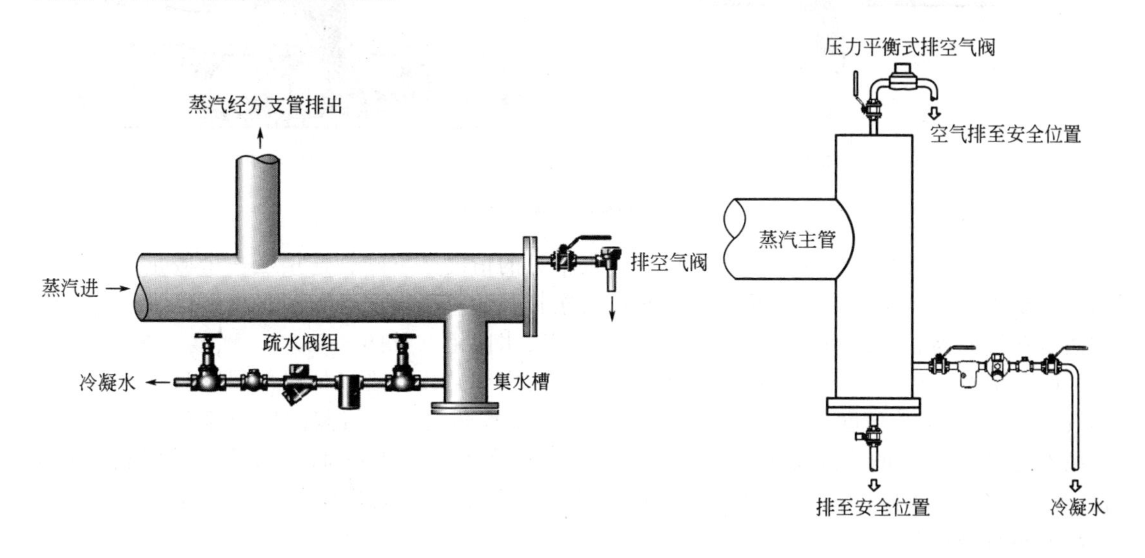

图 3-20 蒸汽管道末端安装排空装置

（3）蒸汽的分支管道连接 一般来说，蒸汽分支管道通常比主管短得多，如果分支管道不超过 10m 长，要确保管道内的压力，可按 25～40m/s 的流速来选择管道口径，而不需要担心压降过大。分支管道的连接应该从主管道的上方取蒸汽，这样可以得到最干燥的蒸汽（见图 3-21）。如果从侧面或者从主管底部取蒸汽［见图 3-22(a)］，蒸汽会携带从蒸汽主管而来的冷凝水和管道杂质进入支管，结果潮湿、肮脏的蒸汽进入设备，影响到设备短期和长期的工作性能。图 3-22(b) 中的阀门应尽可能地靠近取汽口，这在连接设备有可能关闭一段时间的情况下可减小分支管道内的冷凝水量。

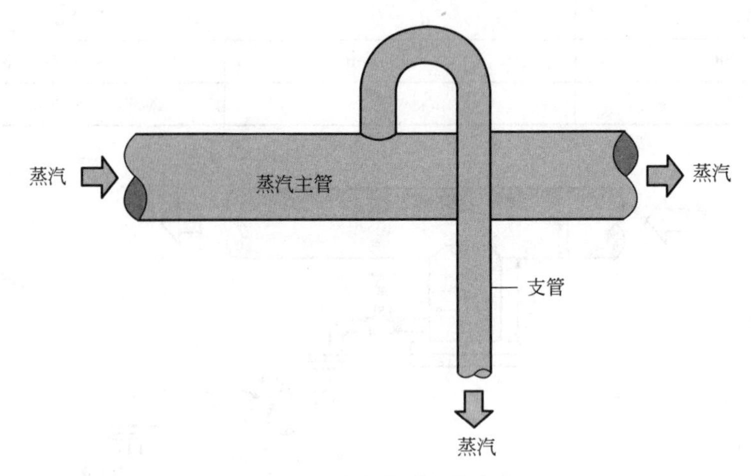

图 3-21　分支管道连接方法

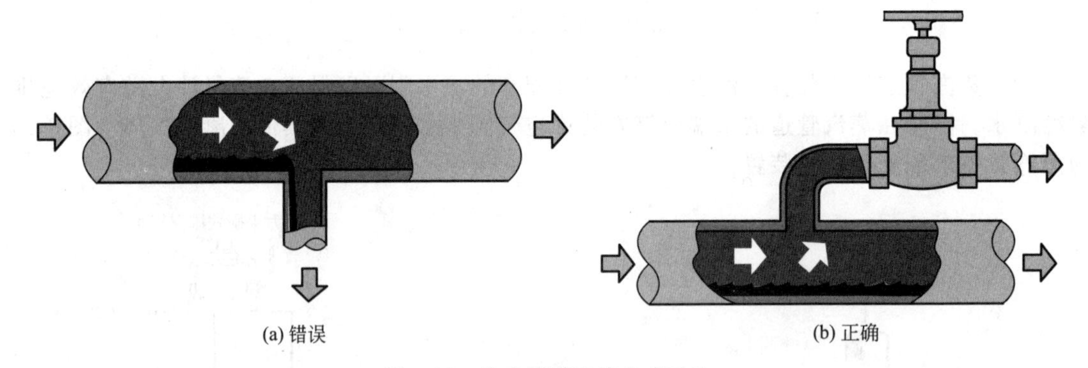

图 3-22　分支管道连接方式对比

(4) 蒸汽下降管　分支管道也有低点，最常见的情况是下降管连接至一个截止阀或控制阀。冷凝水会在关闭的阀门前积聚，当阀门再次打开时，冷凝水会随蒸汽携带出去，解决的方法是在过滤器和控制阀之前设置安装疏水点和疏水阀组（见图 3-23）。

(5) 上升管道　蒸汽管道如果需要穿越向上的空间，或者现场情况使得蒸汽管道如前所述按 1∶100 向下的坡度布置不太容易实现时，冷凝水必须向下与蒸汽反向流动。此时需要按照不超过 15m/s 的蒸汽流速来选型管径，管道坡度不低于 1∶40，并且至少每隔 15m 布置一个疏水点（见图 3-24）。这样布置的目的是为了防止管道底部的冷凝水膜厚度增加而被流动的蒸汽携带起来。

(6) 埋地管

① 埋地管保温结构　直埋蒸汽管道的保温结构一般为工作管、有机保温层、无机保温层、外护管、防腐层，必要时，也可设置内滑动层、绝热反射层、空气绝热层或真空保温层。根据保温材料硬度的不同又可分为软胎保温结构和硬胎保温结构。按外护管的材料又可分为钢套钢保温结构、塑套钢保温结构和玻璃钢套钢保温结构。一般硬胎保温结构为内滑动，内滑动即工作管相对保温材料滑动。软胎保温结构为外滑动，外滑动即工作管和保温材料一起相对外护管滑动。内滑动保温结构设内滑动层，工作管可不设滑动支座，外滑动保温结构设空气绝热层或真空保温层，工作管需设滑动支座。

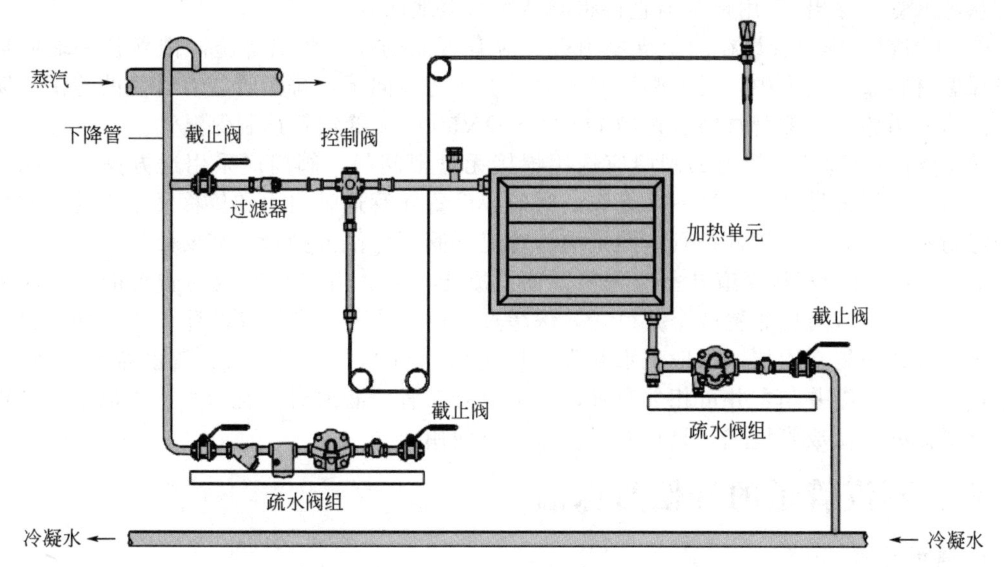

图 3-23 为加热单元供汽的下降管布置方式

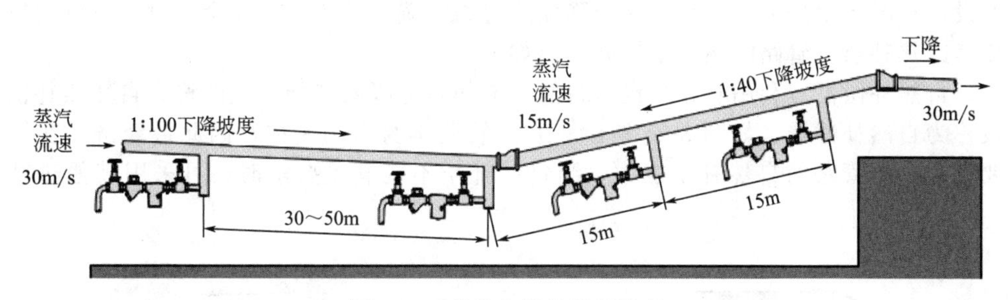

图 3-24 蒸汽主管的相反坡度

② 工作管 工作管应选用流体输送钢管，管径小于等于 250mm 时，应选用 20# 钢无缝钢管；管径大于 300mm 时，可选用 Q235A 螺旋焊缝管或高频直焊缝管。

③ 外护管 外护管应具有一定的厚度、强度、刚度，能承受管道运输、施工及热网运行中的各种应力及动静荷载，并且有连续密封、防水防腐功能。外护管多采用钢管，优先采用 Q235B 螺旋焊接钢管或高频直焊缝钢管，也可采用玻璃钢或高密度聚乙烯外护管，但应在应用中采取可靠的密封防水、防腐措施，并严格控制表面温度。并用环氧粉末喷涂或环氧煤沥青涂料进行防腐。

④ 固定支座 固定支座由固定板（内、外固定板）构件及承压隔热材料组成。固定支座可采用内固定型、内外固定型、外固定型三种类型。固定支座应为隔热式，保证外护管与土壤接触处外护管温度小于 70℃。内固定支座可采用不设置固定墩的固定方式。钢外护管宜采用内固定支座，也可采用内外或外固定支座。非金属外护管必须采用固定墩。

⑤ 补偿器 直埋蒸汽管道宜采用外压式波纹补偿器，补偿器应考虑 15%～20%的膨胀余量。补偿器的导流筒应选用 3mm 以上的碳钢，为防止氯离子对不锈钢的腐蚀，补偿器的材料应尽量选用超低碳不锈钢或高锰不锈钢。为便于维修，在车行道上布置的补偿器尽量设置直埋式补偿器井。

⑥ 疏水装置 在蒸汽直埋管道的低点，应设置运行和启动疏水装置。疏水装置应设有疏水罐、疏水总阀、隔断阀、疏水器和放水阀。疏水器应选用热动力式疏水器。疏水装置应设置在固定支座处，疏水管一般由疏水罐侧面引出至疏水井（副井），也可采用上疏水（疏

水管从蒸汽管上穿出)，用疏水器直接将凝结水引至地面。

⑦ 排潮管　排潮管设在固定支座附近，应有可靠的保温防腐措施，排潮管一端应插入无机保温材料或空气层中，另一端接至地面以上。弯口向下，排潮管应有可靠的防雨、防灌水及防堵塞措施。排潮管材料宜选用 $DN32$～$DN50$ 的无缝钢管预制保温管。

⑧ 阀门　直埋蒸汽管道的阀门应选用焊接无盘根阀门，阀门应采用远方操作。阀门的压力等级应比管道设计压力高一个等级，阀门应设置在管道轴向力和位移最小之处。阀门必须做好防水防腐处理。钢外护管内固定结构管道、阀门两端外护管道需要硬连接。

⑨ 井室　直埋蒸汽管道井室应采用钢筋混凝土浇注。并采取有效的防水措施，应采用法兰密封，井室应对应布置两个井口，井深超过 4m 应采用双层井室设计，两层井口错开布置，远方操作布置在上层。一般疏水井宜采用主副井布置方式，阀门、疏水器布置在主井，排水接至副井，副井与主井可相邻布置，也可分开布置。必要时，直埋蒸汽管道设置补偿器井，补偿器井应做成直埋式，只在补偿器故障时使用。

六、蒸汽管道的补偿与保温

1. 管道补偿

管路的热补偿是采用各种措施吸收管路的热变形量，其基本手段是增加管路的弹性，使管路按设计意图产生变形或位移，从而降低热应力，确保管路系统安全，对于所有的热力管道均要考虑热补偿。管路的热补偿措施介绍如下。

(1) 自然补偿器　利用管路敷设时自然形成的转弯吸收热伸长量的称为自然热补偿，此弯管段称为自然补偿器，如图 3-25 所示。它与管路本身合为一体，因此最经济，在管路布置时要充分利用管路的自然补偿能力。当自然补偿不能满足要求时，可采用其他热补偿器补偿。

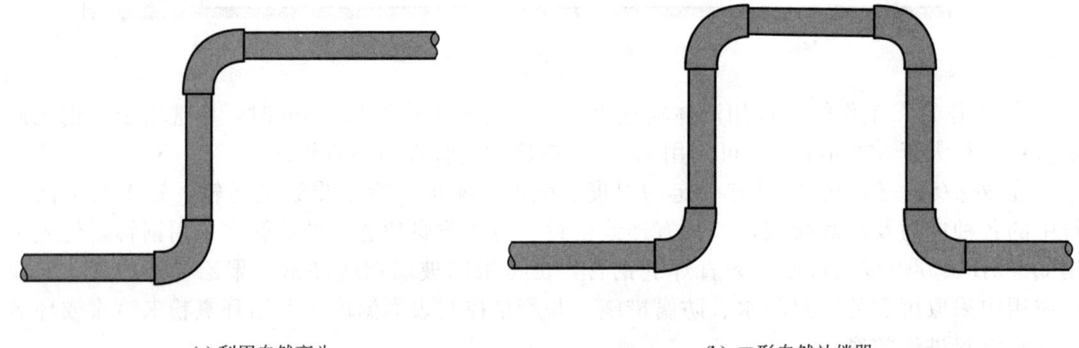

(a) 利用自然弯头　　(b) Π形自然补偿器

图 3-25　自然补偿器

(2) 全环形补偿器　全环形补偿器（图 3-26）是一种简单的膨胀件，使管子弯成环形，为了避免冷凝水的积聚应水平安装，而不能垂直安装。下游侧必须低于上游侧。全环形补偿器由于管道本身占据的空间较大，这样的设计方式如今已经很少被采用了。

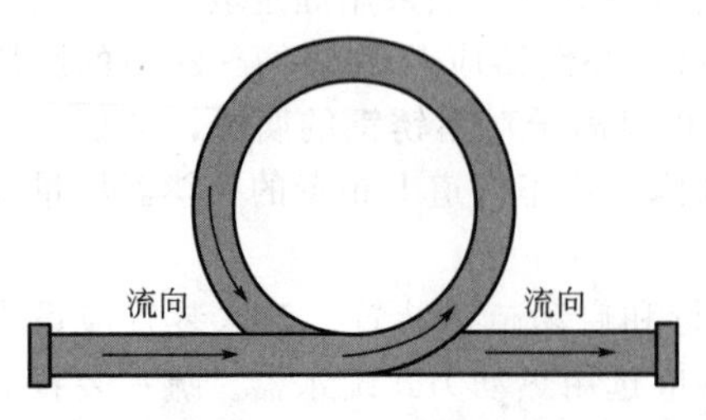

图 3-26　全环形补偿器

(3) 马蹄形补偿器　马蹄形补偿器需要水平安装，使环形和主管在同一个平面上。压力并不会使环的端部远离，但确有一点点向外变直的效果，这是由于设计的原因，但不会使法兰不对中。如果这种膨胀件垂直安装在管道上，则在上游侧必须安装疏水点，如图 3-27 所示。该膨胀件可以使用弯头和直管道制造。

（4）膨胀波纹管　如图 3-28 所示，波纹补偿器是用钢板压制出 1～4 个波形而成，其特点是体积小，安装方便，但补偿量小，耐压低。当采用波纹管补偿器时，可利用补偿器的轴向变形来吸收直管段的热膨胀，也可利用补偿器的弯曲变形组成单式或复式补偿器。波纹管装有限制杆，用于限制内部件压缩过度以及伸张过度。

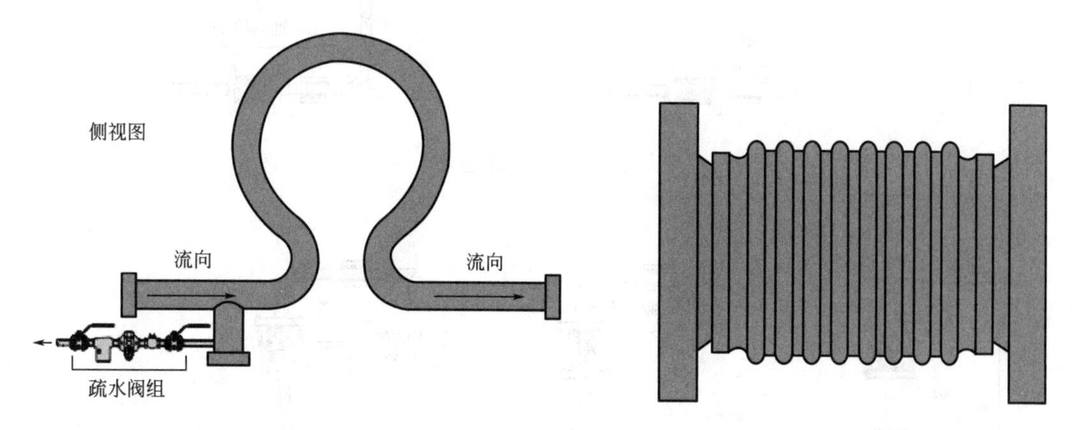

图 3-27　马蹄形补偿器

图 3-28　简单的膨胀波纹管

在使用波纹管时，必须在支吊系统中保证不使其失稳，根据波纹管固定件和导向的相对位置，在两个横向布置的管道之间有不止一种能吸收相对位移的方式。从优劣角度来讲，轴向位移要好于角度偏移、侧向移动，所以尽可能地避免角度偏移和侧向移动，如图 3-29 所示。

（5）滑动接头补偿器　该补偿器占据空间小，蒸汽管道经常使用，但是必须确保在符合制造商指南的条件下管道刚性固定并具有导承，否则作用在接头横截面上的蒸汽压力产生吹开接头的力，与管道膨胀产生的力作用在相反的方向（见图 3-30）。管道的偏向会引起滑动槽的弯曲，因此需要对密封填料进行日常的维护。

2. 蒸汽管道的保温

通常将保温和保冷统称为隔热。为减少设备、管道及其附件向周围环境散热，在其外表面采取的包覆措施，叫保温。设备和管道的散热是供热系统中热量损失的重要组成部分，据计算，每米管道裸管的散热损失与按国家标准（GB/T 8174—2008《设备及管道绝热效果的测试与评价》）允许最大散热损失值计算保温管散热损失比较如表 3-4 所示。

设备和管道的保温是重要的节能措施，保温的目的是减少热量损失，节约能源，提高系统运行的经济性和安全性。供热管道的保温结构一般由保温层和保护层两部分组成。保温层的作用是可降低保温层外表面温度，改善环境工作条件，避免烫伤事故发生。保护层的作用是保护保温层不受外界机械损伤。

常用保温材料的分类见表 3-5，常用保温材料的性能见表 3-6。

（1）保温材料的选用　管道系统的工作环境多种多样，有高温、低温、空中、地下、干燥、潮湿等。所选用的保温材料要求能适应这些条件，在选用保温材料时首先考虑其热工性能，然后还要考虑施工作业条件，如高温系统应考虑材料的热稳定性，振动管道应考虑材料的强度，潮湿的环境应考虑材料的吸湿性，间歇运行的系统应考虑材料的热容量等。

（2）保温层的厚度　保温层厚度计算比较复杂，一般可以根据保温材料、热导率、介质温度及管径确定，传热技术相关教材和技术手册均可查阅，也可以参照表 3-7 进行选择。

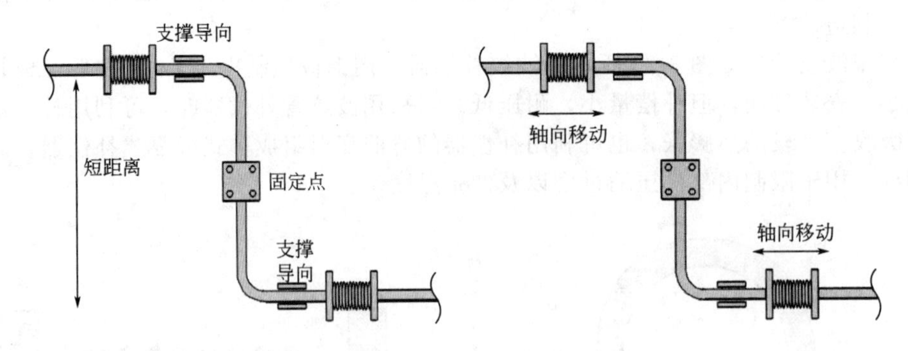

(a) 波纹管的轴向移动

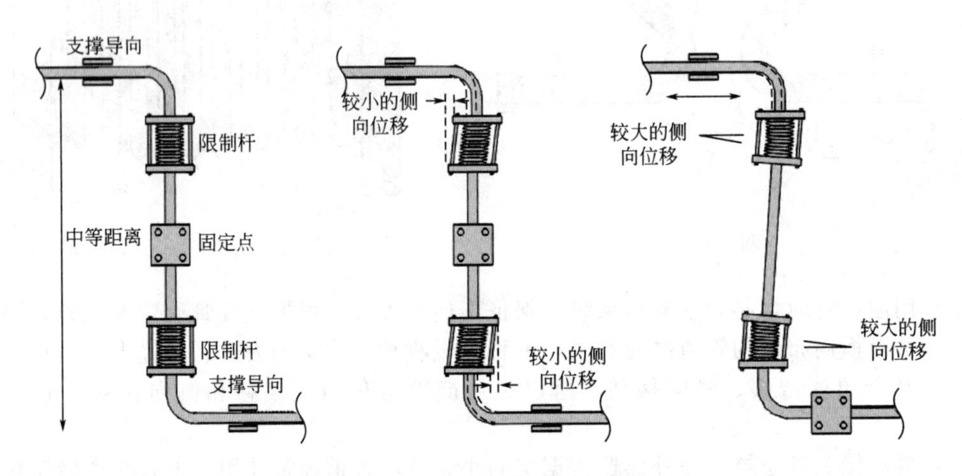

(b) 波纹管的侧向和角度偏移

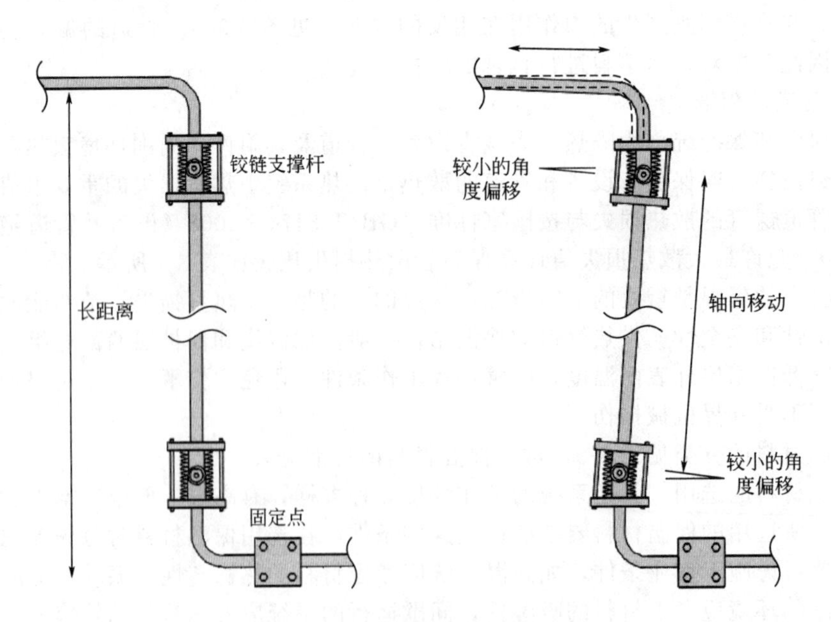

(c) 波纹管的角度和轴向多动

图 3-29　波纹管补偿器各种位移方式

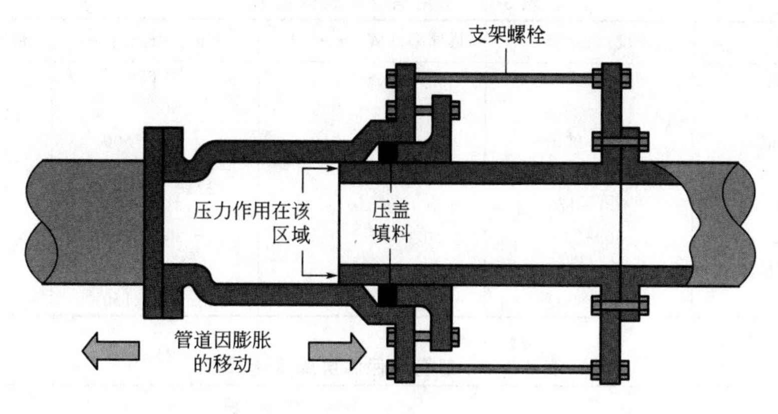

图 3-30 滑动接头补偿器

表 3-4 每米长裸露管与保温管散热损失比较

管道 DN/mm	管内介质温度/℃	每米管长散热损失/(W/m)		散热损失相比的倍数
		裸露管	保温管	
100	100	364	58	6.3
	200	729	73	9.9
	300	1092	114	9.6
	400	1457	133	11.0
200	100	729	102	7.2
	200	1457	117	12.5
	300	2185	166	13.2
	400	2914	189	15.4
300	100	1093	138	7.9
	200	2185	153	14.3
	300	3278	210	15.6
	400	4371	246	17.8

表 3-5 常用保温材料的分类

类别	材料名称	制品形状	类别	材料名称	制品形状
纤维类	岩棉、矿渣棉 玻璃棉 硅酸铝棉 陶瓷纤维纺织品	毡、管、带、板 毡、管、带、板 毡、板、毯 布、带、绳	多孔类	泡沫石棉 泡沫玻璃 泡沫橡塑 复合硅酸盐 超轻陶粒和陶砂	管、板 管、板 管、板 涂料、管、板 粉、粒
多孔类	聚苯乙烯泡沫塑料 硬质聚氨酯泡沫塑料 酚醛树脂泡沫塑料 膨胀珍珠岩 膨胀蛭石 微孔硅酸钙	管、板 管、板 管、板 粒、管、板 粒、管、板 管、板	层状类	金属箔 金属镀膜	夹层、蜂窝状 多层管

表 3-6　常用保温材料的性能

材料名称	密度/(kg/m³)	热导率/[W/(m·℃)]	极限使用温度/℃	最高使用温度/℃
微孔硅酸钙	170～240	0.055～0.064	约 650	500
泡沫石棉	30～50	0.046～0.059	−50～500	
岩棉、矿渣棉	60～200	0.044～0.049	−200～600	600
玻璃棉	40～120	0.044	−183～400	300
硅酸铝棉	100～170	0.046	约 850	
膨胀珍珠岩	80～250	0.053～0.075	−200～850	
硬质聚氨酯泡沫塑料	30～60	0.0275	−180～100	−65～80
酚醛树脂泡沫塑料	30～50	0.035	−100～150	

表 3-7　一般管道保温层厚度选择

保温材料热导率/[W/(m·℃)]	流体温度/℃	不同管径的保温层厚度/mm				
		<50	60～100	125～200	225～300	325～400
0.087	100	40	50	60	70	70
0.093	200	50	60	70	80	80
0.105	300	60	70	80	90	90
0.116	400	70	80	90	100	100

（3）保温结构的施工方法　保温结构一般由保温层、保护层等部分组成，进行保温结构施工前应先做防锈层。防锈层即管道及设备表面除锈后涂刷的防锈底漆，一般涂刷 1～2 遍。保温层是减少能量损失、起保温作用的主体层，附着于防锈层外面。保护层用来保护防潮层和保温层不受外界机械损伤，保护层的材料应有较高的机械强度，常用石棉石膏、石棉水泥、玻璃丝布、塑料薄膜、金属薄板等制作。常用保温结构的施工方法有涂抹法、绑扎法、现场发泡法和缠包法等。

① 涂抹法　涂抹法保温采用石棉粉、碳酸镁石棉粉和硅藻土等不定形的散状材料，把这些材料与水调成胶泥涂抹于需要保温的管道设备上。这种保温方法整体性好，保温层和保温面结合紧密，且不受被保温物体形状的限制。涂抹法多用于热力管道和设备的保温。施工时应分多次进行，为增加胶泥与管壁的附着力，第一次可用较稀的胶泥涂抹，厚度为 3～5mm，待第一层彻底干燥后，用干一些的胶泥涂抹第二层，厚度为 10～15mm，以后每层厚度为 15～25mm，均应在前一层完全干燥后进行，直到要求的厚度为止。涂抹法不得在环境温度低于 0℃情况下施工，以防胶泥冻结。为加快胶泥的干燥速度，可在管道或设备内通入温度不高于 150℃的热水或蒸汽。

② 绑扎法　绑扎法保温采用预制保温瓦或板块料，用镀锌钢丝绑扎在管道的壁面上，是热力管道最常用的一种保温方法，其结构见图 3-31。为使保温材料与管壁紧密结合，保温材料与管壁之间应涂抹一层石棉粉或石棉硅藻土胶泥（一般为 3～5mm 厚），然后再将保温材料绑扎在管壁上。因矿渣棉、玻璃棉、岩棉等矿纤维材料预制品抗水性能差，采用这些保温材料时可不涂抹胶泥而直接绑扎。绑扎保温材料时，应将横向接缝错开；如果保温材料为管壳，应将纵向接缝设置在管道的两侧。采用双层结构时，第一层表面必须平整，不平整时矿纤维材料可用同类纤维状材料填平，其他材料用胶泥抹平，第一层表面平整后方可进行下一层保温。

③ 现场发泡法　一般使用聚氨酯硬质泡沫塑料为保温材料，使用这种办法，聚氨酯硬质泡沫塑料由聚醚和多元异氰酸酯加催化剂、发泡剂、稳定剂等原料按比例调配而成。这些原料分成两组（俗称黑料和白料），白料为聚醚和其他原料的混合液，黑料为异氰酸酯。施工时只要将两组混合在一起，即起泡而生成泡沫塑料。其施工方法有喷涂法和灌注法两种。

喷涂法施工就是用喷枪将混合均匀的液料喷涂于被保温物体的表面上。为避免垂直壁面喷涂时液料下滴，要求发泡的时间要快一点。灌注法施工就是将混合均匀的液料直接灌注于需要成型的空间或事先安置的模具内，经发泡膨胀而充满整个空间。为保证有足够的操作时间，要求发泡的时间慢一些。

④ 缠包法　缠包法保温采用卷状的软质保温材料（如各种棉毡等）。施工时需要将成卷的材料根据管径的大小剪裁成适当宽度（200～300mm）的条带，以螺旋状缠包到管道；也可以根据管道的圆周长度进行剪裁，以原幅宽对缝平包到管道上，如图 3-32 所示。

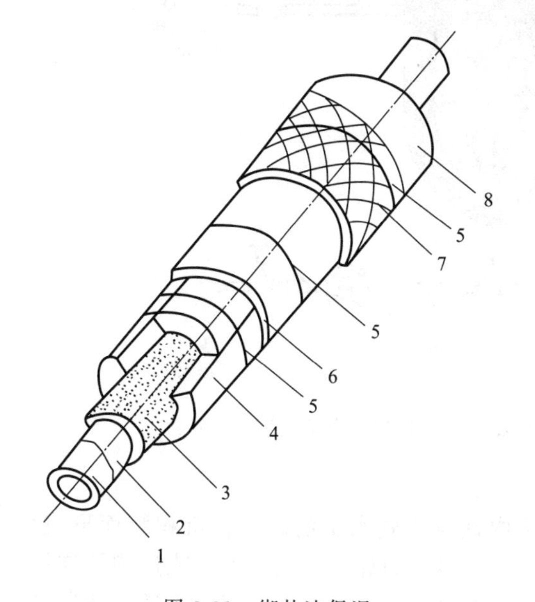

图 3-31　绑扎法保温

1—管道；2—防锈漆；3—胶泥；4—绝热层；5—镀锌钢丝；6—沥青油毡；7—玻璃丝布；8—防腐漆

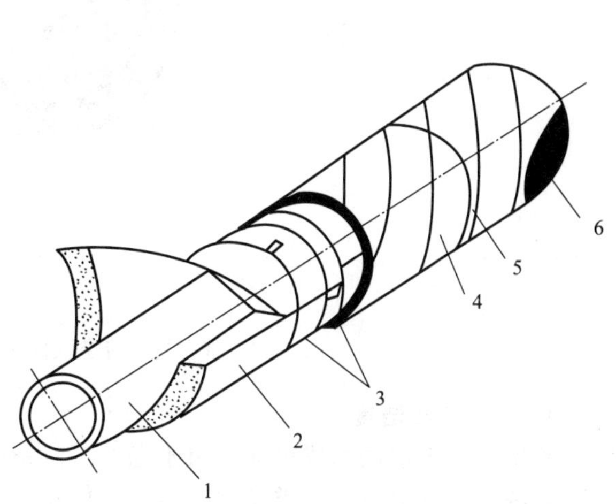

图 3-32　缠包法保温

1—管子；2—保温棉毡；3—镀锌钢丝；4—玻璃布；5—镀锌钢丝或钢带；6—调合漆

保温层外径不大于 500mm 时，应在保温层外面用直径为 1.0～1.2mm 的镀锌钢丝绑扎，间距为 150～200mm，禁止以螺旋状连续缠绕。当保温层外径大于 500mm 时，还应加镀锌钢丝网缠包，再用镀锌钢丝绑扎牢。

七、蒸汽加热系统使用注意事项

1. 正确的蒸汽量

对于任何一个加热系统必须提供正确的蒸汽量以确保能提供足够的热量。同样，正确的蒸汽量能避免产品损坏或生产率的下降。为了得到所需的蒸汽量，蒸汽负荷必须正确计算，蒸汽管道必须选型正确。

2. 正确的压力和温度

蒸汽到达用汽点压力应该需要达到的值，从而为工艺提供合适的温度，否则工艺的性能将受到影响。正确选择管道和附件口径能确保做到这一点。如果蒸汽中含有空气或其他不凝性气体，虽然压力表显示了正确的压力，但压力所对应的饱和温度却无法达到。

3. 空气和其他不凝性气体

蒸汽管道和设备起动时会有空气，即使在最后时刻系统中充满了纯蒸汽，但系统停机时蒸汽会冷凝，随之产生的真空会吸入空气。

当蒸汽进入系统时，它会推动空气到达排放点或离蒸汽进口的最远端。因此在排放点安装的疏水阀应该具有足够的排空气能力，在管道的最远端应该安装自动排空气阀，见图 3-33。但是，系统内存在的湍流会混合蒸汽和空气，空气被蒸汽一起携带到换热表面。蒸汽冷凝后，空气会残留在换热表面形成绝热层，成为传热的热阻。

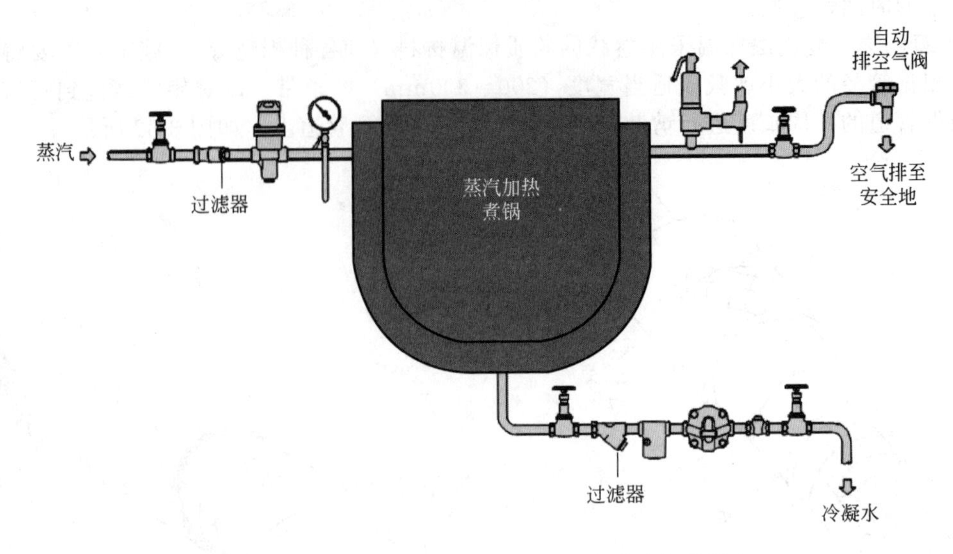

图 3-33　带有自动排空气阀和过滤器的蒸汽加热设备

4. 蒸汽的清洁度

管道上污垢层的形成可能是由于老的蒸汽系统内铁锈或硬水中的碳酸盐沉积物而形成。蒸汽系统中可能会有其他类型的杂质，例如管道安装后残留的焊渣、使用不当或过剩的连接材料。这些杂质将会增加弯管疏水阀及其他阀门的磨损。基于这个原因，安装管道过滤器是通常采用的有效方法，如图 3-34 所示。它应该在所有的疏水阀、流量计、减压阀和控制阀的上游安装。

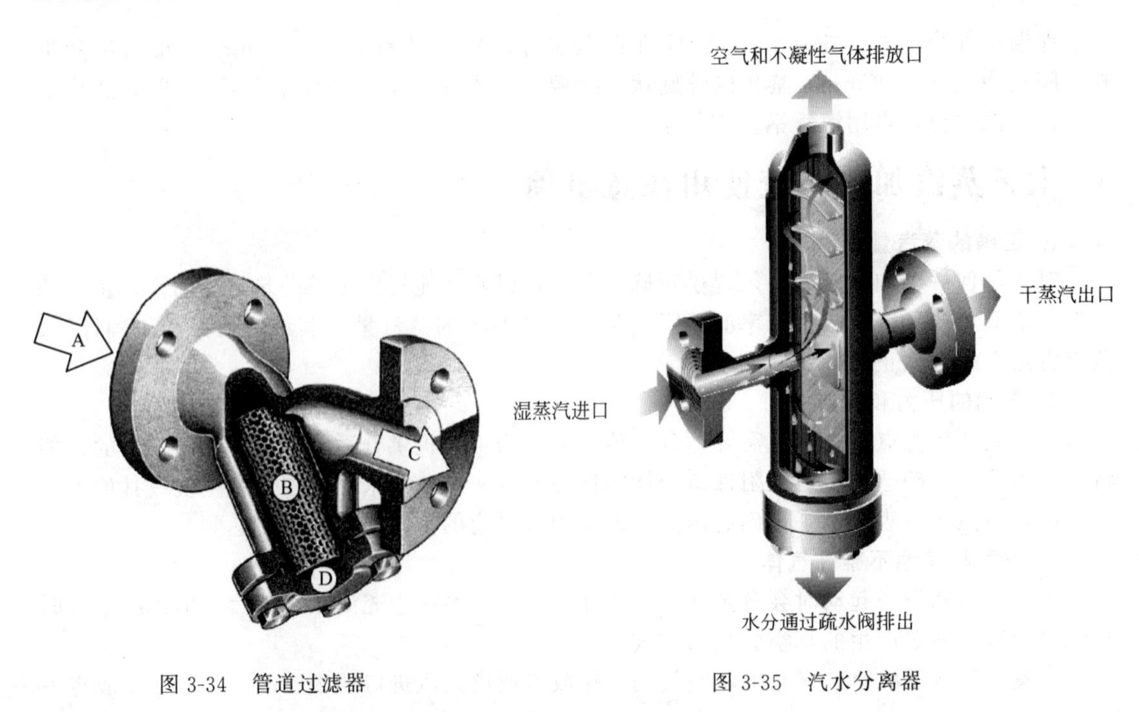

图 3-34　管道过滤器

图 3-35　汽水分离器

蒸汽从入口A流入，经过多孔过滤网B达到出口C。蒸汽和水能容易地通过过滤网而杂质会被过滤下来。端盖D可以拆卸，可以取出过滤网进行定期清洗。当蒸汽管道安装过滤器时应保证端盖D朝向管道侧面，这样可以避免冷凝水的积聚而造成的水锤问题，同时也可以最大限度地使用过滤网的面积。

5. 蒸汽的干度

不正确的锅炉水处理和短时间的峰值负荷会引起汽水共腾，锅炉水会被携带进入蒸汽主管，引起化学物质和其他杂质沉积在换热器表面。随着时间的推移，沉积物不断积聚，工厂的效率将逐渐降低。除此以外，蒸汽离开锅炉，由于管道的散热损失，部分蒸汽会冷凝。即使管道的保温再好，该过程也无法完全避免。基于以上这些原因，蒸汽达到用汽点会相对较湿。蒸汽中包含的水分会增加蒸汽冷凝时形成的冷凝水膜，产生额外的传热热阻。

因此安装蒸汽管道的汽水分离器可以保证蒸汽的干度，其工作原理如图3-35所示，当蒸汽通过汽水分离器将改变几次流动方向，挡板对较重的水滴产生阻碍而较轻的蒸汽能自由通过，水分将沿挡板流向汽水分离器底部并通过疏水阀排出，疏水阀可以排放冷凝水而不会泄漏蒸汽。从而将蒸汽管道系统的包含在蒸汽中和沉积在管道底部的冷凝水分离并排除，保证蒸汽的干度。

八、蒸汽系统开车

冷的蒸汽管道在引入蒸汽时，有一个热膨胀过程，为使热膨胀充分，必须有足够的时间缓慢加入蒸汽以提升温度和压力（同时注意排放冷凝液），逐渐达到额定值（管道与蒸汽温度一致），这就叫暖管。若暖管速度过快，冷凝液排放不及时与蒸汽在管内形成两相流，使混合物发生激烈爆鸣（可听到较闷的当当声），严重时损坏该区域管道及阀门，伤及操作者，这就叫水击。其实暖管过程就是防止水击的发生。

1. 操作步骤

（1）检查流程，先关闭所有阀门，打开蒸汽管网导淋。

（2）缓开引蒸汽阀门送蒸汽，有蒸汽通过时停一阵，无严重水击时再开一点。

（3）检查蒸汽导淋排水汽情况和管道位移情况。

（4）视蒸汽导淋排水汽带水多少情况，沿蒸汽流向方向关闭蒸汽导淋阀门，直到最后一个导淋阀关闭，蒸汽暖管结束。

（5）管线全部见汽后开大引蒸汽阀门，提高参数至所需的压力。

还有一种启动方式，即是锅炉一启动，就将蒸汽送到管网，用汽设备也引入蒸汽，蒸汽系统蒸汽参数和锅炉升温升压速度一致，可大大缩短蒸汽系统启动的时间，不会发生水击和振动（排凝要打开），减少启动时间，节省蒸汽。

2. 蒸汽管暖管注意事项

（1）暖管应缓慢进行。即先向管道内缓慢地送入少量蒸汽，对管道进行预热，当吹扫管段首端和末端温度相近时，方可逐渐增大蒸汽流量至需要值进行吹扫。蒸汽管线的吹扫方法用暖管→吹扫→降温→暖管→吹扫→降温的方式重复进行。直至吹扫合格。如是周而复始地进行，管线必然冷热变形，使管内壁的铁锈等附着物易于脱落，故能达到好的吹扫效果。为提高吹管效果。可在基本的蒸汽吹洗方法中加入一定量的氧气，有利于锈垢脱落及保护膜的生成。直到排出的全是无色蒸汽为止。

（2）基本上控制升温速度不超过50℃/0.5h，管道与蒸汽温度一致，暖管合格。

（3）暖管中要注意观察管道连接处的各个阀门，发现泄漏及时拧紧。

第二节 导热油

当加热温度超过 180℃时，水蒸气的压力将超过 0.8MPa，对加热设备、管道的耐压要求增加，费用提高。通常采用其他的载热体，常用的是导热油（道生油）及熔盐，它们在较高温度下仍是液体，在几乎常压的条件下，可以获得很高的操作温度。

导热油有良好的热稳定性，可在低于 385℃温度下长期使用，其最高使用温度可达 400℃，具有较高的沸点（常压下沸点为 258℃），较低的凝固点（12.3℃）和较低的饱和蒸气压。如在 200℃和 300℃时，其饱和蒸气压分别为 0.025MPa（绝）和 0.24MPa（绝），此仅是相同温度下水蒸气压强的 1/63 和 1/36，所以可大大降低操作压力，并使热交换器、管道、阀门等处于低压下工作，提高了系统和设备的可靠性，从而降低设备投资。同时，省略了水处理系统和设备，提高了系统热效率，减少了设备和管线的维护工作量，降低系统和操作的复杂性。本节讨论导热油加热系统。

一、油品的性质

1. 导热油类型

（1）烷基苯型（苯环型）导热油　这一类导热油为苯环附有链烷烃支链类型的化合物，属于短支链烷烃基萘（包括甲基、乙基、异丙基）与苯环结合的产物。其沸点在 170～180℃，凝点在－80℃以下，故可作防冻液使用，此类产品的特点是在适用范围内不易出现沉淀，异丙基附链的化合物尤佳。

（2）烷基萘型导热油　这一类型导热油的结构为苯环上连接烷烃支链的化合物。它所附加的侧链一般有甲基、二甲基、异丙基等，其附加侧链的种类及数量决定化合物的性质。侧链单于甲基相连的烷基萘，应用于 240～280℃范围的气相加热系统。

（3）烷基联苯型导热油　这一类型的导热油为联苯基环上连接烷基支链一类的化合物。它是由短链的烷基（乙基、异丙基）与联苯环相结合构成，烷基的种类和数量决定其性质。烷烃基数量越多，其热稳定性越差。在此类产品中，由异丙基的间位体、对位体（同分异构体）与联苯合成的导热油品质最好，其沸点＞330℃，热稳定性亦好，是在 300～340℃范围内使用的理想产品。

（4）联苯和联苯醚低熔混合物型导热油　这一类型的导热油为联苯和联苯醚低熔混合物，由 26.5%的联苯和 73.5%的联苯醚组成。熔点为 12℃，其特点是热稳定性好，使用温度高（400℃）。此类产品因为苯环上没有与烷烃基侧链连接，而在有机热载体中耐热性最佳。这种凝点（12.3℃）低熔混合物，在常温下，沸腾温度在 256～258℃范围内使用比较经济。这是因为两种物质的熔点均较高（联苯为＜71℃，联苯醚＜28℃）所致。这种低熔混合物蒸发形成蒸气过程中无任何一种组分提浓的发生，且液体性质亦不变。由于二苯醚中结合醚物质，在高温下（350℃）长时间使用会产生酚类物质，此物质有低腐蚀性，遇水对碳钢等有一定的腐蚀作用。

2. 选购导热油时注意事项

（1）考察产品最高使用温度的真实性　采用热稳定性试验方法确定，即在最高使用温度下进行试验后外观透明，无悬浮物和沉淀，总变质率不大于 10%所对应的温度。通过与新标准作对照，分析产品说明书的真实性。尤其要了解其规定的最高使用温度是如何确定的，有无权威机构的检测报告。

根据国际化标准分类，矿物型导热油的最高温度使用温度不超过 320℃，目前多数该油品的最高使用温度为300℃。

(2) 考察产品的蒸发性和安全性　闪点(开口)符合标准指标要求,初馏点不低于其最高使用温度,馏程比较窄,燃点比较高。

(3) 考察产品的精制深度　外观为浅黄色透明液体,储存稳定性好,光照后不变色或出现沉淀。残炭不大于0.1%,硫含量不大于0.2%。

(4) 考察产品的低温流动性　根据用户所处地区和设备的环境温度情况,选择适宜的低温性能。QB和QC倾点不高于-9℃,低温运动黏度(0℃或更低温度)相对比较低。

(5) 考察产品的传热性能　具有较低的黏度、较大的密度、较高的比热容和热导率。

3. 油品报废更换控制指标

(1) 酸值>0.5mg KOH/g。

(2) 残炭>1.5%。

(3) 闪点变化值>20%(和开始使用时新油相比)。

(4) 黏度变化值>15%(和开始使用时新油相比)。

二、导热油加热系统

根据使用温度的不同,用导热油作为载热体可以是液相或气相。一般使用温度低于280℃时用液相操作,280~385℃时用气相操作。采用气相加热,传热系数大,可均匀传递热量,防止被加热物料的局部过热,又能形成封闭自然循环系统,与导热油液相加热系统相比可省去高温循环泵。

(一)液相加热循环系统

液相加热强制循环系统为液态导热油从加热炉获得的热量,以显热的状态向用热设备释放热量后,再通过循环泵流回到加热炉,故是一个封闭循环系统。因此,用热设备的出口和入口,会产生一定的温度差,其大小依据泵的流量而定。通常液相加热强制循环系统的温度差在20~50℃范围内。

1. 工作原理

(1) 工艺流程　导热油液相加热强制循环系统流程如图3-36所示,按功能可以分为以下几个部分。

① 注油系统　贮油槽中的导热油通过注油泵打入高位槽,如油量过多,多余的导热油则通过溢流管自动排入贮油槽。

② 主循环系统　循环泵将导热油送入加热炉加热后送入用热设备,用热设备回来的导热油,经过油气分离器、过滤器,最后由循环泵再打入加热炉加热。

③ 自循环系统　当用热设备停止用热时,可打开旁路阀门,实现导热油的自循环(此系统可根据实际需要而定)。

④ 排气系统　通过油气分离器、高位槽、放空管将加热后系统内产生的气体排出,保证整个系统的稳定运行。

⑤ 冷油置换系统　紧急停炉时打开置换阀,将高位槽中的油靠静压力通过油气分离器及相应管线注入加热炉,加热炉内的高温导热油则通过置换阀排入贮油槽。

⑥ 报警系统　当操作不当引起加热炉的出口油压过高时,安全阀自动开启泄压,并将导热油通过相应的管道排入低位槽。

(2) 工作过程　导热油在加热炉中被加热到规定温度后输送到用热设备,经过热量交换,冷的导热油进入分离器,液态导热油经过过滤器后,再回流到循环泵,最后进入加热炉内,整个系统是在液态导热油不间断地循环流动下工作的。而由分离器分离出的导热油气体

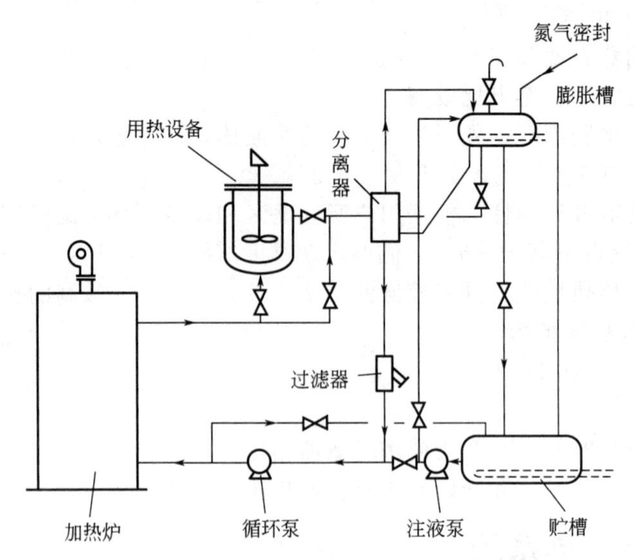

图 3-36　导热油液相加热强制循环系统流程图

被送到膨胀罐，不凝性气体通过膨胀罐上的排气管排空。导热油液体被加热时体积将发生膨胀，为使系统的压力不因此而增加，设置了膨胀罐。膨胀罐放在系统的最高位置，使系统保持一定的压力（静液柱）。用热温度及供热量的调节是通过控制循环量来实现的。采用液相强制循环，泵的压头远比自然循环产生的压头大得多，因此，用热设备和输液管道可以允许有较大的阻力降。但是，这样就需增加较大功率的循环泵，消耗较多的电能，且使用温度也不如用气相的高。

用热设备需要设定温度，用热设备的温度可以通过调节导热油的供给量得到控制。流向用热设备的导热油被节制时，要打开旁通管，使其流回加热炉循环系统，因此，流向加热炉的循环量比系统所设定的流量要大一些。

与用热设备的供给量相对应，如果限制导热油加热炉的循环量，加热管内的导热油流速下降，局部管壁温度上升，则导热油将出现劣化，最坏的情况下还可能出现焦化，引起加热管堵塞。因此，应设置自动熄火装置，以便在最低循环流量时使燃烧自动停止，防止空烧。

（3）典型设备　导热油液相加热系统一般包括加热炉、贮油槽、膨胀罐、油气分离器、导热油循环泵、注油泵等设备构成。

① 加热炉　加热炉是整个导热油加热系统的核心设备，导热油在炉内被加热到指定温度，然后通过循环泵送往用热设备。根据用热设备的负荷要求，加热炉可以设置为单台或多台；根据设备布置的要求，可以选择卧式炉或立式炉。

② 贮油槽　贮油槽作为系统内导热油卸放时的贮存设备，它的容积一般不小于整个系统油量的 1.2 倍。贮油槽通常位于整个热油系统的最低点，以保证停车时，系统内的导热油能全部回到贮油槽中。

③ 膨胀罐　在载热体加热循环系统中，需将膨胀罐设置在主循环管的旁路上，且置于高出整个系统其他设备或管线 1.5～2m 处，并不得垂直安置于炉体上方。从系统回路通向膨胀罐的膨胀管应尽量避免水平安置，若无法避免时，应保持向膨胀罐方向倾斜上升，倾斜度应大于 1/10，且不宜过长，在膨胀管上严禁装设任何阀门。这样当导热油膨胀或收缩时，导热油可以通过膨胀管自由流动。

膨胀罐的尺寸应该使系统在环境温度下，膨胀罐的液位为 1/4，而在操作温度下，膨胀罐的液位为3/4。它应装有耐高压的目测液位计，并设有低液位报警及联锁，当系统出现导热油泄漏事故时，切断加热炉和泵。当组成加热系统的设备较大时，膨胀罐应装有压力释放装置，例如压力释放阀、爆破膜或排空阀。这样能使超压得到释放，以防造成膨胀罐损坏或破裂，见图3-37。

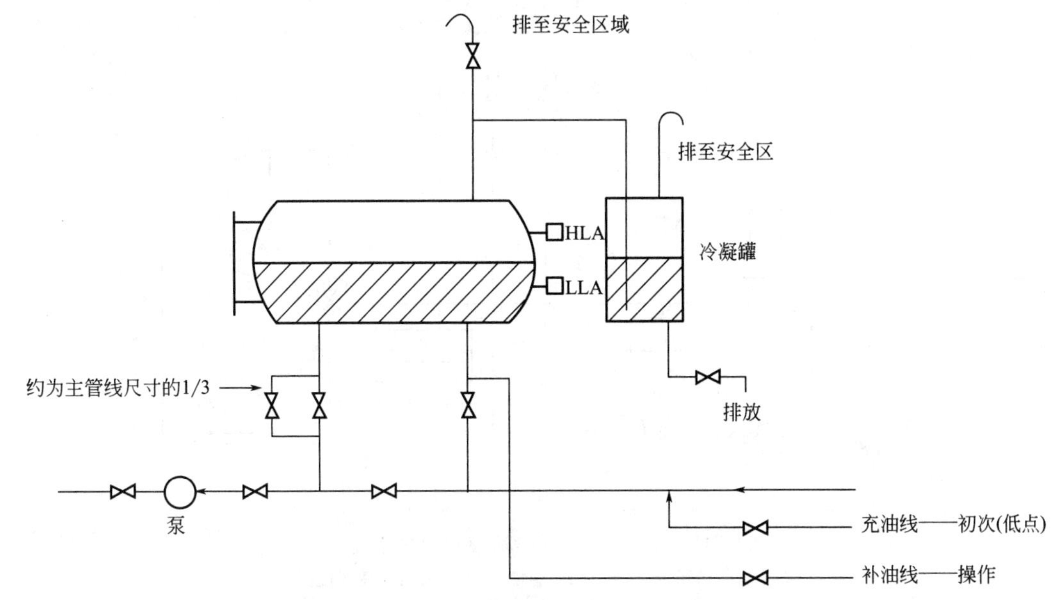

图3-37　导热油加热系统膨胀罐及油气分离器布置

HLA—高液位报警；LLA—低液位报警

④ 油气分离器　油气分离器将导热油中的空气、蒸汽分离出来后，此气体介质被分离后进入膨胀罐，当压力较高时通过膨胀罐顶部的安全阀排出。为了避免导热油高温氧化，一般在膨胀罐放空系统中采用惰性气体保护或冷油放空。

⑤ 导热油循环泵及注油泵　导热油循环泵一定要有足够的功率和压头，以保证导热油在特定的系统中按要求的流量进行循环，对于大流量情况一般应该采用离心泵。符合标准用于高温的泵都可以选用，采用液体冷却轴承和密封件可延长泵的工作寿命，温度超过230℃时，应该使用带有冷却夹套的填料箱或机械密封。

注油泵作用是将外来的导热油输入到贮油槽或膨胀罐内，及时补充或排出系统所需的导热油。注油泵一般采用齿轮泵。

2. 工业应用

随着导热油加热系统应用的不断扩大，用户要求的不断提高，控制系统性能的完善，需在基本加热系统的基础上，进一步完善系统。

（1）单用户加热系统　如图3-38所示，这是加热炉出口导热油温度下运行的基本系统。三通阀直接将部分导热油分流回加热炉，以保证流过加热炉的导热油始终保持在大于最小限制流量，同时，通过调节导热油的流量也控制了用户的温度。这种系统具有最大的操作灵活性，但应注意加热炉和泵的安全控制以及它们与导热油流量、导热油出口温度及膨胀罐低液位报警之间的联系。用户的温度调节通过对燃料量的控制来实现。

这种方法有时受到调节比的很大限制，只有在工艺介质连续用热及其热负荷变化较小的情况下才适用。加热炉管内必须一直保持适当流量的导热油，以满足热量平衡和防止导热油出现主体温度和膜层温度过热现象。

（2）多用户恒温加热系统　如图3-39所示，该系统中有多个热用户与加热炉相连，所

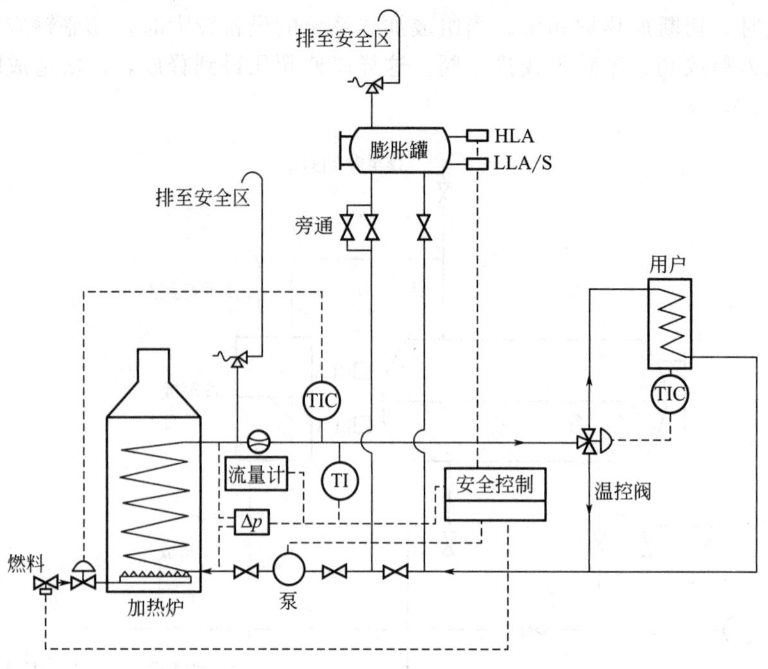

图 3-38　单用户导热油液相加热系统

TIC—温度指示控制器；TI—温度指示；HLA—高液位报警；

LLA/S—低液位报警/切断；Δp—压力差

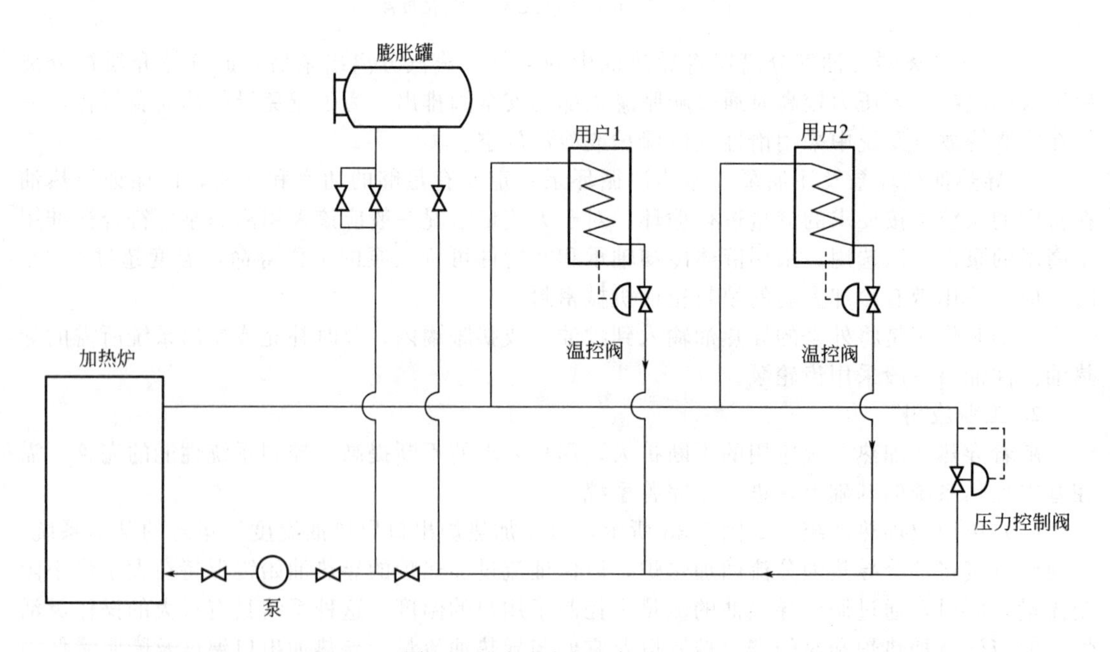

图 3-39　多用户恒温加热系统

有用户的操作温度都相同，为了控制被加热介质的温度，每一用户都有一个温度调节阀，在系统末端有一个独立的最小流量旁通阀。

（3）多用户变温加热系统　如图 3-40 所示，该系统中使同一系统中的不同用户同时在各自操作温度下运行，每种温度的导热油回路都通过设在用户出口的温度控制阀和设在用户

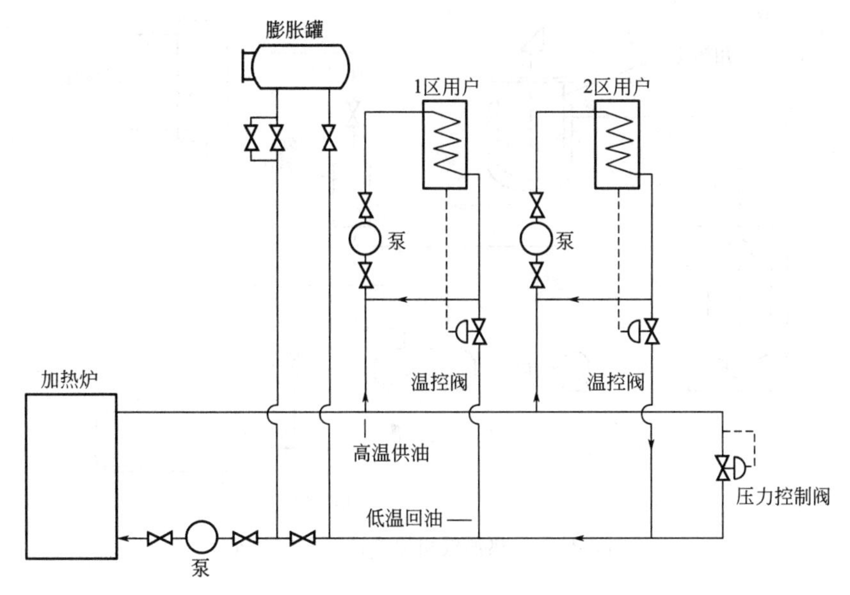

图 3-40　多用户变温加热系统

进口的再循环泵来调节。该温度回路的旁通连接着再循环泵的入口和用户的出口，当温度控制阀打开时，主系统的高温导热油进入该回路，在其中混合并且再次循环。这些冷热导热油的混合使得通过用户的导热油在低于加热炉出口温度的条件下工作，为用户提供了精确的温度控制。主循环泵的负荷是根据通过加热炉的流量而定的，而回路中的再循环泵负荷是通过用户的冷热混合导热油的容量而定的。

这种加热系统能对系统热负荷变化产生快速反应，并提供准确的温度控制。

（二）导热油气相加热系统

1. 气相加热自然循环系统

气相加热自然循环系统是加热产生的导热油蒸气输送给用热设备，放出潜热，导热油蒸气冷凝，用热设备得到均一加热的系统。因此，加热炉和用热设备之间是以气相进行热量输送的，亦即它是一个以潜热形态供热的系统，所以，导热油与用热设备之间的传热机理为冷凝传热。气相加热系统可获得均一的加热温度，用热设备出入口载热体的温差可控制在 1～20℃范围。但是气相加热系统在运行停止时会出现负压状态，外界气体容易混入。

导热油气相加热自然循环系统流程如图 3-41 所示。液体导热油混合物贮放在地下贮罐中，由氮气加压使地下贮罐中的导热油混合物输入日用贮罐，再由补给泵将液态导热油混合物从日用贮罐抽送至加热炉。在加热炉中，导热油混合物被间接加热汽化，并经汽包进行气液分离。然后，导热油混合物蒸气沿管道送到用热设备，与被加热介质进行热量交换，放出热量变成冷凝液，冷凝液流经分离器进行气液分离，液态导热油混合物沿回流管自流回到加热炉，继续被加热汽化，形成自然循环。被分离器分离出的气体经冷凝器进一步冷却，导热油混合物的冷凝液回到日用贮罐中。在各贮罐中都设有蒸气加热管，以便在冬天停炉后，重新升火开车前，对导热油升温熔化。该系统特点是气相冷凝时可放出较大的汽化潜热，对传热有利；自然循环不需要循环泵，可节省泵用电能。缺点是这种流程的用热设备必须放置在足够的高度上，使系统中的静压头能完全克服系统的阻力，保证其自然循环的可靠性。

2. 气相加热强制循环系统

导热油气相加热强制循环系统如图 3-42 所示，导热油在加热炉中被加热后，经过闪蒸

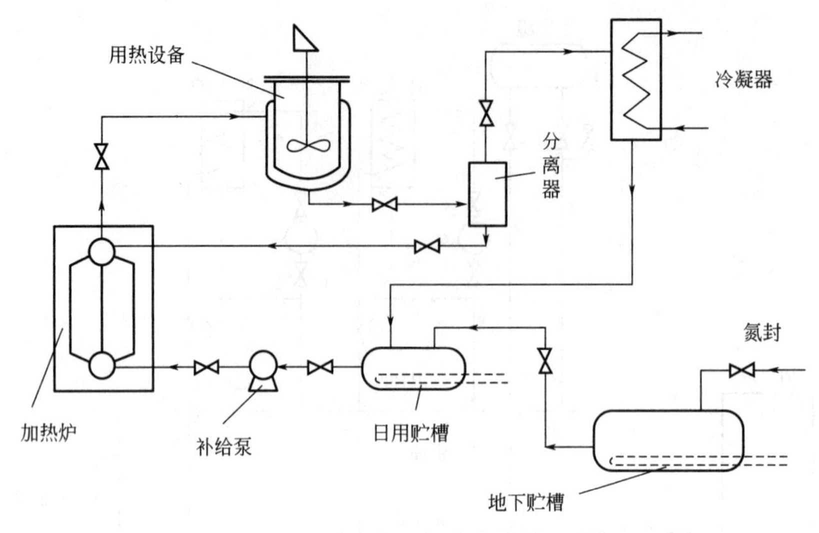

图 3-41　导热油气相加热自然循环系统

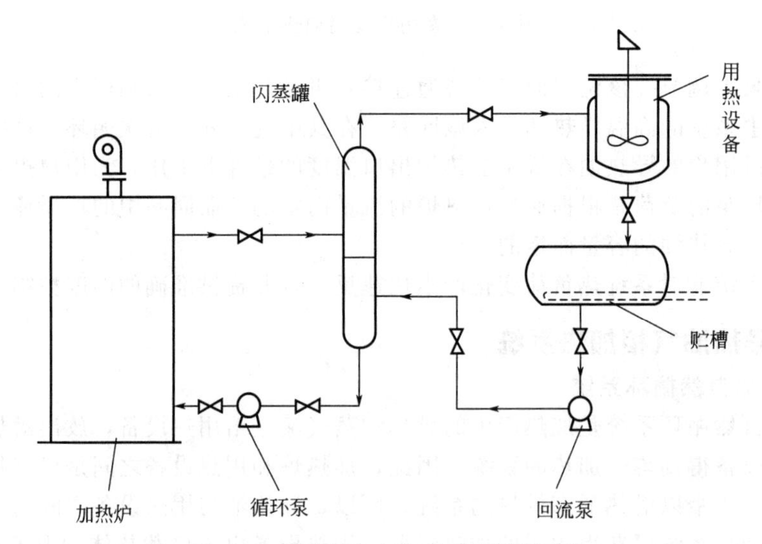

图 3-42　导热油气相加热强制循环系统

罐产生蒸气，送向用热设备，放出潜热，冷凝后流向贮罐，再经回流泵送至闪蒸罐的液相部分，进入循环泵的入口侧，送回到加热炉，这个强制循环过程是由泵完成的。该流程的一个特点是对导热油进行强制加热循环；另一个特点是加热系统内的导热油用量较少，从升温到汽化所需时间较短，而且加热炉内的导热油在强制循环时不会发生局部过热，可以抑制导热油的劣化。

三、液相加热系统运行

1. 开车准备

对于一个新建成的系统或系统排空后又重新启动，以下几点是对其推荐的检查准则，这几点适用于对各种不同容量和型式导热油系统的管理。

(1) 检查安全和控制装置　对于具体的装置及其功能，应确认其设定的工作范围是否符合操作的要求，同时应用手动操作这些仪表和采用所有必要的检验以保证仪表满足其功能要求。

为了保护系统并且延长导热油使用寿命，所有的仪表及其控制功能满足安全和控制要求是非常重要的。

(2) 检查有否泄漏。

(3) 使用压缩空气或其他可行手段，排出系统内湿汽。

(4) 将导热油装满系统

① 将导热油充入系统，所有通至膨胀及大气的排气阀管都要打开以排除空气。当导热油达到膨胀罐的最低液位时即可停止向系统内注油，如果必要，可将系统的蒸汽伴热启动。

② 打开需要开启的阀门，按照制造商的建议开启主循环泵，观察膨胀罐内的液位，如果需要，可进一步向系统内补油直到膨胀罐液位适当位置。冷态条件下膨胀罐的液位应能满足系统操作温度下导热油的热膨胀需要。当达到操作温度时，膨胀罐的液位应被调整至70%～75%的满液位。

③ 将导热油在系统中循环3～4h，以排除系统中的空气泡，并保证系统被充满，在点燃加热炉前，一定要确认导热油在整个系统内部都能自由地循环。

(5) 启动加热炉

① 缓慢地升高系统内的温度——大约每小时35℃，以防止对加热炉盘管、加热炉和管线的接口及耐火材料的热冲击，同时也便于操作者在此期间检验仪表及控制的性能，这样的缓慢升温也能使系统各部分内部所存的湿汽被收集，并以气态的形式从系统中排出。覆盖气应吹扫膨胀罐，以排除那些不凝结物和残余的湿汽。

② 将系统升至操作温度，再将热用户并入循环回路，然后将膨胀罐的覆盖气系统投入正常操作。

③ 一般情况下，在整个系统投入运行24h后，应对导热油进行化验分析，并在此后对其进行年检。

④ 检查过滤器，如果发现有异物，过滤网应定期检查并且清洗，如果通过几天操作后发现过滤网上没有异物，就可以将过滤网永久性地取出。如果用于开工的过滤器要长久地安装在装置内，应该使其具有容易被识别的标志。注意放置在系统内的过滤网，至少应经过二次的系统升温及冷却循环后方可拆除，这是由于热胀冷缩作用，将会剥落系统中的金属氧化物。

2. 开车

(1) 检查安全控制　除了正常要求的控制外，加热炉还应设置当地法规所要求的适当的安全控制装置。

(2) 启动升温的保护措施

① 冷态启动条件下，导热油的温度是非常重要的。应向加热炉及泵的制造商咨询所推荐导热油的最大启动黏度，这是与允许启动的最低导热油温度相联系的。如果不依照供货商的推荐要求去做，有可能造成设备的损坏或系统无法在冷态下启动。

② 如果系统一定要在导热油的限制可泵温度以下启动，那么导热油应该使用一种安全的方法预升温，例如，蒸汽或电伴热。

③ 在寒冷季节里，避免低温启动问题的解决办法之一，就是保持系统在105℃左右的空载循环，尤其是对于那些容易凝固或对泵来讲黏度过大的导热油。

(3) 启动程序(冷启动，开车)

① 当启动温度合适后，可开启循环泵并且检查膨胀罐液位，即观察冷态系统的液位约为1/4膨胀罐满液位；投入膨胀罐的覆盖气。

② 设定在低燃烧强度工况下，开启加热炉，并且连续地在循环系统中循环，直到导热

油主体温度达到 105℃。

③ 满负荷开动加热炉，一直升温到工作要求温度；或遵循加热炉制造商的升温程序。保持温度 3～4h，边加热边排气。

④ 在升温的同时注意系统压力情况，一旦出现低压就排气，同时注意从膨胀罐补加导热油；一般来说，开车升温处理需要一个班的时间（8h 左右）；将导热油中的低沸点物质除去就可以了，在更换或者补加较大量的导热油的时候也要进行这种操作。

（4）启动程序（热启动） 热启动是指在系统安全控制自动关断系统后，导热油温度在 105℃以上的情况下，进行再次启动。

① 确定关断的原因，并排除造成关断的因素。

② 开启循环泵，将系统循环若干次，以消除导热油在加热炉静止时可能出现的气泡。

③ 设定在低燃烧强度工况下，启动加热炉，当火焰稳定后将加热炉调至充分燃烧。

（5）关断程序

① 在循环泵继续运行情况下，彻底地关断燃烧器，使泵在最大流量下循环，以将加热炉内的蓄热带走。

② 当加热炉冷却至制造商推荐的停炉温度下，关断循环泵，切断所有的加热炉控制。

③ 关断时，一定注意应使系统内每一个回路都不会与主循环系统完全隔离，以免在回路中形成真空，损坏设备。

四、系统清洗

结合导热油加热系统内部构造的特殊性，材质的多样性，确定化学清洗方案：导热油放空—蒸汽冲洗—脱脂—除垢清洗—漂洗—中和、钝化—蒸汽冲洗—检查验收—氮气吹扫—复位升温。

（1）蒸汽冲洗 将管道内导热油放空，用蒸汽冲洗管道内部使表面杂质、锈蚀物等污垢去除。

（2）脱脂 脱脂的目的是去除系统中油性物，并使结垢物浸润转化，为除垢步骤创造条件。油污原来是以一铺开的油膜存在于表面的，在经过洗涤优先润湿的作用下，逐渐卷缩成为油珠，最后被冲洗以至离开表面。

（3）清焦除垢 该程序是化学清洗中的关键步骤，通过配制的专用清焦除垢剂，使之与结垢物进行化学反应，形成水溶性物质被清洗液带出系统，从而达到清焦除垢的目的。

导热油在壁管上受热结焦，焦块连成片很坚硬，要采用清焦综合措施：加表面活性剂对污垢及被洗涤物（炉管）表面进行吸附，使界面及表面的各种物质（如机械性、电性质、化学性质）均发生变化；加乳化剂，使形成强界面膜，有利于乳状液的稳定，油污质点也就不易再沉淀于固体（炉管）表面；加助洗剂，提高洗涤效果，有利于污垢质点悬浮，防止污垢质点沉积；同时提高加热温度（热运动）及机械力的作用，达到最优化的洗涤效果。

（4）漂洗 漂洗是用按规定配制的漂洗液与残留在系统内的游离离子进行结合，进一步提高除垢率，为中和钝化程序打好基础。

（5）中和 用中和液与系统内残留的漂洗液进行反应，使整个系统中的 pH 值达到规定要求。

（6）钝化 用钝化液使清洁的金属表面形成一层完整而致密的钝化保护膜。

（7）清洗 后的水冲洗 保证所有清洗药剂全部排尽，管壁内部清洁。

（8）检查验收 清洗结束后，承包方首先自检清洗质量，自检质量合格后，与使用单位共同组织检查验收，经检查合格后，双方签写清洗验收报告。

（9）氮气吹扫 为尽可能排出管道内的冲洗残留水分，可用氮气或压缩空气进行吹扫。

清洗实例：

原有 1×10^6kcal/h 导热油炉系统一套，运行 8 年未进行检修、保养，整个加热设备系统结焦严重，流量下降到 28m^3/h（生产上要求 80m^3/h），循环泵出口压力出现大范围波动，热媒炉进口压力差达 0.4MPa，温差达 40℃，严重影响生产。清洗前后热媒炉的各种参数对比见表 3-8。

表 3-8 加热系统清洗前后对照

清洗前	清洗后
热媒流量为 28m^3/h 循环泵出口压力差 0.4MPa 热媒炉进出口温差 40℃ 热媒炉结焦严重	热媒流量为 100m^3/h 循环泵出口压力差 0.06MPa 热媒炉进出口温差 15～20℃ 热媒炉能拆卸部位能见金属表面

第三节 熔盐加热系统

导热油与高温传热介质熔盐相比，在操作温度为 400℃以上时，熔盐较导热油作为传热介质的价格及使用寿命方面具有绝对的优势，但在其他方面均不占优势，尤其是在系统操作的复杂性方面。

当使用在 250～550℃的高温时，一般选择熔盐作为热载体进行加热。熔盐炉及熔盐加热系统具有如下特点：

① 可获得低压高温热载体，调节方便，传热均匀，可以满足精确的工艺温度要求；

② 液相循环供热，无冷凝排放损失，供热系统热效率较高；

③ 不需要水处理系统；

④ 熔盐炉可安放在用热设备旁边，热量输送方便，热损失较小。

一、熔盐

当使用温度为 350～550℃的高温时，可选择熔盐为热载体，如常采用亚硝酸盐、硝酸盐的混合物，其组成为 40% $NaNO_2$、7% $NaNO_3$、53% KNO_3 或者是 45% $NaNO_2$、55% KNO_3；以上混合物在常压下的熔点为 142℃，沸点为 680℃，因此，以熔盐作为热载体时，在常压下可以达到 530～540℃，是使用温度 400℃以上时最好热载体。常见使用的熔盐及温度见表 3-9。

表 3-9 熔盐及适用温度

盐(碱)的配比(质量分数)	熔化温度/℃	使用温度/℃	备 注
100% $BaCl_2$	960	1100～1350	常用于高温盐浴
100% NaCl	808	850～1100	高合金淬火加热
80% $BaCl_2$ + 20% NaCl	635	750～1000	
50% $BaCl_2$ + 50% NaCl	640	750～900	常用于中温盐浴
45% NaCl + 55% KCl	660	720～1000	
30% KCl + 20% NaCl + 50% $BaCl_2$	560	580～880	常用于高速钢分级冷却
21% NaCl + 31% $BaCl_2$ + 48% $CaCl_2$	435	480～750	用于低温盐浴回火、等温(冷却)用盐

续表

盐(碱)的配比(质量分数)	熔化温度/℃	使用温度/℃	备　注
100% $NaNO_3$(另加2%～4% NaOH)	317	325～600	用于高速钢回火
100% KNO_3	337	350～600	钢的分级淬火
100% NaOH	322	350～500	等温淬火
100% KOH	360	400～550	
50% KNO_3+50% $NaNO_2$	140	150～550	用于合金钢冷却
50% KNO_3+50% $NaNO_3$	218	260～550	
80% KOH+20% NaOH(另加10%～15%水)	130	150～300	用于碳钢或合金钢淬火
80% KOH+14% $NaNO_2$+6% H_2O	140	150～250	

新盐为白色粉状固体，易潮解，属无机氧化剂，是一种危险物品。熔盐与导热油相比，在相同的压力下可获得更高的使用温度（250～550℃），且熔盐类热载体不爆炸、不燃烧、耐热稳定性能好，其泄漏蒸气无毒，传热系数是其他有机热载体的2倍。在600℃以下时，几乎不产生蒸气。

二、熔盐炉

熔盐炉的构造一般都是盘管式，即熔盐在沿炉身的盘管内流动。随着工业生产的发展和技术的进步，目前已经形成了如下的分类方法。

（1）按照熔盐炉的循环方式分类，可以分为自然循环熔盐炉和强制循环熔盐炉。

（2）按照热源的不同，可以分为燃煤、燃油、燃气、电加热熔盐炉等品种。

（3）按照熔盐炉的结构形式分类，可以分为圆筒形、方箱形和管架式熔盐炉。

（4）按照熔盐炉的整体放置形式分类，可以分为立式熔盐炉、卧式熔盐炉。

图3-43为意大利Ggarioni&Naval公司生产的三回程立式圆筒形盘管熔盐炉；图3-44为美国Fuoton公司生产的四回程立式圆筒形盘管熔盐炉；图3-45是意大利Ggarioni&Naval公司生产的卧式圆筒形盘管熔盐炉；图3-46是德国GMBH公司生产的管架式盘管熔盐炉。

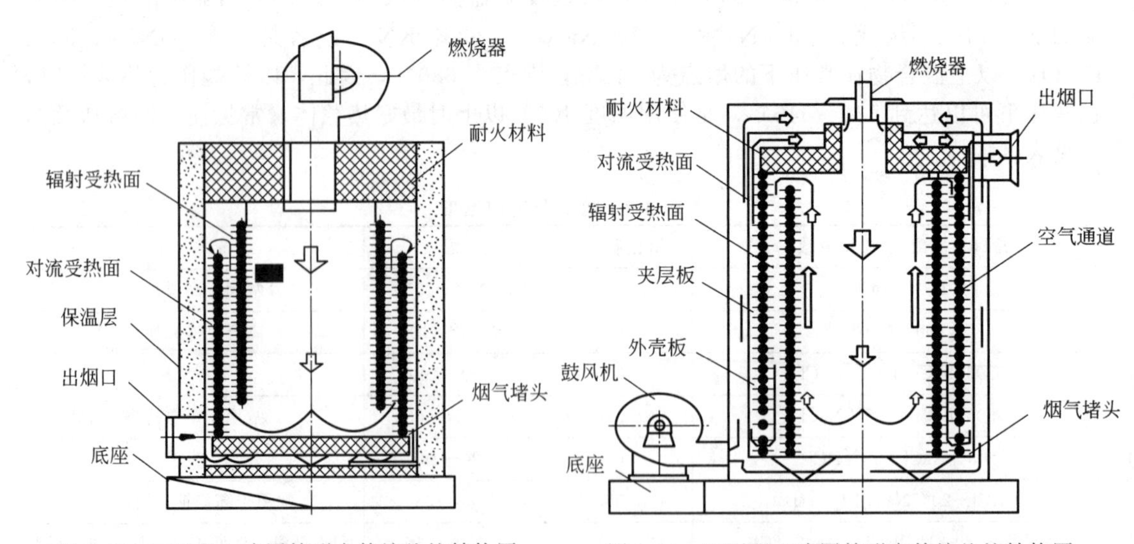

图3-43　三回程立式圆筒形盘管熔盐炉结构图　　图3-44　四回程立式圆筒形盘管熔盐炉结构图

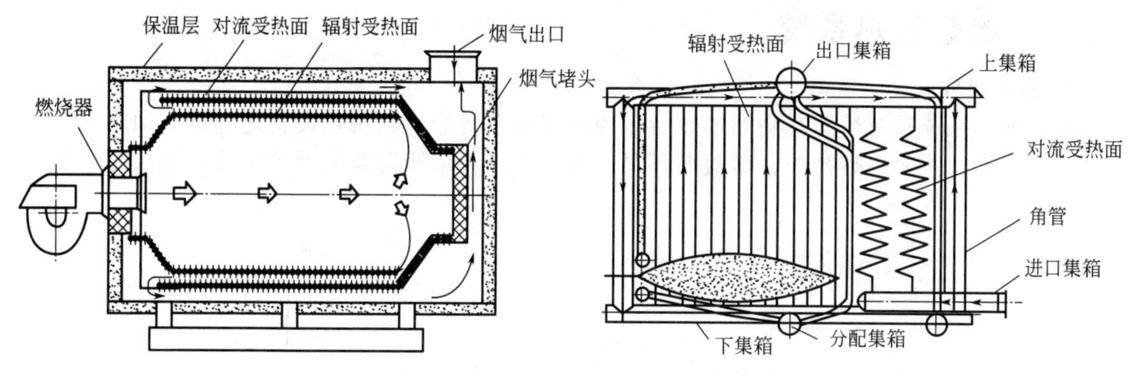

图 3-45　卧式圆筒形盘管熔盐炉结构图　　　图 3-46　管架式盘管熔盐炉结构图

1. 炉体

熔盐炉炉体由加热盘管和壳体组成。加热盘管是由直径相同的密集钢管沿炉身盘卷而成，进出口通过联箱汇集成一个管口进出。为了充分吸收热量，加热盘管又分为辐射受热面和对流受热面，以管程密布作“隔墙”，控制高温烟气的流动方向。燃烧器置于炉顶中心，燃烧室火焰由上而下与内层盘管内侧面辐射换热后，燃烧产生的高温烟气再从内层盘管底部由下而上进入内、外层盘管之间所构成的第一对流换热区，经过对流换热后从外层盘管上部进入外层盘管与壳体所构成的第二对流换热区，由上而下对流换热，最后从壳体下部排烟孔排出。熔盐由下部进口联箱分内、外两层盘管并行进入炉内，在炉内吸收热量之后，汇集到上部出口联箱，从上联箱排出。壳体以钢质支架作为支撑骨架，内侧采用耐火砖作为砌体，中间填充耐火纤维，外部表面材料为镀锌铁皮。

2. 燃烧系统

熔盐炉的燃烧系统根据燃料的不同，可以分为燃煤燃烧系统和燃油（气）燃烧系统两种。燃煤熔盐炉的燃烧系统由炉排、燃烧室、通风装置、伺煤机构、出渣机构、烟囱等组成，由于炉子排烟温度比较高（400～600℃），余热回收潜力很大，故一般在排烟系统内增加余热回收装置，可提高炉子效率 10%～15%。已设计开发的燃煤熔盐炉性能参数见表 3-10。

表 3-10　某立式燃煤熔盐炉性能参数

熔盐炉参数/(kcal/h)		120×10^4	160×10^4	200×10^4	250×10^4	300×10^4
额定热功率/kW		1400	1900	2400	3000	3500
热效率/%		≥65(不含余热利用)				
设计压力/MPa		1.1				
介质最高温度/℃		450				
熔盐循环量/(m^3/h)		80	90	100	120	140
配管连接口径 *DN*/mm		125		150		
全系统装机容量/kW		80	90	100	120	120
燃煤种类		MAⅡ、MAⅢ				
燃煤质量/(kg/h)		350	480	600	720	900
外形尺寸	长/mm	4800	4800	6900	6900	7500
	宽/mm	2100	2100	2500	2500	3000
	高/mm	6300	7600	8800	10000	8500
总质量/kg		20000	25000	30000	35000	41000

三、熔盐加热系统

1. 系统组成

熔盐加热系统是对熔盐在高温加热后作为热载体在熔盐炉和用热设备之间进行加热循环的热传递体系，主要由熔盐炉、熔盐循环泵、熔盐罐以及一些管路配件等组成，其系统如图3-47所示。

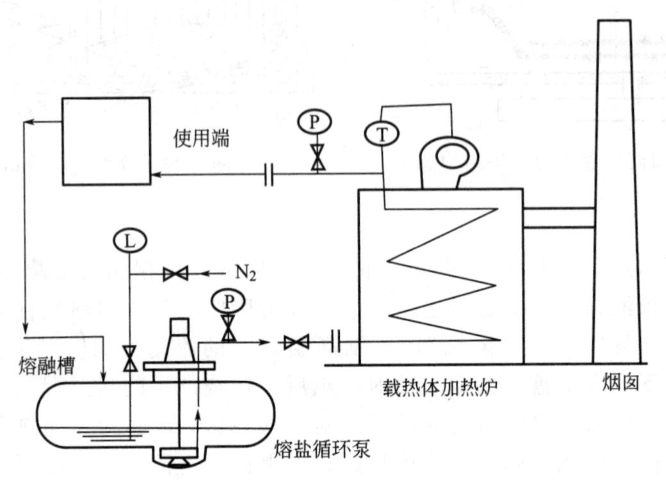

图 3-47　熔盐加热系统示意图

2. 熔盐罐及其管路配件

熔盐罐必须位于熔盐系统的最低位置，其容积是熔盐受热膨胀后的体积与停止运行时高温熔盐排放量的总和。为了加热熔化初期投放在熔盐罐内的粉末状无机盐，使其黏度达到可以用循环泵循环，同时为了减少热损失，有利于维持罐内熔盐的熔融状态，熔盐罐上设置了加热与保温装置。由于高温熔盐与空气接触会发生氧化，因此熔盐加热系统都是封闭的，在熔盐罐内充装了惰性气体，以防止熔盐与空气接触。熔融槽内充入了一定的惰性气体，且处于正压状态，当检修孔打开时，高温熔盐如和有机物质接触，则能引起着火、爆炸。熔盐与水接触也容易出现蒸汽爆炸，因此，打开检修孔时必须十分注意。

由于熔盐在温度低于142℃时便产生凝固，熔盐一旦在管道内凝固，再将它熔化是一件十分困难的事，因此熔盐系统的管道必须保持合理的弯曲度和适宜的斜度，以保证系统停止运行时能将系统内熔盐全部放回到熔盐罐，不允许有熔盐在管道内滞留。

四、熔盐加热系统运行

熔盐加热系统运行过程如下。首先将粉状的混合无机盐放入熔盐罐内，通过安装在罐内的蒸汽加热伴管或电加热伴管等方式将熔盐加热到熔点以上，使其黏度达到可以用熔盐循环泵进行循环的值。与此同时，需对熔盐炉内空管进行预热，以防止熔盐在流经冷盘管时发生冷凝固化。盘管预热到一定程度之后，开启熔盐循环泵，将熔盐送入熔盐炉中加热，加热到特定温度的熔盐被输送到用热设备，供热后，再沿循环系统流回熔盐罐，上述过程不断循环，构成熔盐加热系统。系统运行停止时，全部熔盐将流回熔盐罐中。

熔盐加热系统将熔融状态的熔盐通过循环泵输送给加热炉之前在系统中需对加热管进行预热，以防止熔盐在加热管中固化。加热管的加热是利用燃烧所生成的热风，此时加热管是空烧，必须对其管壁温度进行控制。另外，用热设备及循环系统的配管最初也是常温状态，需清除蒸汽冷凝液后再用热风循环加热。

第四节　其他加热系统

化工生产中除常见的以水蒸气、导热油、熔盐为载热体的加热系统外，还有烟道气、电力等加热系统，本节进行分述。

一、烟道气加热系统

化工生产将烟道气作为热源的加热系统，通常是化学反应温度需要580℃以上，不能直接热辐射加热的反应器系统，如乙苯等温脱氢工艺BASF流程，如图3-48所示，用750℃左右烟道气直接加热的方法提供反应热，烟道气温度降至630℃左右离开反应器，与反应原料气进行热交换，再过热反应所需要的水蒸气，然后预热加热炉燃烧空气后进入烟囱排放，或部分循环进入加热炉燃烧空气，部分烟囱排放。烟道气加热过程实际是在换热器中与间壁对流换热。烟道气加热系统在化工生产中大部分是用于生产装置（如合成氨转化炉）或加热炉的烟气余热回收利用。

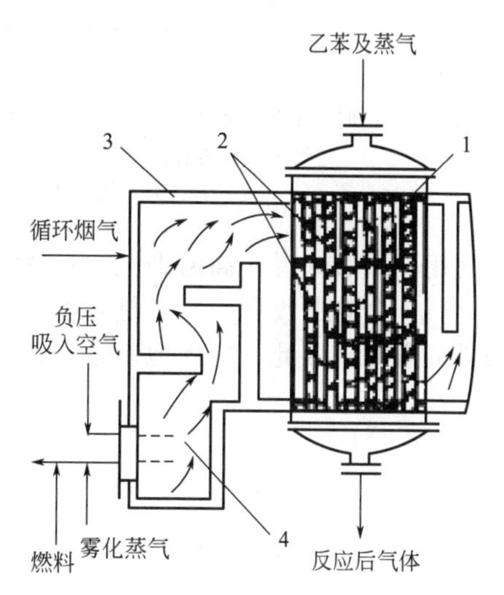

图3-48　乙苯等温脱氢工艺BASF流程换热体系

1—列管反应器；2—圆缺挡板；3—耐火砖砌成的加热炉；4—燃烧喷嘴

合成氨装置一段炉对流段，烟道气出口温度为730℃左右，烟道气用于加热混合原料气、工艺空气、蒸汽、原料气、锅炉给水、燃料气等，烟道气出口温度为250℃左右。由于放空烟气温度较高，烟道气系统的余热资源利用不充分，有效能效率偏低。有关统计数据显示合成氨装置一段转化炉低温段烟道气有效能效率仅为43.21%，因此为提高一段炉热效率，充分利用一段炉烟道气热量，降低排烟温度，提高烟道气系统的有效能效率，是节能的主要手段。为此，可安装一些设备（图3-49）来利用这些低温烟道气，使烟道气出口温度降至162℃左右，在允许的腐蚀限度内，回收烟道气的热量，节省燃料量，产生良好的经济效果。

在制订余热回收利用的方案时，要注意以下事项。

（1）在企业里，有的生产过程是周期性的，有的是间歇性的，有的虽然是连续性的，但在生产过程中也往往出现波动。这些都将使余热不稳定。据此，将余热用于本身工艺是比较合适的，这样有利于供需协调一致。例如，将加热炉的高温烟气余热用于预热入炉的助燃空气时，只要加热炉正常运行，高温烟气的余热就将使入炉助燃空气得到预热。一旦加热炉停炉，余热的回收和利用就将同时停止。若将余热用于本身之外的别种用途，应注意保持回收与利用同步。不要发生回收的余热没用上，或要用时又无余热供应的情况。这关系到余热利用的经济效益。

（2）由于烟气中含尘量较大，又有腐蚀性物质（如SO_2等），因此，回收余热的设备要有防积灰、防磨损和防腐蚀的措施。

（3）一个企业往往有多种类型的余热，要在技术上可行、经济上合理的原则下，加以优

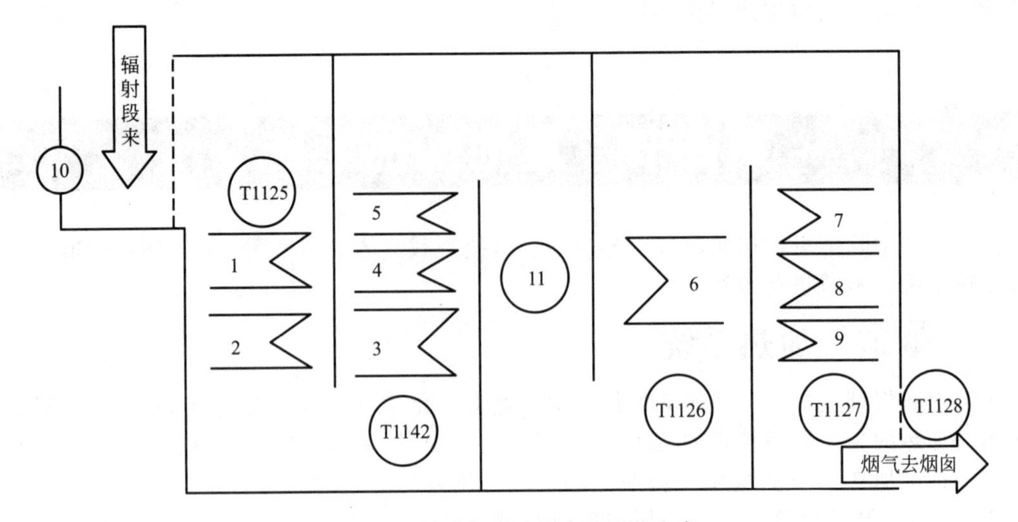

图 3-49　烟道气对流段余热回收方案

1—烟道气废热锅炉Ⅰ；2—空气预热器；3—天然气蒸汽混合气预热器；4—工艺天然气预热器Ⅱ；5—过热蒸汽加热器；6—烟道气废热锅炉Ⅱ；7—锅炉给水预热器；8—工艺天然气预热器Ⅰ；9—燃料天然气预热器；10—新增烧嘴（3个）；11—原侧烧嘴（2个）

化使用。一般来说，高温烟气、可燃气体可优先考虑回收利用。

（4）余热回收利用一般是在原有工艺基础上进行的。安装余热回收的设备，往往受现场条件的限制。因此，应因地制宜，选用合适的设备和安装方式。

二、焰烟高温辐射加热系统

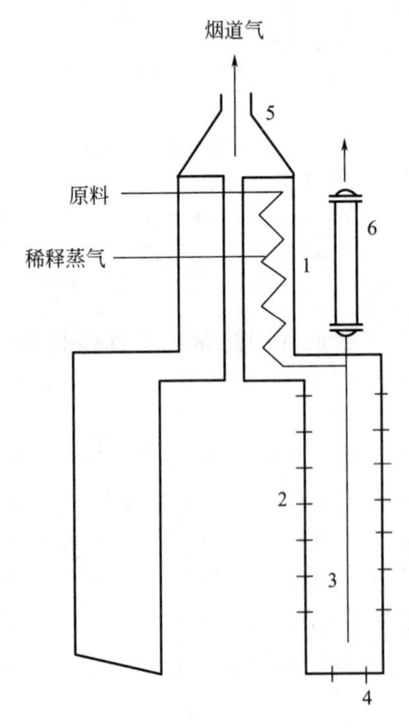

图 3-50　管式裂解炉结构

1—对流室；2—辐射室；3—炉管室；4—烧嘴室；5—烟囱；6—急冷锅炉

化工生产中加热炉、乙烯裂解等更高温度的生产装置需要利用燃料燃烧产生高温火焰进行加热。管式裂解炉系由辐射室和对流室两部分组成（如图 3-50 所示），燃料燃烧所在区域称为辐射室。辐射室和对流室均装有炉管，炉管材质按温度进行选择。裂解炉高温段（973～1173K）采用 Cr23Ni18 合金钢，裂解炉中温段（773～973K）采用 Cr5Mo 合金钢，裂解炉低温段（623～823K）$<$723K 时则用 10[#] 碳素钢。在裂解炉炉型中，裂解原料和水蒸气进入对流室炉管，在对流室内预热到 773～873K，然后进入辐射室炉管进行裂解反应，辐射管直接接触火焰。出口温度由所用原料决定，一般在 1023～1123K。裂解炉的裂解产物自炉顶引出，去冷却系统，燃料（液体或气体）和空气在烧嘴中混合后喷入炉膛燃烧，烧嘴在炉膛（即辐射室）中均匀分布。面对火焰的挡墙上部的温度（即燃烧后产生的烟气由辐射室进入对流室的温度）代表辐射室进入对流室的温度（1123～1223K），不代表火焰本身的最高温度。烟气进入对流室后将显热传给对流管中的原料和蒸汽。出对流室的烟道气温度为 573～673K。最后由烟囱排入大气。为了充分利用这部分废热，有的炉子在烟道中设有空气预

热器，预热后的空气引进烧嘴可以提高燃烧性能和火焰最高温度。

新型裂解炉均采用高温-短停留时间与低烃分压的设计。20世纪 70 年代，大多数裂解炉的停留时间在 0.4s 左右，相应石脑油裂解温度控制在 800～810℃，轻柴油裂解温度控制在 780～790℃。近年来，新型裂解炉的停留时间缩短到 0.2s 左右，并且出现低于 0.1s 的毫秒裂解技术，相应石脑油裂解温度提高到 840℃以上，毫秒炉达 890℃；轻柴油裂解温度提高到 820℃以上，毫秒炉达 870℃。由于停留时间大幅度缩短，毫秒炉裂解产品的乙烯收率大幅度提高。对丁烷和馏分油而言，与 0.3～0.4s 停留时间的裂解过程相比，毫秒炉裂解过程可使乙烯收率提高10%～15%。

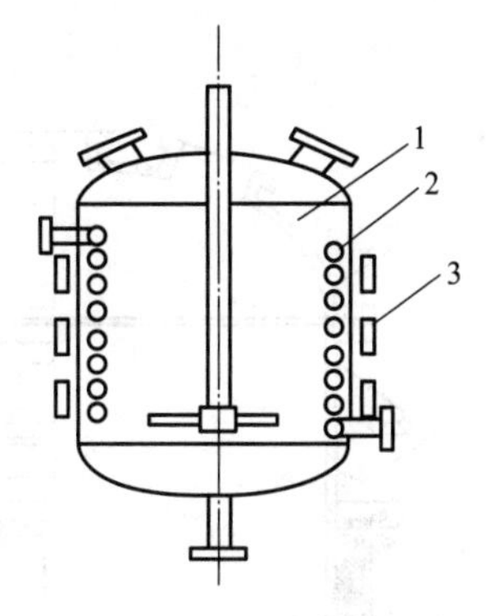

图 3-51　工频电感加热示意图
1—反应釜；2—冷却蛇管；
3—工频电感加热器

三、电加热系统

电加热系统是将电能转变为热能的工作系统，常见的有工频电感加热、电阻远红外线加热和电热棒加热等。

1. 工频电感加热

在铁磁物质制造的反应釜中装有一组或几组感应线圈，当感应线圈中通过工频交流电(50Hz) 时，在其周围形成的交变磁场作用下，将在反应釜的铁壳中产生感应电流——涡流，工频电感加热利用涡流在铁壳中所产生的热量进行加热，图 3-51 是工频电感加热的示意图。由于不锈钢釜感应电流产生涡流小，为增大涡流效应，反应釜一般采用碳钢复合不锈钢板制造。

2. 电阻远红外线加热

电阻远红外线加热示意图见图 3-52。电阻远红外线加热是用不锈钢作电阻带，当电流通过时将电能转变为热能，此热能传导给反应釜一侧涂有远红外线涂料的陶瓷碳化硅板，激发远红外线涂料中的金属氧化物原子，可提高远红外线辐射能，而碳化硅板既以热传导又以远红外线热辐射形式向反应釜加热，现已有电阻远红外线加热的标准件供应。

3. 电热棒加热

电热棒是管状加热器的俗称，它是用金属管作外壳，管中安装有合金电阻丝，在空隙处充填有良好绝缘和导热性能的结晶氧化镁，它只能浸入液体内使用，图 3-53 是带有电热棒套的反应釜。热油仅靠自然对流，处在电热棒周围的导热油易局部过热，分解炭化结焦。

以上 3 种电加热方式的技术经济指标对比见表 3-11。

表 3-11　3 种电加热方式的技术经济指标比较

技术经济性	加法方式		
	工频电感加热	电阻远红外线加热	电热棒加热
电功率因数	低,0.67～0.70	高,约 0.97	高,约 1.00
热效率	低	高	高
电耗	大	小	较小
运行费用	高	低	低
操作环境	有噪声	安全卫生、无噪声	无噪声
物料冷却	不方便	不方便	不方便
投资	高	最高	低

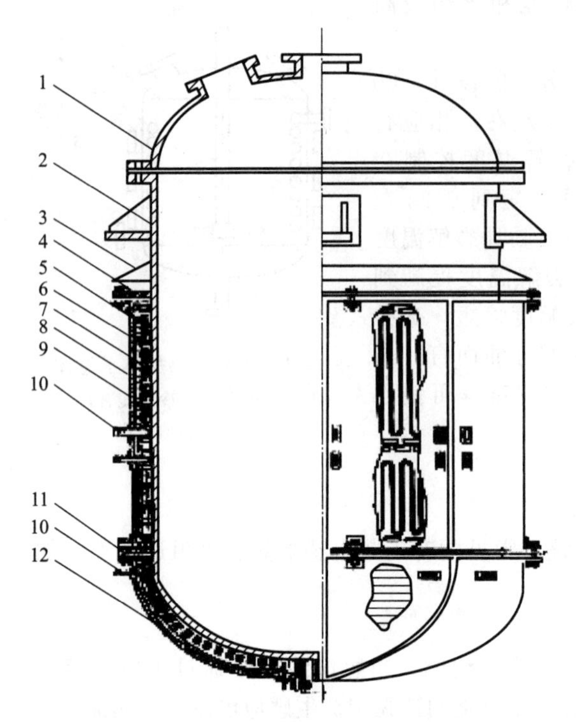

图 3-52 电阻远红外线加热示意图

1—釜壳；2—釜体；3—防水罩；4—固定法兰；5—碳化硅板；6—电阻带；7—保温层；8—辐射屏蔽层；9—加热器壳体；10—接线电极；11—固定釜加热器壳体环；12—加热器底壳

图 3-53 带有电热棒套的反应釜

1—电热棒插管；2—釜体；3—夹套；4—搅拌器；5—支座；6—盘管；7—入口；8—搅拌轴；9—轴封；10—传动装置

习题与思考题

3-1 叙述常用的载热体，并且指出其适用的温度范围。

3-2 某精细化工厂，反应体系的温度为 110℃，该体系应该选择哪种热载体，并叙述理由。

3-3 某化工厂的精馏塔再沸器经过一年的运行，换热效率明显下降，请分析原因，并提出合理的解决办法。

3-4 叙述电机驱动与蒸汽透平驱动的优缺点。

3-5 叙述水在定压下变为蒸汽过程的三个阶段。

3-6 蒸汽是应用最广泛的热量载体之一，广泛应用于工业系统，主要是因为蒸汽具备哪些工程特征？

3-7 蒸汽管道在刚刚运行阶段温度从室温慢慢升温至工作温度，为防止蒸汽管道因形变造成损坏，可以采取哪些措施？

3-8 导热油种类有哪些，怎样选择导热油？

3-9 分子蒸馏设备加热一般选用导热油加热，温度一般小于 300℃，请为分子蒸馏设备设计一套加热系统。

3-10　导热油加热系统清洗步骤有哪些?

3-11　蒸汽管线施工完毕后要进行吹扫才能使用，请叙述蒸汽吹扫步骤。

3-12　请叙述熔盐加热系统的原理、构成及应用场合。

3-13　请叙述电加热的种类及特点。

第四章　供气

学习目标

知识目标

理解空气的基本性质，掌握仪表空气的标准；掌握仪表空气制备工艺、干燥设备原理；掌握仪表空气供气系统；了解深冷空分制氮工艺；了解变压吸附空分原理。

能力目标

能提出仪表空气的质量要求；能选择仪表空气制备方法流程；能选择仪表空气干燥方法；能选择仪表空气的压缩设备；能计算仪表空气贮气罐容积；能初步进行仪表供气管路布置。

素质目标

培养学生理论联系实际的思维方式，培养学生追求知识、独立思考、勇于创新的科学态度；逐步形成理论上正确、技术上可行、操作上安全可靠、经济上合理的工程技术观念，培养学生敬业爱岗、勤学肯干的职业操守及严格遵守操作规程的职业素质，培养与人合作、自主学习、解决问题等职业核心能力；培养学生安全生产、环保节能的职业意识。

主要符号意义说明

英文字母

p——压力，Pa；

T——温度，K；

H——湿空气的湿度，kg（水蒸气）/kg（绝干空气）；

H_s——湿空气的饱和湿度，kg（水蒸气）/kg（绝干空气）；

M_v——水蒸气的摩尔质量，kg/kmol；

M_g——绝干空气的摩尔质量，kg/kmol；

n_g——绝干空气的物质的量，kmol；

n_v——水的物质的量，kmol；

p_w——水蒸气的分压，Pa；

p——湿空气的总压，Pa；

p_s——同温度下水的饱和蒸气压，Pa；

p_0——标准大气压，0.1013MPa；

p_1——正常操作压力，MPa；

p_2——最低送出压力，MPa；

V——贮罐容积，m^3；

Q——空压站供气（标准状态）能力，m^3/min；

t——保持时间，5～20min；

Q_c——各类仪表稳态耗气（标准状态）量总和，m^3/h；

Q_s——气源（标准状态）装置计算容量，m^3/h；

V_p——吸附剂孔容，cm^3/g；

V_k——吸附剂孔体积，cm^3/g。

希腊字母

φ——空气相对湿度，%。

空气具有可压缩性，输送方便，在地面上取之不尽。在工业上，压缩空气应用广泛，它具有很多便于采用的良好性能和特点。化工生产广泛使用压缩空气，用于各种各样的目的，化工生产对空气的要求包括气量、温度、压力、湿度或露点、含尘量、含油量等。

各行各业对压缩空气的质量有着不同的要求，例如化工仪表用空气要求含尘量、含油量及露点等符合专门的要求；食品、医药生产企业用空气要求无油、无尘、无菌等，合理配置压缩空气处理设备，才能使其在满足工业生产要求的前提下，节省设备投资与运行成本。

第一节　空气与压缩空气

在地球引力作用下，大量气体聚集在地球周围，形成数千公里的大气层。地表大气平均压力为 1 个大气压，相当于每平方厘米地球表面包围 1034g 空气。地球总表面积为 510100934km^2，所以大气总质量约为 5.2×10^{15}t，差不多占地球总质量的百万分之一，大气随高度的增加而逐渐稀薄，探空火箭在 3000km 高空仍发现有稀薄大气。大气 50%的质量集中在 30km 以下的范围内。

地面的大气是多种气体的混合物，其中氮 78%、氧 21%、氩 0.93%、二氧化碳 0.03%、氖 0.0018%，此外还有其他惰性气体、臭氧、水汽和尘埃等。由于环境污染，目前空气还含有二氧化硫、氮氧化物、一氧化碳等有毒气体。干空气的分子质量为 28.96g/mol，在 0℃、1.013×10^5Pa（760mmHg）时的密度为 1.293g/m^3。

空气经过机械压缩以后就成了压缩空气，用作生产压缩空气的设备通常称为空气压缩机。人类很早就懂得使用压缩空气，现在压缩空气已是人类生产、生活中一种不可缺少的动力。随着现代工业的不断发展，对压缩空气质量的要求也越来越高，而且呈多样化。

现代工业对压缩空气的要求可分为以下几个方面。

(1) 压力、流量　任何需要压缩空气的场合对压缩空气的压力和流量都是有要求的。目前最普遍的压力值在0.7MPa(g)左右。在一些特殊场合如玻璃行业，对压缩空气的压力要求可能为0.2～0.4MPa(g)；在某些军工企业，对压缩空气压力要求可能在几十兆帕。市场上有各种各样的空气压缩机可以来满足这些要求。

(2) 干燥度（即含水量或露点温度）　不同的工艺对压缩空气露点温度要求也不同，如用作仪表方面的压缩空气压力露点一般要求在－40℃以下，而在半导体芯片厂对压缩空气的压力露点可能要求在－70℃，但在多数场合，对压缩空气的露点温度要求在0℃以上就已足够。压缩空气的露点要求通常由干燥机来实现。

(3) 清洁度　压缩空气对于清洁度的要求相对比较复杂，包括固体物、油雾、微生物、有害气体等，主要是由压缩空气过滤器来解决。

一、压力、流量与温度

压力、流量与温度是压缩空气的三个基本指标。

1. 压力

由于地球引力的作用，地球表面的大气层对地球表面或表面物体所造成的压力称为大气压。由于地球表面的海拔高度不同，所处不同高度的空气密度不同，所以，处在不同高度上的物体受到的大气压力的大小也不同。所谓标准大气压力是指在摄氏零度（0℃）条件下，在纬度45°的海平面上，所受到的大气压力（干燥空气），经测量标准大气压力等于760mmHg/cm^2，即每平方厘米承受760mmHg的压力，我们可以换算为kgf（千克力），1atm相当于每平方厘米承受1.0336kg，约1kgf压力。

压力的法定单位是帕斯卡（Pa）：1Pa＝1N/m^2。

工程上常用的是兆帕（MPa）：1MPa＝10^{6}Pa。也有人习惯用kgf/cm^2（千克力/平方厘米）作压力单位：1kgf/cm^2＝0.098MPa。

1atm＝1.0336×0.098MPa＝0.10129MPa≈0.1MPa。

气体在容器内的压力，在实际应用中有两种不同的表示方法：一种是直接表示气体施于器壁上的压力大小的实际数值，叫作绝对压力，用符号“p(a)”表示；另一种是用压力表测量压力值时的显示值，叫作表压力，用符号“p(g)”表示。当绝对压力高于当地大气压时，压力表所指示的数值为正值，这时：

$$p(\mathrm{a})=p_0+p(\mathrm{g})$$

式中，p_0为当地大气压力。

2. 流量

压缩空气的流量用m^3/min（标准状态）或用m^3/h（标准状态）来表示，通常表示空气在空气压缩机吸气状态下的容积流量。国家标准GB 3853对一般容积式空气压缩机的吸气状态规定为：空气温度t＝20℃，绝对压力p＝0.1MPa，相对湿度φ＝0%（标准状态）。

为了与空压机配套，压缩空气干燥机和过滤器等后处理设备的处理能力都是以空气标准状态下的流量来标注的。

在国外，一些国家习惯用cfm（每分钟立方英尺）表示压缩空气的流量，cfm与m^3/min的换算关系是：

$$1\mathrm{m^3/min}=35.315\mathrm{cfm}$$

根据某品牌空压机的工作数据，一台排气压力为0.7MPa的空压机，每马力（hp）（空压机之电动机的功率，1hp＝0.75kW）可生产0.1416m^{3}的压缩空气，也就是生产1m^3、

0.7MPa 的压缩空气需要 5.3kW 的电能。

在压缩空气系统中存在压力降，每 0.007MPa 的压力降，需要损耗 0.7%的功率。

3. 温度

温度反映了物质分子热运动状况，温度单位有绝对温度、摄氏温度和华氏温度三种。

绝对温度：以气体分子停止运动时的最低极限温度为起点的温度，以 T 表示，单位为开（开尔文），单位符号为 K。

摄氏温度：以冰的熔点为起点的温度，单位为摄氏度，符号为℃。

华氏温度：一些欧美的习惯用法，单位符号为℉。

这三种温度单位之间的换算关系：

$$T(\text{K})=t(℃)+273.16$$

$$t(℉)=1.8t(℃)+32$$

二、固体杂质

现在我们周围的空气中含有大量的悬浮物，我国的《环境质量空气标准》把悬浮物作为衡量空气质量的一项重要指标。该标准把当量直径≤100μm 的所有悬浮物称为总悬浮物，把当量直径≤10μm 的悬浮物称为可吸入颗粒物。

空气中的悬浮物种类多样，但可按照粒子的大小来细分。在流动的空气中悬浮物不容易沉降，在静止的空气中能缓慢沉降。悬浮物的来源很多，如：烟煤燃烧时排出的烟尘、汽车排出的尾气，建筑工地、工厂等都可产生悬浮物。

人的肉眼能看见的最小的物体为 30～40μm，人的头发直径为 100μm 左右，而空气中的绝大部分悬浮物肉眼是看不到的。

三、含水量

自然界几乎没有绝对干燥的空气。在雾天，空气中的气体水凝结成了水雾，并形成了气溶胶。由于空气中水的存在，因此压缩空气中必然也有水。衡量空气含水量的单位有：水蒸气分压力、绝对湿度、相对湿度、含湿量、露点温度等。

湿空气是水蒸气与干空气的混合物，在一定体积的湿空气里水蒸气所占的份量（以质量计）通常比干空气要少得多，但按气体定律它占有与干空气相同的体积，也具有相同的温度。湿空气所具有的压力是各组成气体（即干空气与湿空气）分压力之和。湿空气中水蒸气所具有的压力，称为水蒸气分压，记作 p_w，其值可反映湿空气中水蒸气含量；饱和空气中水蒸气分压力叫饱和水蒸气分压，记作 p_{ws}。其他表示水在压缩空气中含量的参数都是由水蒸气分压计算而得的。表示空气干湿程度的物理量叫湿度。常用的湿度表示方法有绝对湿度、相对湿度、湿含量和露点四种。

1. 绝对湿度

湿空气中所含的水蒸气的质量与绝干空气的质量之比，称为空气的湿度，又称绝对湿度，简称湿度，以符号 H 表示，它可表示为式(4-1)：

$$H=\frac{\text{湿空气中水蒸气的质量}}{\text{湿空气中绝干空气的质量}}=\frac{M_v n_v}{M_g n_g}=\frac{18n_v}{29n_g} \tag{4-1}$$

式中 H——湿空气的湿度，kg（水蒸气）/kg（绝干空气）；

M_v——水蒸气的摩尔质量，kg/kmol；

M_g——绝干空气的摩尔质量，kg/kmol；

n_g——绝干空气的物质的量，kmol；

n_v——水的物质的量，kmol。

常压下湿空气可视为理想气体混合物，根据道尔顿分压定律，理想气体混合物中各组分的摩尔比等于分压比，则上式可表示为式(4-2)：

$$H=\frac{18p_{\mathrm{w}}}{29(p-p_{\mathrm{w}})}=0.621\frac{p_{\mathrm{w}}}{p-p_{\mathrm{w}}} \tag{4-2}$$

式中 p_{w}——水蒸气的分压，Pa；

p——湿空气的总压，Pa。

由上式可知湿度是总压和水蒸气分压的函数。当总压一定时，则湿度仅由水蒸气分压所决定，湿度随水蒸气分压的增加而增大。

当湿空气的水蒸气分压等于同温度下水的饱和蒸气压时，表明湿空气呈饱和状态，此时空气的湿度称为饱和湿度 H_{s}，即：

$$H_{\mathrm{s}}=0.621\frac{p_{\mathrm{s}}}{p-p_{\mathrm{s}}} \tag{4-3}$$

式中 H_{s}——湿空气的饱和湿度，kg（水蒸气)/kg（绝干空气）；

p_{s}——同温度下水的饱和蒸气压，Pa。

2. 相对湿度

在一定总压下，湿空气中的水蒸气分压与同温度下水的饱和蒸气压 p_{s}之比的百分数，称为相对湿度百分数，简称相对湿度，符号为 φ，即：

$$\varphi=\frac{p_{\mathrm{w}}}{p_{\mathrm{s}}}\times 100\% \tag{4-4}$$

相对湿度值反映了湿空气的不饱和程度。$\varphi=100\%$时，湿空气中水蒸气分压等于同温度下水的饱和蒸气压，湿空气中的水蒸气已达到饱和，不能再吸收水分；$\varphi=0$ 时，理论上表示湿空气不含水蒸气，称为绝干空气，此时的空气具有最大的吸水能力；φ 值越小，表明湿空气偏离饱和程度越远，吸收水蒸气的能力越强。

3. 湿含量

湿含量 w 指湿空气中所含水分的质量分数：

$$w=\frac{\text{湿空气中水分的质量}}{\text{湿空气总质量}}$$

湿空气中的水分的质量与绝对干空气质量之比，称为湿空气的干基含水量：

$$X=\frac{\text{湿空气中水分的质量}}{\text{湿空气中绝干物料的质量}}$$

两者的关系为：

$$X=\frac{w}{1-w} \quad \text{或} \quad w=\frac{X}{1+X}$$

4. 露点

气温越低，饱和水汽压就越小。所以对于含有一定量水汽的空气，在气压不变的情况下降低温度，使饱和水汽压降至与当时实际的水汽压相等时的温度，称为露点。形象地说，就是空气中的水蒸气变为露珠时候的温度叫露点。当该温度低于零摄氏度时，又称为霜点。

压缩空气露点温度用露点仪测量，测量压缩空气露点的仪器常用的有以下两种。

(1) 镜面露点仪 其原理是采用制冷方式冷却被测气体至一定温度，其中的水蒸气就可结露在镜面上，采用光学等原理测量出结露时的温度。该方法从原理上讲只要有足够的制冷措施，就能测量任意露点温度。但是这种方法的问题在于：①对被测气体要求很高，任何杂质和污染都会导致测量误差；②由于采用制冷方式，工作原理相对复杂，而且每测量一次需要一定的时间。因此通常此类露点仪不用在在线检测和现场测试，而常在实验室内等使用。

（2）电容/电阻露点仪　这类露点仪具有体积小、携带方便、测量范围大的优点，其传感器通常是氧化铝传感器，最低可测到－100℃的露点温度，这类露点仪的缺点是一般只能测常压露点温度，露点传感器会产生负偏移，因此需要每年送计量部门鉴定。

四、质量标准

现代产业使用压缩空气时都有一整套设备、设施，我们把由生产、处理和贮存压缩空气的设备所组成的系统称为气源系统。典型的气源系统由下列几部分组成：空气压缩机、后部冷却器、缓冲罐、过滤器（包括油水分离器、预过滤器、除油过滤器、除臭过滤器、灭菌过滤器等）、干燥机（冷冻式或吸附式）、稳压贮气罐、自动排水排污器及输气管道、管路阀件、仪表等。上述设备根据工艺流程的不同需要，组成完整的气源系统。

空压机排出的压缩空气是不干净的，除了含有水（包括水蒸气、凝结水）和悬浮物外，还有油（包括油雾、油蒸气）。这些污染物对提高生产效率、降低运行成本、提高产品质量是不利的，因此就需要进行干燥净化处理。为了统一标准，国际标准组织（ISO）所属压缩机、气动机械及工具委员会（TC118）在1986年提出了关于压缩空气干燥净化设备和压缩空气品质的国际标准，其中压缩空气质量等级标准ISO 8573.1把压缩空气中的污染物分为固体杂质、水和油三种（我国等同采用了ISO 8573，即国家标准GB/T 13277—91《一般用压缩空气质量等级》），具体如表4-1所示。

表4-1　压缩空气质量等级

质量等级	固体颗粒最大直径/μm	水最高压力露点/℃	最大含油(包括蒸气量)/(mg/m³)
1	0.1	−70	0.01
2	1	−40	0.1
3	5	−20	1.0
4	15	3	5
5	40	7	25
6	—	10	—

第二节　仪表空气工艺流程

仪表空气在化工生产中用于气动执行机构（气动阀的执行器、气缸等）的驱动气源。为获得品质符合用户要求的压缩空气，一般首先进行空气压缩，然后根据需要决定是否进行进一步处理，如空气干燥、净化、灭菌等。

一、空气压缩

空气具有可压缩性，空气经空气过滤器过滤后进入空气压缩机，经空气压缩机做机械功使本身体积缩小、压力提高后，冷却后进入空气缓冲罐，当用户不需对空气作进一步处理时，可直接将空气缓冲罐的气体送往用户。

压缩空气是一种重要的动力源。与其他能源比，它具有下列明显的特点：清晰透明，输送方便，没有特殊的有害性能，没有起火危险，不怕超负荷，能在许多不利环境下工作，空气在地面上到处都有，取之不尽。

二、空气干燥

压缩空气干燥的工作原理虽不尽相同，但是均以分离出压缩空气中的气体水为目的。经过空气压缩机压缩、后部冷却器冷却、气水分离器分离、缓冲罐稳压后的压缩空气一般都处于饱和状态，其相对湿度为100%，而且含有油、固体颗粒等杂质，这种压缩空气是不能直接使用的，需要进行干燥净化处理。

工业上主要有两种方法用于压缩空气的干燥处理，它们是：

① 利用吸附剂对压缩空气中的水蒸气具有选择性吸附的特性进行脱水干燥，如吸附式压缩空气干燥机，简称吸干机；

② 利用压缩空气中水蒸气分压由压缩空气温度的高低决定的特性进行降温脱水干燥，如冷冻式压缩空气干燥机，简称冷干机。

三、空气过滤净化

干燥后的空气还需要过滤处理。压缩空气含有多种杂质，而主要杂质是固体尘粒及油雾，呈气溶胶状态，杂质的含量和形式随选用的压缩机润滑方式及干燥工艺的不同而不尽相同，压缩空气净化就是根据用户要求去除这些杂质。

压缩空气净化的工作原理虽然随其净化机理的不同而不同，但基本以过滤的形式去除压缩空气中存在的游离状态的灰尘、微粒以及气溶胶状态的烟雾。对于气态状的污染物，如有害气体，常用化学过滤的方式净化。

对过滤精度要求高的净化系统，应根据具体要求设置多级过滤器，过滤精度逐级提高，以便在满足用户所需要的过滤效率和精度的同时保持并延长精过滤器使用周期和寿命。为避免过滤元件本身产生的尘埃、内外渗漏而引起系统的二次污染，应选择合适材质和结构的过滤器，并按供气系统及用户的要求合理选用参数，如过滤精度、阻损、工作压力、工作温度、过滤效率等，不恰当地选用过滤精度过高的过滤器，不仅增加投入费用，而且运行时增加系统气流阻力，影响过滤器运行周期和使用寿命。

对于压缩空气要求洁净无菌，防止微粒及易产生气味的微生物进入工艺系统，必须设置可靠的干燥净化设备，为严格清除可能发生的气味及毒性，须增加活性炭吸附净化过滤器，以满足工艺要求，且过滤器滤芯所选用的材质本身应具有抑制细菌繁殖的特性，避免过滤元件在使用过程中成为系统的污染源。

根据用户对空气气源含尘量的不同要求，配置不同等级的过滤器。通常要求含颗粒粒径1μm、含油1mg/kg的压缩空气只需配置除油过滤器和初级过滤器。一般来说，无油润滑式空压机以及螺杆式空压机，其排气中仍有一定量的润滑油存在，通常情况下为5～15mg/m^3。如此之多的润滑油若进入吸附式干燥器，日积月累势必造成吸附剂中毒，因此在吸附式干燥器进口之前，应设置除油过滤器，可大大延长吸附剂的使用寿命。初级过滤器滤芯类型为不锈钢纤维烧结毡，滤除颗粒的粒径在0.3～1μm，分离效率达98%以上。

用于生物发酵工程的压缩空气要求大风量、低压力、空气无菌，而细菌的颗粒范围在0.25μm至几十个微米之间，病毒的颗粒在0.01～0.1μm范围内，因此供应的压缩空气在初级过滤的基础上，还需要精过滤去除0.1μm以上颗粒，进一步无菌过滤去除0.01μm以上颗粒。用于乳粉输送的压缩空气除保证无菌外，还需要活性炭过滤去除异味，以保证产品质量。

压缩空气过滤器按过滤机理的不同可分为以下几种。

(1) 表面（surface）过滤器　如滤芯为过滤纸或过滤布的过滤器；因为滤材的空隙直径

较大，此类过滤器过滤效率不稳定，可以再生。

（2）深层（depth）过滤器　如纤维过滤器，过滤器效率高，不可再生。

压缩空气中常用的过滤器按过滤材质的不同可分为以下几种。

（1）纤维（fibre）过滤器。

（2）微孔（pore）过滤器　如膜过滤器，此类过滤器通常为绝对过滤器，常用在过滤微生物上。

（3）粒子过滤器　如活性炭过滤器，其滤芯由活性炭颗粒组成。

四、仪表空压站工艺流程

仪表空压站工艺流程如图4-1所示。新鲜空气经空气过滤器过滤后进入无油润滑空气压缩机，经两级压缩、冷却后，温度约35℃、压力约0.78MPa的湿空气去缓冲罐，再进入空气干燥装置。经干燥后的压缩空气送压缩空气贮罐贮存，而后送往各用户，正常供气压力大于0.589MPa。

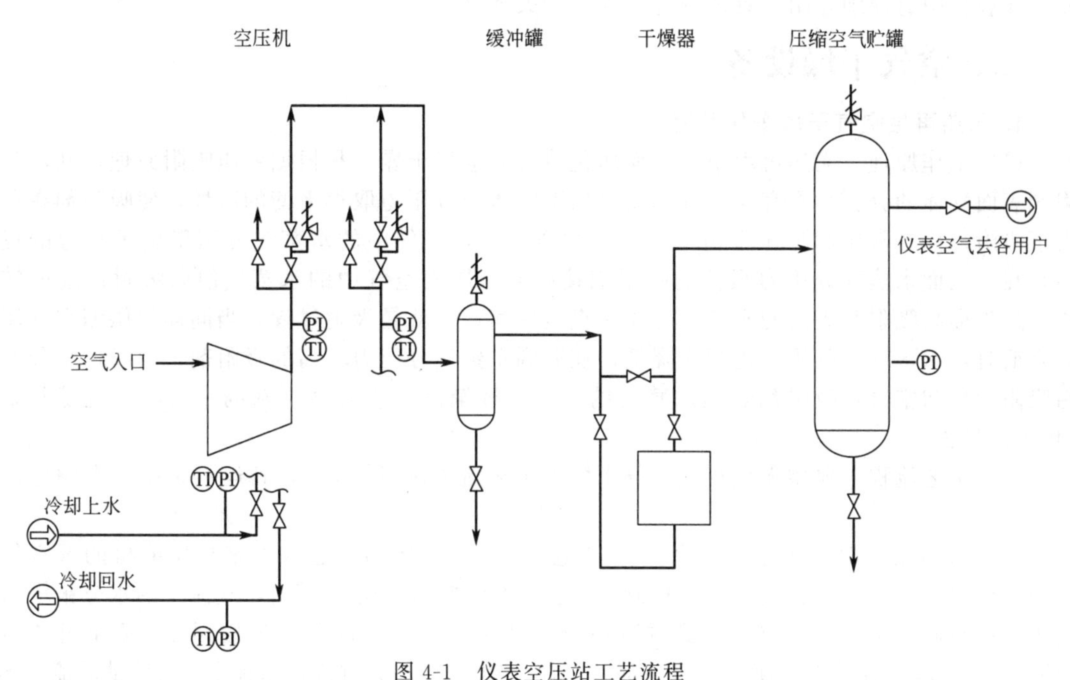

图4-1　仪表空压站工艺流程

第三节　仪表空气系统主要设备

一、空气压缩设备

压缩机的种类很多，按工作原理可区分为两大类：容积式压缩机和速度式压缩机。在容积式压缩机中，气体压力的提高是由于压缩机中气体的体积被缩小，使单位体积内空气分子的密度增加而形成。在速度式压缩机中，空气的压力是由空气分子的速度转化而来，即先使空气分子得到一个很高的速度，然后在固定元件中使一部分速度能进一步转化为气体的压力能。

按压缩机的结构型式，可作如下分类：

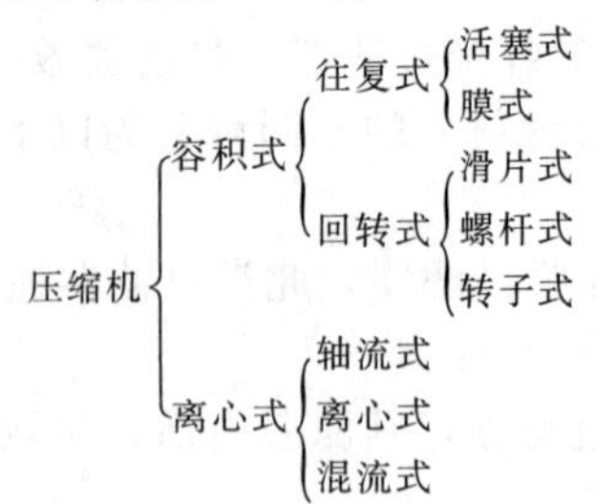

用来压缩空气的压缩机，在中小流量时最广泛采用的是活塞式空气压缩机，在大流量时，则多采用离心式空气压缩机。在气动控制系统中，一滴油能改变气孔的状况，使原本正常自动运行的生产线瘫痪。有时，油还会使气动阀门的密封圈和柱体胀大，造成操作迟缓，严重的甚至堵塞，因此，仪表用空压机常采用无油润滑空气压缩机。此外，空气压缩机选型还要综合考虑各方面因素，如性能、价格等，经技术经济比较后确定，空气压缩机在化工单元操作教材中有详细介绍，具体内容可参见相关教材。

二、空气干燥设备

1. 无热再生空气干燥净化装置

(1) 工作原理　无热再生空气干燥净化装置的空气干燥，是根据变压吸附原理，利用吸附剂表面气体的分压力具有与该种物质中周围气体的分压力取得平衡的特性，使吸附剂在压力下吸附，而在常压和负压下再生。空气被压缩后，空气中的水蒸气分压得到了相应的提高，在与表面水蒸气分压力很低的吸附剂接触时，压缩空气中的水蒸气便向吸附剂表面转移，逐步提高吸附剂表面的水蒸气分压力直至平衡，这就是吸附过程。当同样的压缩空气压力降低时，水蒸气的分压力也相应降低，在遇到水蒸气分压力较高的吸附剂表面时，水分便由吸附剂移向空气，吸附剂表面水蒸气的分压力逐渐降低直至达到新的平衡，这就是脱附（再生）过程。

(2) 工艺流程　典型无热再生空气干燥器工艺流程图见图 4-2，其运行是由 4 个顺序循环进行的。

① A 塔工作，B 塔再生（顺序 1）　当电磁阀 2-1 关闭后，进入的来自压缩机的湿空气经空气分离器进行水分分离后流过梭阀 1-1 进入干燥器 A。在 A 塔内，气流中的水分被塔内的干燥剂吸收，干燥后的空气流到顶部后分成两个支流，一部分通过梭阀 1-2 流至过滤器（约 85%），过滤后供用户使用；另一部分气体（约 15%）流过固定节流器 5，计量后流入 B 塔，对 B 塔内的干燥剂进行脱附再生，然后通过电磁阀 2-2 经消声器放空。在此顺序中，电磁阀 2-2 打开，电磁阀 7 关闭。

② A 塔工作，B 塔充压（顺序 2）　干燥装置以上述顺序 1 工作 4.5min 后，电磁阀 2-2 关闭，电磁阀 7 打开。此时 B 塔内的压力缓缓地上升。电磁阀 7 打开后，通过调节针形阀 6-1 和针形阀 6-2，使得 B 塔在规定的 30s 内压力上升到与 A 塔压力一致。此顺序中，电磁阀 2-1 关闭。

③ B 塔工作，A 塔再生（顺序 3）　当顺序 2 工作完毕时，A、B 两塔压力一致。这时，电磁阀 2-1 打开，电磁阀 7 关闭，使 A 塔压力急速下降，造成梭阀 1-1 和梭阀 1-2 交换工作状态。此时 B 塔处于工作状态而 A 塔处于再生状态。此顺序中电磁阀 2-2 关闭。

④ B 塔工作，A 塔充压（顺序 4）　当干燥装置按顺序 3 工作 4.5min 后，电磁阀 2-1 关闭、电磁阀 7 打开，流经 B 塔顶部的干燥空气经电磁阀 7 对 A 塔充压，在规定的时间内，使 A 塔压力和 B 塔压力保持平衡。在此顺序中，电磁阀 2-2 关闭。

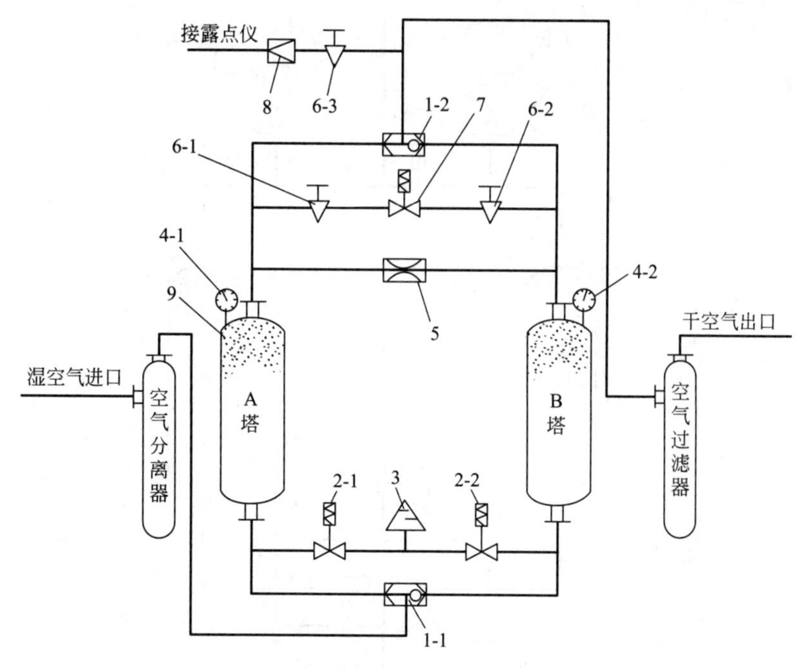

图 4-2　无热再生空气干燥器工艺流程图

1—梭阀；2,7—电磁阀；3—消声器；4—压力表；5—节流孔板；
6—针形阀；8—过滤减压器；9—活性氧化铝（ϕ3～5mm）

干燥装置一周期各顺序工作时间见表 4-2。

表 4-2　干燥装置一周期各顺序工作时间

周　期		一周期(10min)			
		5min(1/2 周期)		5min(1/2 周期)	
设备	顺序	顺序 1	顺序 2	顺序 3	顺序 4
	时间	4.5min	30s	4.5min	30s
A 塔		工作	工作	再生	充压
B 塔		再生	充压	工作	工作

2. 微加热节能再生式空气干燥器

（1）工作原理　微加热节能再生式空气干燥器工作原理与无热再生空气干燥器工作原理基本相同，区别仅在于前者对再生气体采取微加热的形式，因此再生气量减少 50%。

（2）工艺流程　微加热节能再生式空气干燥器典型工艺流程见图 4-3。其运行是由 4 个顺序循环组成。

① A 塔工作，B 塔再生（顺序 1）　当气动球阀 3-2 打开时，气动球阀 3-1 关闭。2.5min 后气动截止阀 2-1 打开，再生空气通过气动截止阀 2-1 和消声器 1-1 排入大气，B 塔压力降至大气压。来自压缩机的湿压缩空气经气动球阀 3-2 进入 A 塔，空气中的水分被塔内的吸附剂吸附。

干燥后的空气分成两个支流，93%的干燥空气供用户使用，另外 7%的再生空气通过节流孔板 8 及闸阀 7（再生气量可用此阀来调节）进入加热器，第 5min 时加热器通电，在加热器内再生空气被加热，温度上升，通过单向阀 5-1 进入 B 塔，对 B 塔内的干燥剂进行脱附再生，

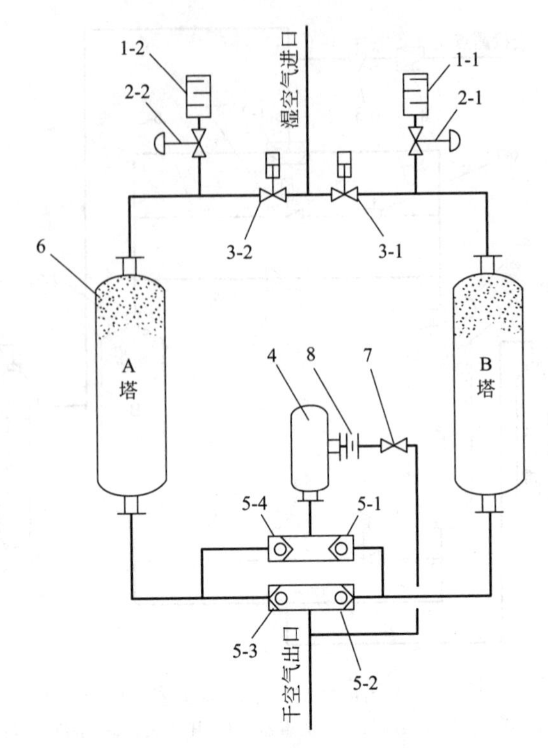

图 4-3　微加热节能再生式空气干燥器工艺流程图

1—消声器；2—气动截止阀；3—气动球阀；4—加热器组件；5—单向阀；6—活性氧化铝（ϕ3～5mm）；7—闸阀；8—节流孔板

再生空气通过气动截止阀 2-1 和消声器 1-1 排入大气，随着时间的延长，B 塔温度不断上升，到 2.5h 时加热器自动断电，停止加热，利用余热继续加热再生空气，对 B 塔继续再生。

② A 塔工作，B 塔充压（顺序 2）　当顺序 1 工作到 3h55min，气动截止阀 2-1 关闭，随后 B 塔压力不断上升，直到与 A 塔压力一致。

③ B 塔再生，A 塔工作（顺序 3）　当顺序 2 工作到 4h 时，气动球阀 3-1 打开，气动球阀 3-2 关闭，4h2min30s 时气动截止阀 2-2 打开，A 塔压力不断下降到常压，再生空气通过气动截止阀 2-2 和消声器 1-2 排入大气。

湿压缩空气经气动球阀 3-1 进入 B 塔内，空气中的水分被 B 塔内的吸附剂吸附。干燥后的空气分成两个支流，93%的干燥空气继续提供给用户使用，另外 7%的干燥空气通过闸阀 8 和节流孔板 7 进入加热器内，4h5min 时加热器通电，再生空气被加热，温度上升，通过单向阀 5-4 进入 A 塔，对 A 塔内的干燥剂进行脱附再生，最后再生空气经过气动截止阀 2-2 和消声器 1-2 排入大气，随着时间的延长，A 塔温度不断上升，到 6h30min，加热器自动断电，利用余热继续加热再生空气，对 A 塔继续再生。

④ A 塔充压，B 塔工作（顺序 4）　当顺序 3 工作到 7h55min，气动截止阀 2-2 关闭，随后 A 塔压力不断上升，直至与 B 塔压力一致。当顺序 4 工作到 8h 时，重复顺序 1 到顺序 4 的动作。

干燥装置一周期各顺序工作时间见表 4-3。

不论是无热再生空气干燥净化装置，还是微加热再生空气干燥净化装置，它们均是依靠吸附剂干燥空气的，因此，影响吸附式干燥器运行的主要因素是进气温度和工作压力。一般来说，进入干燥器的压缩空气为饱和或过饱和湿空气，同等压力条件下，温度每提高 50℃，饱和含水量增加30%左右，即进入干燥器的水分负荷增加30%左右；此外吸附剂的吸附能力随温度升高而降低，所以随进气温度的升高，干燥器的干燥效率下降。工作压力的降低，也会导致干燥器的干燥效率降低，这是因为工作压力下降导致再生气量减小，从而使干燥器的干燥效率下降；此外压力降低，也使吸附塔内体积流速提高，导致动态吸附流量下降，这些因素必然使吸附能力下降，引起吸附器产出气露点上升。

表 4-3　干燥装置一周期各顺序工作时间

周期		一周期(8h)					
		4h(1/2周期)			4h(1/2周期)		
设备	顺序	顺序1		顺序2	顺序3		顺序4
	时间	2h30min	1h25min	5min	2h30min	1h25min	5min
A塔		工作		工作	加热再生	冷却再生	充压
B塔		加热再生	冷却再生	充压	工作		工作

3. 冷冻式压缩空气干燥机

（1）基本原理　冷冻式压缩空气干燥机是通过制冷设备使压缩空气冷却到一定的露点温度，析出相应所含的水分，并通过分离器进行气液分离，再由自动排水阀将水排出，从而使压缩空气获得所需要的露点。

（2）工艺流程　冷冻式压缩空气干燥机典型工艺流程见图4-4。

含有水分、油分的压缩空气进入气对气热交换器1，使压缩空气预冷，降低压缩空气的温度，除去一部分水分，再进入气对制冷剂热交换器2，使压缩空气冷却到2～4℃，水分、油分及部分杂质在此被凝结，冷却后的气体和已凝结的水分、油分及部分杂质通过空气分离器3被分离，然后经自动排水阀4排出，干燥后的压缩空气通过气对气热交换器1升温后输出。

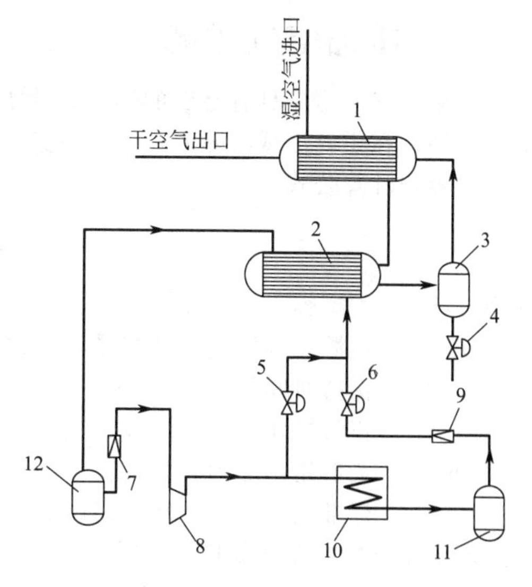

图4-4　冷冻式压缩空气干燥机典型工艺流程图
1—气对气热交换器；2—气对制冷剂热交换器；3—空气分离器；4—自动排水阀；5—旁通阀；6—膨胀阀；7—过滤干燥器；8—压缩机；9—过滤干燥器；10—冷凝器；11—贮液器；12—收集器

低温液态制冷剂在气对制冷剂热交换器2中吸收热量而蒸发成气态，气态制冷剂通过收集器12和过滤干燥器7进入压缩机8吸气口，收集器12和过滤干燥器7是为了防止液态制冷剂和杂质进入压缩机而设置的。压缩机8将低温低压的制冷剂压缩成高温高压的气体，根据旁通阀5的自动调节，有小部分气体直接进入气对制冷剂热交换器2，而大部分气体则进入冷凝器10冷凝并降温。从冷凝器10出来的低温液态制冷剂通过贮液器11及过滤干燥器9进入膨胀阀6，贮液器11和过滤干燥器9的作用是保证制冷剂在膨胀阀6的入口处为纯净的液态，液态制冷剂经膨胀阀6进入气对制冷剂热交换器2，又在交换器中冷却压缩空气，从而又开始了新的一轮循环。

当负荷增大时，气对制冷剂热交换器2中的制冷剂温度、压力升高，通过膨胀阀传感器信号控制膨胀阀6阀口开大，直至达到新的平衡。

当负荷过小时，旁通阀5自动地向气对制冷剂热交换器2提供一个人工负荷，以防止吸气压力过低。

4. 空气干燥设备的选择

冷冻式干燥器的压力露点根据蒸发器的设定值，通常为2℃，冷冻式干燥器虽然其压力露点较吸附式干燥器高许多，但其运行成本是吸附式干燥器的1/5～1/3，因此，在压力露点要求不高的场合，宜选用冷冻式干燥器，但寒冷地区室外长距离管道输送条件下除外。

无热再生式干燥器最低工作压力4bar（1bar＝0.1MPa），再生气消耗量20%～25%，干燥气体的压力露点－40℃，经济处理量为3～20m³/min，其优点是结构简单、设备投资少，但再生气消耗量大，切换频繁；微热再生式干燥器最低工作压力1bar，再生气消耗量10%～15%，干燥气体的压力露点－60～－40℃，经济处理量10～200m³/min，综合经济技术指标好。

此外，还有热再生式干燥器和冷冻-吸附复合式干燥器。热再生式干燥器最低工作压力1bar，再生气消耗量5%～8%，干燥气体的压力露点－80～－40℃，经济处理量10～200m³/min，其优点是再生气消耗量少、工作周期长、运行成本低，但其结构复杂，设备一次性投资高。

冷冻-吸附复合式干燥器，是将无热再生干燥器排气压力露点低的优点与冷冻式干燥器无再生气损耗的优点有机结合在一起，使干燥器具有低露点、低能耗的特点，最终可获得－700℃以下露点、再生气量为5%的气源。这种复合式干燥器运行成本低，获得的压缩空气质量好，适用于高进气温度的场合，但结构复杂，设备造价高。

三、压缩空气贮罐

压缩空气贮罐应具有足够的容积，使得在供求不平衡时，压缩空气压力在允许范围内波动。此外，在供电出现故障时，应能维持一定时间的供气。

其容积计算公式：

$$V=Q_s\frac{p_0}{p_1-p_2} \tag{4-5}$$

式中 V——贮罐容积，m³；

Q_s——气源装置供气设计容量，Nm³/min；

t——保持时间，15～20min；

p_1——正常操作压力，MPa；

p_2——最低送出压力，MPa；

p_0——标准大气压，0.1013MPa。

压缩空气贮罐结构如图4-5所示。

四、空气过滤设备

压缩空气的污染物有三类，即水、油和尘，这三种污染物的来源是不同的。

水分：水分是自然界空气所固有的。

油分：仪表空气一般采用无油压缩机，在空气污染严重的地区的空气中含有微量油污。

固体颗粒：部分来自空气，部分来自压缩空气系统内部。我们周围的空气中含有大量的悬浮颗粒物。根据GB 3095—2002《环境空气质量标准》规定，二类区（工业区）内环境空气中总悬浮颗粒物（≤100μm）的年平均浓度不超过0.5mg/m³（标准状态）。按照业内通行的说法，这些悬浮颗粒物中有80%左右其当量直径小于2μm。一般来说，空压机的进气滤清器的过滤器精度也在2μm（2μm的过滤精度对保护其运动部件已经足够，而且过滤精度太高可能会产生压降而导致负压），因此估计有 0.4mg/m^3的悬浮颗粒物进入了压缩空气系统。

在多数场合，压缩空气系统内产生的固体颗粒才是致命的。我国多数空压站采用普通碳钢管作为压缩空气的运输管。这些管道阀门可能产生：铁锈/锈泥、积炭、焊渣等比空气中的悬浮颗粒物大得多的杂质。在一些要求高的场合如医药、电子等工厂空压站的压缩空气系统采用了不锈钢材料或紫铜材料，此时压缩空气中的固体常来自大气和干燥系统（如吸附式干燥机的吸附剂粉尘等）。

压缩空气干燥设备（如冷干机、吸干机等）可去除压缩空气中的水分，而其中的油分和固体颗粒可由压缩空气过滤器去除。

纤维过滤器是应用最广泛的压缩空气过滤器之一，图 4-6 为 Domnick Hunter 公司的 OIL-XPLUS 螺纹连接过滤器（它由壳体、滤芯、排水器、压差计等组成）。这类过滤器过滤时，压缩空气先进入滤芯中间向四周扩散，经过滤芯过滤后进入滤芯与壳体的间隙，再通过过滤器出口排出下游。压缩空气中的固体悬浮物被滤芯（纤维）捕捉后留在内部，液体（如凝结水、油雾等）被滤芯（纤维）捕捉后由于其重力的作用流至滤芯底部，通过海绵的潮湿带（在潮湿带处由于压力降较大没有空气流过，故称为安静区）流至过滤器壳体底部，由自动排水器排至外界。

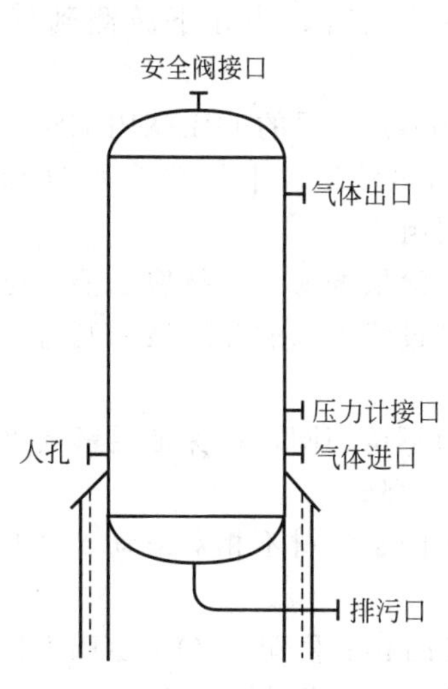

图 4-5　压缩空气贮罐结构图

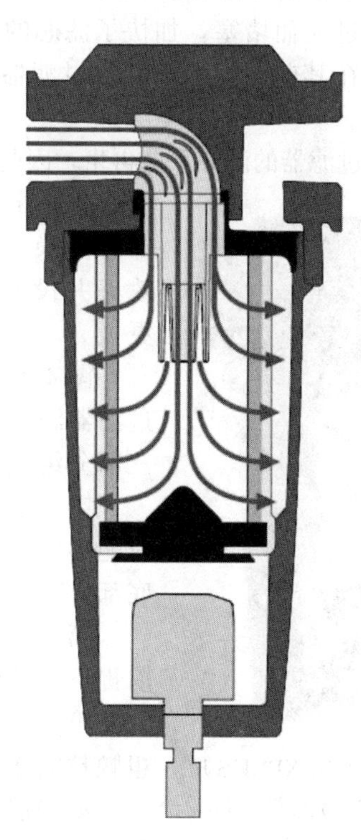

图 4-6　OIL-XPLUS 螺纹连接过滤器

在这一类过滤器中，由于干净的压缩空气与过滤下来的凝结液在同一侧，因此过滤器内下部安静区的存在可防止凝结液再次被压缩空气带走，这就是滤芯外层采用海绵的主要原因。

纤维过滤器的过滤器机理比较复杂。随着压缩空气流速的不同、微粒子的大小的变化，其过滤机理也会变化，一般认为空气过滤器中过滤的多种作用同时存在。

（1）扩散沉积　由于布朗运动，各细微粒子的运动轨迹与压缩空气的流向不一致。随着粒子尺寸的减小，布朗运动的强度增大，细微颗粒与纤维碰撞的概率也越大，扩散沉积作用越强。

（2）直接拦截　这个机理与微粒的尺寸有关。当纤维之间的间隙小于微粒的直径时，该微粒就被拦截。

（3）惯性沉积　当压缩空气通过纤维时流线会发生弯曲。由于惯性的作用，压缩空气中的微粒不跟随弯曲的流线而被抛到纤维上并沉积在那里。显然这种惯性作用将随微粒尺寸的增大和压缩空气流速的增加而加强。

（4）重力沉积　各种微粒由于重力的作用都有一定的沉降速度。因此微粒的运动轨迹与压缩空气的流线相偏离，这种偏离作用能使微粒碰到纤维。

（5）静电沉积　微粒和纤维都有可能带电荷，所以，由于电荷之间的作用力或诱导力，微粒能沉积在纤维上。

（6）范德华沉积　当微粒与纤维之间的距离很小时，范德华分子间力可以引起微粒沉积。

由于上述几种过滤机理的同时作用，可以使得纤维过滤器的过滤效率达到99%以上。

过滤器的适用场合仅是建议性的，一般人可能只根据所需要的空气质量选择相应处理精度的过滤器，而不考虑过滤器的配套使用。这是不对的，因为所需要的空气质量虽然由所选的单支过滤器的处理精度决定，但没有前置低一级过滤器的预处理保护，高精密滤芯很快就会因负载过大而堵塞，加快了滤芯的更换频率，从而会变相地增加生产成本。如采用AA级过滤器应在其前面安装AO级过滤器；选用了ACS级过滤器应在其前面安装AO级和AA级过滤器。

纤维过滤器的滤芯不能再生，因此其滤芯需要更换，滤芯的更换周期由压力降决定，一般来说，过滤器压差计指针指向红色区域（压力降超过了0.35kgf/cm²）即可更换。需要指出的是虽然滤芯的压力降上升，但它的过滤效率并没有下降。对活性炭滤芯而言，当在下游测到气味时应更换。

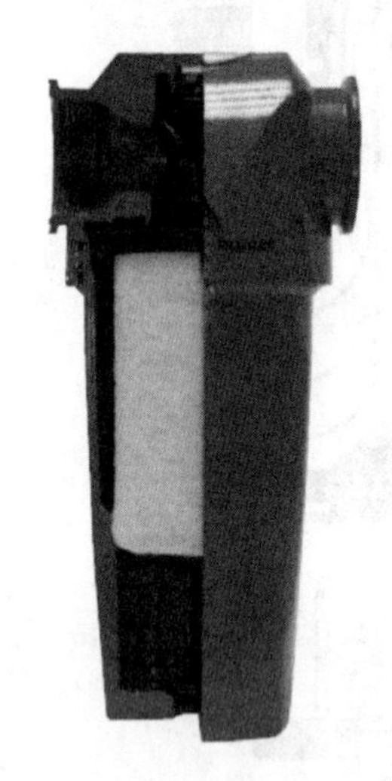
图4-7　OIL-XPLUS压缩空气过滤器滤芯

图4-7为英国Domnick Hunter公司的OIL-XPLUS压缩空气过滤器滤芯，该过滤器的滤芯由过滤层、上下端盖和O形密封圈三部分组成，其中过滤层由六层组成。

第一层（红色）：具有PVC涂层的海绵，抗腐蚀能力强。过滤时能形成潮湿带，主要作用是使过滤下来的凝结液顺利排至过滤器底部。

第二层和第六层：这两层为不锈钢网，在保证足够流通面积的前提下，使滤芯能承受较大的压力降。

第三层和第五层：无纺布，固定滤材不相对滑动，并具有拦截粗颗粒的作用。

第四层：滤材，Domnick Hunter公司的OIL-XPLUS滤芯由硼硅酸纤维制成，具有空隙率大、疏水性强、质量稳定等特点。

滤芯的上端盖上有O形密封圈，当滤芯与壳体连接时可实现很好的密封。上下端盖用环氧树脂与过滤层结合在一起，保证无侧漏。下端盖上有内螺孔，可与壳体的螺杆紧密连接。

空气灭菌过滤器是根据机械过滤原理过滤压缩空气中的微生物而得到无菌空气。整机装置主要由塔体、过滤介质组成，广泛应用于啤酒、食品、化工、医疗等工业或科研部门需要无菌压缩空气气源的场所。与无油润滑空气压缩机及空气干燥器配套，可得到无油、无水、无尘及无菌高质量的压缩空气。

空气灭菌过滤器是采用定期灭菌的介质形成的网格阻碍气流前进，使气流出现无数次改变运动速度和运动方向绕过介质前进，这些改变引起微粒对滤层材料产生惯性冲击、阻拦、重力沉降、布朗扩散、静电吸引等作用而把微粒滞留在介质表面上，从而取得无菌空气。

第四节　压缩空气管道

压缩空气站至用户的管道应满足用户对压缩空气流量、压力及品质的要求。其敷设方式的选择，应根据当地的地形、地质、水文及气象等条件经技术经济比较后确定。炎热和温暖地区的厂区压缩空气管道，宜采用架空敷设；寒冷地区和严寒地区的压缩空气管道宜与热力管道共沟或埋地敷设。架空敷设时，应采取防冷措施。

输送饱和压缩空气的管道，应设置能排放管道系统内积存油水的装置。设有坡度的管道，其坡度不宜小于 0.002m。

压缩空气管道材料，宜采用碳素钢管。对于水蒸气含量小于 7.98mg/m^3，尘粒小于 0.5mm 的干燥和净化压缩空气管道，可采用不锈钢管，其切断阀门，宜采用不锈钢球阀。

压缩空气管道的连接，除设备、阀门等处用法兰或螺纹连接外，其他部位宜采用焊接。

厂区架空压缩空气管道，应考虑热补偿。

压缩空气管道在用建筑物入口处，应设置切断阀门、压力表和流量计。对输送饱和压缩空气的管道，应设置油水分离器。

对压缩空气负荷波动较大或要求供气压力稳定的用户。宜就近设置贮气罐或其他稳压装置。

车间架空压缩空气管道，宜沿墙和柱子敷设，其高度不应妨碍交通运输，并应便于维修。

压缩空气管道需防雷接地时，应按国家现行的《建筑防雷设计规范》执行。

埋地敷设的压缩空气管道，应根据土壤的腐蚀性作相应的防腐处理。厂区输送饱和压缩空气的埋地管道，宜敷设在冰冻线以下。

厂区埋地压缩空气管道穿过铁路或道路时，其交叉角不宜小于 45°，管顶距铁路轨面不宜小于 1.2m，距道路路面不宜小于 0.7m。

厂区埋地敷设的压缩空气管道，穿过铁路或不便开挖的道路时，应设套管。套管的两端伸出铁路路基或道路路边不得小于 1m。铁路或道路路边有排水沟时，则应伸出沟边 1m。

第五节　仪表供气系统

一、仪表供气系统负荷

仪表供气系统负荷包括指示仪、记录仪、分析仪、信号转换器、继动器、变送器、定位器、执行器等仪表装置；此外还包括吹气法测量用气、充气法防爆、防蚀保安用气、仪表吹扫、检查、校验以及仪表车间用气等。

凡是构成测量及控制回路的仪表与控制装置用气均为主要负荷，仪表维护、吹洗、校验及安全防护用气为一般负荷。

二、气源质量要求

1. 露点

仪表气源不能含有过多水分，否则水蒸气一旦低温冷凝（所谓结露）会使管路和仪表生锈，降低仪表工作可靠性。因此，仪表气源中含湿量的控制应以不结露为原则。

供气系统气源操作（在线）压力下的露点，应比工作环境、历史上年（季）极端最低温度至少低10℃。图 4-8 为气源露点换算图。

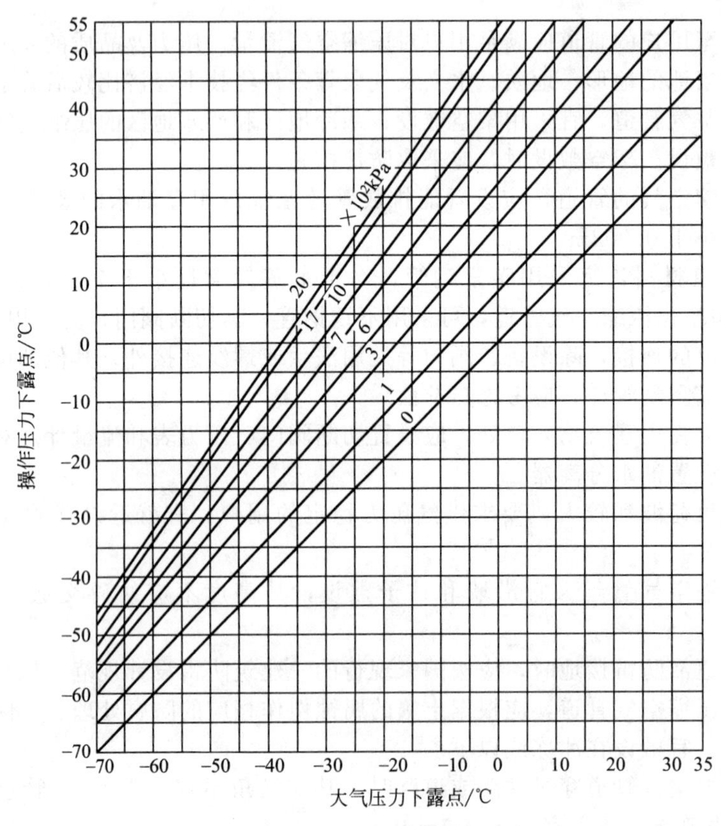

图 4-8 气源露点换算图

2. 粉尘

用于仪表供气的气源，都必须经过净化处理。通过净化装置后，在过滤器出口处，仪表空气含尘粒径不应大于 3μm，含尘量应小于 1mg/m^3。对尘粒大小限制是非常必要的，尤其是精密仪表，内部的气路通道只有微米级（μm），如果气源中夹带的粉尘直径稍大一点，会造成堵塞，仪表不能正常工作，甚至失灵而影响生产。

3. 含油量

油分的存在对仪表的影响十分严重，如果油分进入仪表，由于油脂黏附在仪表附件和管路上，清除很困难。而且油分可以使灰尘聚集起来，堵塞节流孔和管路，损坏部件。因此，用于仪表供气的气源装置，送出的仪表空气中，其油分含量应控制在 1mg/m^3 以下。

仪表气源中的油分，主要来自于压缩机的润滑油。所以，要减少气源中油分含量，宜选用无油润滑式空压机，可将空气中的油分含量控制在规定值以下。

4. 污染物

在气源装置设计中，必须注意位置选择，尤其是吸入口位置选择，应保证周围环境条件不受污染。仪表空气中绝对不允许吸入有害性和腐蚀性杂质和粉尘。

三、容量

气源装置设计必须考虑有足够的容量，以确保持续而稳定的供给生产装置中的仪表使用。仪表总耗气量的大小，决定气源装置设计容量。仪表总耗气量计算，宜采用汇总方式计算。

仪表气源装置容量按式(4-6) 计算：

$$Q_s=Q_c[2+(0.1\sim0.3)] \tag{4-6}$$

式中 Q_s——气源装置供气设计容量，Nm^3/h；

Q_c——各类仪表稳态耗气量总和，m^3/h；

0.1～0.3——供气管网系统泄漏系数。

Q_s可供确定压缩机的容量和台数。

Q_c是指标准状态下（103.32kPa，20℃）的仪表耗气量，而有些产品样本中所给出的多数是操作状态下的数据，因此，应进行换算后代入式(4-6) 进行计算。

1. 压力范围

气源装置出口处压力分下列两挡，压力上限值为气源装置正常操作条件下的送出压力。可根据负荷情况，选择所需要的值：300～500kPa 或者 500～800kPa。

如果上限压力不满足工程设计实际需要时，可采取加压措施，而后送出。压力下限值为气源装置送出的最低压力，如果低于此规定值时，一般需要报警。

2. 安全供气

备用气源是供气的一项安全措施。当气源装置或系统发生临时性的突然故障时，需要投用备用气源，不致使送出压力突然下降，维持气源短时间内不至中断。气源装置的设计要在下列三种方式中至少考虑一种或两种，否则不能满足安全供气要求。

三种备用方法如下：

① 备用空压机组；

② 备用贮气罐；

③ 备用辅助气源。

3. 贮气罐容积

气源装置中应设有足够容量的贮气罐，容积按式(4-5) 压缩空气缓冲罐容积公式计算，其中保持时间 t，应根据生产规模、工艺流程复杂程度及安全联锁自动保护设计水平而确定。如果没有特殊要求，可以在 15～20min 内取值。

四、供气方式

供气配管方式可分为单线式、支干式及环形供气三种。

（1）单线式供气　多用于分散负荷，或者耗气量较大的负荷，如大功率执行器的供气，为不影响相邻负荷用气，尽可能直接在气源总管上取气，如图 4-9(a) 所示。

（2）支干式供气　多用于集中负荷，或者说密度较大的仪表群（装置区内大部分配管皆为这种方式），如图 4-9(b) 所示。

对支干式供气的分支可根据不同的平面和空间条件，或者以不同楼层进行分支，或者在一个分支系统供气中包括各楼层的负荷。

（3）环形供气　多限于界区外部气源管线的配置。这部分管线由气源装置起，至界区内部一段管线止，如图 4-9(c) 所示。

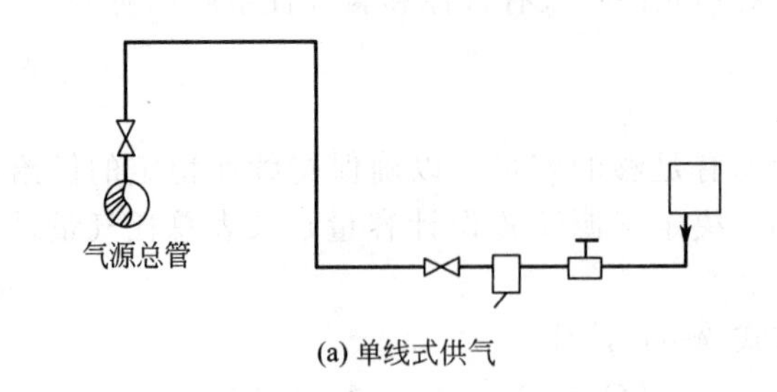

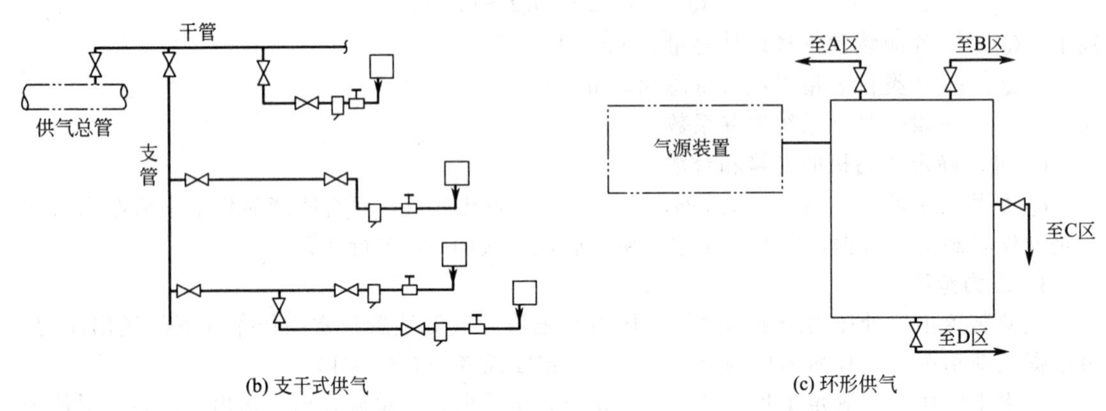

图 4-9　供气配管系统图

五、供气系统管路

1. 管路敷设

供气管路宜架空敷设，而不宜地面或地下敷设。管线走向应尽量避开高温或低温区、强烈振动场合、建筑上隔爆和防火墙，特别要避开严重腐蚀场合、易漏的工艺管道和设备管口。如果难以避开，应采取措施确保人身和设备安全。

供气配管设计时，有两点需特别注意：一是配管走向尽量避免袋形配管，并在配管低端安放排放阀；二是设置隔绝点，如取源阀、气源阀以及干线、支线上的一些必要截止阀，都是隔绝点。当供气系统某点发生故障时，或正常清扫和维修时，它能保证该点（或仪表）与系统隔绝，以防止系统供气压力下降，确保系统可靠工作。

2. 取气

当供气系统需要在供气总管或支干管引出气压源时，其取源部位应设在水平管道的上方，在取源部位接管处安装气源截止阀。对支干管上是否要设置总阀，由工程设计考虑。取气点的数量，应考虑10%～20%的备用量。

在供气总管或支干管末端开口处，宜用盲板或丝堵封住，不宜将管路末端焊死。

3. 接表端配管

接表端配管有单独和集中两种。单独供气，要求每台表都要设置过滤减压器，此时气源阀应安装在过滤减压阀的上游侧，并尽量靠近仪表。当采用集中过滤减压时，气源阀应安装在它的下游侧每个支路的配管上，然后再接表。

在密集仪表场所，一般都采用大功率过滤减压装置。由于减压功率较大，在发生故障时，可能使下游侧压力升高，损坏仪表。为防止这种情况发生，其出口侧应设置安全阀。安全阀整定的排空压力，视仪表的供气压力而定。若供气压力为140kPa(g) 时，其整定值以160kPa(g) 为宜。

六、配管材质与管径选择

1. 材质选择

过滤器减压阀上游侧供气系统配管，宜选用镀锌水煤气管。一旦仪表气源操作不正常，不致因气源被污染而造成供气管路生锈，给生产带来麻烦。

过滤器减压阀下游侧配管，宜选用紫铜管，管径为 $\phi 8\times 1$ 或 $\phi 6\times 1$，也可用不锈钢管。

2. 管径选择

供气系统配管管径选取范围见表 4-4。过滤器减压阀上游侧供气系统配管，最小管径为 *DN*15；*DN*8 配管只限于短距离选用，通常用于过滤器减压阀下游侧配管。

表 4-4 供气系统配管管径选取范围

DN/mm(in)	供气点数量/个	*DN*/mm(in)	供气点数量/个
8(1/4)	1	40(1 1/2)	21～60
15(1/2)	1～3	50(2)	61～150
20(3/4)	4～8	65(2 1/2)	151～250
25(1)	9～20	80(3)	251～500

注：1/4 配管只限于短距离选用，通常用于过滤器减压阀下游侧配管。

供气主管（集气管）的直径一般为 40～50mm，材质为不锈钢和黄铜两种。集气管水平安装时，应有 1/1000 的坡度，并在下游侧最低点装设排污阀。盘后的供气配管，可用 $\phi 6\times 1$ 的紫铜管。在每个供气支路上，均应设置仪表气源阀。气源阀的设置应有 10%～20%的备用数量。

3. 测量管线的材质

测量气源部件传输介质的过程变量（如压力、差压）的导管称为测量管线。因为它直接和被测的工艺介质接触，所以测量管线（包括管件和阀门）的材质应按被测介质的特性、温度、压力等级和所处环境特性等因素综合考虑。

非腐蚀介质的测量管线，其材质一般选用碳钢。腐蚀性介质的测量管线，其材质应根据腐蚀性介质的类别选用与工艺管线或设备相同或高于其防腐等级的材质。当测量管线必须要通过腐蚀性场所时，其材质应结合其中通过的介质和环境防腐蚀的要求，综合加以考虑。高压管线的材质应符合高压管线的有关规定。液体测量管线包括管件和阀门，宜选用同种材料或腐蚀电位相接近的同类金属材料。分析仪表的取样管线材质一般为不锈钢。

4. 测量管线的管径

测量管线的管径规格见表 4-5。

表 4-5 测量管线的管径规格

使用场所	管径×壁厚/mm	使用场所	管径×壁厚/mm
含粉尘、低压系统 *PN*=0.25MPa *PN*=6.4MPa	 22×3 14×2;18×3;22×3	 *PN*=16MPa *PN*=32MPa	 14×3;18×4;22×4 14×4

注：分析仪表的取样管线一般为 $\phi 6\times 1$、$\phi 8\times 1$ 或 $\phi 10\times 1$，而且还应符合仪表制造厂的要求。

5. 气动信号管线

气动信号管线选择见表 4-6。

表 4-6 气动信号管线选择

使 用 场 所	管径×壁厚/mm	材质及型式
一般场所	6×1	紫铜单管或不锈钢单管
腐蚀性场所(如硫化氢、氨气、乙炔等)	6×1	不锈钢单管

在特殊情况下，如大膜头调节阀、直径较大的气缸阀、切换时间短且传输距离长的控制装置，为减少滞后时间，其气动信号管线的规格可选用 $\phi 8\times 1$ 或 $\phi 10\times 1$ 的管子。

当选用金属管时，应优先采用紫铜管。但有氨气等腐蚀性场合不能使用紫铜管，可以选用不锈钢管。

七、测量管线及气动信号管线管缆的敷设

管线的敷设应避开高温、工艺介质排放口及易泄漏的场所，也应避免敷设在有碍检修、易受机械损伤、腐蚀、振动及影响测量的场所。不能直接埋地敷设，而应采用架空敷设方式。

测量管线的敷设应尽量避免产生附加静压头、比密度差及气泡。对于易冻、易冷凝、易凝固、易结晶、易汽化的被测介质，其测量管线应采取伴热或绝热的措施。测量点至现场仪表的测量管线、分析仪表取样管线应尽量短，以减少滞后时间。

测量管线水平敷设时，根据介质的种类及测量要求，应有 1∶10～1∶100 的坡度。当介质为气体时，测量管线的最低点应设排液装置；当介质为液体时，测量管线的最高点应设排气装置；当介质含有沉淀物或污浊物时，在测量管线的最低点也应设排污装置。

在设计排放口时，不得将有毒和有腐蚀的介质任意排放，应采取措施将其排放到指定的地点或者排入密闭系统。对超过 10MPa 的压力测量管线，应设置安全泄压设施并注意使排放口朝向安全侧。

第六节　氮气制备技术

氮气作为惰性气体的一种，用于易燃、易爆、易腐蚀、易氧化物料的保护、输送、密封等，以保障安全生产。在石化企业如炼油厂中重整、加氢装置的生产，要用纯氮（99.99%）作保护气、置换气，为了保护设备，有的大型机组的密封气要用到氮气，高纯氮气是化纤生产至关重要的气体，主要用作保护气、输送气，防止原料的氧化。可以说石化行业是用氮大户。氮气是化工厂的“保安气”，工业对氮气的大量需求，一般采用空气分离方法。在空气分离方法中包括深冷空分法、变压吸附法、膜分离法。

一、深冷制氮技术

深冷空分制氮是一种传统的制氮方法，已有近几十年的历史。它是以空气为原料，经过压缩、净化，再利用热交换使空气液化成为液空。液空主要是液氧和液氮的混合物，利用液氧和液氮的沸点不同（在 1atm 下，前者的沸点为－183℃，后者的为－196℃），通过液空的精馏，使它们分离来获得氮气，深冷制氮可制取纯度≥99.999%的氮气。

1. 工艺流程

深冷空气制氮工艺整个流程由空气压缩、空气分离、液氮汽化组成，工艺流程如图 4-10 所示。

原料空气经过滤由离心式空气压缩机压缩至 0.78MPa，经空压机末端冷却器冷至 40℃左右，再由冷气机组冷却至 5℃进入分子筛吸附器，去除 H_2O、CO_2 及 C_2H_2 等碳氢化合物。分子筛吸附器两台交换使用，一台吸附工作，另一台再生，再生气为分馏塔废气。净化后的空气进入分馏塔，通过主换热器、液化器与返流废气及产品氮气进行热交换，冷却后进入精馏塔底部，经过精馏分离为产品氮气和富氧液空，塔底富氧液空过冷节流后进入冷凝蒸发

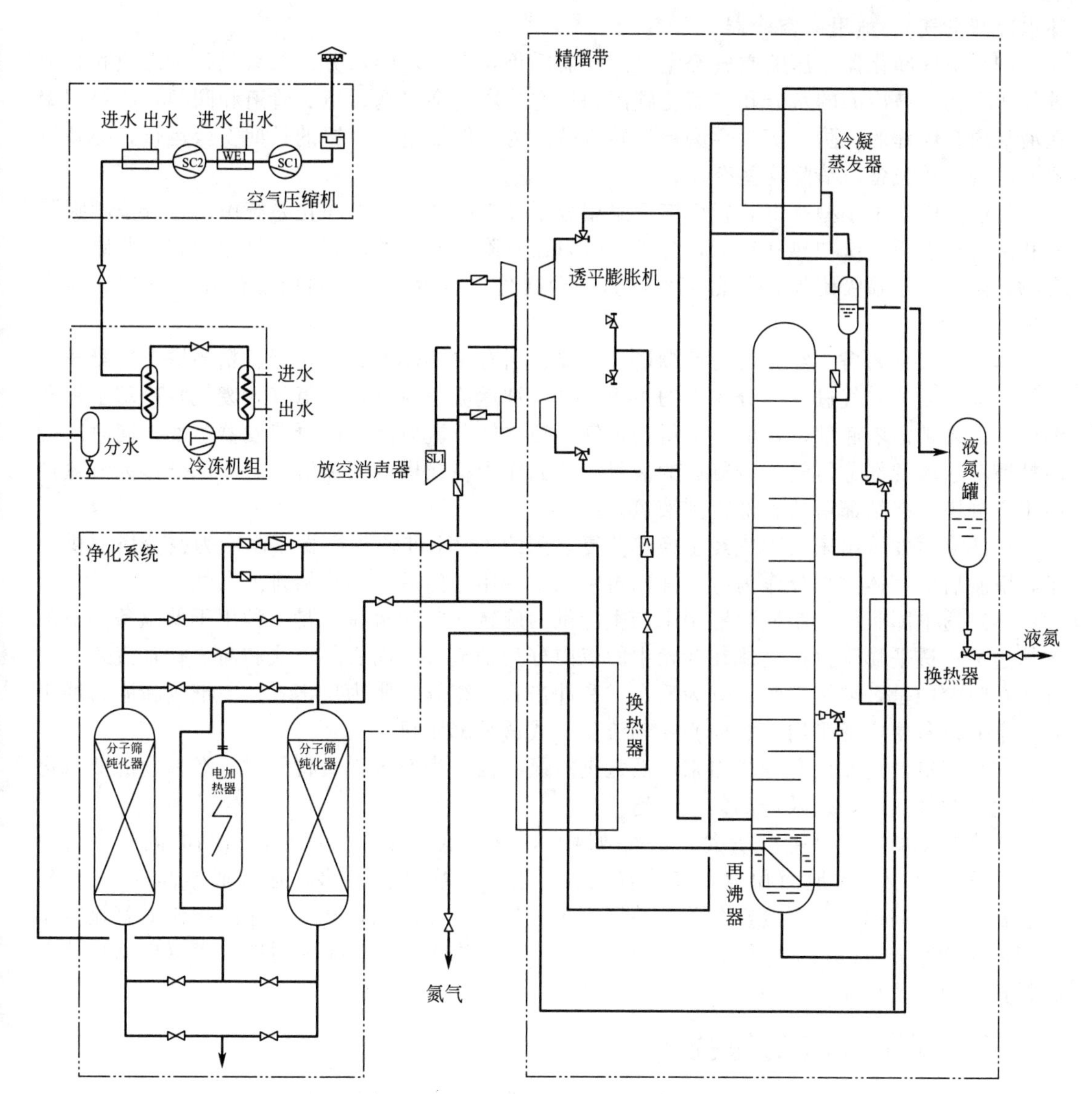

图 4-10 深冷空分制氮工艺流程示意图

器，与氮气进行热交换。氮气液化后大部分作为精馏塔回流液，少量液氮可作为产品抽出。废气由冷凝蒸发器顶部引出，经过冷器、液化器复热后经透平膨胀机绝热膨胀至0.035MPa，给装置补偿冷量。产品氮气从精馏塔顶引出，经主换热器复热后在0.7MPa压力时输入管线。

2. 主要生产单元简介

（1）空气过滤与压缩　为减少空气压缩机内部机械运动表面的磨损，保证空气质量，空气在进入空气压缩机之前，必须先经过空气过滤器以清除其中所含的灰尘和其他杂质。经空气过滤器清除灰尘和机械杂质后进入空气压缩机，压缩至所需压力，然后送入空气冷却器，降低空气温度。

（2）空气冷却器　用来降低进入空气干燥净化器和空分塔前压缩空气的温度，避免进塔温度大幅度波动，并可析出压缩空气中的大部分水分。通常采用氮水冷却器（由水冷却塔和空气冷却塔组成：水冷塔是用空分塔内出来的废气冷却循环水，空冷塔是用水冷塔出来的循环水冷却空气）、氟里昂空冷器。

（3）空气净化器　压缩空气经空气冷却器后仍含有一定的水分、二氧化碳、乙炔和其他碳氢化合物。被冷冻的水分和二氧化碳沉积在空分塔内会堵塞通道、管道和阀门，乙炔积聚在液氧内有爆炸的危险，灰尘会磨损运转机械。为了保证空分装置的长期安全运行，必须设置专门的净化设备，清除这些杂质。

目前国内在中小型制氮装置中广泛采用分子筛吸附法。空气净化系统由两台分子筛吸附器和两台双管板蒸汽加热器组成，分子筛吸附器吸附空气中的水分、二氧化碳和一些碳氢化合物。两台分子筛吸附器，一台工作，另一台再生。再生气的加热由蒸汽在蒸汽加热器中完成。

（4）空气分离塔　空分塔为精馏塔，主要包括有主换热器、液化器、精馏塔、冷凝蒸发器等。净化后的空气进入空分塔中的主换热器，被返流气体（产品氮气、废气）冷却至饱和温度，送入精馏塔底部，在塔顶部得到氮气，液空经节流后送入冷凝蒸发器蒸发，同时冷凝由精馏塔送来的部分氮气，冷凝后的液氮一部分作为精馏塔的回流液；另一部分作为液氮产品出空分塔。在精馏塔的底部得到液氧。

由冷凝蒸发器出来的废气经主换热器复热到约 130K 进膨胀机膨胀制冷为空分塔提供冷量，膨胀后的气体一部分作为分子筛的再生和吹冷用，然后经消声器排入大气。

（5）透平膨胀机　制氮装置用来产生冷量的旋转式叶片机械，是一种用于低温条件下的气体透平。透平膨胀机按气体在叶轮中的流向分为轴流式、向心径流式和向心径轴流式；按气体在叶轮中是否继续膨胀又分为反击式和冲击式，继续膨胀为反击式，不继续膨胀为冲击式。空分设备中广泛采用单级向心径轴流反击式透平膨胀机。

（6）液氮汽化　由空分塔出来的液氮进液氮贮槽，当空分设备检修时，贮槽内的液氮进入汽化器被加热后，送入产品氮气管道。

深冷制氮的特点是生产量大，氮气纯度高，电耗低，操作弹性小，启动时间长（12～24h），设备复杂、占地面积大，基建费用高，设备一次性投资多，运行成本高，产气慢，安装要求高，周期长。深冷空分制氮装置宜于大规模工业制氮，在中、小规模制氮就显得不经济。在 $3500m^3/h$（标准状态）以下的设备，相同规格的变压吸附制氮技术（PSA）装置的投资规模要比深冷空分装置低 20%～50%。

二、变压吸附制氮技术

变压吸附制氮技术（PSA）是利用氧和氮在碳分子筛上吸附容量、吸附速率、吸附力等方面的差异及分子筛对氧、氮随压力不同具有不同的吸附容量的特性，实现氧氮分离。空气中的氧被吸附剂优先吸附，从而在气相中富集氮气。

在温度不变情况下，加压下吸附，减压（抽真空）或常压下解吸的方法，称为变压吸附。可见，变压吸附是通过改变压力来吸附和解吸的。

1. 工艺流程

变压吸附制氮系统主要包括三部分：空气压缩系统、压缩空气预处理系统、吸附分离系统，工艺流程如图 4-11 所示。

如果提取高纯氮气需要增设氮气纯化系统。空气经离心机压缩到 0.75～0.85MPa 进入冷干机，降温除去大部分水分，经精密过滤器进一步除油、除尘，然后进入空气缓冲罐缓冲稳压，作为变压吸附制氮的原料气。空气经过预处理后进入装有分子筛的吸附筒，空气在分子筛床内依次完成吸附制气、放气、冲洗、均压、二次均压、充气过程，从而连续生产制得氮气。吸附分离系统主要由两台填装了分子筛的吸附塔及一台氮气缓冲罐组成。根据用户需要可以多台组合在一起，制取产量更大的氮气。

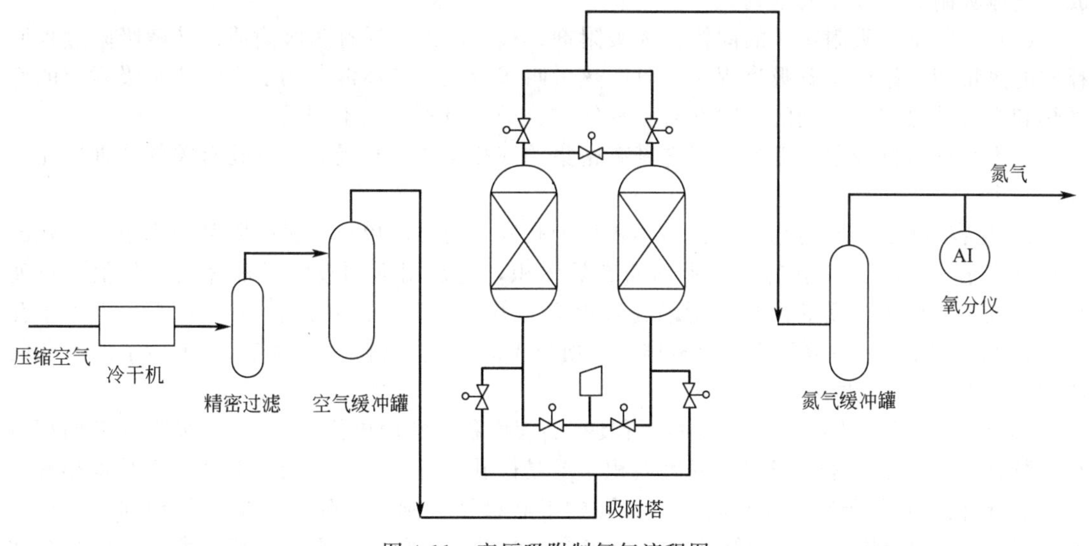

图 4-11　变压吸附制氮气流程图

2. 主要设备

(1) 压缩空气净化组件　空气压缩机提供的压缩空气首先通入压缩空气净化组件中，压缩空气先由管道过滤器除去大部分的油、水、尘，再经冷冻干燥机进一步除水，精过滤器除油、除尘，并由在紧随其后的超精过滤器进行深度净化。

(2) 空气贮罐　空气贮罐的作用是降低气流脉动，起缓冲作用，从而减小系统压力波动，使压缩空气平稳地通过压缩空气净化组件，以便充分除去油水杂质，减轻后续 PSA 氧氮分离装置的负荷。同时，在吸附塔进行工作切换时，它也为 PSA 氧氮分离装置提供短时间内迅速升压所需的大量压缩空气，使吸附塔内压力很快上升到工作压力，保证了设备可靠稳定的运行。

(3) 吸附塔　装有专用碳分子筛的吸附塔共有 A、B 两座。当洁净的压缩空气进入 A 塔入口端经碳分子筛向出口端流动时，O_2、CO_2和 H_2O 被其吸附，产品氮气由吸附塔出口端流出。经一段时间后，A 塔内的碳分子筛吸附饱和。这时，A 塔自动停止吸附，压缩空气流入 B 塔进行吸氧产氮，对并 A 塔分子筛进行再生。分子筛的再生是通过将吸附塔迅速下降至常压脱除已吸附的 O_2、CO_2和 H_2O 来实现的。两塔交替进行吸附和再生，完成氧氮分离，连续输出氮气。

(4) 氮气缓冲罐　氮气缓冲罐用于均衡从吸附塔分离出来的氮气的压力和纯度，保证连续稳定供给氮气。同时，在吸附塔进行工作切换后，它将本身的部分气体回充吸附塔，一方面帮助吸附塔升压；另一方面也起到保护床层的作用，在设备工作过程中起到极重要的工艺辅助作用。

3. 气体吸附分离基础知识

(1) 吸附　当气体分子运动到固体表面上时，由于固体表面的原子的剩余引力的作用，气体中的一些分子便会暂时停留在固体表面上，这些分子在固体表面上的浓度增大，这种现象称为气体分子在固体表面上的吸附。相反，固体表面上被吸附的分子返回气体相的过程称为解吸或脱附。

被吸附的气体分子在固体表面上形成的吸附层，称为吸附相。吸附相的密度比一般气体的密度大得多，有可能接近液体密度。当气体是混合物时，由于固体表面对不同气体分子的压力差异，使吸附相的组成与气相组成不同，这种气相与吸附相在密度上和组成上的差别构成了气体吸附分离技术的基础。

（2）吸附剂　吸附物质的固体称为吸附剂，被吸附的物质称为吸附质。伴随吸附过程所释放的热量叫吸附热，解吸过程所吸收的热量叫解吸热。气体混合物的吸附热是吸附质的冷凝热和润湿热之和。不同的吸附剂对各种气体分子的吸附热均不相同。

吸附剂的良好吸附性能是由于它具有密集的细孔构造。与吸附剂细孔有关的物理性能有以下几个。

① 孔容（V_p）　吸附剂中微孔的容积称为孔容，通常以单位质量吸附剂中吸附剂微孔的容积来表示（cm^3/g）。孔容是吸附剂的有效体积，它是用饱和吸附量推算出来的值，也就是吸附剂能容纳吸附质的体积，所以孔容以大为好。吸附剂的孔体积（V_k）不一定等于孔容（V_p），吸附剂中的微孔才有吸附作用，所以 V_p 中不包括粗孔，而 V_k 中包括了所有孔的体积，一般要比 V_p 大。

② 比表面积　即单位质量吸附剂所具有的表面积，常用单位是 m^2/g。吸附剂表面积每克有数百至千余平方米。吸附剂的表面积主要是微孔孔壁的表面，吸附剂外表面是很小的。

③ 孔径与孔径分布　在吸附剂内，孔的形状极不规则，孔隙大小也各不相同。直径在数埃（Å）至数十埃的孔称为细孔，直径在数百埃以上的孔称为粗孔。细孔愈多，则孔容愈大，比表面积也愈大，有利于吸附质的吸附。粗孔的作用是提供吸附质分子进入吸附剂的通路。粗孔和细孔的关系就像大街和小巷一样，外来分子通过粗孔才能迅速到达吸附剂的深处，所以粗孔也应占有适当的比例。活性炭和硅胶之类的吸附剂中粗孔和细孔是在制造过程中形成的。沸石分子筛在合成时形成直径为数微米的晶体，其中只有均匀的细孔，成型时才形成晶体与晶体之间的粗孔。

④ 表观密度　又称视密度。吸附剂颗粒的体积由固体骨架的体积和孔体积两部分组成。表观密度就是吸附颗粒的本身质量与其所占有的体积之比。

⑤ 真实密度　又称真密度或吸附剂固体的密度，即吸附剂颗粒的质量与固体骨架的体积之比。

⑥ 堆积密度　又称填充密度，即单位体积内所填充的吸附剂质量。此体积中还包括有吸附颗粒之间的空隙，堆积密度是计算吸附床容积的重要参数。

⑦ 孔隙率　即吸附颗粒内的孔体积与颗粒体积之比。

⑧ 空隙率　即吸附颗粒之间的空隙与整个吸附剂堆积体积之比。

表 4-7 为常用吸附剂的物理性质。

表 4-7　常用吸附剂的物理性质

吸附剂名称	硅　胶	活性氧化铝	活　性　炭	沸石分子筛
真实密度/(g/cm^3)	2.1～2.3	3.0～3.3	1.9～2.2	2.0～2.5
表观密度/(g/cm^3)	0.7～1.3	0.8～1.9	0.7～1.0	0.9～1.3
堆积密度/(g/cm^3)	0.45～0.85	0.49～1.00	0.35～0.55	0.6～0.75
空隙率	0.40～0.50	0.40～0.50	0.33～0.55	0.30～0.40
比表面积/(m^2/g)	300～800	95～350	500～1300	400～750
孔容/(cm^3/g)	0.3～1.2	0.3～0.8	0.5～1.4	0.4～0.6

（3）吸附平衡　吸附刚开始时吸附剂存在大量的活性表面，被吸附的吸附质分子数大大超过离开表面的分子数。随着吸附的进行，吸附剂表面逐渐被吸附质分子遮盖，吸附剂表面再吸附的能力下降，直到吸附速度等于解吸速度时，就表示吸附达到了平衡。在密闭的容器内，吸附剂与吸附质充分接触，呈平衡时为静态吸附平衡。含有一定量吸附质的惰性气流通

过吸附剂固定床，吸附质在流动状态下被吸附剂吸附，最后达到的平衡为动态平衡。

(4) 吸附容量　吸附容量指单位数量的吸附剂最多吸附的吸附质的量。吸附容量大，吸附时间长，吸附效果好。

吸附容量通常受吸附过程的温度和被吸附组分的分压力（或浓度）、气体流速、气体湿度和吸附剂再生完善程度的影响。吸附容量随吸附质分压的增加而增大，但增大到一定程度以后，吸附容量大体上与分压力无关。吸附容量随吸附温度的降低而增大，所以应尽量降低吸附温度。流速越高，吸附剂的吸附容量越小，吸附效果越差。

4. 变压吸附的工作原理

(1) 变压吸附工作基本步骤　单一的固定吸附床操作，无论是变温吸附还是变压吸附，由于吸附剂需要再生，吸附是间歇式的。因此，工业上都是采用两个或更多的吸附床，使吸附床的吸附和再生交替（或依次循环）进行，保证整个吸附过程的连续。

对于变压吸附循环过程，有三个基本工作步骤。

① 压力下吸附　吸附床在过程的最高压力下通入被分离的气体混合物，其中强吸附组分被吸附剂选择性吸收，弱吸附组分从吸附床的另一端流出。

② 减压解吸　根据被吸附组分的性能，选用前述的降压、抽真空、冲洗和置换中的几种方法使吸附剂获得再生。一般减压解吸，先是降压到大气压力，然后再冲洗、抽真空或置换。

③ 升压　吸附剂再生完成后，用弱吸附组分对吸附床进行充压，直到吸附压力为止。接着又在压力下进行吸附。

(2) 吸附剂的再生　为了能使吸附分离法经济有效地实现，除了吸附剂要有良好的吸附性能以外，吸附剂的再生方法具有关键意义。吸附剂再生纯度决定产品的纯度，也影响吸附剂的吸附能力；吸附剂的再生时间决定了吸附循环周期的长短，从而也决定了吸附剂用量的多少。因此选择合适的再生方法，对吸附分离法的工业化起着重要的作用。

在同一温度下，吸附质在吸附剂上的吸附量随吸附质的分压上升而增加，在同一吸附质分压下，吸附质在吸附剂上的吸附量随吸附温度上升而减少；也就是说加压降温有利于吸附质的吸附，降压加温有利于吸附质的解吸或吸附剂的再生。

于是按吸附剂的再生方法将吸附分离循环过程分成两类：变温吸附法和变压吸附法。

① 变温吸附法　在较低温度（常温或更低）下进行吸附，而升高温度将吸附的组分解吸出来。变温吸附是在两条不同温度的等温吸附线之间上下移动进行着吸附和解吸。由于常用吸附剂的热传导率比较低，加温和冷却的时间就比较长（往往需要几小时），所以吸附床比较大，而且还要配备相应的加热和冷却设施，能耗、投资都很高。

此外，温度大幅度周期性变化也会影响吸附剂的寿命。但变温吸附法可适用于许多场合，产品损失少，回收率高，所以目前仍为一种应用较广的方法。

② 变压吸附法　在加压下进行吸附，减压下进行解吸。由于循环周期短，吸附热来不及散失，可供解吸之用，所以吸附热和解吸热引起的吸附床温度变化一般不大，波动范围仅在几度，可近似看作等温过程。变压吸附工作状态仅仅是在一条等吸附线上变化。

常用减压吸附方法有以下几种，其目的都是为了降低吸附剂上被吸附组分的分压，使吸附剂得到再生。

a. 降压：吸附床在较高压力下吸附，然后降到较低压力，通常接近大气压，这时一部分吸附组分解吸出来。这个方法操作简单，单吸附组分的解吸不充分，吸附剂再生程度不高。

b. 抽真空：吸附床降到大气压以后，为了进一步减少吸附组分的分压，可用抽真空的方法来降低吸附床压力，以得到更好的再生效果，但此法增加了动力消耗。

c. 冲洗：利用弱吸附组分或者其他适当的气体通过需再生的吸附床，被吸附组分的分压随冲洗气通过而下降。吸附剂的再生程度取决于冲洗气的用量和纯度。

d. 置换：用一种吸附能力较强的气体把原先被吸附的组分从吸附剂上置换出来。这种方法常用于产品组分吸附能力较强而杂质组分较弱即从吸附相获得产品的场合。

在变压吸附过程中，采用哪种再生方法是根据被分离的混合气体各组分性质、产品要求、吸附剂的特性以及操作条件来选择，通常是由几种再生方法配合实施的。

应当注意的是，无论采用何种方法再生，再生结束时，吸附床内吸附质的残余量不会等于零，也就是说，床内吸附剂不可能彻底再生。这部分残余量也不是均匀分布在吸附床内各个部位。吸附工况确定后，有效吸附负荷就取决于吸附床的再生程度。由此，可看出再生在吸附操作中的重要性。

(3) 吸附剂种类　变压吸附制氮的吸附剂有两种。

一种方法是吸附剂采用 5A 沸石分子筛。氮的吸附量要比氧、氩大，空气在 5A 沸石分子筛上的这一特性构成了变压吸附分离氧、氮的依据。由于氮是在吸附相中获得的，所以可采用类似的工艺过程制取纯氮。此法吸附时压力为 0.3MPa，获得的氮气纯度大于 99.5%，氮回收率一般在 35%～45%，但空气在进入吸附床之前必须先进行干燥除去二氧化碳，使得流程复杂、投资和操作费用增加。

另一种方法是吸附剂采用碳分子筛，碳分子筛实际上也是一种活性炭，它与一般的碳质吸附剂不同之处在于其微孔孔径均匀地分布在一狭窄的范围内，微孔孔径大小与被分离的气体分子直径相当，微孔的比表面积一般占碳分子筛所有表面积的 90%以上。这种吸附剂是 20 世纪 70 年代初发展起来的新品种。

碳分子筛对空气的分离是利用向碳分子筛微孔扩散的分子直径之差异，导致扩散速度不同而实现的，即为速度分离型。在平衡状态下，碳分子筛上氧、氮的吸附量相差不多。而氧通过碳分子筛微孔细小缝隙的扩散速度要比氮快得多。吸附开始后几十秒，氧的吸附量就达 80%，同一时间氮的吸附量仅为平衡吸附量的 5%。碳分子筛在吸附氧的同时吸附空气中的水分和二氧化碳，但对氧的吸附量影响不大。此法是从吸附的气体相中得到产品，因此原料气净化一般只要除去常温下（有的冷却到 5℃）的机械水便可。

碳分子筛制氮纯度比 5A 沸石分子筛低些，一般在 98%～99%。当纯度 99%时，吸附压力 0.8MPa 常压解吸情况下，氮回收率为 30%～40%。吸附压力 0.4MPa 真空解吸时，氮回收率为 46%。

变压吸附制氮的特点如下。开停车方便：设备开停车便捷，通常情况下，开车十几分钟左右可按要求获得合格氮气，临时停车后重新启动即可迅速恢复供给合格氮气。操作弹性大：操作弹性范围 40%～110%。自动化程度高：整个吸附分离过程由 PLC 或 DCS 控制，可以实现无人操作。操作成本较低：运行成本较低，主要操作成本为电耗。分子筛寿命长：在正常操作情况下一般可使用 8～10 年，无环境污染。投资省：一次性投资低。

三、膜分离制氮技术

膜分离制氮技术是根据混合气体中各组分在压力的推动下透过膜的传递速率的不同，从而达到分离目的。通常一切气体均可以渗透通过高分子膜。其过程是气体分子首先被吸附并溶解于膜的高压侧面，然后借助于浓度梯度在膜中扩散，最后从膜的低压侧解吸出来。其结果是小分子和极性较强的分子的通过速度较快，而大分子和极性较弱的分子的通过速度较慢，膜分离就是利用各种气体在高分子膜的渗透速率不同，来进行气体分离的。由于膜分离技术是利用不同气体的渗透速率的不同来进行气体分离的，其分离推动力为气体在膜两侧的分压差，所以膜法气体分离没有相变、不需要再生，它具有设备简单、操作及维护费用低等优点。膜材料是膜分离制氮技术的心脏部件，是决定气体分离优劣的关键因素。

膜分离制氮系统主要包括三部分：空气压缩系统、压缩空气预处理系统、膜分离系统，工艺流程如图 4-12 所示。

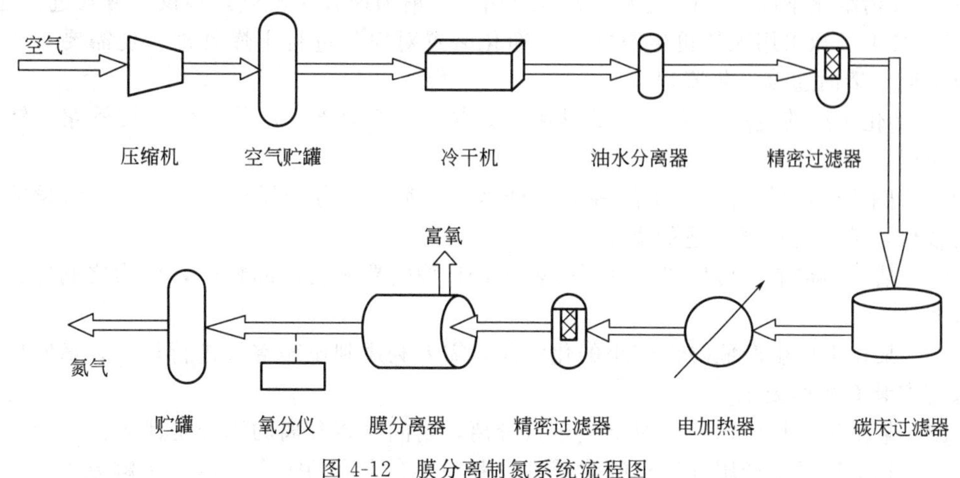

图 4-12　膜分离制氮系统流程图

空气经压缩机压缩至设计压力（0.80～1.3MPa）下，然后送入冷冻式干燥器，经冷却后温度降至 5℃左右。再经过油水分离器、两级精密过滤器和活性炭过滤器的过滤，脱除颗粒及油雾，可以将压缩空气中的含油量降到 0.003×10^{-6} 以下，并可以过滤除去直径大于 0.01μm 的所有固体颗粒。再经过加热器加热到 45℃进入膜分离器。在膜分离器内，根据氮气和氧气在高分子膜上的渗透率的不同，来进行气体分离，得到压力略低于进气压力的氮气。其分离的推动力为气体在膜两侧的分压差。膜分离器出口的氮气纯度为 98%左右。

膜分离制氮技术的特点如下。能耗低：超细化的中空纤维膜具有极高的分离性能，膜分离制氮的氮气回收率高。所以膜法分离制氮比其他空分技术制氮的能耗要少 15%～25%。可靠性高：中空纤维氮气膜系统不像其他空分设备，没有移动部件，静态运行，只需甚少保养，连续运行可靠。寿命长：膜使用寿命 10 年以上。技术可靠：有数千套设备在世界各地运行，使用效果良好。操作弹性大：若需要增加氮气产量，只需增加膜分离器即可，产品气的浓度与产气量是连续可调的。体积小、重量轻：由于膜分离系统结构紧凑，故不需基建投资，安装费用低。瞬间启动：开停车既方便又迅速，操作简便。自动化程度高：产品气的浓度和产量、温度和压力按要求均可以自动控制。对环境无要求：因无明火操作，可在恶劣工况、有爆炸气氛下工作。

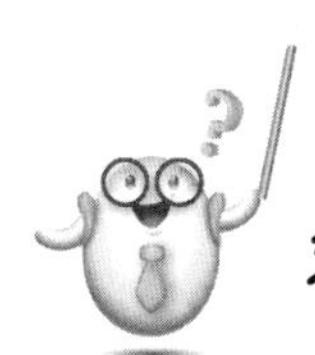

习题与思考题

4-1　天气预报中提到某地的空气湿度为 50%，请问这是哪种含水量的表示方法？并解释之。

4-2　某化工厂压缩供气生产试车，经检测，得到的压缩空气指标如下：固体颗粒最大直径为 3μm，油（包括蒸气）含量为 $0.5mg/m^3$，0.7MPa 水压力露点－25℃，请问该压缩空气的质量等级。

4-3　空气中的水蒸气变为露珠时候的温度叫露点。请问，如果我们需要测量露点，有哪几种方法？

4-4　请说出两种常用的空气干燥方式，并简述之。

4-5　某工厂对公用工程提供的压缩空气进行检测，发现里面含有固体颗粒物，请思考固体颗粒物的可能来源。

4-6　某精细化学品工厂的化工仪表需要用气，请为该公司提供几种供气方式进行选择。

4-7　某工厂拟采用无热再生空气干燥净化装置对空气进行干燥处理，现需要对相关员工进行培训，请简述该工艺流程。

4-8　某化工厂的生产工艺中需要用到压缩空气，请为该工厂的供气系统管路的铺设提出相关建议。

4-9　用来压缩空气的压缩机的种类多种多样，某工厂分别需要小、中、大流量的空气压缩机数台，请为之选择合适的类型。

4-10　某微加热节能再生式空气干燥器生产厂商需要进行产品推广，请为之制定相应的产品说明。

4-11　某化工厂生产危险性较小的化学品，需要利用到压缩空气进行加压，请问压缩空气管道的安装有哪些要求?

4-12　某公用工程公司需要对空气进行分离，请问气体分离的原理是什么?

4-13　某工厂对生产尾气进行吸附处理，鉴于安全生产的需求，需要了解温度、压力对吸附过程的影响，请简述之。

4-14　某聚酯纤维生产企业需要使用氮气进行加压，现有深冷制氮与变压吸附制氮两种工艺，请比较两种工艺的优缺点，并为该企业选择合适的工艺。

第五章 供电

学习目标

知识目标

理解化工厂供电方式，供电系统的组成，了解化工厂供电系统特点；掌握化工厂用电负荷等级划分方法；了解三相电流的连接方式及适用场合；理解电器控制系统的常用保护形式，以及安全用电常识；熟悉化工电气设备安全知识；理解仪表供电的要求，仪表供电系统的组成。

能力目标

会对化工厂用电负荷等级进行正确的划分，能提出供电要求；能根据工作环境提出电气设备的安全要求。

素质目标

培养学生理论联系实际的思维方式，培养学生追求知识、独立思考、勇于创新的科学态度；培养学生敬业爱岗、勤学肯干的职业操守，培养学生团结协作、积极进取的团队合作精神，培养学生安全生产、环保节能的职业意识。

主要符号意义说明

英文字母

AC——交流电；

DC——直流电；

DCS——集散控制系统；

UPS——不间断电源；

EPS——应急电源；
PLC——可编程控制器件；
U——电压，V；
P——功率，W；
R——电阻，Ω；
T——温度，℃；
L——长度，m；
f——频率，Hz。

化工生产过程中的泵、风机、压缩机等设备的运行离不开电机驱动，电能通过电器件、导线提供电机运行所需的能量。电的应用主要分为两种形式：一种是作为能源加以利用，通过电源与用电设备进行能量的传输、分配和转换，将电能转换为光能、热能和机械能等形式，例如，常见的照明电路、工厂电力系统等；另一种是作为信号加以利用，能够实现信号的产生、传递和处理，将电信号转化为声音和图像等形式。

第一节 用电形式

三相正弦交流电和直流电两种电力形式在化工生产中均有使用。

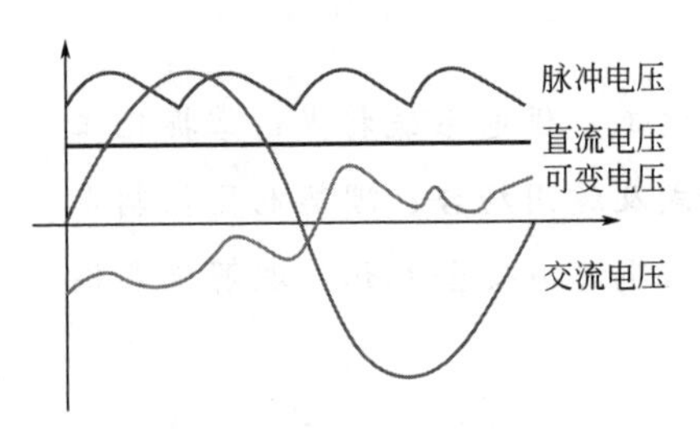

图 5-1 电流波形示意图

一、直流电

直流电（DC）是单向流动的电荷。直流电流，可由电池、热电偶、太阳能电池和换向器式电机的发电机产生。直接电流能流经导体如导线，但也可以流过半导体、绝缘体，甚至能以电子或者离子束形态通过真空。直流电的电流是恒定方向的，并以此区分于交流电（AC），如图 5-1 所示。化工企业直流负荷多为 220V 电压等级，因此一般都选用 220V 的直流电源装置。个别要求 110V、48V、24V 供电的设备，宜单独设置相应电压等级且容量适当的直流电源设备；零星的小容量直流负荷，也可选用内附蓄电池的设备。

二、三相正弦交流电

交流电（AC）是指大小和方向都发生周期性变化的电流，在一个周期内的运行平均值为零，如图 5-2 所示。目前各国使用的交流电相位模式主要为下列两种：单相交流电，其电缆有一条火线和一条中线，用于家用电器；三相交流电，其电缆有三条火线和一条中线，只使用其中一条相线及中线便是单相电。

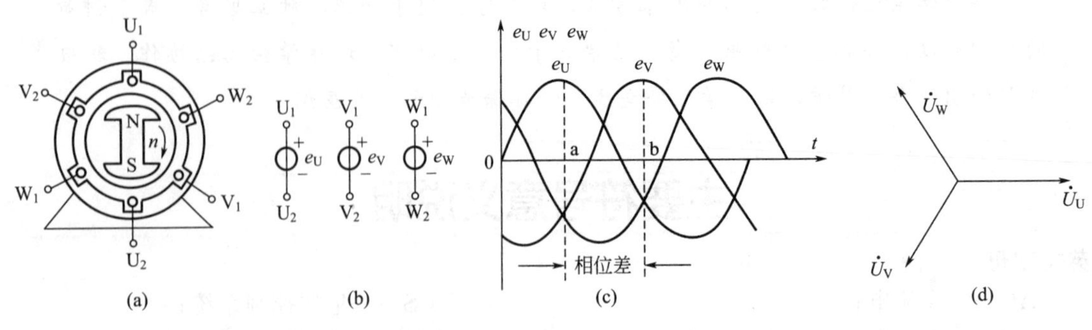

图 5-2 三相交流电路示意图

在现代电力网中，从电能的产生到输送、分配及应用，大多是采用三相交流电路。三相正弦交流电路是指由三个频率相同、最大值相等、在相位上互差120°的单相正弦交流电动势组成的电路，分别称为U相、V相、W相。为保证发电机的稳定运行，发电机至少需要三个绕组，理论上发电的相数可以更高，但三相最经济，因此世界各国普遍使用三相发电、供电。在实际中，三相电源线分别被涂成黄色、绿色和红色。

三相电在电源端和负载端均有星形和三角形两种接法。两种接法都会有三条三相的输电线及三个电源（或负载），但电源（或负载）的连接方式不同。日常用电系统中的三相四线制中电压为380V/220V，即线电压为380V，相电压则随接线方式而异；若使用星形接法，相电压为220V，三角形接法的相电压则和线电压都是380V。

1. 三相电源的星（Y）形连接

如图5-3所示，将发电机三相绕组的尾端连接成一点N，从首端引出三条相线，这就是三相绕组的Y形连接。

在供电线路，引出三根端线，又称火线（相线）。由结点N引出一根线，叫作中性线（简称中线），结点N叫作中性点（简称中点）。如果N点接地，则N点就叫作零点，中性线又称为零线。从配电变压器引出的四根线，即构成了三相四线制供电系统，三相四线制一般用于低压系统。当电路为对称负载时，可以不接中线，即构成三相三线制（一般容量大于10kV高压系统）。

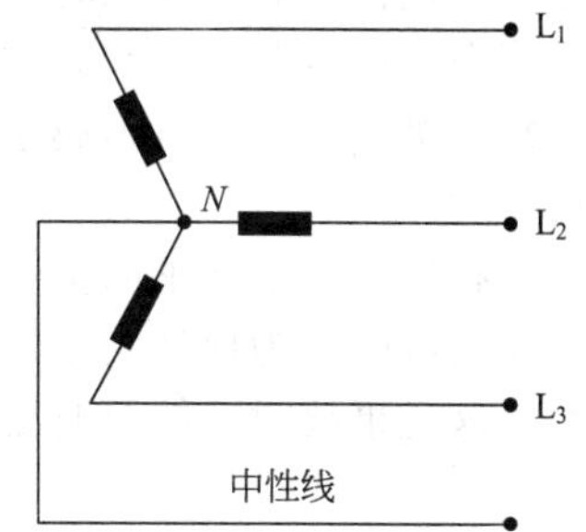

图5-3　三相电源的星（Y）形连接

每相绕组首端和尾端之间的电压称为电源相电压，用U_U、U_V、U_W表示相电压有效值。在三相四线制中，星形连接的相电压也就是相应的端线和中线之间的电压。任两根端线之间的电压称为线电压。

在低压供电系统中，最常用的是三相四线制系统，因为它可同时提供380V和220V交流电源。通常工农业生产中普遍使用的三相感应电动机是三相380V，而照明灯、手持电动工具为单相220V。

2. 三相电源的三角（△）形连接

电源的三相绕组的另一种接法是△形连接。把每相绕组的尾端与另一相绕组的首端依次相接，构成一个闭合回路，并从三个连接点各引出一根导线，即端线（火线），就构成三相电源的三角（△）形连接，如图5-4所示。

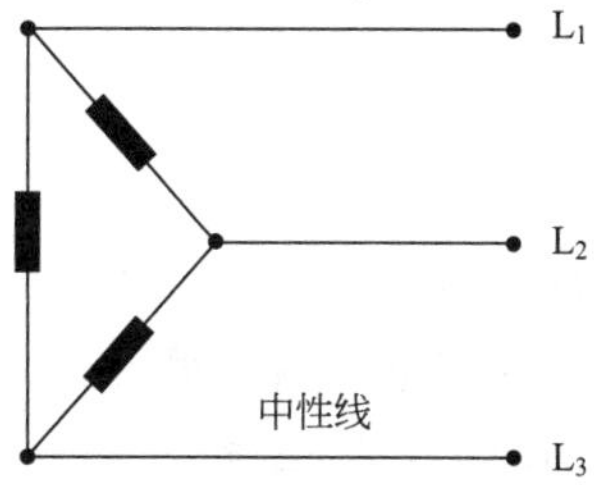

图5-4　三相电源的三角形连接

中国民用供电使用三相电作为楼层或小区进线，多用星形接法，其相电压为220V，而线电压为381V（近似值），需要中性线，一般也都有地线，即为三相五线制。而进户线为单相线，即三相中的一相，对地或对中性线电压均为220V。一些大功率空调等家用电器也使用三相四线制接法，此时进户线必须是三相线。工业用电多使用6kV以上高压三相电进入厂区，经总降压变电所、总配电所或车间变电所变压成为较低电压后以三相或单相的形式深入各个车间供电。

第二节　负荷等级及供电

发电厂发电，并通过主要由高压电缆、铁塔（或水泥杆、木杆）及多组变电所组成的输电网络输送到用户的过程，就是供电过程。用户的用电设备在某一时刻向电力系统取用的电功率的总和，称为电力负荷。

一、负荷等级

根据电力负荷在化工连续生产过程中的重要性，并按其对供电可靠性及连续性的要求，将化工电力负荷分为一级负荷、二级负荷和三级负荷三个等级，在化工生产中还存在一部分有特殊供电要求的负荷。

(1) 一级负荷　当企业正常工作电源突然中断时，企业的连续生产被打乱，使重大设备损坏，恢复供电后需长时间才能恢复生产，使重大产品报废，重要原料生产的产品大量报废，而使重点企业造成重大经济损失的负荷。

(2) 二级负荷　当企业正常工作电源突然中断，企业的连续生产过程被打乱，使主要设备损坏，恢复供电后需较长时间才能恢复生产，产品大量报废、大量减产，使重点企业造成较大经济损失的负荷。通常大中型化工企业就是这种二级负荷的重点企业。

(3) 三级负荷　所有不属于一级、二级负荷（包括有特殊供电要求的负荷）者，应为三级负荷。

(4) 有特殊供电要求的负荷　当企业正常工作电源因故障突然中断或因火灾而人为切断正常工作电源时，为保证安全停产，避免发生爆炸及火灾蔓延、中毒及人身伤亡等事故，或一旦发生这类事故时，能及时处理事故，防止事故扩大，为抢救及撤离人员，而必须保证供电的负荷。

化工企业中有特殊供电要求的负荷，通常有以下几种类型。

① 中断供电时，将发生爆炸及有毒物质泄漏的相关负荷，如：安全停车自动程序控制装置（仪表、继电器、程控器等）及其执行机构（某些进料阀、排料阀、排空阀等），以及配套的处理设施；设备内有不能排放的爆炸危险物料，若其发生局部聚合大量放热反应时，为避免危险后果所需的搅拌设施和中止剂投放设施或冷却水专用供应设备；爆炸危险物料使用的大型压缩机组的安全轴封及正压通风系统等的电气设备。

② 中断供电时，现场处理事故、抢救及撤离人员所必需的事故照明、通信系统、火灾报警设备、消防系统的用电负荷等。

③ 化工工艺控制的DCS、电气微机保护、监控、管理系统的用电负荷。

有特殊供电要求的负荷量，应划入装置或企业的最高负荷等级内。

二、负荷供电要求

(1) 一级负荷应由两个电源供电　采用架空线路时，不宜共杆敷设。

(2) 二级负荷宜由双回路电源线路供电　当负荷较小且获得双回路电源困难很大时，也可采用单回路专用电源线路供电。有条件时，宜再从外部引入一回路小容量电源。

(3) 三级负荷可由单回路电源线路供电　当化工流程中有缓冲设备时，其前后的生产装置，宜由不同的变（配）电所分别供电。当化工工艺流程有多条生产流水线时，宜按流水线设置变（配）电接线方案。

(4) 有特殊供电要求负荷的供电　有特殊供电要求的负荷必须由应急电源系统供电。严禁应急电源与正常工作电源并列运行，为此需设置有效的联锁。严禁将没有特殊供电要求的负荷接入应急电源系统。

化工工艺流程中，凡需要采取应急措施者，均应首先考虑在工艺和设备中采取非电气应急措施，仅当这些措施不能满足要求时，才列为有特殊供电要求的负荷。其负荷量应严格控制到最低限度。特别是用电设备为6～10kV电压，或是多台大容量用电设备时，应采取非电气方法处理。

对于多台大容量 6～10kV 电压的消防水泵，当应急电源供电困难时，宜将其中一部分改为柴油泵，余下的电泵由正常工作电源供电。由消防中心发出启动指令，启动顺序为先电泵后柴油泵。

第三节　供电系统

供电系统就是由电源系统和输配电系统组成的产生电能并供应和输送给用电设备的系统，如图 5-5 所示。供电系统说起来很复杂，如果是小型化工厂而且工艺危险性小（主要是指停电时的危险），可采取简单的单回路地方供电。如果是大型的工厂，工艺要求比较严格，停电危险性大而且费用也比较高，就得采用双回路供电。特殊的还有双回路供电加自动启动的发电机组（特殊岗位）。现在的大型化工厂都采用与地方分别供电，大型的炼油厂都有自己的发电机组。这与当地的能源结构和工艺、装置大小都有关。

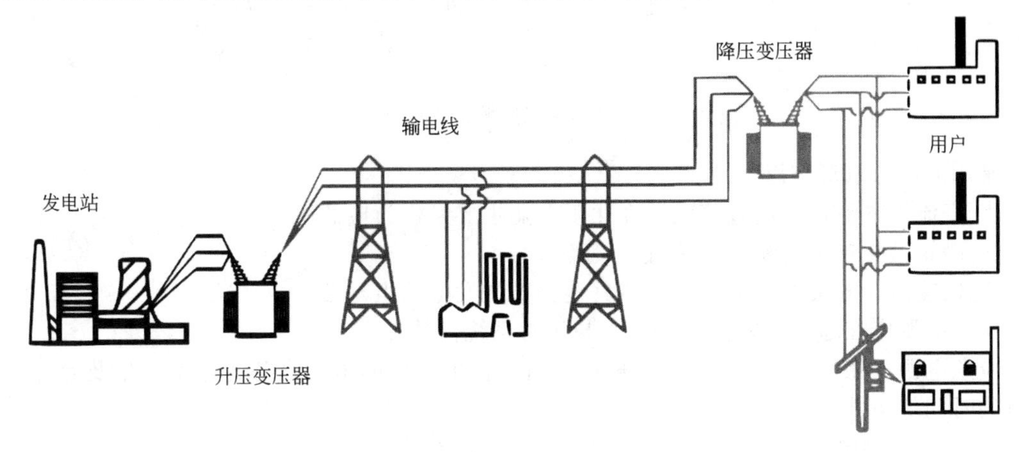

图 5-5　供电系统

一、供电电源

1. 电网电源

供电电源的选择，应根据企业用电负荷等级、容量大小，并结合地区电网的供电条件全面考虑。通常，地区电网电源应作为化工企业的主要正常工作电源。

当工作电源进线为二回路及以上，其中一回路退出运行时，其余回路的输电能力应满足一级、二级负荷继续运转的需要。不考虑一回线路检修，另一回线路又发生故障的情况。

2. 直流电源

化工企业直流负荷多为 220V 电压等级，因此一般都选用 220V 的直流电源装置。个别要求 110V、48V、24V 供电的设备，宜单独设置相应电压等级且容量适当的直流电源设备；零星的小容量直流负荷，也可选用内附蓄电池的设备。

化工企业直流经常负荷较大时（如自备电站、汽轮发电机主轴、直流润滑油泵等），宜选用大容量的免维护铅酸蓄电池等直流电源装置。

化工企业直流经常负荷较小而冲击负荷相对较大时，宜选用免维护铅酸蓄电池或碱性蓄电池组直流电源、锂电池组。

3. 应急电源系统

应急电源系统又称为保安电源系统。在正常工作电源中断供电时，应急电源必须在工艺允许停电的时间内迅速向有特殊供电要求的负荷供电。其电源接线如图 5-6 所示。

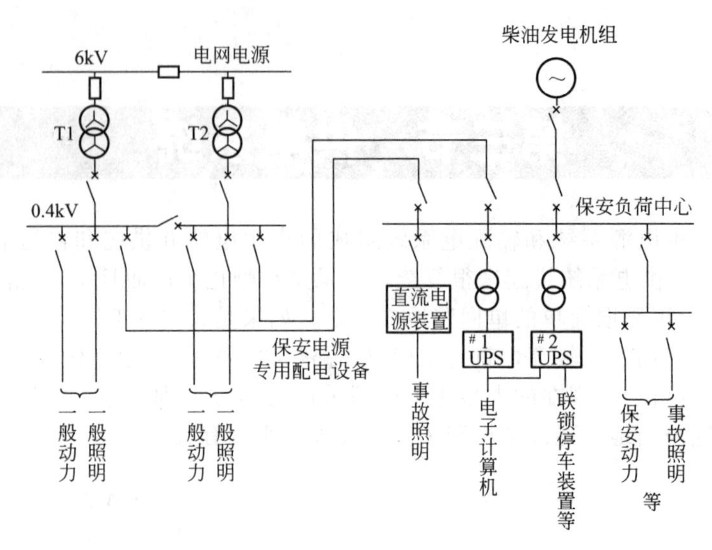

图 5-6　保安电源接线示例

常用的应急电源有以下几种：

① 直流蓄电池，上述直流电源在化工企业主要是作为应急电源；

② 静止型交流不间断电源装置（UPS）；

③ 快速启动的柴油发电机组（或其他类型的发电机组）。

应急电源应在地理、能源、水源上与正常系统保持独立。

应急电源（EPS）设备类型，一般按有特殊供电要求的负荷设备的电源类型及允许中断供电的时间等条件来选择。

① 有特殊供电要求的直流负荷　均由蓄电池装置供电。

② 有特殊供电要求的交流负荷　凡用快速启动的柴油发电机组能满足要求者，均以其供电。当其在时间上不能满足某些有特殊供电要求的负荷的要求时，则需要增设 UPS 或 EPS 装置。

大型化工企业，一般均分别在各生产装置的变（配）电所内或附近设置应急电源系统。图 5-7、图 5-8 为目前化工企业常用的不间断电源装置以及应急电源系统。

企业自备电站的有特殊供电要求的负荷，应单独设置应急电源。而生产装置内的自备发电机组的特殊供电要求的负荷，一般均由该装置的应急电源系统供电，如确有必要也可单独设置应急电源。

(1) 应急电源用柴油发电机组　作为应急电源用的柴油发电机组必须装设快速自动启动装置及电源切换装置，在工作电源正常时，柴油发电机组处于准备启动状态。当工作电源中断供电时，应立即快速启动柴油发电机组，向有特殊供电要求的负荷供电。在工作电源恢复供电后，延时自动切换至工作电源供电，柴油发电机组自动停车。

应根据有特殊供电要求的负荷允许中断供电时间，选择快速自动启动的柴油发电机组的特性。其启动时间，应比负荷允许停电时间短。

柴油发电机组的应急运行时间，按有特殊供电要求的负荷要求的最小供电时间确定，并不小于 1h。

图 5-7 不间断电源装置

图 5-8 应急电源系统

柴油的储备量，至少应比应急运行时间的需要量多 1h 以上。在化工装置运行时，柴油机组始终处于准备投入状态，故冷却水、燃料油、润滑油、气缸温度等，应始终保持能立即启动的状态。水源及能源必须具有足够的独立性，不得受工作电源停电及工艺停车的影响。

柴油发电机组宜采用 24V 蓄电池电点火启动方式。柴油发电机组必须按制造厂要求的时间进行定期启动试验，确保机组及辅助设备均能处于良好的准备启动状态。

(2) 静止型不间断电源装置（UPS） 不允许中断供电的有特殊供电要求的交流负荷，应采用 UPS 供电。当电网工作电源中断供电后，UPS 的工作时间确定如下：与快速自动启动的应急电源发电设备配合使用时，其工作时间应不少于 0.5h；无应急电源发电设备或与手动启动的应急电源发电设备配合使用时，其工作时间按工艺装置安全停车时间考虑，且不少于 1h。

选择 UPS 的容量时，确定其负荷的原则如下：

① 不允许中断供电的有特殊供电要求的负荷（如工艺的程序控制安全停车装置、计算机的电子数据处理装置）；

② 允许瞬时中断供电（如 50ms 以内）的类似上述装置的特殊供电要求负荷；

③ 其他需要由 UPS 供电的负荷。

上述几种，均按负荷的 100%考虑。UPS 的电源引入必须装设屏蔽变压器，以隔离交流干扰信号。UPS 装置的选型，应按负荷大小、运行方式、电压及频率波动范围、允许中断供电时间、波形畸变系数、切换波形是否连续等各项指标确定。

(3) 应急电源（EPS） EPS 采用单体逆变技术，是集充电器、蓄电池、逆变器及控制器于一体的系统，内部设计了电池检测、分路检测回路，采用后备式运行方式。

当电网供电中断时，互投装置将立即投切至逆变器供电，通过 EPS 的逆变器转换的交流电源供应用户负载。

当电网供电恢复正常工作时，EPS 的控制中心发出信号对逆变器执行自动关机操作，同时还通过它的转换开关执行从逆变器供电向交流旁路供电的切换操作，此后，EPS 在经交流旁路供电通路向负载提供电网电源的同时，还通过充电器向电池组充电。

EPS通常根据产品特征分为以下三类产品。

① EPS功率在0.5～10kW　由单路、双路供电输入两类产品组成（输入电压220V AC或380V AC，输出电压220V AC），适应于应急照明和事故照明的照明负载。

② EPS功率在2.2～400kW　由单路、双路供电输入两类产品组成（输入电压380V AC，输出电压380V AC），除可用于应急照明、事故照明，同时也适应于风机、泵等电感性负载。

③ EPS功率在2.2～400kW　由单逆变单台负载、单逆变单台负载一用一备、双逆变单台负载一用一备三类产品组成（输入电压380V AC，输出电压380V AC），仅为只有一路电源的消防设施或一级负荷中的电动机提供一种可变频的三相应急电源系统，在电源和电机之间无需任何启动装置就可以解决电动机的应急供电及其启动过程中对供电设备的冲击，适应于消防水泵等电机负载。

EPS的特点：

① 电网有电时，处于静态、无噪声，供电时，噪声小于60dB；

② 不需排烟和防震处理，具有节能无公害、无火灾隐患的特点；

③ 自动切换，可实现无人值守，电网供电与EPS电源供电相互切换时间均为0.1～0.25s；

④ 带载能力强，EPS适应于电感性、电容性及综合性负载的设备，如电梯、水泵、风机、应急照明等；

⑤ 使用可靠，主机寿命长达20年以上；

⑥ 适应恶劣环境，可放置于地下室或配电室，也可紧靠应急负荷使用场所就地设置以减少供电线路。

二、供电电压

选择供电或配电电压时，应根据电力系统情况、输送容量大小、送电距离等，经技术经济比较后确定。当所比较的两级电压在经济上差价不大时，应首先考虑采用高一级电压的方案。

（1）电力系统供电电压选择　一般应根据系统电源情况，按可能采用的电压与线路结构的经济输送距离和功率，与电力部门协商确定。

（2）化工企业内部配电电压选择

① 若厂内无小于6kV电动机或其他6kV用电设备，此时宜选用10kV或35kV电压作厂区配电电压。

② 仅在6kV电动机或其他6kV用电设备较多时，才考虑选用6kV作厂内配电电压。

③ 如总降压变电所或自备电站距化工装置车间变电所在1～3km范围以内时，应首先考虑用6～10kV电压配电。如距离超过3km，每回输送容量大于5MW时，可考虑35kV作配电电压。

（3）自备电站的发电机电压　当用发电机电压直接配电时，应根据厂内供电系统需要，采用6.3kV或10.5kV。

发电机与变压器结成单元连接，且有自用电分支线引出时，发电机容量在25MW及其以下，一般采用6.3kV。

如在自备电站附近有大量的6kV负荷，但单台发电机容量在5MW及其以下者，经技术经济比较，也可采用6.3kV电压。

化工装置自备发电机组的电压，宜与该装置配电电源电压等级相同。事故发电机电压宜采用交流400V/230V、三相四线制。

（4）电动机单台容量在 200kW 左右时，如距变压器较近，台数不多，可选 380V 的，大于 200kW 的高压电动机。容量大于 250kW 的电动机，其运行电流达约 500A，如采用 380V 供电，一方面电机的线径较大，制造电机的材料成本大大增加；同时由于电流大，发热功耗也大。更主要的一点是，当容量达到一定值以后，电缆的线径、电机的线径根本无法满足运行要求；所以必须采用高等级电压，比如 6000V 或 10000V 电压。

三、工厂供电系统

一般中型工厂的电源进线电压是 6～10kV。电能先经高压配电所集中，再由高压配电线路将电能分送到各车间变电所，或由高压配电线路直接供给高压用电设备。车间变电所内装有电力变压器，将 6～10kV 的高压电降为一般低压用电设备所需的电压，然后由低压配电线路将电能分送给各用电设备使用。

化工企业的工厂供电系统特点如下。

（1）电源进线（35～110kV）双回路内桥接线方式，如图 5-9 所示。

当电源线路较长，线路故障机遇较多，不经常切断变压器及工厂总变电所属于终端变电所性质时采用。

（2）电源进线（35～110kV）双回路外桥接线方式，如图 5-10 所示。

当供电线路较短，或需要经常切断变压器时采用，通常石油化工厂较少采用此种方式。

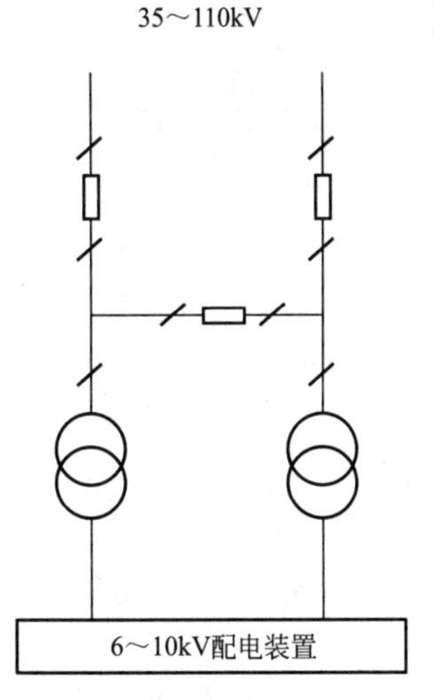

图 5-9　内桥接线方式

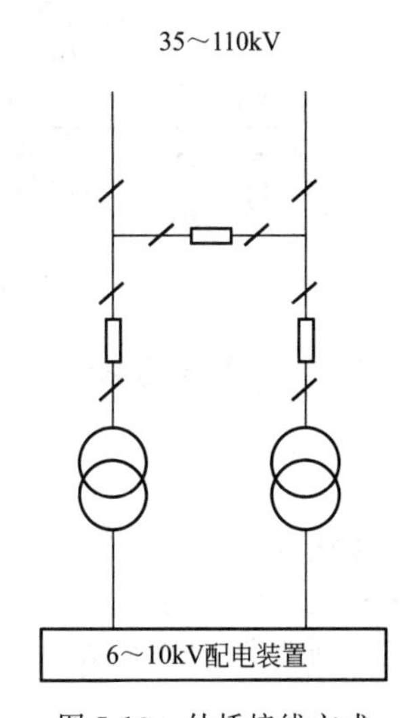

图 5-10　外桥接线方式

（3）当化工流程有多条流水生产线时，应按同一工艺单元配负荷，即每条生产线上的用电设备应由同一母线段供电；生产线直接由工厂总变（配）电所供电的大电动机，应与向该生产线供电的回路同接在总变（配）电所 6～10kV 母线段上。

（4）化工企业厂内配电系统一般采用放射式供电。但对三级负荷及具有备用电源或双电源的二级负荷，也允许采用树干式供电。在采用树干式供电时，总负荷容量不宜过大。干线上分支连接的变压器，不宜超过 5 台，对电缆线路不宜超过 2 个分支点。从工厂总变（配）电所到装置或车间变电所去的线路一般采用放射式，个别三级负荷，如机修区、厂前区、仓库区，也可用树干式。

（5）工厂总变（配）电所 6～10kV 侧，如有限制短路电流和保持母线残压要求时，宜采用出线电抗器方式。在 6～10kV 网络中，当采用放射式供电时，一般采用电缆敷设；对于树干式和环形供电网络，若分支较多，在环境允许时，宜采用架空线结构，当支接点不超过 2 个时，也可采用电缆敷设。

（6）供工厂生产装置的变（配）电所，不宜向工厂外负荷供电，以保证石油化工厂生产装置。

（7）企业有自备发电机的供电系统时，自备发电机通常与电网系统并网运行，其连接不宜复杂。根据发电机容量以及供电的灵活性、可靠性分为单母线接线方式［图 5-11(a)］、单母线分段接线方式［图 5-11(b)］和双母线接线方式（图 5-12）。

单母线接线方式［图 5-11(a)］只用于发电机容量较小时，用发电机出口断路器 FU3 与电网并车（即同期投入装置点在 FU3）。

单母线分段接线方式［图 5-11(b)］在正常情况下，供电母线与发电母线并联运行，当电网或发电机故障时，由 FU4 解列，保证发电机独自运行或电网系统继续供电，适用于 3000～6000kW 机组。为适应各种运行方式，分段断路器 FU4 和发电机出口断路器 FU3 都设置同期投入装置。

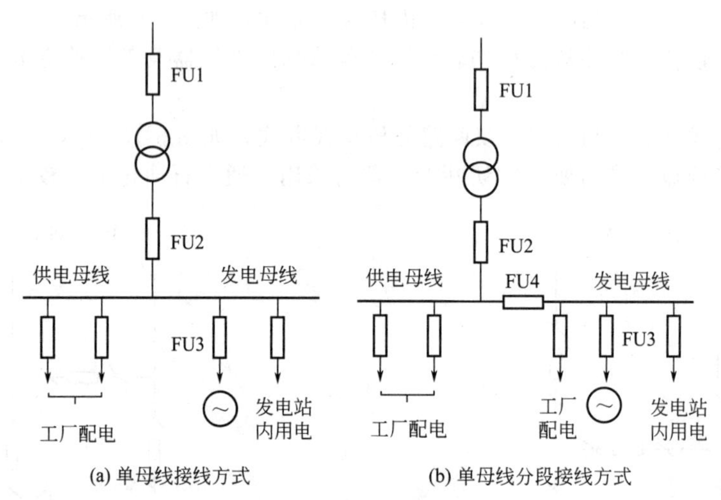

图 5-11　单母线接线方式

FU1、FU2、FU3、FU4—断路器

双母线接线方式（图 5-12）提高了供电的灵活性、可靠性，但结构复杂，通常适用于发电机组容量较大、要求高或多台发电机组的电站，同期投入装置设在母线联络断路器 FU4 和发电机出口断路器 FU3 两处。

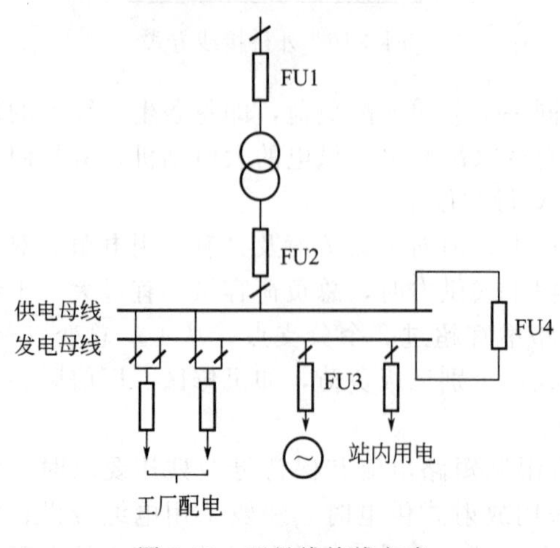

图 5-12　双母线接线方式

（8）自备电站一般不宜设置高、低压公用母线。如果低压公用负荷不多，可将公用负荷分接在各段母线上；只有当低压公用负荷较多，容量较大时，才考虑设置低压公用母线段。

四、220V/380V 低压配电系统

现在工业与民用用电除矿井、医疗、危险品库等外，均为 220V/380V，所以 220V/380V 低压配电系统应用范围非常广泛。

（1）低压配电系统一般均为 TN-S 系统，或 TN-C-S 系统。TN-C 系统为三个相线（A、B、C）与一个中性线（N），N 线在变压器中性点接地或在建筑物进户处重复接地。输电线

为四根线，电缆为四芯，没有保护地线（PE），少一根线。设备外壳、金属导电部分保护接地接在中性线（N）上，称为接零系统，接零系统安全性较差，对电子设备干扰大，设计规范已规定不再采用。

TN-S系统为三个相线，一个中性线（N）与一个保护地线（PE）。N线与PE线在变压器中性点集中接地或在建筑物进户线处重复接地。输电线为五根，电缆为五芯。中性线（N）与保护地线（PE）在接地点处连接在一起后，再不能有任何连接，因此中性线（N）也必须用绝缘线。中性线（N）引出后如果不用绝缘线对地绝缘，或引出后又与保护地线有连接，虽然用了五根线，也为TN-C系统，这一点应特别引起注意。TN-S系统或TN-C-S系统安全性好，对电子设备干扰小，可以共用接地线，采用等电位连接后安全性更好，干扰更小。所以设计规范规定除特殊场所外，均采用TN-S系统或TN-C-S系统。

(2) 220V/380V低压配电系统的保护现在仍采用低压断路器或熔断器。所以220V/380V只有监控没有保护。监控包括电流、电压、电度、频率、功率、功率因数、温度等测量（遥测），开关运行状态、事故跳闸、报警与事故预告（过负荷、超温等）报警（遥信）与电动开关远方合分闸操作（遥控）三个内容（简称三遥），而没有保护措施。

(3) 220V/380V低压配电系统均为单母线分段，有几台变压器就分几段，这是因为用户变电站变压器一般不采用并列运行，这是为了减小短路电流，降低短路容量，否则，低压断路器的断开容量就要加大。

(4) 220V/380V低压配电系统进线、母联、大负荷出线与低压联络线因容量较大，一般一路（1个断路器）占用一个低压柜。根据供电负荷电流大小不同，一个低压开关柜内有两路出线（安装两个断路器），四路出线（安装四个断路器），以及五路、六路、八路与十路出线，不像高压配电系统一个断路器占用一个开关柜。因此低压监控单元就要有用于一路、两路或多路之分，设计时要根据每个低压开关的出线回路数与低压监控单元的规格来进行设计。

(5) 低压断路器除手动操作外，还可以选用电动操作。大容量低压断路器一般均有手动与电动操作，设计时应选用带遥控的低压监控单元。小容量低压断路器设计时，大多数都选用只有手动操作的断路器，这样低压监控单元的遥控出口就可以不接线，或选用不带遥控的低压监控单元。

五、电路保护

为了保证电力拖动系统满足生产工艺要求以及长期、安全、可靠、无故障地运行，就必须为电气控制电路设置必要的保护环节。

电气控制系统中常用的保护环节有短路保护、过电流保护、过载保护、断电和欠电压保护。

1. 短路保护

电动机绕组的绝缘、导线的绝缘损坏或线路发生故障时，会产生短路现象。短路时产生的短路电流可达到额定电流的几倍到几十倍，引起电气设备绝缘损坏和电气设备损坏。因此，要求一旦发生短路故障，控制电路能迅速地切断电源，这种保护叫短路保护。常用的短路保护元件有熔断器、断路器或采用专门的短路保护继电器等。

2. 过电流保护

过电流主要是由于不正确的启动方法、过大的负载、频繁启动与正反转运行和反接制动等引起的，它远比短路电流小，但也可能是额定电流的好几倍。在电动机运行中产生的过电流比发生短路的可能性更大，会造成电动机和机械传动设备的机械性损伤，这就要求在过电流的情况下，其保护装置能可靠、准确、有选择性地、适时地切除电源。通常过电流保护是采用过电流继电器与接触器配合动作的方法来实现的，即电流继电器线圈串联在被保护电路中，电路电流达到其额定值时，过电流继电器动作，其动断触点串联在接触器控制回路中，由接触器去切断电源。

3. 过载保护

电动机长期过载运行，其绕组温升将超过规定的允许值，会加速绕组绝缘老化而缩短使用寿命，严重过载还会使电动机很快损坏。因此必须为电动机设置长期运行过载保护装置，常用的过载保护装置是热继电器。

由于热继电器存在热惯性，所以在使用热继电器为电动机作过载保护的同时，还应设置短路保护，并且作短路保护的熔断器熔体的额定电流不应超过 4 倍热继电器发热元件的额定电流。

4. 断电和欠电压保护

当电动机正常运行时，如果电源中断或因某种原因突然消失，那么电动机将停转；然而当电源电压恢复后，电动机有可能自行启动。这种自行启动有可能造成人身或设备事故。由于多台电动机同时自行启动，会引起供电线路不允许的过电流和电压降。因此，当供电消失时，必须立即切断电源，实现断电保护。

电动机正常运行时，由于外部原因使电源电压过分降低时，电动机的转速将下降，甚至停转。此时电动机将出现很大电流，使其绕组过热而烧坏；在负载转矩不变的情况下，也会造成电动机电流增大，引起电动机发热，严重时也会烧坏电动机。此外，电源电压过低还会引起一些控制电器释放，造成误动作而发生事故。因此，当电源电压降到一定数值时，应通过保护装置自动切断电源而使电动机停车，这就是欠电压保护。

常用的零电压与欠电压保护装置有按钮、接触器、欠电压继电器等。

六、安全用电常识

要了解如何安全用电，防止事故，确保生命和财产安全，保障工业生产的正常运行，就要了解用电安全常识和防护知识。

1. 供电系统

企业内部的电力供应，要做到准确、稳定。在使用电气设备时，需要注意安全用电，避免出现电气安全事故，可采取以下措施：

① 正确选用变压器、控制设备、保护设备、电线电缆，按规定接地、接零；

② 严格按照操作规程，定期检查电气设备的安全性能，实行专人负责制，实行严格的工作监护制度和工作许可制度；

③ 所有设备必须注明安全使用标志，严禁长时间超负荷运行；

④ 检修设备需断电时，必须断电操作，并要悬挂安全警示牌，不须断电检修时，应具备完善的保护措施。

2. 触电事故

(1) 触电危害　当人体接触到带电体，或人体与带电体之间形成电弧放电时，就有电流通过人体，对人体造成伤害或死亡，即触电。触电对人体造成的危害一般有两种情况——电击和电伤。

通常触电事故是指电击，即当电流通过人体内部，使肌肉非自主发生痉挛性收缩的伤害；严重时会破坏人的心脏、肺部以及神经系统的工作，直至危及生命。

电伤是指电流的热效应、化学效应、机械效应给人体造成的伤害。电伤包括电烧伤、电烙伤、皮肤金属化、机械损伤、电光眼等。

(2) 电流对人体的作用　触电时人体受到的伤害程度，与通过人体的电流大小及种类、电压、接触部位、持续时间以及人体的健康状态等均有密切关系。电流对人体的作用见表 5-1。

表 5-1　电流对人体的作用

电流/mA	作用的特征	
	50～80Hz 交流电(有效值)	直流电
0.6～1.5	开始有感觉,手轻微颤抖	没有感觉
2～3	手指强烈颤抖	没有感觉
5～7	手指痉挛	感觉痒和热
8～10	手已较难摆脱带电体,手指尖至手腕均感剧痛	热感觉较强,上肢肌肉收缩
50～80	呼吸麻痹,心室开始颤动	强烈的灼热感,上肢肌肉强烈收缩痉挛,呼吸困难
90～100	呼吸麻痹,持续时间 1s 以上则心脏麻痹,心室颤动	呼吸困难
300	持续 0.1s 以上可致心跳、呼吸停止,机体组织可因电流的热效应而破坏	

(3) 触电方式　根据人体触及带电体的情况，触电有三种方式。

① 单相触电　单相触电是人体触到电源的某一根相线，如图 5-13 所示。图 5-13(a) 为中性点接地系统的单相触电，电流经人体、大地和接地装置构成闭合回路。由于接地装置电阻很小，一般≤10Ω，而人体承受几乎为相电压 220V，极为危险。图 5-13(b) 为中性点不接地系统的单相触电，由于电源另两根相线对地的分布电容 C 和阻抗 Z 的存在，电流经人体、大地和绝缘阻抗构成闭合回路，其电流大小也可达到危害生命的程度。

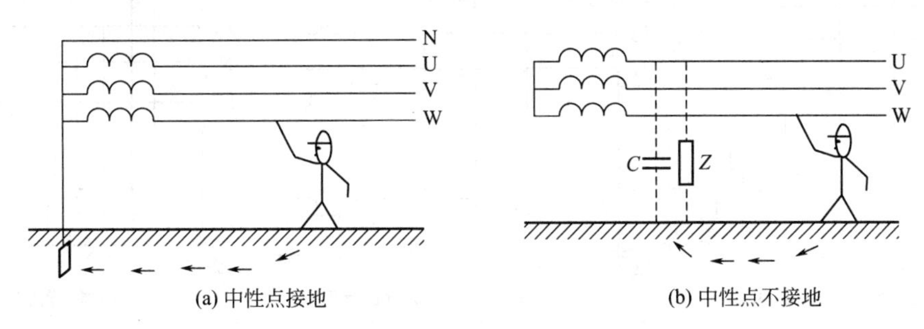

图 5-13　单相触电

N—中性线；U—U 相线；V—V 相线；W—W 相线

对于高压带电体，虽然人体未直接接触到电线，但如果其距离小于安全距离，可能产生电弧放电，造成单相触电。

② 两相触电　人体同时接触到两根相线，人体承受的电压为 380V，不论中心点是否接地，都会造成触电事故，如图 5-14 所示。

③ 跨步电压触电　当高压电线或带电体发生接地事故时，接地电流通过大地流散，在接地点周围的地面上产生电压降。在这个电压降区域内，人体两脚之间就有一定的电压降，称为跨步电压。当跨步电压较高时，就会造成人体跨步电压触电，如图 5-15 所示。离接地体越近，人体步伐越大，线路电压越高，跨步电压触电的危险性就越大。一般离接地体 20m 以外，就不会发生跨步电压触电。

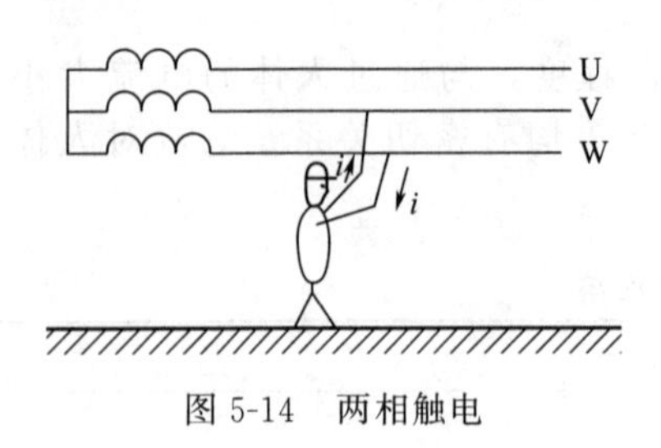

图 5-14　两相触电

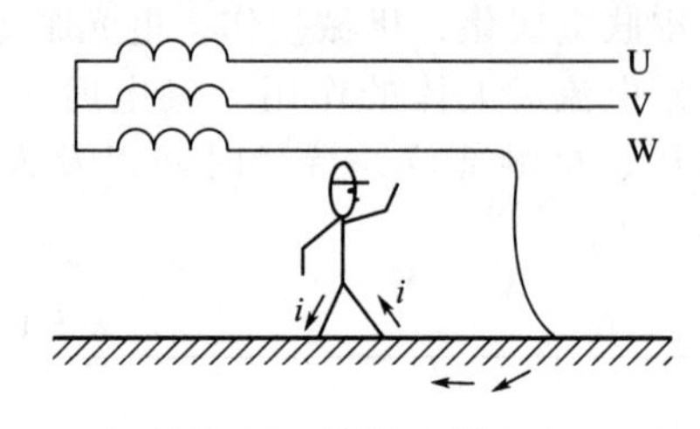

图 5-15　跨步电压触电

3. 安全用电常识

触电事故的发生，多数是不重视安全用电常识，不遵守安全操作规程，以及电气设备受损和老化造成的。掌握安全用电常识，严格遵守操作规程，采取相应的防护措施是防止触电的首要条件。当发生触电事故时，应立即切断电源或用绝缘体将触电者与电源隔开，然后采取及时有效的措施对触电者进行救护。

防止触电事故的措施有以下几种。

（1）防止直接触电

① 利用绝缘材料对带电体进行封闭和隔离。

② 采用遮拦、护罩、护盖等将带电体与外界隔开。

③ 保证带电体与地面、带电体与其他设备、带电体与人体、带电体之间有必要的安全间距。

（2）防止间接触电

① 保护接地　是最基本的电气防护措施，又可分为 IT、TT、TN 系统，其电路示意图分别如图 5-16、图 5-17、图 5-18、图 5-19、图 5-20 所示。

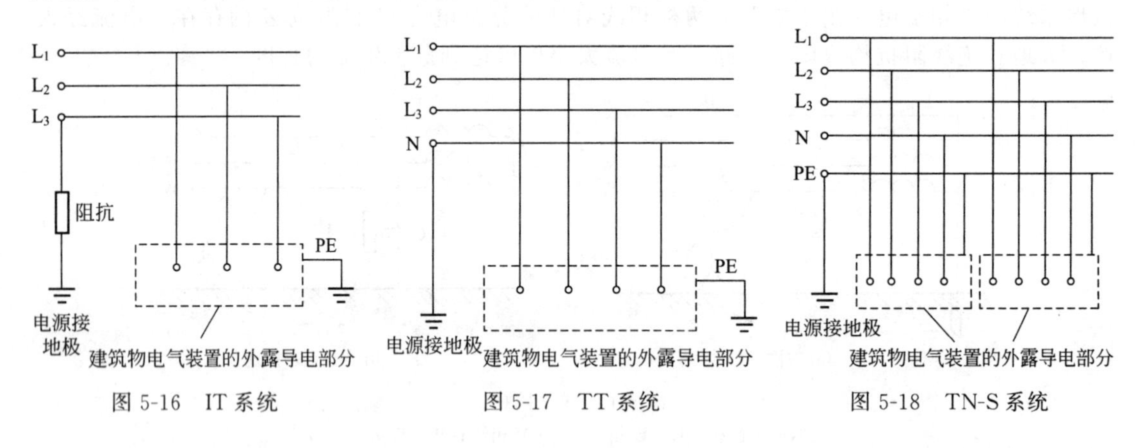

图 5-16　IT 系统　　图 5-17　TT 系统　　图 5-18　TN-S 系统

图 5-16 为 IT 系统，它是电源与地绝缘或通过阻抗接地，而装置的外露导电部分直接接地的系统，用于不接地电网。

图 5-17 为 TT 系统，它是电源有一点（通常是中性点）直接接地，装置的外露导电部分接至与电源接地点无关的接地极的系统，用于接地的配电网。

TN 系统，即电源有一点（通常是中性点）直接接地，负荷侧的电气装置的外露导电部分通过保护线（即 PE 线包括 PEN 线）与该接地点连接的系统，即保护接零系统。零线上除工作接地以外的其他点多次重复接地，以提高 TN 系统的安全性能。按照中性线（N 线）与保护线的组合情况，TN 系统又分为以下三种形式：图 5-18 所示的整个系统保护线 PE 与中性线 N 是分开的，称 TN-S 系统；图 5-19 所示的整个系统保护线与中性线是合一的，称 TN-C 系统；图 5-20 所示的系统中有一部分保护线与中性线是合一的，称 TN-C-S 系统。

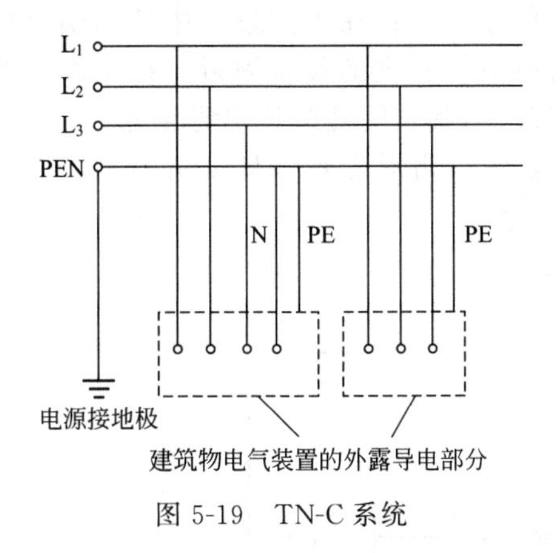

图 5-19 TN-C 系统

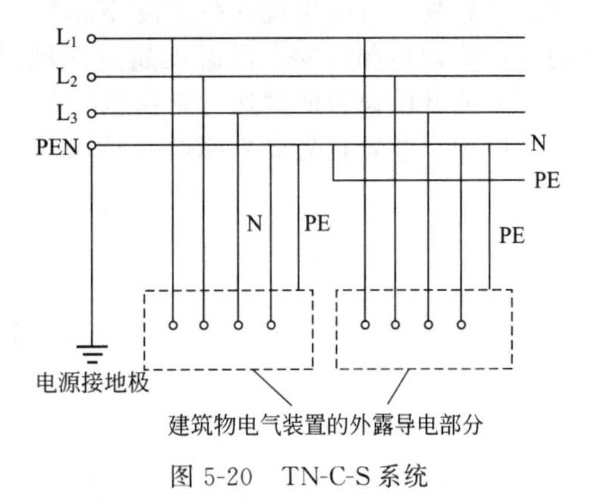

图 5-20 TN-C-S 系统

② 工作接地 工作接地是为了使系统以及与之相连的仪表均能可靠运行并保证测量和控制精度而设的接地。它分为机器逻辑接地、信号回路接地、屏蔽接地，在石化和其他防爆系统中还有安全接地。

③ 保护接零 保护接零指电气设备在正常情况下不带电的金属部分与电网的保护零线的相互连接。其基本作用是当某带电部分碰到设备外壳时，通过设备外壳形成该相对零线的单独短路，短路电流能促使线路上过电流保护装置迅速动作，从而把故障部分电源断开，消除触电危险。

④ 速断保护 速断保护指通过切断电路达到保护目的的措施，常用的有熔断器和电流脱扣器。

第四节 化工电气设备

一、爆炸危险环境电气设备

（一）爆炸性气体环境

对于生产、加工、处理、转运或贮存过程中出现或可能出现下列爆炸性气体混合物环境之一时，应进行爆炸性气体环境的电力装置设计：

在大气条件下，可燃气体与空气混合形成爆炸性气体混合物；

闪点低于或等于环境温度的可燃液体的蒸气或薄雾与空气混合形成爆炸性气体混合物；

在物料操作温度高于可燃液体闪点的情况下，可燃液体有可能泄漏时，其蒸气或薄雾与空气混合形成爆炸性气体混合物。

1. 爆炸性气体环境危险区域划分

按国家《爆炸危险环境电力装置设计规范》GB 50058—2014 规定，爆炸性气体环境应根据爆炸性气体混合物出现的频繁程度和持续时间，按下列规定进行分区。

0 区：连续出现或长期出现爆炸性气体混合物的环境。

1 区：在正常运行时可能出现爆炸性气体混合物的环境。

2 区：在正常运行时不太可能出现爆炸性气体混合物的环境，或即使出现也仅是短时存在的爆炸性气体混合物的环境。

符合下列条件之一时，可划为非爆炸危险区域：没有释放源并不可能有可燃物质侵入的区域；可燃物质可能出现的高浓度不超过爆炸下限值的 10%；在生产过程中使用明火的设备附近，或炽热部件的表面温度超过区域内可燃物质引燃温度的设备附近；在生产装置区外，露天或开敞设置的输送可燃物质的架空管道地带，但其阀门处按具体情况定。

所以生产装置首先要判断是否构成爆炸性环境，然后再对爆炸性环境进行划分，如图 5-21所示。

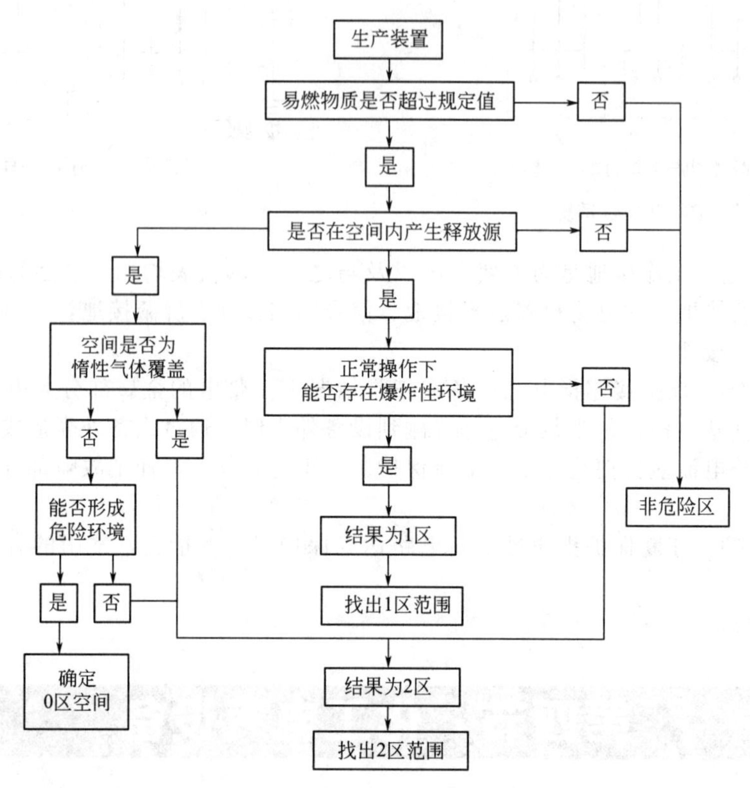

图 5-21　划分气体蒸气爆炸危险区和范围的程序框图

2. 爆炸性气体环境危险区域的范围

爆炸性气体环境危险区域的范围应按下列要求确定：

(1) 爆炸危险区域的范围应根据释放源的级别和位置、可燃物质的性质、通风条件、障碍物及生产条件、运行经验，经技术经济比较综合确定。

(2) 建筑物内部，宜以厂房为单位划定爆炸危险区域的范围。但也应根据生产的具体情况，当厂房内空间大、释放源释放的可燃物质量少时，可按厂房内部分空间划定爆炸危险的区域范围。

(3) 当高挥发性液体可能大量释放并扩散到 15m 以外时，爆炸危险区域的范围应划分附加 2 区。

(4) 当可燃液体闪点高于或等于 60℃时，在物料操作温度高于可燃液体闪点的情况下，可燃液体可能泄漏时，其爆炸危险区域的范围宜适当缩小，但不宜小于 4.5m。

具体工作时宜注意以下问题：

(1) 易燃物质（闪点≤45℃）泄漏量增大其范围愈大。

(2) 释放的爆炸性气体混合物的浓度增大其范围愈大。

(3) 物质的爆炸下限：爆炸下限愈低，表示愈易形成爆炸性气体混合物，愈易形成爆炸危险环境，且爆炸危险区域的范围愈大。

(4) 密度（以空气为 1）：实际上考虑到种种因素，将相对密度>0.75 的爆炸性气体规定为重于空气的气体，≤0.75 为轻于空气的爆炸性气体。重于空气则爆炸危险区域的水平范围增大，有附加 2 区出现，地坪下的坑、沟最严重，比地面上的等级重一级，如地面生划为 2 区，则地坪下的坑、沟划为 1 区，如图 5-22～图 5-24 所示。

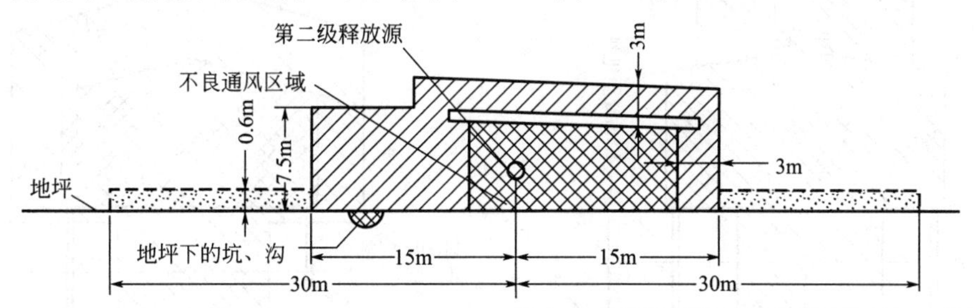

图 5-22　可燃物质重于空气（释放源在封闭建筑物内通风不良的生产装置区）

1区；2区；附加2区(建议用于可能释放大量高挥发性产品的地点)

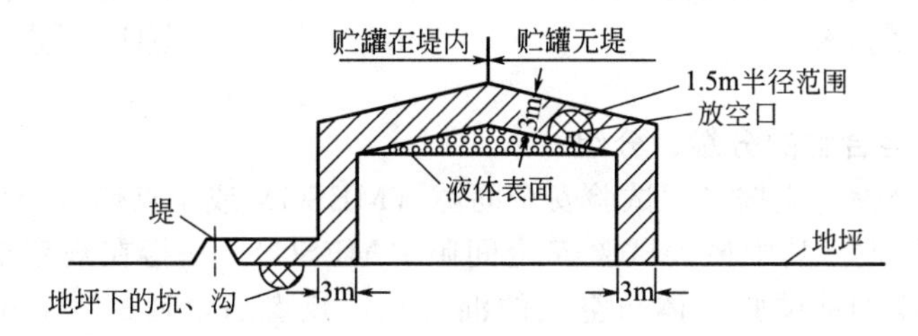

图 5-23　可燃物质重于空气（设在户外地坪上的固定式贮罐）

0区；1区；2区

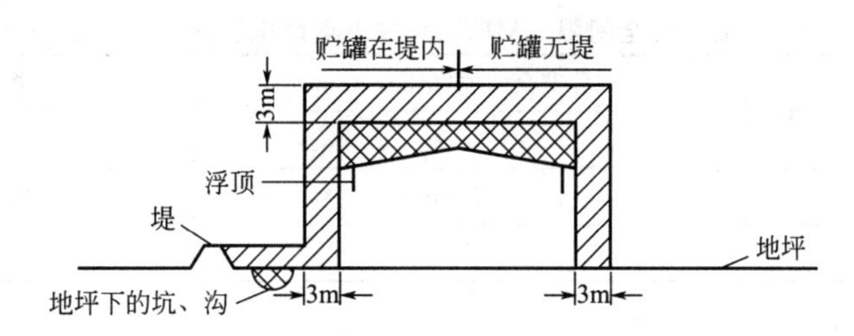

图 5-24　可燃物质重于空气（设在户外地坪上的浮顶式贮罐）

1区；2区

轻于空气，则封闭区底部以上范围最严重，如释放源处划为 2 区，则封闭区底部以上范围划为 1 区，常见爆炸性气体环境危险区域的范围如图 5-25～图 5-27 所示。

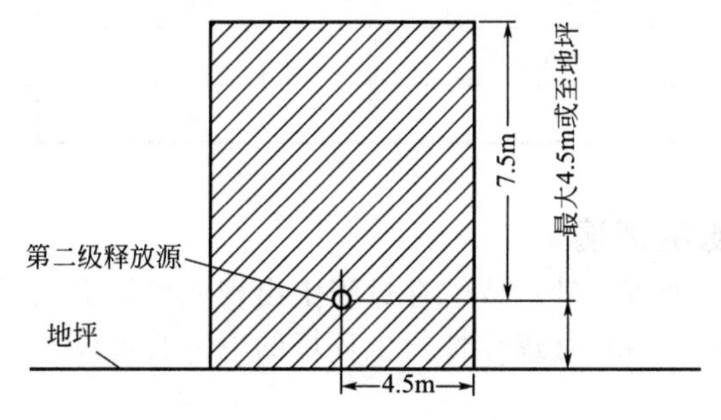

图 5-25　可燃物质轻于空气（通风良好的生产装置区）

2区

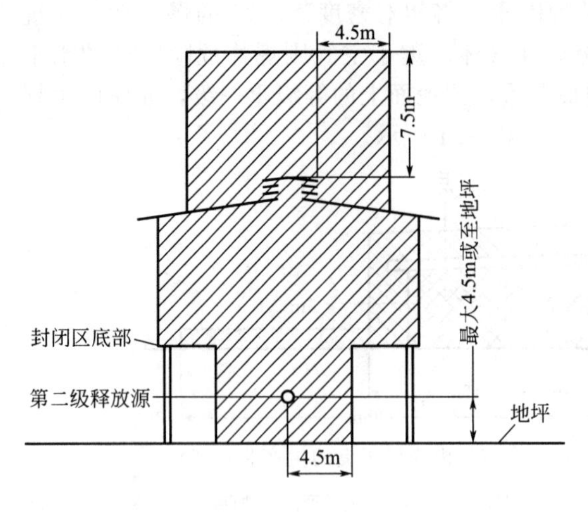

图 5-26 可燃物质轻于空气（通风良好的压缩机厂房）
2区

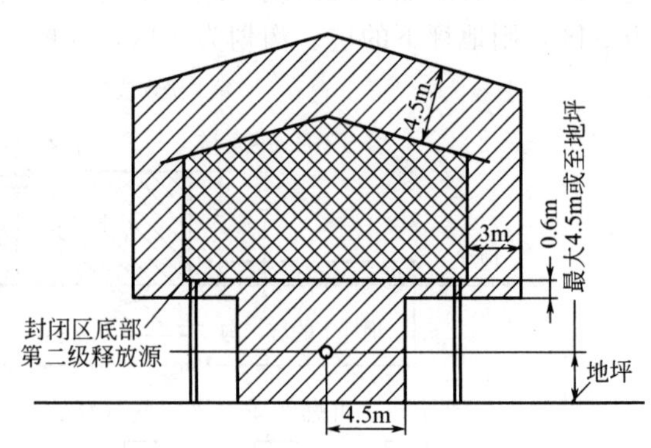

图 5-27 可燃物质轻于空气（通风不良的压缩机厂房）
1区；2区

3. 爆炸性气体混合物的分级、分组

爆炸性气体混合物，应按其大试验安全间隙（MESG）或小点燃电流比（MICR）分级，并应符合表 5-2 的规定。其中最大试验安全间隙（MESG）——指在规定的试验条件下，一个壳体充有一定浓度的被试验气体与空气的混合物，点燃后，通过 25mm 长的接合面均不能引燃壳体爆炸性气体混合物的外壳接合面之间的最大间隙。小点燃电流比（MICR）为各种可燃物质按照它们的小点燃电流值与实验室的甲烷的小点燃电流值之比。

表 5-2 大试验安全间隙（MESG）或小点燃电流比（MICR）分级

级　　别	大试验安全间隙(MESG)/mm	小点燃电流比(MICR)
ⅡA	≥0.9	>0.8
ⅡB	0.5<MESG<0.9	0.45≤MICR≤0.8
ⅡC	≤0.5	<0.45

爆炸性气体混合物应按引燃温度分组，并应符合表 5-3 的规定。其中引燃温度为可燃性气体或蒸气与空气形成的混合物，在规定条件下被热表面引燃的最低温度。

表 5-3 引燃温度分组

组　　别	引燃温度 t/℃	组　　别	引燃温度 t/℃
T1	$450<t$	T4	$135<t\leq200$
T2	$300<t\leq450$	T5	$100<t\leq135$
T3	$200<t\leq300$	T6	$85<t\leq100$

（二）爆炸性粉尘环境

对用于生产、加工、处理、转运或贮存过程中出现或可能出现可燃性粉尘与空气形成的爆炸性粉尘混合物环境时，应进行爆炸性粉尘环境的电力装置设计。在爆炸性粉尘环境中粉尘分为以下三级。

ⅢA 级：可燃性飞絮；

ⅢB 级：非导电性粉尘；

ⅢC级：导电性粉尘。

1. 爆炸性粉尘环境危险区域划分

爆炸危险区域应根据爆炸性粉尘环境出现的频繁程度和持续时间，按下列规定进行划分：

20区：空气中的可燃性粉尘云持续地或长期地或频繁地出现于爆炸性环境中的区域。

21区：在正常运行时，空气中的可燃性粉尘云很可能偶尔出现于爆炸性环境中的区域。

22区：在正常运行时，空气中的可燃粉尘云一般不可能出现于爆炸性粉尘环境中的区域，即使出现，持续时间也是短暂的。

符合下列条件之一时，可划为非爆炸危险区域：

(1) 装有良好除尘效果的除尘装置，当该除尘装置停车时，工艺机组能联锁停车；

(2) 设有为爆炸性粉尘环境服务，并用墙隔绝的送风机室，其通向爆炸性粉尘环境的风道设有能防止爆炸性粉尘混合物侵入的安全装置，如单向流通风道及能阻火的安全装置；

(3) 区域内使用爆炸性粉尘的量不大，且在排风柜内或风罩下进行操作。

2. 爆炸性粉尘环境危险区域范围

(1) 20区　可能产生20区的场所包括：粉尘容器内部所、贮料槽、筒仓等，旋风集尘器和过滤器；粉料传送系统等，但不包括皮带和链式输送机的某些部分；搅拌机、研磨机、干燥机和包装设备等。

(2) 21区　可能产生21区的场所包括：当粉尘容器内部出现爆炸性粉尘环境，为了操作而需频繁移出或打开盖/隔膜阀时，粉尘容器外部靠近盖/隔膜阀周围的场所；当未采取防止爆炸性粉尘环境形成的措施时，在粉尘容器装料和卸料点附近的外部场所、送料皮带、取样点、卡车卸载站、皮带卸载点等场所；如果粉尘堆积且由于工艺操作，粉尘层可能被扰动而形成爆炸性粉尘环境时，粉尘容器外部场所；可能出现爆炸性粉尘云，但既非持续地，也不长期，又不经常时，粉尘容器的内部场所。

(3) 22区　可能产生22区的场所包括：袋式过滤器通风孔的排气口，一旦出现故障，可能逸散出爆炸性混合物；或者非频繁打开的设备附近，凭经验粉尘被吹出而易形成泄漏的设备附近；袋装粉料的存储间。在操作期间，包装袋可能破损，引起粉尘扩散；通常被划分为21区的场所，当采取措施时，包括排气通风，防止爆炸性粉尘环境形成时，可以降为22区场所。

二、爆炸性环境电气设备的选择

（一）爆炸性环境的电力装置防爆要求

(1) 爆炸性环境的电力装置，宜将设备和线路，特别是正常运行时能发生火花的设备，布置在爆炸性环境以外。当需设在爆炸性环境内时，应布置在爆炸危险性较小的地点。

(2) 在满足工艺生产及安全的前提下，应减少防爆电气设备的数量。

(3) 爆炸性环境内的电气设备和线路，应符合周围环境内化学的、机械的、热的、霉菌以及风沙等不同环境条件对电气设备的要求。

(4) 在爆炸性粉尘环境内，不宜采用携带式电气设备。

(5) 爆炸性粉尘环境内的事故排风用电动机，应在生产发生事故情况下便于操作的地方设置事故启动按钮等控制设备。

(6) 在爆炸性粉尘环境内，应尽量减少插座和局部照明灯具的数量。如必须采用时，插座宜布置在爆炸性粉尘不易积聚的地点，局部照明灯宜布置在事故时气流不易冲击的位置。粉尘环境中安装的插座必须开口的一面朝下，且与垂直面的角度不应大于60°。

(7) 爆炸性环境内设置的防爆电气设备，必须是符合现行国家相关标准的产品。

（二）爆炸性环境电气设备的选择

1. 爆炸性环境内电气设备保护级别的选择原则

（1）爆炸危险区域的分区；

（2）可燃性物质和可燃性粉尘的分级；

（3）可燃性物质的引燃温度；

（4）可燃性粉尘云、可燃性粉尘层的低引燃温度。

电气设备保护级别（EPL）是根据设备成为引燃源的可能性和爆炸性气体环境及爆炸性粉尘环境所具有的不同特征而对设备规定的保护级别，在电气设备防爆结构的选择上，要符合 EPL 的要求。选用的防爆电气设备的级别和组别，不应低于该爆炸性环境内爆炸性混合物的级别和组别。爆炸性环境内电气设备保护级别的选择应符合表 5-4 的规定。

表 5-4　爆炸性环境内电气设备保护级别的选择

危险区域	设备保护级别(EPL)	危险区域	设备保护级别(EPL)
0 区	Ga	20 区	Da
1 区	Ga 或 Gb	21 区	Da 或 Db
2 区	Ga、Gb 或 Gc	22 区	Da、Db 或 Dc

表中，气体气环境中设备的保护级别为 Ga、Gb、Gc，粉尘环境中设备的保护级别要达到 Da、Db、Dc。

“EPLGa”为爆炸性气体环境用设备，具有“很高”的保护等级，在正常运行过程中、在预期的故障条件下或者在罕见的故障条件下不会成为点燃源。

“EPLGb”为爆炸性气体环境用设备，具有“高”的保护等级，在正常运行过程中、在预期的故障条件下不会成为点燃源。

“EPLGc”为爆炸性气体环境用设备，具有“加强”的保护等级，在正常运行过程中不会成为点燃源，也可采取附加保护，保证在点燃源有规律预期出现的情况下（例如灯具的故障），不会点燃。

“EPLDa”为爆炸性粉尘环境用设备，具有“很高”的保护等级，在正常运行过程中、在预期的故障条件下或者在罕见的故障条件下不会成为点燃源。

“EPLDb”为爆炸性粉尘环境用设备，具有“高”的保护等级，在正常运行过程中、在预期的故障条件下不会成为点燃源。

“EPLDc”为爆炸性粉尘环境用设备，具有“加强”的保护等级，在正常运行过程中不会成为点燃源，也可采取附加保护，保证在点燃源有规律预期出现的情况下（例如灯具的故障），不会点燃。

2. 电气设备防爆结构的选择

电气设备保护级别（EPL）与电气设备防爆结构的关系应符合表 5-5 的规定。

表 5-5　电气设备保护级别（EPL）与电气设备防爆结构的关系

设备保护级别(EPL)	电气设备防爆结构	防爆型式
Ga	本质安全型	“ia”
	浇封型	“ma”
	由两种独立的防爆类型组成的设备，每一种类型达到保护等级别“Gb”的要求	—
	光辐射式设备和传输系统的保护	“op is”

设备保护级别(EPL)	电气设备防爆结构	防爆型式
Gb	隔爆型	“d”
	增安型	“e”
	本质安全型	“ib”
	浇封型	“mb”
	油浸型	“o”
	正压型	“px”“py”
	充砂型	“q”
	本质安全现场总线概念(FISCO)	—
	光辐射式设备和传输系统的保护	“op pr”
Gc	本质安全型	“ic”
	浇封型	“mc”
	无火花	“n”“nA”
	限制呼吸	“nR”
	限能	“nL”
	火花保护	“nC”
	正压型	“pz”
	非可燃现场总线概念(FNICO)	—
	光辐射式设备和传输系统的保护	“op sh”
Da	本质安全型	“iD”
	浇封型	“mD”
	外壳保护型	“tD”
Db	本质安全型	“iD”
	浇封型	“mD”
	外壳保护型	“tD”
	正压型	“pD”
Dc	本质安全型	“iD”
	浇封型	“mD”
	外壳保护型	“tD”
	正压型	“pD”

注：1. 在1区中使用的增安型“e”电气设备仅限于下列电气设备：

① 在正常运行中不产生火花、电弧或危险温度的接线盒和接线箱，包括主体为“d”或“m”型，接线部分为“e”的电气产品。

② 配置有合适热保护装置（GB 3836.3—2010附录D）的“e”型低压异步电动机（启动频繁和环境条件恶劣者除外）。

③ “e”型荧光灯。

④ “e”型测量仪表和仪表用电流互感器。

2. 各种防爆类型标志如下：

“d”：隔爆型（对于EPLGb）；“e”：增安型（对于EPLGb）；“ia”：本质安全型（对于EPLGa）；“ib”：本质安全型（对于EPLGb）；“ic”：本质安全型（对于EPLGc）；“ma”：浇封型（对于EPLGa）；“mb”：浇封型（对于EPLGb）；“mc”：浇封型（对于EPLGc）；“nA”：无火花（对于EPLGc）；“nC”火花保护（对于EPLGc，正常工作时产生火花的设备）；“nR”：限制呼吸（对于EPLGc）；“nL”：限能（对于EPLGc）；“o”：油浸型（对于EPLGb）；“px”：正压型（对于EPLGb）；“py”：正压型“py”等级（对于EPLGb）；“pz”：正压型“pz”等级（对于EPLGc）；“q”：充砂型（对于EPLGb）；“op is”：光辐射本质安全；“op pr”：防护光辐射；“op sh”光辐射系统联锁。

3. 防爆电气设备级别和组别的选用

选用的防爆电气设备的级别和组别，不应低于该爆炸性气体环境内爆炸性气体混合物的级别和组别。气体/蒸气或粉尘分级与电气设备类别的关系应符合表5-6的规定。当存在有两种以上可燃性物质形成的爆炸性混合物时，应按照混合后的爆炸性混合物的级别和组别选用防爆设备，无据可查又不可能进行试验时，可按危险程度较高的级别和组别选用防爆电气设备。

对于标有适用于特定的气体、蒸气的环境的防爆设备，没有经过鉴定，将不允许使用于其他的气体环境内。

表5-6　气体/蒸气或粉尘分级与电气设备类别的关系

气体/蒸气、粉尘分级	设备类别	气体/蒸气、粉尘分级	设备类别
ⅡA	ⅡA、ⅡB或ⅡC	ⅢA	ⅢA、ⅢB或ⅢC
ⅡB	ⅡB或ⅡC	ⅢB	ⅢB或ⅢC
ⅡC	ⅡC	ⅢC	ⅢC

Ⅱ类电气设备的温度组别、高表面温度和气体/蒸气引燃温度之间的关系符合表5-7的规定。

表5-7　Ⅱ类电气设备的温度组别、高表面温度和气体/蒸气引燃温度之间的关系

电气设备温度组别	电气设备允许高表面温度/℃	气体/蒸气的引燃温度/℃	适用的设备温度级别
T1	450	＞450	T1～T6
T2	300	＞300	T2～T6
T3	200	＞200	T3～T6
T4	135	＞135	T4～T6
T5	100	＞100	T5～T6
T6	85	＞85	T6

安装在爆炸性粉尘环境中的电气设备应采取措施防止热表面点可燃性粉尘层引起的火灾危险。Ⅲ类电气设备的高表面温度按现行的相关国家标准的规定进行选择。电气设备结构应满足电气设备在规定的运行条件下不降低防爆性能的要求。

4. 选用正压型电气设备及通风系统时应符合的要求

（1）通风系统必须用非燃性材料制成，其结构应坚固，连接应严密，并不得有产生气体滞留的死角。

（2）电气设备应与通风系统联锁。运行前必须先通风，并应在通风量大于电气设备及其通风系统管道容积的5倍时，才能接通设备的主电源。

（3）在运行中，进入电气设备及其通风系统内的气体，不应含有可燃物质或其他有害物质。

（4）在电气设备及其通风系统运行中，对于px、py或pD型设备，其风压不应低于50Pa；对于pz型设备，其风压不应低于25Pa。当风压低于上述值时，应自动断开设备的主电源或发出信号。

（5）通风过程排出的气体，不宜排入爆炸危险环境；当采取有效的防止火花和炽热颗粒从设备及其通风系统吹出的措施时，可排入 2 区空间。

(6) 对于闭路通风的正压型设备及其通风系统，应供给清洁气体。

(7) 电气设备外壳及通风系统的门或盖子应采取联锁装置或加警告标志等安全措施。

三、爆炸性环境电气设备的安装

1. 油浸型设备

油浸型设备应在没有振动、不会倾斜和固定安装的条件下采用。

2. 在采用非防爆型设备作隔墙机械传动时应符合的要求

(1) 安装电气设备的房间，应用非燃烧体的实体墙与爆炸危险区域隔开。

(2) 传动轴传动通过隔墙处应采用填料函密封或有同等效果的密封措施。

(3) 安装电气设备房间的出口，应通向非爆炸危险区域的环境；当安装设备的房间必须与爆炸性环境相通时，应对爆炸性环境保持相对的正压。

3. 除本质安全电路外的要求

爆炸性环境的电气线路和设备应装设过载、短路和接地保护，不可能产生过载的电气设备可不装设过载保护。爆炸性环境的电动机除按照相关规范要求装设必要的保护之外，均应装设断相保护。如果电气设备的自动断电可能引起比引燃危险造成的危险更大时，应采用报警装置代替自动断电装置。

4. 紧急断电措施

为处理紧急情况，在危险场所外合适的地点或位置应采取一种或多种措施对危险场所设备断电。为防止附加危险产生，必须连续运行的设备不应包括在紧急断电回路中，而应安装在单独的回路上。

5. 变、配电所和控制室应符合的要求

(1) 变电所、配电所（包括配电室，下同）和控制室应布置在爆炸性环境以外，当为正压室时，可布置在 1 区、2 区内。

(2) 对于可燃物质比空气重的爆炸性气体环境，位于爆炸危险区附加 2 区的变电所、配电所和控制室的电气和仪表的设备层地面，应高出室外地面 0.6m。

四、防腐电气设备

1. 腐蚀环境划分

不同的腐蚀环境对电气的影响不同，需要根据具体的情况将腐蚀环境分级，评估其对电气设备的影响。腐蚀环境划分的主要依据见表 5-8，腐蚀环境划分的主要参考依据见表 5-9。

表 5-8 腐蚀环境划分的主要依据

主要依据	类别		
	0 类	1 类	2 类
	轻腐蚀环境	中等腐蚀环境	强腐蚀环境
化学腐蚀性物质的释放状况	一般无泄漏现象，任一种腐蚀性物质的释放严酷度经常为 1 级，有时(如事故或不正常操作时)可能达到 2 级	有泄漏现象，任一种腐蚀性物质的释放严酷度经常为 2 级，有时(如事故或不正常操作时)可能达到 3 级	泄漏现象较严重，任一种腐蚀性物质的释放严酷度经常为 3 级，有时(如事故或不正常操作时)可能达到 4 级
地区最湿月平均最高相对湿度(25℃)	65%及以上	75%及以上	85%及以上

表 5-9　腐蚀环境划分的主要参考依据

主要依据	类别		
	0类	1类	2类
	轻腐蚀环境	中等腐蚀环境	强腐蚀环境
操作条件	由于风向关系，有时可以闻到化学物质的气味	经常能感到化学物质的刺激，但不需要佩戴防护器具进行正常的工艺操作	对眼睛或呼吸道有强烈的刺激，有时需要佩戴器具才能进行正常的工艺操作
表观现象	建筑物和工艺、电气设施只有一般锈蚀的现象，工艺和电器设施只需要常规维修；一般树木生产正常	建筑物和工艺、电气设施锈蚀现象明显，工艺和电器设施一般需要年度大修；一般树木生产不好	建筑物和工艺、电气设施锈蚀现象严重，工艺和电器设施大修间隔期较短；一般树木成活率低
通风情况	通风条件正常	自然通风良好	通风条件不好

2. 防腐电气设备标志及选择

由于户内或户外各类化学腐蚀性环境的条件不同，应当有与各类环境相适应的电工产品及其标志符号。环境类别和标志符号见表 5-10。

表 5-10　环境类别和标志符号

环境条件	适用环境类别和标志符号		
	0类	1类	2类
户内	—	F1	F2
户外	W	WF1	WF2

注：户内防腐电工产品只需腐蚀性环境类别的标志符号，户外产品尚需户外环境条件的标志符号（W）。

下面对 Y 系列三相异步防腐专用电动机的标志符号的含义，举例说明如下：

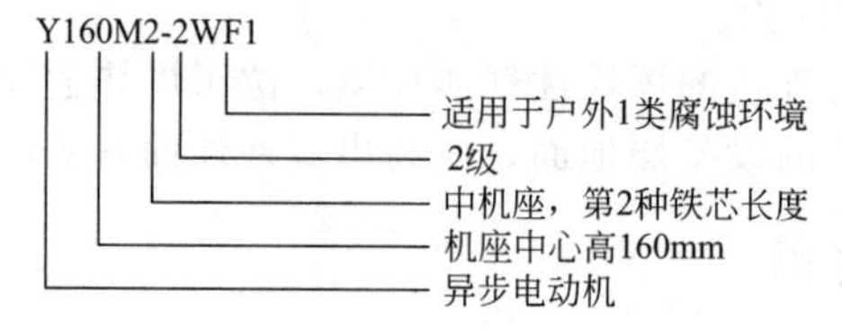

五、防雷措施

雷电是一种自然放电现象，按其造成的危害可分为以下两种。

（1）直击雷　大气中带电荷的雷云，对地电压高达几亿伏。当雷云与地面凸出物之间电场强度达到空气击穿强度时，就发生放电现象，这种放电现象称为直击雷。

（2）雷电感应　又称感应雷，它又分为静电感应和电磁感应。静电感应是雷云接近地面时，在地面凸出物的顶部感应出大量异性电荷，在雷云与其他部位或其他雷云放电后，凸出物顶部电荷失去束缚，并以雷电波的形式高速传播而形成的。电磁感应是发生雷击后，雷电流在周围空间产生的迅速变化的强磁场在附近金属导体上感应出很高的电压形成的。

由于雷击，在架空线路或空中金属管道上产生的冲击电压沿线路或管道的两方向迅速传播的雷电波称为雷电波入侵。

雷电的危害巨大，可以导致设备损坏、人员伤亡、建筑物损坏或电气系统故障，严重者还可以导致火灾和爆炸。

1. 工业建筑物、构筑物防雷措施

工业建筑需要考虑防雷措施，主要采取的防雷措施如表 5-11 所示。

表 5-11 工业建筑物、构筑物防雷措施

等级＼要求	防直接雷	防感应雷	防雷电波入侵	冲击接地电阻	引下线间距/m	接闪器网格/m
第一级	要	要	要	10Ω	至少 2 根，≤12	5×5 或 6×4
第二级	要	要	要	10Ω	至少 2 根，≤18	10×10 或 12×8
第三级	要	不要	要	30Ω	至少 2 根，≤25	20×20 或 24×16

为防止电磁感应产生火花第一级、第二级，建筑物、构筑物内平行敷设的长金属物，如管道、构架和电缆外皮等，其净距小于 100mm 时，应每隔 30m 用金属线跨接，交叉净距小于 100mm 时，其交叉处也应跨接。

当管道连接处，如弯头、阀门、法兰盘等不能保持良好的金属接触时（过渡电阻>0.03Ω），在连接处应用金属线跨接。用丝扣紧密连接（不少于 5 根螺栓）接头和法兰盘，在非腐蚀环境下可不跨接。

2. 露天油罐、气罐及户外架空管道防雷措施

（1）露天装设的有爆炸危险的金属封闭气罐和工艺装置的防雷　当这些设施的壁厚大于 4mm 时，一般不装接闪器。但应接地且接地点不应少于两处，两接地点间距离不宜大于 30m。冲击接地电阻要求不大于 30Ω，其放散管和呼吸阀宜在管口或其附近装设避雷针，高出管顶不应小于 3m，管口上方 1m 应在保护范围内。

（2）露天油罐的防雷

① 装有易燃液体、闪点低于或等于环境温度的开式贮罐和建筑物，正常时有挥发性气体产生，应设独立避雷针。其保护范围按开敞面向外水平距离 20m，高 3m 进行计算。对露天注送站，保护范围按注送口以外 20m 的空间计算。独立避雷针距开敞面不小于 23m，冲击接地电阻不大于 10Ω。

② 带有呼吸阀的易燃液体贮罐，罐顶钢板厚不小于 4mm 时，可在罐顶直接安装避雷针，但与呼吸阀的水平距离不得小于 3m。保护范围高出呼吸阀不得小于 2m，冲击电阻不大于 10Ω，罐上接地点不应少于两处，两接地点间距不宜大于 24m。

③ 可燃液体贮罐，当壁厚不小于 4mm 时，不装避雷针，只要将其接地即可，接地电阻不大于 30Ω。

④ 浮顶油罐、球形液化气贮罐，当其壁厚大于 4mm 时只作接地处理，浮顶与罐体应用 $25mm^2$ 软铜线或铜丝可靠连接。

⑤ 埋地式贮罐，覆土在 0.5m 以上者可不考虑防雷措施。但如有呼吸阀引出地面者，呼吸阀处应作局部防雷处理。

⑥ 户外输送可燃气体、易燃或可燃液体的管道，可在管道的始端终端、分支处、转角处及直线部分每隔 100m 处作接地处理，每处接地电阻不应大于 30Ω。

上述管道与有爆炸危险厂房平行敷设而间距小于 10m 时，在接近厂房的一段，其两端及每隔 30～40m 应作接地处理，其接地电阻不应大于 20Ω；平行敷设间距小于 100mm 的管道，应每隔 20～30m 用金属线跨接；交叉距离小于 100mm 处亦应作跨接处理。

当上述管道连接点（弯头、阀门、法兰盘等）不能保持良好的电气接触时，应采用金属线跨接。接地引下线可利用金属支架，若是活支架，在管道与支持物之间必须增加跨接线；若是非金属支架，必须另作引下线。接地装置可利用电气设备保护接地装置，接地电阻应不大于 30Ω。

六、防静电及接地

1. 静电的特性及危害

（1）静电是两种不同物质相互接触、分离、摩擦而产生的。静电电压的大小与物体表面

电介质的性质和状态、物体表面之间相互贴近的压力大小、物体表面之间相互摩擦的速度、物体周围介质的温度以及湿度有关。

(2) 静电电压可能高达数千伏甚至上百千伏，而电流却小于 1μA，当电阻小于 1MΩ 时就可能发生静电短路而释放静电能量。

(3) 静电放电的火花能引起爆炸和火灾，是造成事故的原因之一。

2. 防静电

静电放电可形成火源酿成火灾爆炸，有时虽能量小不致酿成火灾，但能引起电击造成人员坠落摔倒等二次灾害。防止静电产生应在工艺上采取技术措施，电气技术上采取的是静电接地。

(1) 静电接地的范围及接地电阻

① 对爆炸、火灾危险环境内可能产生静电危害的物体，或非爆炸、非火灾危险环境内因其带静电会妨碍生产操作，影响产品质量或使人体受到静电电击的物体，都应采取静电接地。

② 输送可燃液体、粉状固体或它们与气体混合物的管道系统，均应安装防止静电带电的接地。

③ 管网在进出装置区，不同爆炸危险环境的边界、管道分岔处、无分支管道每隔 80～100m 处等位置，应与接地干线或专设的接地体相连接。此外非导体管段上的金属件应接地。

④ 对已与防雷、电气保护接地、防杂散电流、电磁屏蔽等接地系统连接的金属导体，对已作阴极保护的金属管段以及有紧密机械连接的金属导体间，当其金属接触面在任何情况下有足够静电通过时，均可不另采取专用的静电接地。

⑤ 静电接地电阻专设的防静电接地体，其接地电阻在气温为 20℃，相对湿度为 50%标准环境条件下，一般情况宜小于 100Ω，山区等土壤电阻率较高的场所不应大于 1000Ω。

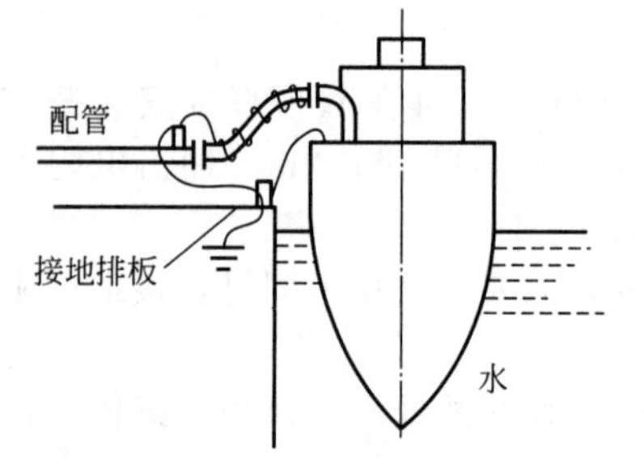

图 5-28 油轮接地示意

(2) 皮带接地　皮带应使用具有导电性的皮带，并通过皮带轮接地。如果皮带是绝缘性的，皮带的接头也应使用非导体物质，避免出现导体不接地的现象。金属皮带罩应接地固定牢固，不得与皮带有碰刮现象。

(3) 油轮、槽车接地

① 油轮的接地　与岸上接地排板及油轮外壳接地，如图 5-28 所示。

② 槽车的接地　应将输油管（外皮绕缠铜线）接地，如图 5-29 所示。

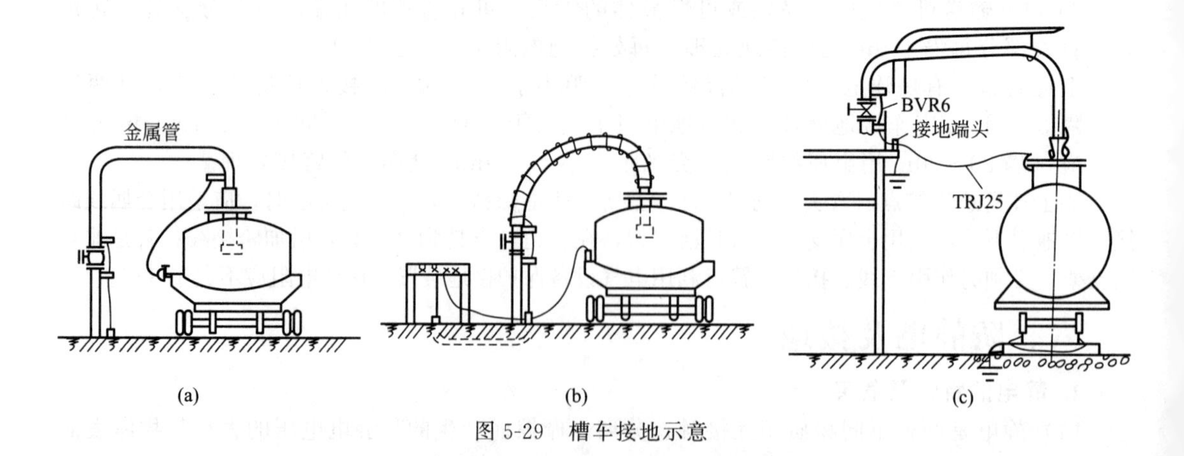

图 5-29 槽车接地示意

第五节　仪表及自控系统供电

一、负荷类别及供电要求

1. 负荷类别

根据生产过程对仪表及自动化系统的重要性、可靠性、连续性的不同要求，仪表供电负荷分为保安负荷、重要负荷（即重要连续生产负荷）、次要负荷（即一般化工连续生产负荷）和一般负荷。

保安负荷：当工作电源突然中断时，为保证安全停车，避免发生爆炸、火灾、中毒等事故，防止人身伤亡、损坏关键设备，或一旦发生这类故障，能及时处理，防止扩大并保护关键设备，抢救或撤离人员等所必须保证供电的负荷。

重要负荷：当工作电源突然中断供电，将导致原材料、产品大量报废；恢复供电后，又需长时间才能恢复正常生产，造成重大经济损失的用电负荷。

次要负荷：当工作电源突然中断供电，企业将停产或减产；恢复供电后，能迅速恢复生产，损失较小，或减产部分容易得到补偿的用电负荷。

一般负荷：所有不属于保安负荷、重要负荷、次要负荷的其他用电负荷。

2. 供电要求

仪表的供电包括下列各项供电：

① 仪表自动化系统；

② FCS 系统、DCS 系统及 PLC 系统；

③ 信号报警、联锁系统，可燃气体报警；

④ 在线分析器；

⑤ 工业电视；

⑥ 仪表检测管线的电伴热保温系统；

⑦ 仪表盘（箱）内照明；

⑧ 其他专用供电，如企业内动力锅炉（或自备电站）等专线供电。

各类负荷的供电要求如下：

（1）保安负荷必须由保安电源供电，保安供电系统不应与正常供电系统相混淆，不应接入非保安负荷，但具有频率跟踪环节的不间断供电装置（由逆变器组成），允许与正常工作电源并网运行；

（2）重要负荷应由双回路电源供电，如果获得双回路电源困难时，也可用保安电源单回路供电；

（3）次要负荷可由单回路电源供电，并可从外部再引一回路小容量电源，作为备用检修电源使用；

（4）一般负荷通常由单回路电源线路供电。

二、供电电源

1. 电源类型

根据负荷类别和供电要求，仪表电源分别设工作电源和保安电源。由于仪表及自控耗电量与电力负荷相比，用量很小，所以可按负荷电源要求中最高的一类负荷电源作为工作电源。

对于重要负荷，仪表及自控系统须提供保安电源，保安电源的保安负荷类型主要为以下几类。

① 中断供电时，为保证安全停车用的自动调节装置、联锁系统的用电负荷。

② FCS系统、DCS系统及PLC系统的供电。

③ 中断供电时，对于有急剧化学反应、高温高压的反应器（塔）中的温度监控、物料投入或监控用的仪表供电。

④ 中断供电时，为保证大型关键压缩机、泵类机组安全停车的仪表用电负荷。如机组的润滑油、密封油、冷却系统、原料气系统安全设施、联锁系统的仪表用电负荷。

⑤ 中断供电时，重要的报警、预报警系统。

大中型化工装置或有FCS系统、DCS系统及PLC系统的控制要求严格，一般不允许电源瞬时扰动，所以选用静止型不间断供电装置（由逆变器组成）作为保安电源。

根据负荷特性，以及允许瞬时扰动供电时间的要求，也可选用其他类型的保安电源。如快速自动启动的柴油发电机组或旋转型不间断供电装置。

2. 电源质量

（1）仪表及自动化系统的电源应符合下列要求　仪表受压端的电压及允许偏差如下。

交流：220V±10%
　　　24V±10%

直流：24V±10%或24V±5%
　　　48V±10%

电源频率及允许偏差：50Hz±1Hz

一般工业自动化仪表的电源电压降及线路电压降，不应超过仪表设备额定电压值的15%～25%。

（2）DCS的电源应符合下列要求　电源参数参照国家标准《计算机场地通用规范》（GB 2887—2011）中的一类及二类列出。

电压：380V/220V AC±3%（一类）
　　　380V/220VAC±5%（二类）

频率：50Hz±0.5Hz

波形失真率：<±3%（一类）
　　　　　　<±5%（二类）

由正常工作电源转换到事故状态下备用电源的切换时间为<4ms（一类）、<20ms（二类）。

应用UPS时的一般技术要求如下。

交流输入：220V/380V±10%（单相/三相四线或三相五线）

频率：50Hz±5%

交流输出：220V±2%

频率：50Hz±0.2Hz

波形失真率：<5%

直流输出：24V±1%

纹波电压：<0.2%

3. 电源容量

仪表的耗电量，一般按各类仪表用电量总和的1.2倍取值，当考虑备用电源时，可按1.5倍取值。

静止型不间断供电装置及其配套蓄电池组，当工作电源中断供电后，其工作时间（或放电时间）宜为30min。也可根据工程实际按10min、15min、30min三个挡选择。

三、供电系统

1. 供电回路分组

按用电负荷类别、供电要求、电压等级，分组设置供电回路。分组供电可以保证安全可靠地供电；各供电回路简明，回路电压专一，可避免误操作，并便于维护。

一般可按下列分组。

① 负荷类别　保安电源、工作电源。

② 电压等级　交流 220V、24V；直流 48V、24V。

③ 供电对象　仪表及控制回路；报警、联锁系统；本安仪表系统。

④ 专用线路　FCS 系统；DCS 系统；PLC 系统。

2. 配电方式

按工艺装置规模、供电容量及电压等级、供电场所的不同，可分别以三级、二级或一级的方式配电，并相应设置总供电箱（盘）、分供电箱（盘）、供电箱（盘）。如图 5-30 所示。

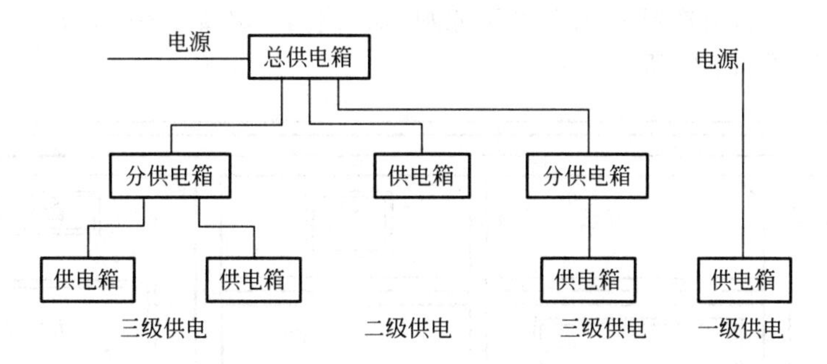

图 5-30　三级供电方式

对于大型工程，车间分散布置，仪表用电种类多、容量大，可设三级供电，将总供电箱、分供电箱、供电箱分别设在中央控制室、车间控制室、工段（或现场）操作室内。

对于中、小规模的工程，用电种类不多、容量较小，车间分布又不太分散时，亦可设二级或一级方式供电，分别设总供电箱、供电箱或设一级供电箱。

配电方式可分为单回路供电、环形回路供电和多回路供电三种方式，如图 5-31 所示。

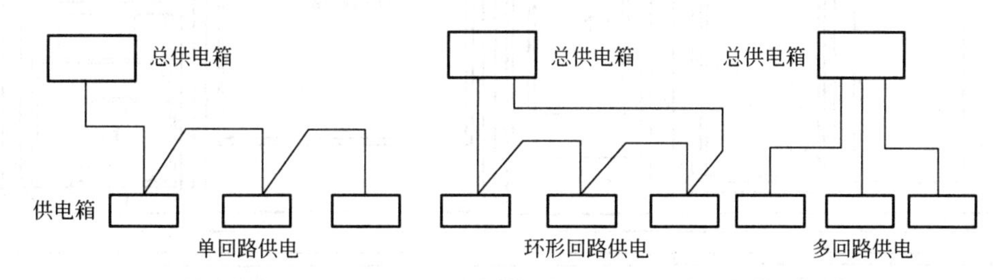

图 5-31　配电方式

习题与思考题

5-1　三相电有哪两种接法？分别适用什么场合？

5-2　化工企业供电系统的特点有哪些？

5-3　化工企业内部配电电压的选择原则有哪些？

5-4　电气控制系统常用的保护环节有哪些？

5-5　供电系统的安全措施有哪些？

5-6　造成触电的方式有几种？

5-7　气体蒸气防爆区域如何划分？可以分为几个区域？对电气设备分别有哪些要求？

5-8　防爆电气设备分成几类？

5-9　指出防腐电气设备的标识 Y160M2-2WF1 的含义。

5-10　防静电的措施有哪些？分别有什么要求？

5-11　已知化工企业年产乙苯 5 万吨，采用乙烯与苯进行烷基化反应（烃化反应）生产乙苯，烷基化反应器操作条件为：温度 320～340℃、压力 0.8MPa（g）、苯：乙烯摩尔比 6～7、乙烯质量空速为 0.4～0.5h^{-1}。反应部分来的烃化产物是苯、乙苯、多乙苯、丙苯、非芳等组成的混合物，经尾气吸收塔、脱非芳塔、循环苯塔、乙苯精馏塔、多乙苯塔、脱丙苯塔等分离工序，分离出产品乙苯，以及原料苯、副产二乙苯、三乙苯等，分别进入贮罐区。总体平面布置图如下图所示。

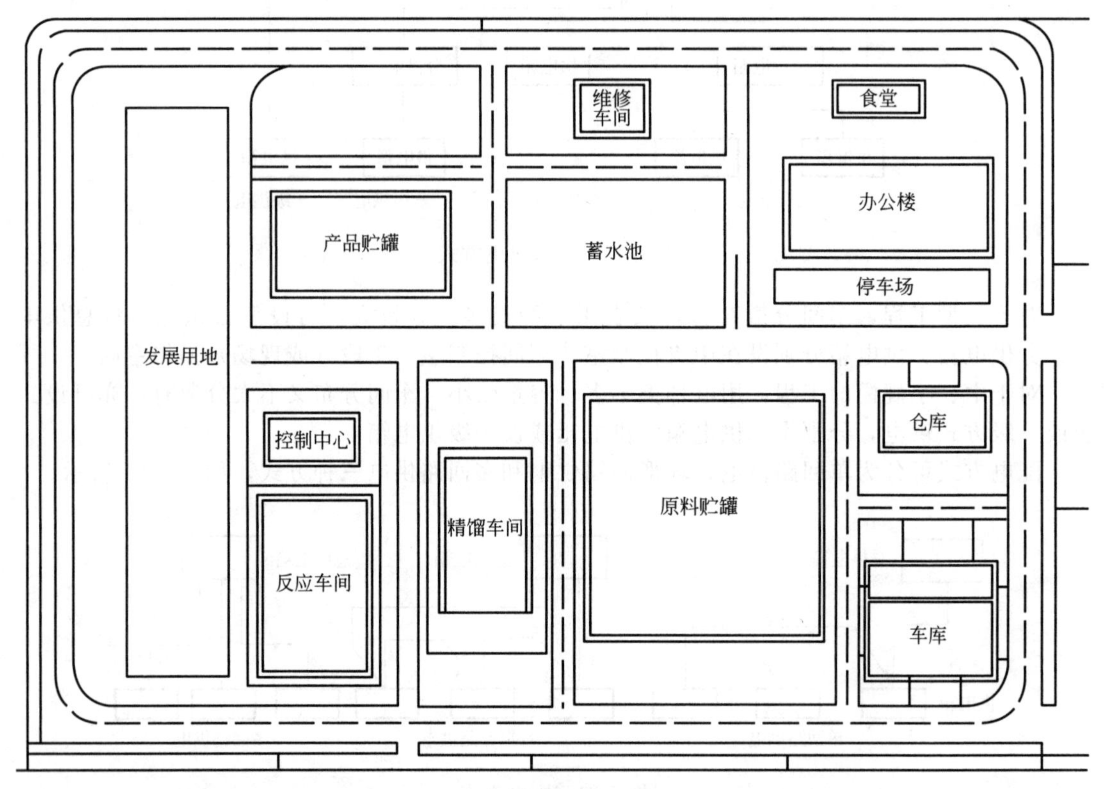

习题 5-11 附图

本厂多数车间为三班制，少数车间为两班制，年最大有功负荷利用小时数为 6000h，无大于 6kV 电动机，变电站在工厂南 0.5km 处。请回答下列问题。

问题 1：本厂各车间分别属于几级负荷？

问题 2：宜选用多少伏电压作厂区配电电压？

问题 3：宜采取哪些防护措施？

附录

一、计量单位换算

1. 流量

L/s	m^3/s	gl(美)/min	ft^3/s
1	0.001	15.850	0.03531
0.2778	2.778×10^{-4}	4.403	9.810×10^{-3}
1000	1	1.5850×10^{-4}	35.31
0.06309	6.309×10^{-5}	1	0.002228
7.866×10^{-3}	7.866×10^{-6}	0.12468	2.778×10^{-4}
28.32	0.02832	448.8	1

2. 压力

Pa	bar	kgf/cm^2	atm	mmH_2O	mmHg	lb/in^2
1	1×10^{-5}	1.02×10^{-5}	0.99×10^{-5}	0.102	0.0075	14.5×10^{-5}
1×10^5	1	1.02	0.9869	10197	750.1	14.5
98.07×10^3	0.9807	1	0.9678	1×10^4	735.56	14.2
1.01325×10^5	1.013	1.0332	1	1.0332×10^4	760	14.697
9.807	9.807×10^{-5}	0.0001	0.9678×10^{-4}	1	0.0736	1.423×10^{-3}
133.32	1.333×10^{-3}	0.136×10^{-2}	0.00132	13.6	1	0.01934
6894.8	0.06895	0.703	0.068	703	51.71	1

3. 功、能和热

J(即 N·m)	kgf·m	kW·h	hp·h	kcal	btu	ft·lb
1	0.102	2.778×10^{-7}	3.725×10^{-7}	2.39×10^{-4}	9.485×10^{-4}	0.7377
9.8067	1	2.724×10^{-6}	3.653×10^{-6}	2.342×10^{-3}	9.296×10^{-3}	7.233
3.6×10^6	3.671×10^5	1	1.3410	860.0	3413	2655×10^3
2.685×10^6	273.8×10^3	0.7457	1	641.33	2544	1980×10^3
4.1868×10^3	426.9	1.1622×10^{-3}	1.5576×10^{-3}	1	3.963	3087
1.055×10^3	107.58	2.930×10^{-4}	3.926×10^{-4}	0.2520	1	778.1
1.3558	0.1383	0.3766×10^{-6}	0.5051×10^{-6}	3.239×10^{-4}	1.285×10^{-3}	1

4. 动力黏度（简称黏度）

Pa·s	P	cP	lb/(ft·s)	$kgf\cdot s/m^2$
1	10	1×10^3	0.672	0.102
1×10^{-1}	1	1×10^2	0.0672	0.0102
1×10^{-3}	0.01	1	6.720×10^{-4}	0.102×10^{-3}
1.4881	14.881	1488.1	1	0.1519
9.81	98.1	9810	6.59	1

5. 运动黏度

m^2/s	cm^2/s	ft^2/s
1	1×10^4	10.76
10^{-4}	1	1.076×10^{-3}
92.9×10^{-3}	929	1

6. 温度

$$℃=(℉-32)\times\frac{5}{9}$$

$$℉=℃\times\frac{9}{5}+32$$

$$K=273.16+℃$$

$$°R=460+℉$$

$$K=°R\times\frac{9}{5}$$

7. 水硬度

(1) mmol/L　水硬度的基本单位。

(2) mg/L ($CaCO_3$)　以 $CaCO_3$ 的质量浓度表示的水硬度。

$$1mg/L(CaCO_3)=1.00\times10^{-2}mmol/L$$

(3) mg/L (CaO)　以 CaO 的质量浓度表示的水硬度。

$$1mg/L(CaO)=1.78\times10^{-2}mmol/L$$

(4) mmol/L (Boiler)　工业锅炉水硬度测量的专用单位，其意义是 $\frac{1}{2}Ca^{2+}$ 和 $\frac{1}{2}Mg^{2+}$ 的浓度单位。

$$1mmol/L(Boiler)=5.00\times10^{-1}mmol/L$$

(5) mg/L (Ca)　以 Ca 的质量浓度表示的水硬度。

$$1mg/L(Ca)=2.49\times10^{-2}mmol/L$$

(6)°fH (法国度)　表示水中含有 10mg/L $CaCO_3$ 或 0.1mmol/L $CaCO_3$ 时的水硬度。

$$1°fH=1.00\times10^{-1}mmol/L$$

(7)°dH (德国度)　表示水中含有 10mg/L CaO 时的水硬度。

$$1°dH=1.79\times10^{-1}mmol/L$$

(8)°eH (英国度)　表示水中含有 14.3mg/L 或 0.143mmol/L 的 $CaCO_3$ 时的水硬度。

$$1°eH=1.43\times10^{-1}mmol/L$$

(9) 水硬度单位换算

$$1mmol/L=100mg/L(CaCO_3)=56.1mg/L(CaO)=2mmol/L(Boiler)$$
$$=40.1mg/L(Ca)=10°fH=5.6°dH=7.0°eH$$

二、空气的重要物理性质 ($p=101.3kPa$)

温度/℃	密度/(kg/m^3)	定压比热容/[kJ/(kg·K)]	热导率/[W/(m·K)]	黏度/μPa·s	运动黏度/($10^{-3}m^2/s$)
−50	1.548	1.013	0.0204	14.6	9.23
−40	1.515	1.013	0.0212	15.2	10.04
−30	1.453	1.013	0.0220	15.7	10.80

续表

温度/℃	密度/(kg/m³)	定压比热容 /[kJ/(kg·K)]	热导率 /[W/(m·K)]	黏度/μPa·s	运动黏度 /(10^{-3} m²/s)
−20	1.395	1.009	0.0228	16.2	12.79
−10	1.342	1.009	0.0236	16.7	12.43
0	1.293	1.005	0.0244	17.2	13.28
10	1.247	1.005	0.0251	17.7	14.16
20	1.205	1.005	0.0259	18.1	15.06
30	1.165	1.005	0.0267	18.6	16.00
40	1.128	1.005	0.0276	19.1	16.96
50	1.093	1.005	0.0283	19.6	17.95
60	1.060	1.005	0.0290	20.1	18.97
70	1.029	1.009	0.0297	20.6	20.02
80	1.000	1.009	0.0305	21.1	21.09
90	0.972	1.009	0.0313	21.5	22.10
100	0.946	1.009	0.0321	21.9	23.13
120	0.898	1.009	0.0334	22.9	25.45
140	0.854	1.013	0.0349	23.7	27.80
160	0.815	1.017	0.0364	24.5	30.09
180	0.779	1.022	0.0378	25.3	32.49
200	0.746	1.026	0.0393	26.0	34.85
250	0.674	1.038	0.0429	27.4	40.61
300	0.615	1.048	0.0461	29.7	48.33
350	0.566	1.059	0.0491	31.4	55.46
400	0.524	1.068	0.0521	33.0	63.09
500	0.456	1.093	0.0576	36.2	79.38
600	0.404	1.114	0.0622	39.1	96.89
700	0.362	1.135	0.0671	41.8	115.4
800	0.329	1.156	0.0718	44.3	134.8
900	0.301	1.173	0.0763	46.7	155.1
1000	0.277	1.185	0.0804	49.0	177.1

三、水的重要物理性质

温度 /℃	外压 /100kPa	密度 /(kg/m³)	焓 /(kJ/kg)	比热容 /[kJ/(kg·K)]	热导率 /[W/(m·K)]	运动黏度 /(10^{-2} m²/s)	体积膨胀系数 10^{-2}/℃$^{-1}$	表面张力 /(mN/m)
0	1.013	999.9	0	4.212	0.551	0.1789	−0.063	75.6
10	1.013	999.7	42.04	4.191	0.575	0.1306	0.070	74.1
20	1.013	998.2	83.90	4.183	0.599	0.1006	0.182	72.7
30	1.013	995.7	125.8	4.174	0.618	0.0805	0.321	71.2

续表

温度/℃	外压/100kPa	密度/(kg/m³)	焓/(kJ/kg)	比热容/[kJ/(kg·K)]	热导率/[W/(m·K)]	运动黏度/(10^{-2} m²/s)	体积膨胀系数 10^{-2}/℃$^{-1}$	表面张力/(mN/m)
40	1.013	992.2	167.5	4.174	0.634	0.659	0.387	69.6
50	1.013	988.1	209.3	4.174	0.648	0.0556	0.449	67.7
60	1.013	983.2	251.1	4.178	0.669	0.0478	0.511	66.2
70	1.013	977.8	293.0	4.187	0.668	0.0415	0.570	64.3
80	1.013	971.3	334.9	4.195	0.675	0.0365	0.632	62.6
90	1.013	965.3	377.0	4.208	0.680	0.0326	0.695	60.7
100	1.013	958.4	419.1	4.220	0.683	0.0295	0.752	58.8
110	1.433	951.0	461.3	4.223	0.685	0.0272	0.808	56.9
120	1.986	943.1	503.7	4.250	0.686	0.0252	0.864	54.8
130	2.702	934.8	546.4	4.266	0.686	0.0233	0.919	52.8
140	3.624	926.1	589.1	4.287	0.685	0.0217	0.972	50.7
150	4.761	917.0	632.2	4.312	0.684	0.0203	1.03	48.5
160	6.181	907.4	675.3	4.346	0.683	0.0191	1.07	46.6
170	7.924	897.3	719.3	4.385	0.679	0.0181	1.13	45.3
180	10.03	886.9	763.3	4.417	0.675	0.0173	1.19	42.3
190	12.55	876.0	807.6	4.459	0.670	0.0165	1.26	40.0
200	15.54	863.0	852.4	4.505	0.663	0.0158	1.33	37.7
210	19.07	852.8	897.6	4.555	0.655	0153	41	35.4
220	23.20	840.3	943.7	4.614	0.645	0.0148	1.48	33.1
230	27.98	827.3	900.2	4.681	0.637	0.0145	1.59	31.0
240	33.47	813.6	1038	4.756	0.628	0.0141	1.68	28.5
250	39.77	799.0	1086	4.844	0.618	0.0137	1.81	26.2
260	46.93	784.0	1135	4.949	0.604	0.0135	1.97	23.8
270	55.03	767.9	1185	5.070	0.590	0.0133	2.16	21.5
280	64.15	750.7	1237	5.229	0.575	0.0131	2.37	19.1
290	74.42	732.3	1290	5.485	0.558	0.0129	2.62	16.9
300	85.81	712.6	1345	5.736	0.540	0.0128	2.92	14.4
310	98.76	691.1	1402	6.071	0.523	0.0128	3.29	12.1
320	113.0	667.1	1462	6.573	0.506	0.0128	3.82	9.81
330	128.7	640.2	1526	7.24	0.484	0.0127	4.33	7.57
340	146.1	610.1	1595	8.16	0.457	0.0127	5.34	5.67
350	165.3	674.4	1671	9.50	0.43	0.0126	6.68	3.81

四、水的饱和蒸气压（－20～75℃）

温度/℃	压力		温度/℃	压力	
	mmHg	Pa		mmHg	Pa
－20	0.772	102.93	28	28.35	3779.87
－19	0.850	113.33	29	30.04	4005.20
－18	0.935	124.66	30	31.82	4242.53
－17	1.027	136.93	31	33.70	4493.18
－16	1.128	150.40	32	35.66	4754.51
－15	1.238	165.06	33	37.73	5030.50
－14	1.357	180.93	34	39.90	5319.82
－13	1.486	198.13	35	42.18	5623.81
－12	1.627	216.93	36	44.56	5941.14
－11	1.780	237.33	37	47.07	6275.79
－10	1.946	259.46	38	49.65	6619.78
－9	2.125	283.32	39	52.44	6991.77
－8	2.321	309.46	40	55.32	7375.75
－7	2.532	337.59	41	58.34	7778.41
－6	2.761	368.12	42	61.50	8199.73
－5	3.008	401.05	43	64.80	8639.71
－4	3.276	436.79	44	68.26	9101.03
－3	3.566	475.45	45	71.88	9583.68
－2	3.876	516.78	46	75.65	10086.33
－1	4.216	562.11	47	79.60	10612.98
0	4.579	610.51	48	83.71	11160.96
1	4.93	657.31	49	88.02	11735.61
2	5.29	705.31	50	92.51	12333.43
3	5.69	758.64	51	97.20	12959.57
4	6.10	813.31	52	102.12	13612.88
5	6.54	871.97	53	107.2	14292.86
6	7.01	934.64	54	112.5	14999.50
7	7.51	1001.30	55	118.0	15732.81
8	8.05	1073.30	56	123.8	16505.12
9	8.61	1147.96	57	129.8	17306.09
10	9.21	1227.96	58	136.1	18146.06
11	9.84	1311.96	59	142.6	19012.70
12	10.52	1402.62	60	149.4	19919.34
13	11.23	1497.28	61	156.4	20852.64
14	11.99	1598.61	62	163.8	21839.27
15	12.79	1705.27	63	171.4	22852.57
16	13.63	1817.27	64	179.3	23905.87
17	14.53	1937.27	65	187.5	24999.17
18	15.48	2063.93	66	196.1	26414.58
19	16.48	2197.26	67	205.0	27332.42
20	17.54	2338.59	68	214.2	28559.05
21	18.65	2486.58	69	223.7	29825.67
22	19.83	2643.7	70	233.7	31158.96
23	21.07	2809.24	71	243.9	32518.92
24	22.38	2983.90	72	254.6	33945.54
25	23.76	3167.89	73	265.7	35425.49
26	25.21	3361.22	74	277.2	36958.77
27	26.74	3565.21	75	289.1	38545.38

五、饱和水蒸气表（以温度排列）

温度/℃	绝对压力/kPa	蒸汽比体积/(m³/kg)	蒸汽密度/(kg/m³)	液体焓/(kJ/kg)	蒸汽焓/(kJ/kg)	汽化热/(kJ/kg)
0	0.61	206.5	0.00484	0	2491.3	2491.3
5	0.87	147.1	0.00680	20.94	2500.9	2480.0
10	1.23	106.4	0.00940	41.87	2510.5	2468.6
15	1.71	77.9	0.01283	62.81	2520.6	2457.8
20	2.33	57.8	0.1719	83.74	2530.1	2446.3
25	3.17	43.40	0.02304	104.68	2538.5	2433.9
30	4.25	32.93	0.03036	125.60	2549.5	2423.7
35	5.62	25.25	0.03960	146.55	2559.1	2412.6
40	7.37	19.55	0.06114	167.47	2568.7	2401.1
45	9.68	15.28	0.06643	188.42	2577.9	2389.5
50	14.98	12.054	0.0830	209.34	2587.6	2378.1
55	15.74	9.589	0.1043	230.29	2596.8	2368.5
60	19.92	7.687	0.1301	251.21	2606.3	2355.1
65	25.01	5.209	0.1611	272.16	2615.6	2343.4
70	31.16	6.052	0.1979	293.08	2624.4	2331.2
75	38.5	4.139	0.2416	314.03	2629.7	2315.7
80	47.4	3.414	0.2928	334.94	2642.4	2307.3
85	57.9	2.832	0.3531	356.90	2651.2	2295.2
90	70.1	2.365	0.4229	376.81	2650.0	2283.1
95	84.5	1.985	0.5039	397.77	2688.8	2271.0
100	101.3	1.675	0.5970	418.68	2677.2	2258.4
105	120.8	1.421	0.7036	439.64	2685.1	2245.5
110	143.3	1.212	0.8254	450.97	2693.5	2232.4
115	169.1	1.038	0.9635	481.51	2702.5	2221.0
120	198.6	0.893	1.1199	503.67	2708.9	2205.2
125	232.1	0.7715	1.296	523.38	2716.5	2193.1
130	270.2	0.6693	1.494	546.38	2725.9	2177.6
135	313.0	0.5831	1.715	565.25	2731.2	2166.0
140	361.4	0.5098	1.962	589.08	2737.8	2148.7
145	415.6	0.4469	2.238	507.12	2744.6	2137.5
150	476.1	0.3933	2.543	632.21	2750.7	2118.5
160	618.1	0.3075	3.262	675.75	2762.9	2087.1
170	792.4	0.2431	4.113	719.29	2773.3	2054.0
180	1003	0.1944	5.145	763.25	2782.8	2019.5
190	1255	0.1568	6.378	807.63	2790.1	1982.5
200	1564	0.1276	7.840	852.01	2795.6	1948.5
210	1917	0.1045	9.568	897.23	2799.3	1902.1
220	2320	0.0862	11.600	942.45	2801.0	1858.5
230	2797	0.07155	13.98	988.50	2800.1	1811.6
240	3347	0.05967	16.76	1034.56	2796.8	1762.2
250	3976	0.04998	20.01	1081.46	2790.1	1708.6
260	4693	0.04199	23.82	1128.76	2780.9	1652.1
270	5503	0.03538	28.27	1176.91	2760.3	1591.4
280	6220	0.02988	33.47	1225.48	2752.0	1526.5
290	7442	0.02525	39.60	1274.46	2732.3	1467.8
300	8591	0.02131	46.93	1325.54	2708.0	1382.5
310	9876	0.01799	55.59	1378.71	2680.0	1301.3
320	11300	0.01516	65.85	1436.07	2648.2	1212.1
330	12880	0.01273	78.53	1446.78	2610.5	1163.7
340	14510	0.01064	93.98	1562.93	2588.8	1025.9
350	16530	0.00884	113.2	1632.20	2516.7	884.5

六、水的黏度（0～100℃）

温度/℃	黏度/mPa•s	温度/℃	黏度/mPa•s	温度/℃	黏度/mPa•s	温度/℃	黏度/mPa•s
0	1.7921	25	0.8937	51	0.5404	77	0.3702
1	1.7313	26	0.8737	52	0.5315	78	0.3655
2	1.6728	27	0.8545	53	0.5229	79	0.3610
3	1.6191	28	0.8360	54	0.5146	80	0.3565
4	1.5674	29	0.8180	55	0.5064	81	0.3521
5	1.5188	30	0.8007	56	0.4985	82	0.3478
6	1.4728	31	0.7840	57	0.4907	83	0.3436
7	1.4284	32	0.7679	58	0.4832	84	0.3395
8	1.3860	33	0.7523	59	0.4759	85	0.3355
9	1.3462	34	0.7371	60	0.4688	86	0.3315
10	1.3077	35	0.7225	61	0.4618	87	0.3276
11	1.2713	36	0.7085	62	0.4550	88	0.3239
12	1.2363	37	0.6947	63	0.4483	89	0.3202
13	1.2028	38	0.6814	64	0.4418	90	0。3165
14	1.1709	39	0.6685	65	0.4355	91	0.3130
15	1.1404	40	0.6560	66	0.4293	92	0。3095
16	1.1111	41	0.6439	67	0.4233	93	0.3060
17	1.0828	42	0.6321	68	0.4174	94	0.3027
18	1.0559	43	0.6207	69	0.4117	95	0.2994
19	1.0299	44	0.6097	70	0.4061	96	0.2962
20	1.0050	45	0.5988	71	0.4006	97	0.2930
20.2	1.0000	46	0.5883	72	0.3952	98	0.2899
21	0.9810	47	0.5782	73	0.3900	99	0.2868
22	0.9579	48	0.5683	74	0.3849	100	0.2838
23	0.9359	49	0.5588	75	0.3799		
24	0.9142	50	0.5494	76	0.3750		

七、管子规格

1. 无缝钢管规格简表（摘自 YB 231—70）

公称直径/mm	外径/mm	壁厚/mm											
		2.5	3.0	3.5	4.0	4.5	5.0	6.0	7.0	8.0	9.0	10.0	12.0
		理论质量/(kg/m)											
10	12	0.586	0.666	0.734	0.789								
	14	0.709	0.81	0.91	0.99								
20	18	0.956	1.11	1.25	1.38	1.50	1.60						
	20	1.08	1.26	1.42	1.58	1.72	1.85	2.07					
25	25	1.39	1.63	1.86	2.07	2.28	2.47	2.81	3.11				
	32	1.76	2.15	2.46	2.76	3.05	3.33	3.85	4.32	4.47			
32	38	2.19	2.59	2.98	3.35	3.72	4.07	4.74	5.35	5.95			
	42	2.44	2.89	3.35	3.75	4.16	4.56	5.33	6.04	6.71	7.32		

续表

公称直径/mm	外径/mm	壁厚/mm											
		2.5	3.0	3.5	4.0	4.5	5.0	6.0	7.0	8.0	9.0	10.0	12.0
		理论质量/(kg/m)											
40	45	2.62	3.11	3.58	4.04	4.49	4.93	5.77	6.56	7.30	7.99		
50	57	3.36	4.00	4.62	5.23	5.83	6.41	7.55	8.63	9.67	10.65		
	60	3.55	4.22	4.88	5.52	6.16	6.78	7.99	9.15	10.26	11.32		
65	73	4.35	5.18	6.00	6.81	7.60	8.38	9.91	11.39	12.82	14.21		
	76	4.53	5.40	6.26	7.10	7.93	8.75	10.36	11.91	13.12	14.37		
80	89	5.33	6.36	7.38	8.38	9.38	10.36	12.28	14.16	15.98	17.76		
100	102	6.13	7.32	8.50	9.67	10.82	11.96	14.21	16.40	18.55	20.64		
	108	6.50	7.77	9.02	10.26	11.49	12.70	15.09	17.44	19.73	21.97		
	114				10.48	12.15	13.44	15.98	18.47	20.91	23.31	25.56	30.19
125	133				12.73	14.26	15.78	18.79	21.75	24.66	27.52	30.33	35.81
	140				13.42	15.07	16.65	19.83	22.96	26.04	29.08	32.06	37.88
150	159					17.15	18.99	22.64	26.24	29.79	33.29	36.75	43.50
	168						20.10	23.97	27.79	31.57	35.29	38.97	46.17
200	219							31.52	36.60	41.63	46.61	51.54	61.26
250	245								41.09	46.76	52.38	57.95	68.95
	273								45.92	52.28	58.60	64.86	77.24
300	325									62.54	70.14	77.68	92.63
350	377										81.68	90.51	108.02
400	426										92.55	102.59	122.52
450	480										104.54	115.90	139.49
500	530										115.62	128.23	154.29

2. 水、煤气输送钢管（即有缝钢管）规格（摘自 YB 234—63）

公称直径		外径/mm	壁厚/mm	
in(英寸)	mm		普通级	加强级
1/4	8	13.50	2.25	2.75
3/8	10	17.00	2.25	2.75
1/2	15	21.25	2.75	3.25
3/4	20	26.75	2.75	3.60
1	25	33.50	3.25	4.00
1 1/4	32	42.25	3.25	4.00
1 1/2	40	48.00	3.50	4.25
2	50	60.00	3.50	4.50
2 1/2	70	75.00	3.75	4.50
3	80	88.50	4.00	4.75
4	100	114.00	4.00	6.00
5	125	140.00	4.50	5.50
6	150	165.00	4.50	5.50

3. 承插式铸铁管规格（摘自 YB 428—64）

公称直径/mm	内径/mm	壁厚/mm	公称直径/mm	内径/mm	壁厚/mm
低压管，工作压力≤0.44MPa					
75	75	9	300	302.4	10.2
100	100	9	400	403.6	11
125	125	9	450	453.8	11.5
150	151	9	500	504	12
200	201.2	9.4	600	604.8	13
250	252	9.8	800	806.4	14.8
普通管，工作压力≤0.735MPa					
75	75	9	500	500	14
100	100	9	600	600	15.4
125	125	9	700	700	16.5
150	150	9	800	800	18.0
200	200	10	900	900	19.5
250	250	10.8	1000	997	22
300	300	11.4	1100	1097	23.5
350	350	12	1200	1196	25
400	400	12.8	1350	1345	27.5
450	450	13.4	1500	1494	30

八、循环冷却水系统的水质标准

1. 循环冷却水系统的水质标准

项　目	水　质　标　准
浊度/(mg/L)	根据生产用水要求确定。一般不应大于20，当换热器的型式为板式、翅片管式和螺旋板式等时，不宜大于10
含盐量/(mg/L)	投加缓蚀剂时，一般不宜大于2500
总硬度/(mmol/L)	投加阻垢剂、分散剂时，应根据所投加药剂的品种、配方及工况条件确定。一般不宜超过15
碳酸盐硬度/(mmol/L)	①不采用投加阻垢剂、分散剂，在一般水质条件下不宜大于3； ②投加阻垢剂、分散剂时，应根据所投加的药剂品种、配方及工况条件确定。一般可控制在6～9范围内
钙 Ca^{2+}/(mmol/L)	投加阻垢剂、分散剂时，应根据所投加药剂的品种、配方和工况条件确定。一般情况低限不宜小于2(从缓蚀角度要求)，高限不宜大于10(从阻垢角度要求)
镁 Mg^{2+}/(mg/L)	不宜大于5，并按$[Mg^{2+}][SiO_2]<15000$验证(Mg^{2+}以$MgCO_3$计，SiO_2以SiO_2计)
总铁 Fe/(mg/L)	循环冷却水控制铁含量一般不宜大于0.3
铝 Al^{3+}/(mg/L)	不宜大于0.5(以Al^{3+}计)
铜 Cu^{2+}/(mg/L)	一般不宜大于0.1； 投加铜缓蚀剂时应按试验数据确定
氯根 Cl^-/(mg/L)	投加缓蚀剂时： ①对不锈钢设备的循环冷却水中不大于300[指含铬镍钛(钼)等合金的不锈钢]； ②对碳钢设备的循环冷却水中不宜大于500
硫酸根 SO_4^{2-}/(mg/L)	①投加缓蚀剂时对碳钢材质不应大于1500； ②对系统中的混凝土材质的影响控制要求按《工业与民用建筑工程地质勘察规范》的规定

续表

项　　目	水 质 标 准
硅酸(以 SiO_2 计)/(mg/L)	①不大于 1.75； ②$[Mg^{2+}][SiO_2]\leqslant 15000$
游离性余氯 Cl_2/(mg/L)	宜控制在 0.5～1 范围内
油/(mg/L)	不应大于 5
pH 值	投加阻垢剂、缓蚀剂时，一般应大于 6.5，小于 9

2. 循环冷却水中的菌藻控制指标，宜符合下列各款的要求

（1）异养菌总数不应大于 5×10^5 个/mL（H_2O）。

（2）真菌数不大于 10 个/mL（H_2O）（对有木质构件冷却塔而言）。

（3）铁细菌数不大于 100 个/mL（H_2O）。

（4）硫酸还原菌不大于 50 个/mL（H_2O）。

（5）每立方米水中的黏泥量（生物过滤网法测定）不应大于 4mL。

九、常用循环水泵（清水泵）的规格（摘录）

1. IS 型单级单吸离心泵

型　　号	流量/(m^3/h)	扬程/m	转速/(r/min)	汽蚀余量/m	泵效率	功率/kW		泵口径/mm	
						轴功率	配带功率	吸入	排出
IS50-32-125	7.5 12.5 15	20	2900 2900 2900	2.0	60%	1.13	2.2 2.2 2.2	50	32
IS50-32-160	7.5 12.5 15	32	2900 2900 2900	2.0	54%	2.02	3 3 3	50	32
IS50-32-200	7.5 12.5 15	52.5 50 48	2900 2900 2900	2.0 2.0 2.5	38% 48% 51%	2.62 3.54 3.84	5.5 5.5 5.5	50	32
IS50-32-250	7.5 12.5 15	82 80 78.5	2900 2900 2900	2.0 2.0 2.5	28.5% 38% 41%	5.67 7.16 7.83	11 11 11	50	32
IS65-50-125	15 25 30	20	2900 2900 2900	2.0	69%	1.97	3 3 3	65	50
IS65-50-160	15 25 30	35 32 30	2900 2900 2900	2.0 2.0 2.5	54% 65% 66%	2.65 3.35 3.71	5.5 5.5 5.5	65	50
IS65-40-200	15 25 30	53 50 47	2900 2900 2900	2.0 2.0 2.5	49% 60% 61%	4.42 5.67 6.29	7.5 7.5 7.5	65	40
IS65-40-250	15 25 30	80	2900 2900 2900	2.0	53%	10.3	15 15 15	65	40
IS80-65-125	30 50 60	22.5 20 18	2900 2900 2900	3.0 3.0 3.5	64% 75% 74%	2.87 3.63 3.93	5.5 5.5 5.5	80	65

续表

型　号	流量/(m^3/h)	扬程/m	转速/(r/min)	汽蚀余量/m	泵效率	功率/kW		泵口径/mm	
						轴功率	配带功率	吸入	排出
IS80-65-160	30 50 60	36 32 29	2900 2900 2900	2.5 2.5 3.0	61% 73% 72%	4.82 5.97 6.59	7.5 7.5 7.5	80	65
IS80-50-200	30 50 60	53 50 47	2900 2900 2900	2.5 2.5 3.0	55% 69% 71%	7.87 9.87 10.8	15 15 15	80	50
IS80-50-250	30 50 60	84 80 75	2900 2900 2900	2.5 2.5 3.0	52% 63% 64%	13.2 17.3 19.2	22 22 22	80	50
IS100-80-125	60 100 120	24 20 16.5	2900 2900 2900	4.0 4.5 5.0	67% 78% 74%	5.86 7.00 7.28	11 11 11	100	80
IS100-80-160	60 100 120	36 32 28	2900 2900 2900	3.5 4.0 5.0	70% 78% 75%	8.42 11.2 12.2	15 15 15	100	80
IS100-65-200	60 100 120	54 50 47	2900 2900 2900	3.0 3.6 4.8	65% 76% 77%	13.6 17.9 19.9	22 22 22	100	65

2. Sh 型单级双吸离心泵

型　号	流量/(m^3/h)	扬程/m	转速/(r/min)	汽蚀余量/m	泵效率	功率/kW		泵口径/mm	
						轴功率	配带功率	吸入	排出
100S90	60 80 95	95 90 82	2950	2.5	61% 65% 63%	23.9 28 31.2	37	100	70
150S100	126 160 202	102 100 90	2950	3.5	70% 73% 72%	48.8 55.9 62.7	75	150	100
150S78	126 160 198	84 78 70	2950	3.5	72% 75.5% 72%	40 46 52.4	55	150	100
150S50	130 160 220	52 50 40	2950	3.9	72.0% 80% 77%	25.4 27.6 27.2	37	150	100
200S95	216 280 324	103 95 85	2950	5.3	62% 79.2% 72%	86 94.4 96.6	132	200	125
200S95A	198 270 310	94 87 80	2950	5.3	68% 75% 74%	72.2 82.4 88.1	110	200	125
200S95B	245	72	2950	5	74%	65.8	75	200	125

续表

型　号	流量/(m³/h)	扬程/m	转速/(r/min)	汽蚀余量/m	泵效率	功率/kW		泵口径/mm	
						轴功率	配带功率	吸入	排出
200S63	216 280 351	69 63 50	2950	5.8	74% 82.7% 72%	55.1 59.4 67.8	75	200	150
200S63A	180 270 324	54.5 46 37.5	2950	5.8	70% 75% 70%	41 48.3 51	55	200	150
200S42	216 280 342	48 42 35	2950	6	81% 84.2% 81%	34.8 37.8 40.2	45	200	150
200S42A	198 270 310	43 36 31	2950	6	76% 80% 76%	30.5 33.1 34.4	37	200	150
250S65	360 485 612	71 65 56	1450	3	75% 78.6% 72%	92.8 108.5 129.6	160	250	200
250S65A	342 468 540	61 54 50	1450	3	74% 77% 65%	76.8 89.4 98	132	250	200

3. D型节段式多级离心泵

型　号	流量/(m³/h)	扬程/m	转速/(r/min)	汽蚀余量/m	泵效率	功率/kW		泵口径/mm	
						轴功率	配带功率	吸入	排出
D6-25×3	3.75 6.3 7.5	76.5 75 73.5	2950	2 2 2.5	33% 45% 47%	2.37 2.86 3.19	5.5	40	40
D6-25×4	3.75 6.3 7.5	102 100 98	2950	2 2 2.5	33% 45% 47%	3.16 3.81 4.26	7.5	40	40
D6-25×5	3.75 6.3 7.5	127.5 12.5 122.5	2950	2 2 2.5	33% 45% 47%	3.95 4.77 5.32	7.5	40	40
D12-25×2	12.5	50	2950	2.0	54%	3.15	5.5	50	40
D12-25×3	7.5 12.5 15.0	84.6 75 69	2950	2.0 2.0 2.5	44% 54% 53%	3.93 4.73 5.32	7.5	50	40
D12-25×4	7.5 12.5 15	112.8 100 92	2950	2.0 2.0 2.5	44% 54% 53%	5.24 6.30 7.09	11	50	40
D12-25×5	7.5 12.5 15.0	141 125 115	2950	2.0 2.0 2.5	44% 54% 53%	6.55 7.88 8.86	11	50	40

续表

型　　号	流量/(m^3/h)	扬程/m	转速/(r/min)	汽蚀余量/m	泵效率	功率/kW		泵口径/mm	
						轴功率	配带功率	吸入	排出
D12-50×2	12.5	100	2950	2.8	40%	8.5	11	50	50
D12-50×3	12.5	150	2950	2.8	40%	12.75	18.5	50	50
D12-50×4	12.5	200	2950	2.8	40%	17	22	50	50
D12-50×5	12.5	250	2950	2.8	40%	21.7	30	50	50
D12-50×6	12.5	300	2950	2.8	40%	25.5	37	50	50
D16-60×3	10 16 20	186 183 177	2950	2.3 2.8 3.4	30% 40% 44%	16.9 19.9 21.9	22	65	50
D16-60×4	10 16 20	248 244 236	2950	2.3 2.8 3.4	30% 40% 44%	22.5 26.6 29.2	37	65	50
D16-60×5	10 16 20	310 305 295	2950	2.3 2.8 3.4	30% 40% 44%	28.2 33.3 36.5	45	65	50
D16-60×6	10 16 20	372 366 354	2950	2.3 2.8 3.4	30% 40% 44%	33.8 39.9 43.8	45	65	50
D16-60×7	10 16 20	434 427 413	2950	2.3 2.8 3.4	30% 40% 44%	39.4 46.6 51.1	55	65	50

参考文献

[1] 汪寿建．化工厂公用设施设计手册．北京：化学工业出版社，2000.
[2] 中国石油化工集团公司人事部．循环水操作工．北京：中国石化出版社，2011.
[3] 康勇，王志，朱宏吉．工业纯水制备技术、设备及应用．北京：化学工业出版社，2007.
[4] 金熙，项成林，齐冬子．工业水处理技术问答．第3版．北京：化学工业出版社，2002.
[5] 刘承先．流体输送与非均相分离技术．北京：化学工业出版社，2008.
[6] 沈维道．工程热力学．北京：高等教育出版社，2001.
[7] 陈敏恒．化工原理．北京：高等教育出版社，2006.
[8] 于培旺，常大年．管道安装施工技术．北京：化学工业出版社，2007.
[9] 汪琦．道生炉和道生加热系统的设计．化工装备技术，2001，22（5）.
[10] 李汉平．化工厂冷冻站的优化设计与经济运行之探讨．制冷，2003，22（2）.
[11] 向锡炎，周孑民．熔盐炉及熔盐加热系统．工业加热，2008，37（2）.
[12] 侯秀梅．热媒膨胀槽的作用及设计要点．聚酯工业，2002，15（3）.
[13] 吕运福．醇酸树脂生产加热方法．涂料工业，2005，35（1）.
[14] 廖洪书．电加热反应器的导热油循环改造．川化，2001：1.
[15] 苏州首诺导热油有限公司产品样本．
[16] 张培杰．红外辐射加热和新型挠性电加热技术．能源技术，2000：1.
[17] 杨昌勇．化工烘干系统节能途径的探索．贵州化工，2007，32（5）.
[18] 陈春祥．一段炉烟气热能回收改造总结．化肥工业，2008，35（5）.
[19] 李庆武．冰蓄冷技术在化工生产上的应用．应用能源技术，2005：6.
[20] 冯露．PVC生产中制冷工艺的改进．聚氯乙烯，2006：11.
[21] 贾民选．氮肥厂冷冻工段新设备及使用．山西化工，2004，24（4）.
[22] 刘晶．关于化工管道蒸汽伴管的加热保护技术要求．科技资讯，2006：27.
[23] 李宏涛．某化工厂氨制冷设备节能设计及改造．能源技术与管理，2008：1.
[24] 刘军．蒸汽管道的设计与安装．能源研究与利用，2003（4）.
[25] 化工蒸汽系统设计规定 HG/T 20521—92.
[26] 工业循环冷却水处理设计规范 GB 50050—2007.
[27] 工业循环水冷却设计规范 GB/T 50102—2003.
[28] 李善化，康慧等．实用集中供热手册．北京：中国电力出版社，2006.
[29] 工业设备及管道绝热工程设计规范 GB 50264—2013.
[30] 魏恩宗．锅炉与供热．北京：机械工业出版社，2003.
[31] 马建兵，李德峰．熔盐热载体的特点及使用中的若干问题．热载体，2002，15（6）：16.
[32] 李鸿发．设备及管道的保冷与保温．北京：化学工业出版社，2002.
[33] 斯派莎克工程（中国）有限公司．蒸汽和冷凝水系统手册．上海：上海科学技术文献出版社，2007.
[34] 赵刚山，甘李军．导热油系统的设计及使用．燃料与化工，2003，（2）：98-100.
[35] 爆炸危险环境电力装置设计规范 GB 50058—2014. 北京：中国计划出版社，2014.